이 책은 아프리카 현지 생물학, 흥미로운 비교문화적인 작은 사건들, 그리고 머리끝이 쭈뼛 서게 만드는 모험이 위트 있게 혼합되어 있다. 제인 구달이 침팬지로, 비루테 갈디카스가 오랑우탄으로, 다이앤 포시가 마운틴 고릴라로 한 일을 새폴스키가 개코원숭이들로 탁월하게 해내고 있다.

– 『커커스 리뷰(Kirkus Review)』

유쾌함과 블랙 유머(풍자적 유머)에도 불구하고 이 책은 제인 구달과 E. O. 윌슨과 비슷한 한 자연주의자의 성장 스토리뿐만 아니라 개코원숭이의 생물학적인 기원과 인간의 고통에 관한 강력한 명상을 담고 있다. 회고록 저자로서 새폴스키는 영장류의 으뜸이다.

– 『아웃사이드(Outside)』의 캐럴라인 프레이저

동아프리카와 중앙아프리카의 시골길에서 일어나는 불운한데 매우 유쾌한 이야기(?)와 원숭이 집단의 정치학에 관한 배꼽 잡게 만드는 이야기가 교대로 들어 있는 (⋯⋯) 보석 같은 이 책은 독자로 하여금 처음부터 끝까지 웃음을 거두지 못하게 만들 것이다.

– 『타임(Time)』의 언메시 커

마지막 페이지를 덮었을 때 나는 현명하고 감정이 풍부하고 재미있고 너그럽고 매우 똑똑한 가이드가 이끄는 아프리카 여행을 하고 난 것 같은 느낌이었다. 그가 매우 좋아졌고 낯설고 먼 문화에 대한 그의 통찰력이 매우 좋아졌고 그의 개코원숭이들이 매우 좋아졌다.

– 『pack of two』의 저자 캐럴라인 냅

풍자, 경이로움, 열정, 유머로 가득 찬 이 비망록에는 한 젊은이가 성숙해가는 과정의 흥미로운 이야기와, 곤경에 처하고 궁지에 빠지게 함에도 불구하고 그의 마음을 사로잡은 머나먼 대륙에 대한 그의 헌사가 들어 있다.

– 『퍼블리셔스 위클리(Publishers Weekly)』

강력한 이야기! 그는 더없이 유쾌한 것에서 깊은 고뇌와 번민이 내재한 것에 이르기까지 전 범위에 걸친 매우 매혹적인 이야기를 들려준다. 그리고 이 이야기는 위대한 스토리가 언제나 불러오는 어떤 반응을 하지 않을 수 없게 만든다. – 독자들은 스토리에 대한 생각을 멈출 수가 없다. 그것은 이 책(A primate's memoir)을 내려 놓은 후에도 오랫동안 독자들의 뇌리를 떠나지 않을 것이다.

– 『미니애폴리스 스타 트리뷴(Minneapolis Star Tribune)』

아프리카 숲에 대한 새폴스키의 기술은 표면적인 신식민지주의의 가부장주의나 가혹한 반식민지주의 정의의 장막에 가려져 있지 않다. 그의 이야기는 그 곳에 갔다온 사람의 유쾌한 사실주의로 전개된다. 이 책을 덮었을 때 우리는 사실이 아니었으면 하고 바란다.
　　　　　　　　　　　　－『애틀랜타 저널－컨스티뉴션(Atlanta Journal－Constitution)』

야생의 동아프리카 개코원숭이를 블로건으로 마취하고, 과학적인 연구 과정과 결과를 설명하고, 신뢰를 배반하기도 하고, 권력 투쟁을 벌이는 영장류, 이런 이야기를 위트와 인간애로 쉽고 재미있는 글을 쓰는 작가의 책을 찾기는 쉽지 않다. 그런데 이 책은 그런 책이다. 그리고 로버트 새폴스키는 그런 작가이다.
　　　　　－ 조지 패커(『기다리는 마을(the village of waiting)』과 『진보의 피(blood of liberals)』의 저자

새폴스키는 길의 끝으로 가서 우리가 들을 수 있는 최고의 이야기 몇 가지를 가지고 돌아왔다. 그리고 그 과정에서 어떤 엄청나고 코믹한 공통분모를 명확히 지적했다. 그것이 바로 우리가 이 책을 읽어야 하는 이유이다.
　　　　　－ 피터 덱스터(『패리스 트라웃(Paris Trout)』과 『페이퍼 보이(The Paperboy)』의 저자

로버트 새폴스키라는 과학자의 매력적인 이야기는 스타일과 필력으로 더없이 유용한 정보를 준다. (개코원숭이들은 기억이 오래가며 복수를 한다.) 그리고 아프리카의 삶과 땅 그리고 운명에 대한 표현은 독자들을 가슴 아프게 한다.
　　　　　　　　　　　　　　　　　　　－ 노먼 러시(『짝짓기(mating)』의 저자

감동적이다! 놀랄 만한 장소와 인상적인 동물들에 대한 이 글을 읽다 보면 재미있기도 하고 자주 아픔을 느끼게 되기도 한다. 마지막 장을 덮고 나면 존경이란 말이 독자의 의식 속에서 메아리칠 것이다.
　　　　　　　　　　　　　　　　　　－ 마르가리아 피츠너, 『마이애미 헤럴드』

만약 제인 구달이 유머 감각을 갖고 있었다면 이런 작품이 되었을 것이다.　　　　－ Talk

흥미진진하다. 새폴스키의 스토리텔링 재능은 이 책을 내려놓기 어렵게 만든다. 그의 과학적인 언급은 복잡하지 않지만 깨우침을 주고 아픔을 느끼게 한다.
　　　　　　　　　　　　　　　　　　　　　－ 존 프리먼, 『플레인 딜러』

눈부심이 끝이 없고…… 아주 멋지다……. 놀라움과 위대한 드라마가 있다.
　　　　　　　　　　　　　　　－ 아서 살름, 『샌디에이고 유니언 트리뷴』

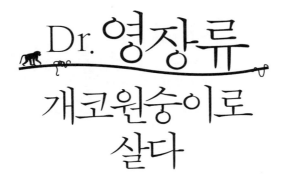

Dr. 영장류
개코원숭이로 살다

로버트 M. 새폴스키 지음

박미경 옮김

솔빛길

03
어른기 초기

04
어른기

Dr. 영장류 개코원숭이로 살다

작품의 원제인 『A Primate's Memoir』에서 볼 수 있듯이 부정관사 'a'가 영장류 'primate'를 수식하고 있다. 어느 한 영장류의 이야기. 이 세상 수많은 영장류 중 딱 한 마리를 중심으로 전개된 시간과 사건의 기록이다. 제목의 의도는 다분히 중의적이다. 개코원숭이라는 영장류를 관찰하고 연구한 인간이라는 영장류의 회고록, 즉 영장류에 의한 영장류에 대한 글이라는 의도이다. 과학자와 야생 동물은 관찰하는 자와 관찰당하는 자로 명확히 나눠진다고 생각하기 쉽다. 그러나 꼭 그렇지는 않다. 특히 영장류끼리라면 말이다.

"어느 한 영장류의 회고록". 따지고 보면 이보다 보편적인 제목은 없다. 문명이 탄생하고 문자가 발명된 이래 인류의 모든 지적, 예술적, 개인적 언어 기록은 모두 어느 한 영장류의 회고록에 해당된다. 한 사람의 머리에서 나와 문자화된 모든 것들이 그렇다. 그럼 그냥 인간이라고 하면 될 일이지

굳이 영장류라는 개념을 들먹일 이유는 없지 않은가? 그렇기는 하다. 인간 외에 언어 기록을 남긴 생물체는 어디에도 없다. 그러나 아무리 인간이 독보적이고 독특할지라도 한 종의 영장류로서 나타나는 속성이 실로 많은 생명체이며 그것들은 영장류라고 하는 생물학적 분류군 속의 다른 멤버들과 상당 부분 공유하고 있다는 사실을 기억해야 한다. 인간을 어느 동물하고 비교해도 유사점과 차이점을 발견할 수 있다. 지렁이와 나 사이에는 적어도 먹고 싸고 꿈틀거린다는 공통점이 있다. 하지만 진화적인 근연 관계가 너무 먼 대상과 놓고 보면 비슷한 면보다는 다른 면이 확연히 많아 비교의 의미가 없어지고 만다. 같은 호모 사피엔스라는 종에 속하면서 종족 또는 인종만 다른 이들과는 문화인류학적 차이를 제외하고는 말 그대로 같은 사람이라 마찬가지이다. 인간의 특별함과 보편성 모두를 가장 균형 있는 시각에서 바라볼 수 있게 해주는 집합, 인간이 속한 생물학적 맥락을 제공하는 분류군이 바로 영장류이다. 우리는 그 어느 영장류도 해내지 못한 온갖 업적을 이룬 존재이다. 그러면서 동시에 다른 어떤 동물보다도 영장류들과 비슷한 양식으로 살고, 성장하고, 성숙한다. 『어느 한 영장류의 회고록』에 등장하는 화자와 그의 연구 대상들처럼 말이다.

케냐의 초원을 누비는 개코원숭이들은 한때 과거 인류의 진화적 연구 모델로서 학계의 각광을 받았었다. 열대 우림 속에서 주로 나무 위에서 살던, 인간과 침팬지의 공동 조상으로부터 갈라져 나와 나무가 듬성하게 난 초원의 땅에서 직립하며 활동했던 초기 인류의 역사를 재구성하려는 시도의 일환으로 지목된 종이 개코원숭이였다. 게다가 여러 마리의 수컷과 암컷이 무리지어 사는 분화된 사회 체계 또한 인류의 사회 구조와 상응하는 형질로서 주목받았다. 지금은 침팬지와 보노보가 인류와 가장 가까운 영장류로서 자주 회자되지만, 개코원숭이의 다이내믹한 무리 구성의 변화와 정교한 사회관계, 여러 식물성 먹이와 동물성 먹이가 섞인 잡식성 식단, 집단적 의사 결정 등의 여러 특질은 여전히 인간의 진화생물학적 이해에 시사하는 바가 많다. 하지만 인간에 대한 이해에 기여하는 바를 근거로 동물의 가치가 정해지지는 않는다. 인간과 관련된 담론을 모두 떠나서 개코원숭이는 그 자체로서 대단히 흥미롭고 재미있는 동물이다. 어쩌면 이것이야말로 생물을 바라보는 가장 올바른 관점일지도 모른다. 인간만큼이나 고유하고 특별한, 당당한 주체적 존재로서 그들만의 삶과 이야기에 가치를 찾고 부여하는 것, 이것이 바로 영장류학이라는 학문의 핵심이다. 그리고 그 결과로서 탄생하는 것이 영장류에 의한 영장류의 기록인 것이다.

저자 로버트 새폴스키는 케냐의 개코원숭이 무리의 일원이 되어 수십 년간 그들과 함께 생활한다. 혈기 왕성한 청년 시절 아무것도 모르는 상태에서 단신으로 아프리카 대륙에 발을 디딘 이후부터 그의 삶은 인간으로서가 절반, 개코원숭이로서가 절반이라 해도 과언이 아닐 것이다. 본국인 미국으로 잠시 돌아가 있을 때에도 케냐의 사바나로 돌아갈 생각에 몸이 근질근질했던 그의 연구 주제는 개코원숭이를 통해 본 스트레스 관련 질환과 사회적 지위 및 행동의 관련성이다. 특정 질병에 취약하거나 면역성이 떨어지는 현상이 스트레스와 관련이 있을 수 있고, 스트레스는 영장류가 속한 집단 내에서 겪는 각종 사회적 지위 및 행동으로부터 발생한다는 논리가 그 근간을 이루고 있다. 이를 조사하는 방법은 단 하나, 직접 그들의 세상 속으로 들어가는 것이다. 하루 종일 그들과 함께 다니며, 그들이 쉴 때 나도 쉬고, 그들이 먹을 때 나도 먹는다. 단, 한 손에 든 노트에 관찰되는 모든 것을 쉴 새 없이 적어야 하는 단서가 따라붙는다.

그들에겐 생활이지만 나에겐 생활을 가장한 연구이기 때문이다.

동물 하나하나를 알아볼 수 있어야 함은 물론이다. 누가 누구와 싸워서 원수지간이 되었고, 누가 누구누구의 밀애를 엿보다 걸려 망신을 당했는지, 어제의 왕이 오늘부로 권좌에서 쫓기는 사건 등을 일일이 알기 위해서는 누가 누구인지 정확히 알아야 한다. 동물에 대한 이런 개체 식별은 별것 아니라고 넘기기 쉽다. 하지만 상상해보라. 전혀 다른 종의 동물을, 그것도 한두 마리가 아니라 적어도 수십 마리를 생김새만 보고서 단번에 알아맞혀야 한다는 사실을. 모두가 오후에 늘어지게 낮잠을 자는 한가한 상황이라면 그나마 편하다. 싸움이 벌어져 어느 한 마리도 가만히 있지 않은 난리 통에도 누가 더 우세하게 전세를 몰아갔는지 판별할 수 있어야 한다. 찰나의 옆모습이나 동작, 심지어는 뒷모습으로 판단하기도 한다. 불가능할 것만 같은 이 일은 시간과 노력에 의해 가능하다. 다른 동물을 연구하는 경우에도 개체 식별은 이뤄지지만, 얼굴이나 앞모습의 전체적인 특징과 조합으로 정체성을 판단하는 것은 영장류학의 특징이라 볼 수 있다. 말하자면 사람이 사람을 알아보는 방법과 크게 다르지 않다. 1900년대 중반까지만 해도 다른 동물은 물론 영장류조차 숫자로 매겨진 상태에서 연구가 진행되었다. 차가운 숫자를 거둬내고 따뜻한 개성을 품은 이름을 처음으로 붙여준 과학자는 다름 아닌 제인 구달이다. 보수적인 교수들의 반대에도 불구하고 탄자니아의 침팬지들에게 이름을 붙여준 그녀 덕분에 이제 동물에게 이름을 붙여주는 문화는 모든 영장류 연구의 표준이 되었다. 새폴스키가 개코원숭이들에게 붙여준 거창한 구약 성서 이름은 물론, 필자가 연구한 자바 긴팔원숭이에게 붙여준 인도네시아 이름도 마찬가지이다. 하나의 몸짓에 지나지 않았던 그들은 이름을 불러주자 나에게로 와서 생명이 되었던 것이다.

처음 개코원숭이 무리로 들어섰던 시기를 시작으로 저자는 긴 세월의 연구 기간을 청소년기, 준어른기, 어른기 등으로 구분한다. 이는 영장류학 전반에서 사용하는 표준 성장 단계의 이름들이다. 아무것도 모르는 채로 세상에 나와 엎치락뒤치락하며 점차 세상을 살아가는 방법을 깨닫는 한 마리의 개코원숭이의 삶의 추이가, 그것을 옆에서 지켜본 과학자에게도 동일하게 적용되는 것이다. 이러한 성장 단계의 중요성조차 우리와 개코원숭이가 공유하는 영장류학적 특징이다. 다른 동물에 비해 어른이 되기까지 걸리는 시간이 더 길며, 그 시간 동안 수없이 배우고 익혀야만 비로소 어른이 되는, 대기만성형 동물이 우리 영장류이다.

이 책에는 수십 년 동안 벌어진 온갖 에피소드가 담겨 있다. 개코원숭이 무리만 하더라도 새로 합류하는 녀석들과 새 이름이 지속적으로 등장하고 수컷 간의 지위나 동맹 관계가 수시로 바뀐다. 칼 같은 송곳니로 무장한 수컷들이 임팔라 고기를 두고 다투는 현장에 엉겁결에 얽혀 목숨을 잃을 뻔했던 사태는 실로 아찔하다. 또한 인간사에서 겪었던 에피소드도 만만치 않다. 같은 사람 사는 곳인데도 아프리카 대륙에서 일어나는 일들은 기상천외한 일들로 가득하다. 여행을 가다가 억지도 붙잡혀서 코카콜라 고문에 시달리는가 하면 졸지에 마사이 족 마을의 의사 노릇을 하기도 한다. 트럭 뒤에 실려 수천 킬로미터 거리를 히치하이킹하기도 한다. 쉽게 되는 것은 하나도 없다. 연구에 필요한 허가 취득, 물자 확보와 운송, 보조원 고용과 관리, 자료 수집과 보관 등등 모두 험난한 가시밭길이다. 저자보다는 훨씬 단기간이었지만, 유사한 야생 영장류 연구를 했던 필자로서는 너무나도 와닿는 이야기들이다. 얼마나 많은 나날들

동안 얼마나 많은 문제들과 씨름하며 해결하며 또 씨름하며 지냈던가! 객지에 홀로, 그것도 도시가 아니라 야생의 한가운데에서 연구와 생활의 두 분야에서 투쟁하며 살아야 했던 그 시절, 야생 동물의 삶의 일부분을 대변할 숫자 꾸러미 하나를 얻기 위해 치른 희생이 어떤 것인지 아는 사람만 안다. 이런 일을 한 번 해보면 그때부터 자료나 데이터라는 것을 보는 눈이 달라진다. 특히 야생의 자연에서 얻은 것이라면 더욱 그렇다. 아, 이거 얻으려고 얼마나 고생했을까? 숫자 뒤에 숨은 피와 땀이 감지된다.

노력의 대가는 충분히 그에 견줄 만하다. 야생 동물에 대한 객관적 지식을 바탕으로 그들의 삶과 개성, 멋과 재미, 의미와 소중함에 대해서 말할 자격이 주어진다는 것은 무한한 영광이자 기쁨이다. 인간 중심으로 모든 것이 돌아가는 이 세상에서 한 종의 동물에게 인생을 바쳐 그들을 탐구하고, 그 경험을 통해 얻은 것들을 사회에 전달함으로써 세상과 동물 간의 끈을 만드는 데 기여할 수 있다면 한때의 고생은 전부 보상되고도 남는다. 특히 그 동물이 영장류라면, 그를 쳐다보는 내 눈에 똑같은 시선을 되돌려주는 영장류라면 더욱 그렇다. 로버트 새폴스키에게 개코원숭이가 그랬듯이, 나에게는 긴팔원숭이가 그랬다. 그나 나에게, 야생 영장류와 하나가 되어 살았던 시간은 인생을 바꾸어놓았다. 그 보석 같은 이야기들이 고스란히 담겨 있는 이 책을 나는 주저함 없이 추천하는 바이다.

한 영장류가 다른 영장류에게.
2016년 2월 9일 강릉에서
김산하

* 추천사 김산하
'자바긴팔원숭이의 먹이 찾기 전략'을 연구하여 한국 최초의 야생 영장류학자로서 박사 학위를 취득했다.
현재 이화 여자 대학교 에코 과학부 연구원이자 생명 다양성 재단 사무국장을 맡고 있다.

나는 뉴런에 관한 실험실 연구와 더불어 그것의 낙관적인 면을 연구하고 싶었다. – 우리 중에 어떤 사람이 다른 사람보다 스트레스 저항력이 더 강하다면 그 이유는 무엇일까? 왜 어떤 인체와 어떤 정신이 더 대응을 잘할까? 그것이 사회에서의 지위와 관련성이 있을까? 만약 친척이 많다면? 만약 친구들과 시간을 보낸다면? 만약 아이들과 논다면? 만약 우리가 어떤 일에 화가 나서 부루퉁해 있거나 누군가에게 화풀이를 한다면? 나는 이것을 야생의 개코원숭이 무리 안에서 연구하기로 결정했다.

Chapter
01

청소년기

처음으로 무리에 합류하다

01

개코원숭이들
무리의 구성원들

　나는 스물한 살이 되던 해에 개코원숭이 무리에 들어갔다. 나는 자랄 때 사바나의 개코원숭이가 되는 것은 한 번도 상상해본 적이 없었다. 대신 언제나 마운틴 고릴라가 될 거라고 생각했다. 뉴욕에서 보낸 어린 시절 어머니를 끝없이 졸라 자연사 박물관으로 가곤 했다. 그곳에서 아프리카 디오라마* 관을 보며 그중 한 곳에 살고 싶어 하며 시간을 보내곤 했다. 얼룩말처럼 초지를 가로질러 끝없이 질주하는 것이 내 관심을 끌었고 어떤 때에는 마운틴 고릴라가 되고 싶다는 어린 시절을 꿈을 접고 기린이 되어보면 어떨까 하는 열망을 품기도 했다. 어느 때인가는 늙은 사회주의자 친척들이 집단주의적 유토피아에 열변을 토하는 것을 보고 그것에 홀딱 빠져 나중에 자라서 사회적 곤충이 되리라 결심하기도 했다. 물론 '일꾼 개미' 말이다. 초등학교 때 '나의

---

* 배경을 그린 길고 큰 막 앞에 여러 가지 물건을 배치하고, 그것을 잘 조명하여 실물처럼 보이게 한 장치 – 옮긴이

13

미래'라는 작문 숙제에 이러한 계획을 언급하는 실수를 범하는 바람에 선생님이 어머니에게 걱정스런 글을 적어보낸 일도 있었다.

하지만 박물관 안에서 아프리카 관을 둘러볼 때마다 언제나 마운틴 고릴라가 있는 디오라마 관으로 돌아오곤 했다. 처음 그 앞에 섰을 때 원시적인 어떤 것이 직감적으로 와 닿았다. 친할아버지와 외할아버지는 내가 태어나기 오래전에 돌아가셨다. 그분들은 신화 속의 인물만큼이나 멀리 있었기에 나는 사진 속에 있는 그분들을 알아보지 못했다. 할아버지에 대한 기억의 진공 상태 속에서 유리 상자에 들어 있는 거대한 수컷 마운틴 고릴라를 볼 때마다 사바나에 살아 있는 실제 마운틴 고릴라가 떠올랐고 그들이 할아버지들을 대신했다. 고릴라 무리가 있는 거대한 아프라카 열대 우림이 상상할 수 있는 가장 멋진 은신처처럼 보였다.

열두 살에 나는 영장류학자들에게 팬레터를 썼다. 열네 살에 그 주제에 대한 교재를 읽었다. 고등학교 때 속임수를 써서 의대 영장류 실험실에서 일을 구했고 마침내 그 실험실에 머무르게 되었고 박물관의 영장류 관에서 자원했다. 나는 심지어 고등학교 언어학부 부장 선생님에게 스와힐리 어를 공부할 수 있는 자기주도 학습 과정을 알아봐달라고 억지를 부리기도 했다. 아프리카에서 현지 작업을 하려면 스와힐리 어를 알아야 할 것 같다고 생각했기 때문이다. 결국 나는 대학을 가서 영장류 동물학 전공 교수의 밑에서 공부했다. 모든 것이 제자리를 찾은 것처럼 보였다.

하지만 대학에서 연구 관심 분야의 일부가 바뀌었고 고릴라로는 답을 얻을 수 없는 과학적 질문을 마주하게 되었다. 고릴라와 다른 형태로 사회적 조직 생활을 하며 야생 초지에서 사는 종에 대한 연구의 필요성을 느끼게 되었다. 또 멸종 위기에 처하지 않은 종이어야 했다. 이전에 특별한 관심의 대상이 아니었던 사바나의 개코원숭이들이 적합했다. 사람들은 살면서 타협하게 된다. 모든 어린이가 자라서 대통령, 유명 야구 선수 혹은 마운틴 고릴라가 될 수 있는 것은 아니다. 그래서 나는 개코원숭이 무리에 들어가기로 결정했다.

나는 솔로몬의 지배 마지막 해에 무리 속으로 들어갔다. 그 당시에 그 무리의 다른 구성원으로는 레아, 드보라, 아론, 이삭, 나오미 그리고 라헬이 있었다. 처음부터 개코원숭이들에게 구약 성서에 나오는 인물들의 이름을 붙일 생각을 한 것은 아니었다. 어쩌다보니 그렇게 된 것이었다. 수컷들은 성인이 되면 태어나서 자란 무리를 떠나 다른 무리로 이동한다. 한 마리가 내 무리로 들어와 영구적으로 머물 것인지 말 것인지 머뭇거리는 몇 주 동안은 온전한 이름을 붙이는 것이 망설여졌다. 나는 내 노트에 '새로운 성인 전입'이라는 뜻으로 그냥 NAT(New Adult Transfer의 약자 - 옮긴이) 혹은 Nat으로 지칭하다가 그가 영원히 머물기로 결정했을 때 나다나엘(약칭 '냇' - 옮긴이)이라는 이름을 붙였다. 아담은 처음에 ATM으로 기록되었다. 성인 전입 수컷(Adult Transfer Male)의 약자였다. 처음에 SML이라는 약자로 지칭하던 작은 아이는 '사무엘'로 바뀌었다. 그 무렵에 나는 약자로 표기하는 걸 포기하고 선지자, 여자 우두머리, 심판관의 이름을 붙이기 시작했다. 여전히 가끔씩은 어떤 신체적 특성을 따서 이름을 붙였다. ─ 예를 들면 '림프(Limp : 쩔뚝이 - 옮긴이)'나 '검즈(Gums : 잇몸이 - 옮긴이)'처럼 말이다. 그리고 기술 논문에 그런 이름을 사용하여 발표하기에는 자신이 없어 모두 숫자로 처리했다. 하지만 그 나머지 기간에는 구약 성서의 이름에 빠져 있었다.

구약 성서의 이름은 언제나 마음에 들었지만 내 아이에게 오바댜, 혹은 에스겔 같은 이름을 붙이라면 주저할 것이다. 그래서 나는 60여 마리 개코원숭이들에게 마음껏 그런 이름을 붙였다. 게다가 나는 히브리 어 학교 선생들에게 보여주기 위해 진화에 관한 타임 라이프(Time - Life) 책을 들고 다니던 때가 떠오를 때면 여전히 짜증이 났다. 그들은 마치 내가 신성 모독이라도 한 것처럼 핼쑥한 얼굴로 그 책을 치우라고 하곤 했다. 아프리카 평원의 개코원숭이에게 구약 성서에 나오는 이름을 붙이는 것이 그들에게 통쾌한 복수를 하는 것처럼 느껴졌다. 영장류학자들의 힘의 원천인 괴팍함 같은 것으로 나는 네부카드네자르와 나오미가 숲으로 들어가 짝짓기를 했다고 현지 노트에 기록할 날을 벌써 기다리고 있었다.

내가 연구하고 싶었던 것은 스트레스 관련 질환과 행동의 관련성이었다. 60년 전(2001년 기준)에 과학자 셀리에가 우리의 정서적 삶이 건강에 영향을 미칠 수 있음을 발견했다. 처음에 그것은 주류 의사들의 생각에 반하는 것이었다. —사람들은 바이러스나 박테리아, 발암 물질 등이 병을 일으킬 수 있다는 생각에는 매우 익숙했지만 정서가 병을 일으킬 수 있다는 생각에는 익숙하지 않았다. 셀리에는 우리가 심리학적으로 흥분하면 병에 걸릴 수 있다는 것을 발견했다. 궤양이 생기고, 면역 체계가 붕괴되고 생식 능력이 떨어지고 고혈압이 생겼다. 현대인들은 이제 스트레스로 인해 이런 병이 생긴다는 것을 안다. 셀리에는 정서적이거나 물리적인 혼란으로 우리 몸의 균형이 깨질 때 우리가 경험하는 것이 스트레스임을 보여주었다. 만약 스트레스가 매우 오래 지속되면 우리는 병에 걸린다.

이 마지막 메시지는 우리 마음에 강하게 담아두어야 한다. —스트레스는 인체 내의 모든 것을 나쁘게 만들 수 있다. 그리고 셀리에 이후에도 많은 사람들이 스트레스로 악화될 수 있는 여러 질환을 발견했다. 그것은 성인 당뇨병, 근위축, 고혈압, 동맥 경화, 성장 발달 저해, 발기 불능, 무월경, 우울, 뼈의 칼슘 손실 등이다. 나는 실험실에서 무엇보다도 스트레스가 뇌세포를 어떻게 죽일 수 있는지 연구하는 중이었다.

우리들 하나하나가 살아남아 있다는 것이 기적처럼 보였다. 하지만 분명히 우리는 살아남았다. 나는 뉴런에 관한 실험실 연구와 더불어 그것의 낙관적인 면을 연구하고 싶었다. ─우리 중에 어떤 사람이 다른 사람보다 스트레스 저항력이 더 강하다면 그 이유는 무엇일까? 왜 어떤 인체와 어떤 정신이 더 대응을 잘할까? 그것이 사회에서의 지위와 관련성이 있을까? 만약 친척이 많다면? 만약 친구들과 시간을 보낸다면? 만약 아이들과 논다면? 만약 우리가 어떤 일에 화가 나서 부루퉁해 있거나 누군가에게 화풀이를 한다면? 나는 이것을 야생의 개코원숭이 무리 안에서 연구하기로 결정했다.

개코원숭이 무리는 그것을 연구하기에 완벽한 집단이었다. 그들은 크고 복잡한 사회적 그룹을 이루고 산다. 특히 내가 연구하러 간 개체들은 편안한 야생의 환경에서 부족함이 없이 살았다. 광활한 생태계인 세렝게티는 풀과 동물과 나무 들이 영원한 말린 퍼킨스*의 나라였다. 개코원숭이들은 하루에 4시간가량 먹이 활동을 한다. 그들을 잡아먹는 사람은 거의 없다. 기본적으로 개코원숭이들은 하루에 대여섯 시간가량을 햇살 아래서 서로 짓궂은 행동을 하며 보낸다. 마치 인간들처럼 말이다. ─우리 중에 물리적 스트레스 요인으로 고혈압인 사람은 거의 없고 기아나 메뚜기 대재앙이나 5시에 주차장에서 상사와 도끼 싸움

* 동물학자로 TV 야생 동물 프로그램인 『야생의 왕국(Wild Kingdom)』의 진행자 ─ 옮긴이

이 일어날까봐 걱정하는 사람은 없다. 우리는 사회적·심리학적인 스트레스에 의해서만 병에 걸리는 호사를 누리며 산다. 마치 이 개코원숭이들처럼 말이다.

그래서 나는 그곳에 가서 개코원숭이들 중 누가 누구와 무엇을 하는지—싸움을 하는지, 밀회를 즐기는지, 우정을 나누는지, 동맹을 맺는지, 장난을 치는지 관찰하면서 그들의 행동을 연구하기로 했다. 그리고 나는 다팅[블로파이프(blowpipe)를 이용한 마취 주사 쏘기 - 옮긴이]을 할 것이고 마취 상태에서 그들의 몸 상태—혈압, 콜레스테롤 수치, 상처 회복률, 스트레스 호르몬 수치를 조사하기로 했다. 행동과 심리적인 패턴의 개별적 차이가 객관적인 몸 상태의 개별적 차이와 관련이 있을까? 연구 대상은 수컷으로 한정하기로 했다. 암컷은 임신한 상태에 있을 수도 있고 전적으로 양육을 책임지고 있을 수 있기 때문에 마취시키고 싶지 않았다.

1978년이었다. 존 트라볼타가 최고의 스타였고 그의 하얀 정장이 온 나라를 휩쓸었다. 그리고 그해는 솔로몬 지배의 마지막 해였다. 솔로몬은 선하고 현명하고 공정했다. 사실 터무니없는 말이지만 나는 그 당시에 감수성이 예민한 젊은 전입자였다. 그럼에도 불구하고 솔로몬은 매우 눈길을 끄는 개코원숭이였다. 수년간 인류학 교과서는 사바나 개코원숭이들과 그들의 서열 1위인 우두머리 수컷에 빠져 있었다. 그 책에 따르면 개코원숭이들은 탁 트인 야생 초지에 사는 복잡한 사회적 영장류이다. 그들은 조직화된 사냥을 했고 서열 체계가 있었는데 그 핵심을 차지하는 것이 우두머리 수컷이었다. 그는 지배하는 무리를 먹이로 이끌었고 사냥의 선봉에 섰고 약탈자들로부터 무리를 지켰고 암컷들에게 규칙을 지키게 했고 전구를 갈았고 차를 고쳤고 어쩌고저쩌고……. 인류학 교과서는 그들이 인간 조상들과 닮았다고 말하고 싶어 안달이었고 때로 그렇다고 말했다. 대부분은 당연히 잘못된 것으로 밝혀졌다. 먹이 사냥은 체계성이 없는 무한 경쟁일 뿐이다. 게다가 우두머리 수컷은 위기 중에 무리를 먹이가 있는 곳으로 인도할 수가 없다. 그 무리에서 오래 살지 않아 어디로 가야 하는지 모르기 때문이다. 수컷들은 청소년기 무렵 다른 무리로 이동하는 반면에 암컷들은 평생 같은 무리에서 산다. 따라서 네 번째 언덕을 지나면 올리브나무 숲이 있다는 것을 기억하는 것은 수컷이 아니라 늙은 암컷이다. 약탈자들이 공격했을 때 우두머리 수컷은 어린것을 지키려고 치열하게 싸우기도 한다. 하지만 그것은 누군가의 먹잇감이 될 위기에 처한 녀석이 자기 새끼라는 분명한 확신이 들 때뿐이다. 그렇지 않다면 그는 가장 높고 가장 안전한 자리에서 그냥 지켜볼 뿐이다. 로버트 아드레이와 1960년대 인류학에 대해서는 이 정도만 하자.

그럼에도 불구하고 작고 지역주의적이고 이기적이고 배려라고는 없는 수컷 개코원숭이들 세계에서 우두머리 수컷이 되는 것은 섹시의 아이콘이 되는 것이다. 우두머리 수컷은 무리의 진정한 지도자는 아닐 수도 있지만 암컷들 절반과 짝짓기를 하고 더울 때 그늘에 앉아 있고 다른 누군가의 점심 도시락을 훔쳐먹고 최소한의 노력으로 최고의 먹이를 즐길 수 있다. 그리고 솔로몬은 이 모든 일에 수완이 뛰어났다. 그는 3년간 우두머리 수컷이었는데 재임 기간이 이상하리만큼 길었다. 나보다 먼저 연구했던 대학원생은 솔로몬이 전임자를 물리쳤을 때 포악하고 약삭빠른 전사였다고 말했다. 하지만 내가 그곳에 갔을 때 그는 제법 나이가 들어 있었고 이미 얻은 승리에 안주해 심리적인 위협을 하며 버텼다. 그는 능수능란했다. 그는 내가 간 첫해에 한 번도 큰 싸움을 하지 않았다. 그는 상대를 힐끗 쳐다보고는 제왕의 자리에서 일어나 어슬렁거리다가 기껏해야 상대를 찰싹 때리는 것으로 상황을 종료시켰다. 모두 그를 두려워했다. 한번은 솔로몬이 나를 찰싹 때렸고 돌로 나를 깜짝 놀라게 했고 아프리카로 올 때 선물받은 내 쌍안경을 박살냈고 내가 그를 두려워하게 만들었다. 나는 우두머리 자리를 놓고 그에게 도전해보려는 생각을 즉시 포기했다.

그는 하루의 대부분을 자기 새끼라고 믿는 어린 녀석들과 느긋하게 보냈다(암컷이 임신하고 있다고 여겨지는 동안에는 아무도 그 암컷에게 다가가지 않는다). 그리고 가끔씩 다른 녀석이 파놓은 줄기나 뿌리를 훔쳤고 털고르기를 받았고 발정난 새로운 암컷들과 짝짓기를 했다. 그 무렵에 무리에서 가장 섹시한 암컷은 드보라, 즉 레아의 딸이었다. 레아는 무리에서 가장 나이가 많았고 암컷 우두머리였으며 믿을 수 없을 정도로 자신만만했다. 수컷 개코원숭이 서열은 시간이 지나면서 계속 바뀐다. 하나가 자라서 한창때가 되었을 때 다른 하나가 송곳니가 부러지면 그것으로 서열 싸움은 끝이다. 반면 암컷은 어미로부터 서열을 물려받는다. 그들은 어미로부터 한 단계씩 서열이 낮아지고 나이가 어릴수록 서열이 낮아진다. 그들보다 한 단계 더 낮은 서열의 가족이 시작될 때까지 한 단계씩 내려간다. 레아는 적어도 25년간 무리의 최고 높은 자리를 차지하고 있었다. 레아는 나이가 비슷한 나오미를 괴롭히곤 했는데 나오미는 레아보다 서열이 한참 낮은 가족의 암컷 가장이었다. 늙은 나오미는 한낮에 그늘진 곳의 좋은 자리에 앉아서 쉬곤 했다. 그러면 레아가 다가가 그녀에게 맹공을 퍼붓고는 그녀를 쫓아내곤 했다. 나오미는 침착하게 얼른 자리를 내주고 다른 자리를 찾았고 레아는 빼앗는 일을 반복하곤 했다. 그 둘이 과거에 어땠을지 눈에 훤하다. 몇

해 전에 지미 카터*가 백악관에서 조깅을 하고 사람들이 대중음악 앨범인 『패트 락』을 사고 영화배우인 파라 포셋처럼 보이려고 노력하고 있을 때 나이가 들어가는 레아는 나오미에게 잔소리를 하고 있다. 좀 더 과거로 가면 미라이 학살*이 일어났다. 사람들이 나팔바지를 입고 물침대에서 춤을 추고 있을 때 한창때인 레아는 나오미에게 털고르기를 강요하고 있다. 그보다 더 과거로 가면 린든 존슨*이 담낭 흉터를 보여주고 있다. 그때 사춘기 레아는 나오미를 들볶으려고 나오미가 낮잠이 들기를 기다리고 있다. 그리고 그보다 더 과거로 가면 사람들이 로젠버그 부부*가 사형되는 것에 여전히 항의하고 있을 때, 그리고 내가 브라우니 카메라로 사진을 찍기 위해 할머니의 집에서 할머니 무릎에 자리를 잡고 앉아 있을 때, 아자아장 걷는 나오미는 가지고 놀던 나뭇가지를 레아에게 주어야 했다. 그리고 이제 할머니가 된 그 둘은 여전히 자리 뺏기 놀이를 하고 있는 것이다.

레아는 건강하고 자신감에 넘치는 아들을 줄지어 출산했다. 사회적 생활을 하는 다양한 동물은 수컷이나 암컷 중 한쪽이 청소년기 무렵 다른 사회적 무리를 선택하고 그쪽으로 이동한다. ― 이것은 근친상간 방지책 중 하나이다. 개코원숭이들 중에 방랑벽으로 몸이 근질거리는 쪽은 수컷이다. 레아의 아들들은 북동부 세렝게티 무리 전체를 혼란에 빠트렸다. 드보라는 레아의 첫째딸로서 이제 막 사춘기에 접어들

<hr>

* 미국의 대통령. 재임 기간 1978~1981년 ― 옮긴이

* 1968년 베트남 전쟁 때 미군이 베트남 남부의 작은 마을인 미라이 주민들을 대량 학살한 사건 ― 옮긴이

* 미국의 대통령. 재임 기간 1963~1969년. 1965년에 담낭 제거 수술을 받았다. ― 옮긴이

* 미국(유대계)의 부부. 줄리어스 로젠버그와 에셀 로젠버그. 1950년 원자 폭탄 설계의 비밀을 소련에 제공한 용의자로서 연방 검찰청에 체포되고, 에셀의 친동생의 밀고라는 유일한 증거로 사형 선고를 받았다. 3년간의 옥중 생활에서 부부는 최후까지 자신들의 무죄를 주장하고 세계의 각층 사람들이 구명 운동을 했으나, 결국 전기의자에서 처형되었다. ― 옮긴이

었다. 솔로몬이 드보라를 호시탐탐 노리고 있었다. 드보라는 어떤 수컷의 기준에 비추어봐도 꽤 괜찮은 암컷이었다. 잘 먹어서 영양이 좋았고 임신 가능성이 매우 높았다. 일단 새끼가 태어나면 감히 아무도 그 새끼를 건드리지 못할 것이다. 그 새끼는 생존율이 높을 것이다. 미래 세대를 위해 가능한 한 유전자를 많이 퍼뜨리는 것이 어쩌고저쩌고…… 하는 진화론적 관점에서 보면 그녀는 매우 섹시한 젊은 영장류였다. 나는 드보라가 대단하다고 여기지 않았지만(내가 매력을 느낀 것은 밧세바였는데 그녀는 짐승 같은 네부카드네자르의 송곳니에 물려 비극적인 최후를 맞았다.) 그녀는 자신감이 충만했다. 사이가 좋은 수컷 개코원숭이들은 흔히 서로 우연히 마주치거나 인사할 때 서로 상대방의 성기를 살짝 잡아당긴다. 사실 그것은 이런 말이라고 보면 된다. "우리는 정말 사이가 좋아. 잠시 네가 내 성기를 잡아당기는 것을 허락할 정도로 나는 너를 믿어." 이것은 개들이 서로 등을 바닥에 깔고 뒹굴며 가랑이 사이의 냄새를 맡는 것과 같다. 수컷 영장류들에게 이것은 믿음을 의미한다. 수컷들은 상대를 친구로 여길 때에만 이런 행동을 한다. 그런데 이것이 다가 아니었다. 레아와 드보라는 수컷들과 인사를 주고받을 때 성기를 만지는 행동을 했다. 이 둘 외에는 암컷이 그렇게 하는 경우를 본 적이 없었다. 네부카드네자르가 처음 이 무리에 들어왔을 때 드보라가 이런 행동을 하는 것을 보았다. 그는 온갖 말썽을 일으키며 오전을 보내고 자신에게 매우 만족스러운지 어슬렁거리며 걸어가다가 맞은편에서 걸어오는 작은 노파와 그녀의 어린 딸인 레아와 드보라를 스쳐갔다. 그는 아직 그녀들을 잘 알지 못해 인간으로 치면 모자를 약간 들어올리는 정도로 인사를 했다. 즉, 눈썹을 찡긋했다. 그 순간 어린 드보라가 그에게 다가가 그의 성기를 살짝 잡아당기고는 늙은 어미와 함께 계속 길을 갔다. 네부카드네자르는 멀어져가는 그녀의 엉덩이를 잘 보기 위해 쪼그리고 앉았는데 어쩌면 방금 지나간 것이 자신과 같은 수컷이 아님을 확신했을 것이다.

따라서 드보라는 걱정이나 불안과는 거리가 먼 사춘기를 보냈다. 솔로몬은 그녀의 성피가 조금 더 크게 부풀며 좀 더 섹시한 냄새를 풍기기를 기다렸다가 작업에 들어갈 것이다. 하지만 불쌍한 룻은 또 달랐다. 그녀 또한 당시에 사춘기를 보내고 있었다. 그녀의 사춘기는 평범한 사춘기였다. 그녀는 낮은 서열의 가족 출신으로 흔히 수컷에게 많이 차인 암컷들이 그렇게 하듯이 엉덩이를 흔들어대며 불안해하는 동작을 했다. 몇 년 후에 중년이 되어도 그녀는 여전히 아드레날린 과다의 불안한 표정을 하고 있을 것이고 많은 새끼들이 같은 증상을 보일 것이다. 하지만 올해 그녀의 가장 큰 문제는 에스트로겐(여성 호르몬 - 옮긴이)으로 서서히 미쳐가고 있다는 것이었다. 사춘기가 지나면서 그녀의 성피가 부풀어올랐고 스테로이드는 그녀의 뇌를 가만히 놔두지 않았다. 그녀의 머릿속에는 오직 수컷밖에 없었다. 하지만 아무도 그녀에게 관심을 보이지 않았다. 암컷들이 처음으로 생리 주기를 시작하고 성피가 부풀어오르는 첫 6개월간은 어쩌면 배란까지는 하지 않을지도 모른다. 단지 시스템이 워밍업되는 기간이다. 두말할 필요 없이 이것은 수컷들에게 암컷이 아직은 성적으로 성숙하지 않았고 성피가 부풀어오르기는 했지만 아프리카의 땅거미 아래서 완전히 저항하기 힘들 정도로 끌리지는 않는다는 뜻으로 바꾸어 전달된다.

그러는 동안 딱한 룻은 호르몬의 지배로 점점 정신을 놓았다. 그녀는 수컷들을 닥치는 대로 쫓아다녔다. 그런데 아무도 그녀를 쳐다보지 않았다. 솔로몬이 숲에서 벗어나 들판에 앉아 있으면 룻은 순식간에 종종걸음으로 달려가 그의 면전에 엉덩이를 들이밀었다. 이런 행동은 발정기에 있는 암컷들이 수컷이 냄새를 맡는 이상으로 뭔가 해주기를 바랄 때 흔히 하는 행동이었다. 싫어! 또 다른 수컷인 아론이 무화과나무 위로 걸어가는 간단한 일에 공을 들이고 있으면 룻은 두 발 앞질러 달려가 그를 멈춰세우고 그에게 온갖 애정 공세를 펼쳤다. 그런데 그는 그냥 지나가버렸다. 그녀는 몸을 다시 홱 움직여 다른 각도에서 시도했다. 1978년 여름에 내 기억에 가장 많이 남은 그녀의 모습은 이런 것이었다. ─서 있기, 몸단장하기, 엉덩이 보여주기, 등을 활 모양으로 구부리기, 저항할 수 없는 완벽한 포즈를 취하려고 안간힘을 쓰고는 어깨너머로 시선을 돌려 그것이 효과가 있는지 살펴보기, 심드렁하게 앉아 코를 후비며 그녀를 외면하는 솔로몬과의 친밀한 즐거움을 애타게 갈망하기.

결국 룻은 한 해 전에 이 무리로 전입한 젊고 깡마른 여호수아로 만족해야 했다. 여호수아는 조용한 편이었고 말썽 부릴 줄 몰랐고 진지했고 동요하는 일이 없었다. 그는 숲에서 자위행위를 많이 했다. 1978년 10월경에 여호수아는 룻에게 점점 빠져들었는데 룻은 전혀 달가워하지 않았다. 두 달 동안 그는 그녀를 열렬하게 쫓아다녔다. 그가 그녀를 쫓아오면 그녀는 도망갔다. 그가 그녀 옆에 앉을라치면 그녀는 일어났다. 그는 조심스럽게 그녀에게 털고르기를 해주고 진드기를 떼주었다. 그래도 그녀는 체격 좋고 섹시한 다른 수컷 주변에서 맴돌았다. 한번은 그녀가 몸단장을 하고는 아론 앞에서 얼쩡거리는 동안 여호수아는 앉아서 지켜보았고 발기를 했다.

수컷이 그런 헌신을 보여주는 것은 때로 천방지축 날뛰는 사춘기 암컷을 움직인다. 마침내 12월경에 여호수아는 룻의 성피가 부풀어 있는 기간 동안 거의 매일 그녀와 붙어 있었다. 그 둘은 특히 그 일에 능숙하지 않았다. 몇 년이 흘러 수컷들이 모두 그녀에게 접근하려 하게 되었을 때에도 룻의 신경과민은 생식적 성공률을 상당히 낮추었을 것이다. 그럼에도 불구하고 그녀는 5월에 오바댜를 낳았다.

그 아이의 모습은 다소 기이했다. 그는 두상이 좁았을 뿐만 아니라 등 쪽에 길고 지저분한 털이 가늘고 긴 날개 모양으로 나 있었다. 룻은 신경 쇠약증에 걸린 엄마였다. 그녀는 아이가 두 발짝만 떨어져도 아이를 얼른 끌어당겨 안았고, 다른 암컷이 다가올 때마다 아이를 데리고 도망갔다. 여호수아는 수컷 개코원숭이들 사이에서 드물게 헌신적인 아버지 역할을 했다. 이것은 그 나름대로 일리가 있었다. 룻보다 낫고 드보라보다 조금 못한 보통 암컷은 발정기가 시작된 주에 대개 대여섯 마리 수컷과 짝짓기를 한다. 가장 배란 가능성이 낮은 첫째 날에는 서열이 낮은 수컷과 하고 하루 지나면 조금 더 높은 서열의 누군가와 할 것이다. 그런 식으로 이어가다가 가능성이 최고조에 달한 날에 서열이 제일 높은 수컷과 할 것이다(어쩌면 우두머리 수컷일 수도 있다.). 따라서 5개월 후에 새끼가 태어나면 수컷들은 계산기를 꺼내 두드려보고 자신의 새끼일 확률이 38%라고 결정한다. 이런 경우에는 암컷이나 새끼가 수컷에게 도움을 기대할 수 없다. 하지만 여호수아의 경우에는 룻의 성피가 부풀어오른 기간 동안 자신만이 유일하게 룻과 함께 있었기 때문에 100% 자신의 새끼라고 확신했다. 사회생물학자들의 냉정한 경제 용어로 말하면 부모로서 아이에게 투자하는 것은 진화론적 선택이다.

룻이 지쳐 있을 때면 그는 오바댜를 데리고 다니며 나무에 오르는 것을 도와주거나 사자들이 주변에 있으면 불안해하며 그 옆에 있었다. 어쩌면 과보호 조짐까지 있었다. 여호수아는 아이들이 노는 것을 제대로 이해하지 못했다. 오바댜가 같은 또래들과 몸싸움을 하고 재미있게 놀고 있을 때 여호수아는 갑자기 그 중앙에 난입해 위협하는 또래들로부터 자기 새끼를 방어했고 아이들에게 달려들어 쓰러뜨리고 집어들어 사방으로 던졌다. 그럴 때면 오바댜는 황당한 시선으로 바라보았다. 어쩌면 인간 사회에서 부모가 정말 변변찮은 행동을 할 때 아이들이 느끼는 당혹감 같은 것일 수도 있었다. 아이들은 비명을 지르며 엄마를 찾아 달려가곤 했는데 엄마들은 여호수아에게 뭐라고 하기도 했고 가끔씩은 그를 내쫓기조차 했다. 하지만 학습은 이루어지지 않았다. 몇 년 후 여호수아가 우두머리 수컷이 되었을 때에도 여전히 오바댜가 또래들과 몸싸움을 하며 노는 것을 그냥 지켜보고만 있지는 않았다.

여호수아가 무리에 합류한 것과 때를 같이하여 베냐민이 나타났다. 비록 여호수아가 동쪽 산에 있는 무리 출신이고 베냐민이 탄자니아 국경 지대에 있는 무리 출신이라고 해도 그들은 동시대 개코원숭이였다. 이제 겨우 지겨운 사춘기 불안에서 벗어나고 있었던 나는 베냐민과 그의 기벽을 보면서 마치 나를 보는 것 같은 착각에 빠졌다. 머리의 털은 온통 헝클어진 산발이었고 갈기털은 경쟁자를 위협할 만한 수컷다운 털이 아니라 기이하게 덩어리져 있었다. 그는 자기 발에 걸려 자주 넘어졌고 언제나 쏘는 개미들 위에 앉았다. 그는 턱에 무슨 문제가 있는지 가끔 하품을 할 때마다 송곳니가 보이도록 입술과 뺨을 잡아당겨서 입을 바로잡아야 했다. 그는 암컷들과 짝짓기할 기회를 아직 갖지 못했다. 만약 지구 상의 누군가가 싸움에 져서 기분이 안 좋다면, 베냐민은 언제나 최악의 상황에 처해서 기분이 안 좋았다.

무리에서 첫해를 보내던 어느 날 나는 베냐민을 관찰하고 있었다. 행동 자료를 수집할 때는 무작위로 한 녀석을 선택하고(흥미로운 행동을 하는 녀석들만 선택하면 자료가 한쪽으로 치우치게 되기 때문이다.) 한 시간 동안 그를 철저히 따라다니며 그의 모든 행동을 기록한다. 한낮이었고 베냐민은 샘플로 선택된 지 2분 만에 덤불숲에서 낮잠을 잤다. 한 시간 후에, 샘플에만 집중하다보니 나머지가 모두 사라지고 없었다. 잠에서 깨어난 그는 무리 전체가 어디로 갔는지 알지 못했다. 그건 나도 마찬가지였다. 우리는 함께 미아 신세가 되었다. 나는 지프차 지붕에 올라서서 쌍안경으로 주위를 둘러보았다. 우리는 서로를 바라보았다. 마침내 나는 몇 개의 언덕 너머에서 작고 검은 점들이 움직이는 것을 찾았고 무리임을 알았다. 나는 차를 몰고 천천히 그쪽으로 갔다. 그는 나를 따라 달렸다. 결과는 해피엔드였다. 그 후에는 내가 차 없이 걸어다니면서 일할 때면 그는 내 옆자리에 와서 앉곤 했고, 차량 밖으로 나와 일할 때면 지프차 보닛 위에 앉아 있곤 했다. 그즈음에 나는 그가 내가 좋아할 만한 개코원숭이라는 결론을 내리고 '베냐민'이라는 좋아하는 이름을 붙였다. 그 이후에 그가 보여준 행동은 하나같이 그 느낌을 강화시켜주었다. 많은 세월이 흘렀고 그가 죽은 지도 오래되었지만 나는 여전히 그와 함께 찍은 사진을 간직하고 있다.

무리에는 여호수아나 베냐민보다 훨씬 더 어린 다윗과 다니엘도 있었다. 그들은 최근에 무리에 들어왔는데 친구들과 가족들과 떨어져 낯선 존재들 속에서 겪는 첫 번째 이동의 트라우마에 여전히 지쳐 있는 것처럼 보였다. 그들은 같은 무리 출신이 아니었지만 운 좋게도 동시에 나타났고 운 좋게도 서로 할퀴고 싸우는 대신 서로에게 애착을 느끼는 기질을 가지고 있었다. 그들은 아이들보다 더 붙어지내며 몸싸움을 하거나 놀면서 시간을 보냈다. 언젠가 어느 오후에 나는 이 둘이 무리에서 고립된 채 숲 가까운 들판에서 사바나를 가로질러 우르르 몰려가는 아기 기린들 사이에서 어쩔 줄 모르고 서 있는 것을 발견했다. 기린은 몸무게가 다니엘과 다윗의 50배는 되었고 발길질만 해도 그들을 거뜬히 이길 수 있었다. 그런데 아기 기린들은 작은 털뭉치 같은 것들이 자신들의 발치에서 악마처럼 으르렁거리자 오히려 당황하여 도망을 갔다.

무리 속에는 다 자란 것처럼 보이는데 다른 무리로 이동하지 않는 이상한 수컷이 하나 있었다. 욥이라는 녀석이었는데 내가 알게 된 수백 마리 개코원숭이 중에서 최악의 개체였다. 사바나의 개코원숭이들은 멋진 동물들이다. 근육질에 털이 북슬북슬한 곰 같다. 그런데 욥은 말랐고 몸에 비해 머리가 지나치게 컸다. 그리고 때로 떨림, 경련, 마비, 발작을 일으키곤 했다. 털은 간헐적으로 빠졌고 매년 우기가 되면 콧구멍을 비롯한 온몸의 구멍에 곰팡이가 피었다. 그는 팔다리가 가냘파서 꼬리에 의존해 그럭저럭 생존했다. 관찰 결과 그는 사춘기를 겪지 않았다. 커다란 송곳니, 길게 늘어진 갈기털, 깊은 성량, 근육 등 이차성징이 없었다. 하지만 바보는 아니어서 지속적인 두려움에 연마되어 주변을 민첩하게 경계하면서 살았다. 나는 그에게 무슨 문제가 있는지 판단하고 추론하기 위해 모든 이론을 총동원했다. 샘 재앙의 충격적인 사진이 함께 있는 내분비학 교재에는 눈이 가려진 채 키를 재는 곳 앞에 벌거벗고 서 있는 사람들 사진이 있었다. 갑상선 기능 부전의 백치도 있었고 말단 비대증을 앓는 괴물도, 안구 돌출증의 악몽 같은 사진도, 자웅 동체 사진도 있었다.

그중에서 클라인펠트 증후군(성염색체 이상 증후군 - 옮긴이)이 욥에 대해 가장 그럴듯한 추론이었지만 정확히 밝혀내기는 불가능했다. 정식 진단 결과가 아니었기 때문이다.

예상대로 그는 무리 속에서 모든 성인 수컷들의 분풀이 대상이 되어 괴롭힘과 쫓김, 희롱을 당했고 두들겨 맞고 송곳니에 베이는 상처를 입고 위협을 당했다(암컷 서열 1위인 레아와 드보라도 여기에 몇 번 가세했다.). 무리에 새로 들어온 수컷들은 새로운 무리에 적어도 자신보다 서열이 낮은 개체가 있는 것을 알면 얼떨떨함과 동시에 기쁨을 느꼈을 것이다. 나는 욥을 안 이후로 여러 해 동안 관찰했지만 그가 지배력 과시 행동에서 한 번도 이기는 것을 본 적이 없었다. 그가 유일한 위안을 얻는 곳은 나오미 가족이었다. ─ 늙은 나오미, 그녀의 딸 라헬, 손녀 사라. 기술적인 용어로 말하면 나오미 가족은 멘시(주위로부터 신뢰를 받는 사람들 ─ 옮긴이)였다. 그들은 곧 내가 좋아하는 가족이 되었다. 그들의 외모만 봐도 가족임이 뚜렷하게 드러났다. 짧은 안짱다리, 작고 둥근 예인선 상반신, 머리 양쪽에 술 같은 털 등 하나같이 빼다박은 듯했다. 서열은 중간 정도로 친구들이 많았고 서로 협조적이었다. 그들은 욥을 도왔다. 입증할 수는 없지만 나는 욥이 나오미의 아들이란 확신이 들었다. 다른 무리로 이동해가서는 생존할 수 없고 한 번도 안드로겐(남성 호르몬 ─ 옮긴이)의 충동을 느껴본 적도, 다른 개코원숭이 무리의 신세계에서 자신의 운을 선택하고 시험하고 싶어 하는 사춘기 수컷의 안달을 느껴본 적도 없는 그런 아픈 아이 말이다. 나오미는 그를 보면 안달을 했고 라헬도 다른 또래의 수컷들이 그를 괴롭힐 때 열심히 막아주었고 사라는 그에게 털고르기를 해주었다. 한번은 어느 날 아침에 무리 주위에서 맴돌던 욥이 어쩌다 나머지 무리와 떨어져 임팔라 암컷들에게 둘러싸였다. 아기 사슴 밤비를 닮은 임팔라들은 개코원숭이들의 사냥감이었지만 욥은 두려움으로 얼어붙어 경고음을 내기 시작했다. 그러자 나오미와 라헬이 임팔라들을 헤치고 욥의 옆으로 가서 임팔라들이 가고 그가 마음을 진정시킬 때까지 옆에 앉아 있었다.

무리에는 나오미 같은 암컷 가장 외에 위엄 있고 나이 든 수컷들도 있었다. 예를 들어 아론은 한창때가 분명히 지났지만 여전히 무시당하지 않을 정도로 힘이 있었다. 그는 점잖았고 조용했으며 암컷들과 친화 욕구가 있었고 다른 것들에게 별로 폭력을 행사하지 않았다. 그는 결정적인 운명의 순간에 패한 결과로 다리를 절고 있었다. 몇 년 전에 솔로몬이 서열 3위였을 때 젊은 녀석 하나가 상승 가도를 달리고 있었다. 당시에 아론은 2위였고 체격이 좋았다. 그는 기록물에 메일(Male) 203호로 기록된 당시 1위를 바싹 추격하고 있었다.

기억에 남을 만한 어느 아침에 아론(2위)과 메일 203호(1위)는 격렬한 대결을 했고 몇 시간 동안 일진일퇴의 사투를 벌였다. 그런데 결정적인 순간에 솔로몬(3위)이 싸움에 끼어들었고 1, 2위가 서로 싸우다 지쳐 나자빠져 있는 사이에 둘에게 덤벼들었다. 그 결과 메일 203호는 죽었고 아론은 심한 부상을 당했으며 솔로몬은 우두머리가 되었다.

1979년에 그 무리는 63마리로 구성되어 있었지만 이들 주위에는 언제나 사건이 끓이질 않았다. 물론 다른 수컷들도 있었다. 전성기가 1~2년밖에 남아 있지 않은 사춘기 수컷인 이삭은 라헬 가족들과 잘 어울려 지낼 만큼 스타일이 좋았다.

내가 무리 속에 들어갔던 첫 시즌에 솔로몬을 위해 시간이 더 이상 멈추어 있지 않았다. 불가피한 죽음의 그림자가 '우리아'로 모습을 드러냈다. 우리아는 매우 덩치가 큰 젊은 녀석으로 그해 봄에 들어온 녀석이었다. 그는 선례나 역사, 위협적인 힘에 대한 어떤 존중도 없이 즉시 솔로몬을 무너뜨리려고 했다. 우리아는 먼저 여호수아와 베냐민을 쓰러뜨리고 다른 큰 수컷들 중 일부인 아론, 이삭을 재빨리 물리쳤다. 어느 날 아침에 솔로몬이 발정난 드보라와 짝짓기를 하고 있는 동안 우리아가 대담하게도 그들 사이로 들어가 그녀와 짝짓기를 하려고 했다. 솔로몬에게는 이것은 몇 년 만의 첫 싸움이었다. 솔로몬은 우리아를 때려눕히고 송곳니로 그의 어깨를 깊숙이 물고 윗입술을 잡아찢은 다음 송곳니를 드러내는 험악한 표정으로 그를 쫓아버렸다. 그런데 다음 날 아침에 우리아는 다시 솔로몬에게 도전했다.

그해 봄 내내 이런 일이 반복되었다. 계속 패배한 우리아는 다시 또 다시 돌아와 도전했다. 그는 솔로몬의 얼굴에 송곳니로 위협을 가했고 죽은 동물을 두고 싸웠고 솔로몬에게 털고르기를 해주는 암컷들을 겁을 주어 쫓아냈다. 공격은 집요하게 이어졌다. 그는 서서히 솔로몬을 약화시켰다. 솔로몬은 점점 살이 빠졌고 싸울 때마다 비틀거리는 일이 많아졌다. 수컷들은 싸울 때 서로 돌진해 입을 벌릴 수 있는 데까지 벌리고 성인 사자의 이빨보다 더 길고 날카로운 송곳니로 물어뜯는다. 어느 날 둘이 이렇게 서로 치고받다가 처음으로 솔로몬이 뒷걸음질을 쳤다. 잠시라고 해도 그가 후퇴하기는 처음이었다. 그는 최종적으로 이겼지만 그 과정에서 얼굴을 심하게 베이는 상처를 입었다. 도전은 더 이어졌고 어깨 너머로 염탐하는 시간은 더 길어졌다. 우리아는 나이 든 자에게 악몽이었다. —너무 젊어서 아무리 싸워도 지칠 줄 모르는 적수였다. 어느 오후에 솔로몬은 우리아와 대결을 벌이던 중에 또 다른 높은 서열의 수컷의 공격을 받았다. 두 달 전만 해도 솔로몬이 쳐다보기만 해도 주눅이 들었던 녀석이었다. 솔로몬이 결국 이겼지만 내용상으로는 치고받고 싸우는 중에 몇 번의 역전이 있었다. 조짐이 좋지 않은 승리였다.

다음 날 아침 솔로몬은 드보라 옆에 앉아 있었다. 드보라는 그 주에

31

발정기가 아니었고 성적으로 받아들일 만한 상태가 아니었다. 오바댜는 첫걸음을 뗐고 라헬은 욥 옆에 앉아 있었다. 임신 2개월인 미리암은 칭얼거리는 가장 어린 새끼의 털고르기를 해주고 있었다. 작은 마을의 평화로운 아침이었다. 우리아가 갑자기 나타나 10미터 앞에 있는 솔로몬을 노려보았다. 그러자 솔로몬이 마치 대본에 쓰여진 대로 하는 것처럼 곧장 우리아에게 걸어가 몸을 홱 돌려 풀 위에 배를 깔고 엉덩이를 공중으로 들어올리고 굽실거렸다. 수컷에게 이것은 복종의 몸짓이다. 과도기가 발생했다.

그날 우리아는 레아, 나오미 그리고 다른 몇몇 암컷들과 털고르기를 했다. 솔로몬은 이유 없이 베냐민을 공격하고 반복적으로 욥에게 상처를 입히고 다니엘과 다윗의 놀이에 훼방을 놓고 두려움에 떠는 룻과 오바댜를 잡으러 다녔다. 나는 이것이 수컷 개코원숭이의 전형적인 분풀이 행동임을 깨닫게 되었다. 솔로몬은 최고의 우두머리 지위를 잃어버린 바로 그날 내가 그 이후로도 한 번밖에 본 적이 없는 어떤 행동을 했다. 동물의 행동을 기술하는 데 인간의 감정이 실린 용어(emotion-laden term)를 사용하는 것이 적절한지에 대해 동물행동주의자들 사이에 의견이 분분하다. 개미들이 정말 '계급'을 가지고 있고 '노예'를 만들까? 침팬지가 정말 '전쟁'을 할까? 한 그룹은 이것이 긴 기술을 편리하게 약기한 것이라고 말한다. 다른 그룹은 이런 행동들이 인간의 예와 다를 바가 없다고 말한다. 또 다른 그룹은 인간의 행동과는 매우 다르다고 말한다. 예를 들어 모든 종이 노예 제도가 있다고 말하는 것은 그것이 자연스럽고 널리 퍼진 현상임을 교묘하게 말하는 것이라고 주장한다. 나는 마지막 그룹에 동조하는 편이다. 그럼에도 불구하고 솔로몬은 그날 내가 생각하기에 인간 병리학을 기술할 때 대표적으로 사용되는 감정이 실린 용어에 해당하는 어떤 행동을 했다. 솔로몬은 드보라를 뒤쫓았고 아카시아 나무 가까이에서 그녀를 붙잡았다. 그리고 그녀를 '강간'했다. 이 말의 뜻은 그녀가 원치 않았다는 것이다. 당시에 그녀는 행동학적으로 수용적이지 않았고 생리학적으로 생식력이 있지도 않았다. 그녀는 죽어라 하고 달아났고 저항하려고 몸부림을 쳤다. 그런데도 그가 강제로 했을 때 그녀는 고통에 찬 비명을 질렀다. 그리고 피를 흘렸다. 솔로몬의 통치는 그렇게 막을 내렸다.

02

얼룩말 뒷다리 살과
범죄의 삶

개코원숭이 무리 속에 들어가려고 먼 아프리카 땅을 처음 밟았을 때 나는 새로운 세계에서 마주하는 어떤 일이라도 헤쳐나갈 일련의 경험과 기술을 나 나름대로 준비한 상태였다. 뉴욕 지하철 체계에 대해서 알았고 무엇보다도 먼 여정에 오르기 일주일 전에 운전 면허증을 땄다. 나는 뉴잉글랜드뿐만 아니라 대서양 연안에 위치한 중동부 주들까지 몇 번 여행을 다녀왔다. 뉴욕에 있는 캐츠킬 산맥에서 폭넓게 배낭여행을 했고 호저(몸 뒤쪽에 뻣뻣한 가시털이 빽빽이 나 있는 동물 - 옮긴이)가 내 침낭 옆으로 지나갈 때 침낭 속에서 죽은 듯이 누워 있던 적도 있었다. 한번은 벨비타 치즈를 차갑게 먹는 대신에 모닥불을 피워 치즈를 녹인 다음 크래커 위에 얹어먹었는데 그 이후로는 배낭여행을 할 때마다 그렇게 먹었다. 나는 다른 방법으로도 음식의 지평을 넓히며 새롭게 다가오는 것들에 대한 준비를 게을리하지 않았다. ―그즈음에 나는 종교적 가르침이 제한하는 식이에서 벗어났으며 떠나기 일

년 전에는 처음으로 피자를, 중국 음식을, 인도 음식을 먹었다(비록 인도 음식은 너무 매워서 맨밥만 먹었지만 말이다.). 유용한 경험이 부족한 경우에는 어떤 주제건 가리지 않고 그곳의 새로운 삶과 연관되어 보이는 책은 무조건 읽었다. 어떤 일이 닥치더라도 대응할 수 있도록 준비했다.

동이 틀 무렵 나이로비 국제공항에 도착했다. 관광객을 태우려고 대기해 있는 택시를 뿌리치고 시내로 들어가는 도시 버스를 탔다. 나는 만원 버스 속에 끼여 터질 듯한 배낭과 더플백을 간신히 들고 창밖을 내다보며 한 가지라도 빠트리지 않으려고 눈을 부릅떴다. 멀리 화산이 보였고 아카시아 나무들이 군데군데 심어져 있는 툭 트인 들판과 일하러 나가는 남자들이 보였고 음식 바구니를 머리에 이고 길을 따라 위태위태하게 걸어가는 여자들이 보였다. 하나같이 흑인이라는 점이 생소하게 다가왔다. 나는 진짜 아프리카에 와 있었다! 밖을 보다가 부지불식간에 버스 안으로 시선을 돌렸는데 바로 옆에 있는 좌석에 앉아 있던 중년 남자가 내 가방을 들어주겠다고 했다. 그는 내 가방을 빼앗아가다시피 하며 이렇게 반복했다. "이보소, 백인. 이래 봬도 내 팔은 튼튼해. 내 팔은 튼튼해." 그는 상대를 당혹스럽게 하는 강렬한 시선으로 나를 바라보며 영어로 말했다. 나는 한편으로는 고맙고 다른 한편으로는 불신의 눈초리를 완전히 거두지 못한 채 조심스럽게 짐을 맡겼다. 그는 내릴 때가 되자 더 이상 도와주지 못해 미안하다고 하며 짐을 돌려주었다. 그러고는 팔을 좌석에 대고 상체를 공중으로 휙 들어올려 몸을 버스 바닥에 내려놓았다. 그리고 손과 무릎으로 기어가기 시작했다. 그는 게걸음으로 버스 계단을 내려가 나이로비 거리 바닥에 내려앉으면서 어깨 너머로 얼굴을 돌려 한 번 더 소리쳤다. "이래 봬도 내 팔은 튼튼하다구." 그리고 웃음을 터뜨리며 즐거워했다. 내가 이국땅에서 처음 만난 사람은 소아마비 장애자였다.

나는 그 주에 나이로비에서 체류하며 허가증과 국립 공원으로 가는 수송 수단을 알아봐야 했다. 곧 바로 알게 된 것은 내가 배운 스와힐리 어가 잘못된 타입이라는 것이었다. 나는 대학에서 탄자니아 출신 법대생에게서 그것을 배웠다. 그런데 탄자니아는 부족 제도가 서서히 무너지고 있었고 풍부하고 복잡하고 우아한 잔지바르 스와힐리 어가 제1 언어(모국어)로 사용되고 있었다. 이웃해 있는 케냐는 혼란스러운 부족 제도가 우세했고 다들 부족 언어를 배우고 사용해 스와힐리 어는 나중에 습득해도 되고 안 해도 그만인 언어였다. 특히 나이로비에서는 대부분 스와힐리 어를 조금 하기는 했지만 거의 모두 제대로 사용하지 못했고 엉터리가 많았다. 브롱크스(뉴욕의 자치구 – 옮긴이)에서 퀸즈 잉글리시(영국 표준 영어)를 사용하는 꼴이었다. 아무도 내 말을 이해하지 못했고 나도 마찬가지였다.

소통의 어려움도 있었지만, 나는 낯선 곳에서의 여행 첫날 내 몫의 수업료를 치러야 했다. 빠르게 주문하는 과정에서 나는 호텔 안내 직원이 제시한 허위 세금을 지불했고 처음 식사를 하러 들어간 간이음식점 주인에게 바가지를 썼고 우간다에서 온 대학생이라는 젊은이에게 속아서 돈을 주었다. 그는 자신의 가족이 이디 아민(우간다의 대통령, 독재자. 재임 기간 1971~1978년 – 옮긴이)에게 죽임을 당했고 자신은 탈출한 난민이라고 하면서 돈을 구해 그곳으로 돌아가 혁명에 참여할 것이라고 말했다. 우리는 국립 박물관 경내에 있는 나무 그늘 아래 앉아 혁명에 대한 긴 이야기를 나누었다. 그는 서구식 민주주의를 고향에 도입하는 것이 소원이라고 열정적으로 말했다. 나는 그에게 터무니없는 거금을 주었다. 그 후 몇 해에 걸쳐 그를 다시 보곤 했는데 그때마다 그는 박물관 경내에서 관광객들에게 작업을 하고 있었다. 자신은 아프리카의 어느 나라에서 온 난민이며 최근의 정치적인 혼란으로 서구 사회에 대한 자각을 하게 되었다면서 말이다.

첫날을 마무리할 무렵에 나는 이 모든 것을 긍정적으로 생각하기로 결론을 내렸다. 숙박에 관한 세금에 대해 알게 되었다. 그리고 간이음식점에서 게시된 가격을 더 주의 깊게 보는 것이 필요하다는 것을 알게 되었다. 내가 가격표를 잘못 보는 바람에 불쌍한 주인이 나에게 돈을 더 내라고 해야 하는 난처한 상황에 빠지게 했으니 말이다. 그리고 무엇보다도 나는 우간다에 양당제 민주주의 체제 도입을 돕기 위해 나로서 할 도리를 다한 셈이었다.

나이로비에서의 첫 주는 그렇게 지나갔다. 아는 사람 하나 없고, 음식도, 얼굴도, 몸짓도 이전에 마주친 어느 것보다 낯설기 짝이 없으며 소란이 가득한 제3세계 도시를 통과하는 일은 현기증이 날 만한 일이었다. 하지만 나는 단 하나의 이유 때문에 그런 것에 아무런 관심이 없었다. 나는 어느 쪽으로 가야 하는지 알지 못했지만 처음부터 끝까지 한 가지 생각밖에 없었다.—바깥 어딘가에, 멋진 새 고층 건물 너머 어딘가에, 판자촌 너머 어딘가에, 식민지 통치 국가의 시민들이 사는 깔끔한 교외 너머 어딘가에 모든 것이 사라지고 숲이 시작될 것이다. 내가 그곳에 갈 때까지, 내가 내 삶의 모든 것을 바칠 것이라고 계획한 그곳에 도착할 때까지 그 밖의 모든 것은 내게 숨죽이고 있게 했다.

마침내 그날이 왔다. 나는 시내에 있는 야생 동물 보호 단체 사무실을 찾아갔다. 그곳에 내 '연줄'이 있었다. 이것은 다소 과장된 표현이다.—우리나라에서 그곳 비서에게 내 이름을 가진 아이 하나가 갈 것이라는 통지를 했고 그녀가 나를 조금 도와주어야 했다. 그것은 놀랄 만큼 흥분되는 일이었다. 사무실에서 종이 위에 내 이름이 쓰여 있는 것을 보는 것만으로도, 철자가 엉터리이고 성과 이름이 뒤바뀌어 있었음에도 엄청 감격스러웠고 심지어 아프리카 사람이 다 된 것처럼 느껴졌다. 그녀는 보호 구역으로 가는 경비행기를 타러 가는 방법과 경비행기 조종사 이름을 알려주었다. —이제 아프리카에서 연줄이 두 명이나 되었다! 나는 1~2개월 동안 보호 구역에서 대학원생 두 명과 같이 생활하며 일의 요령을 터득하기로 되어 있었다. 이 비서는 대학원생들에게 무전을 쳐서 내가 활주로에 도착했을 때 그들이 마중 나오도록 해주겠다고 약속했다.

그래서 나는 작은 비행기를 타고 리프트 밸리를 가로질러 비바람이 치는 폭풍 속을 뚫고 갔는데 구름층이 너무 낮게 깔려 있어 신세계의 출현을 허락하지 않았다. 비행기는 착륙 30초 직전이 되었을 때 비로소 구름층에서 벗어났다. 갑작스럽게 주변이 시야에 들어오며 작은 관목의 평원과 얼룩말들 그리고 야생 동물들이 우리 경비행기를 피해 활주로 밖으로 재빨리 사방으로 달아나는 것이 얼핏 보였다. 나는 박물관의 디오라마 관 속에 실제로 들어와 있었다.

숲에서의 처음 몇 주를 두 번 다시 경험할 수 없다는 생각이 들 때마다 가슴이 아프다. —개코원숭이들을 처음으로 대면했고 오후에 부근 마을 사람들을 만났고 덤불과 나무 뒤에는 어디든지 동물이 있다는 것을 처음으로 알게 되었다. 이 모든 새로움에 나는 밤마다 텐트에 지쳐 쓰러졌다. 모든 것을 골똘히 보고 듣고 냄새 맡는 것은 그만큼 피곤했다.

내가 처음으로 얻은 교훈은 당연히 예상하던 것과는 달랐다. 나는 몇 년간 기대에 차서 마음 독하게 먹고 숲에서 직면할 위험을 받아들였고 마치 다시 돌아오지 못할 사람처럼 사랑하는 사람들에게 작별을 고했다. 나는 약탈자들과 들소 그리고 독뱀에 나를 내놓을 마음의 준비를 했다. 그런데 막상 가서 보니 음식에서 끝없이 벌레가 나오는 것이 더 큰 문제였다.

나는 지역 부족이 무시무시하다고 배웠다. ― 그들은 호전적인 마사이 족으로 약탈과 습격뿐만 아니라 두렵고 위협적인 이웃으로 유명했다. 그런데 마사이 족과 관련해 가장 힘들었던 것은 그런 것이 아니라 뜻밖에도 오후마다 내 캠프 주변에 앉아 노닥거리는 부녀자들이었다. 그녀들은 오후만 되면 호기심 어린 시선으로 모여앉아 내가 기척만 보이면 슬쩍슬쩍 훔쳐보면서 자기들끼리 낄낄거리고 소곤거리며 웃음을 터뜨리곤 했다. 도대체 그들은 사생활 개념도, 개인 공간 개념도 없었고 내 물건만 보면 달라고 졸라대기 일쑤였다.

나는 말라리아, 빌하르츠 주혈흡충증 같은 몇 가지 끔찍한 열대병에 걸릴 수 있는 위험을 받아들였다. 그런데 막상 그곳에 있다 보니 그것보다 일 년 내내 낮은 등급의 비특이성 설사가 계속되거나, 발가락 사이에 생긴 무좀 때문에 가려워서 미친 듯이 긁느라 매일 밤 몇 시간씩 깨어 있어야 하는 것이 더 고역이었다.

무엇보다도 고립감으로 인한 심리적인 고충이 이만저만이 아니었다. 낯선 대륙에 아는 사람 하나 없는 것, 많은 시간을 혼자 지내는 것, 몇 주에 한 번씩 오는 편지를 제외하고는 바깥세상으로부터 고립되어 있는 것 등이 고립감을 느끼게 했다. 평화 봉사단의 자원봉사자들이 여기 처음 와서 10개월 정도 지나면 우울증에 빠지곤 한다고 한다. 그때쯤이면 친구들의 편지가 뜸해지고 우기가 절정에 이르고 외로움과 이

방인임이 견디기 어려워지기 시작하기 때문이다. 나 또한 예외가 아니었다.

문제는 코끼리였다. 암컷 코끼리의 유방을 본 적이 있는가? 어미 코끼리가 옆으로 누워 있고 아직 눈도 못 뜬 새끼들이 물고 있는 그런 젖꼭지를 말하는 것이 아니다. 내가 의미하는 것은 말 그대로 유방이다. 오목한 경계 부분까지 포함하여 거대하게 굽이치는 언덕을 이룬 두 개의 풍만한 젖가슴 말이다. 아무도 본 적이 없을 것이라고 나는 감히 장담한다. 나도 예외가 아니었다. — 학교에서 다룬 적이 없는 주제였다. 나는 첫 달에 쌍안경, 초시계, 메모장을 가지고 여러 날 숲 속에서 개코원숭이들이 짝짓기하는 것을 지켜보고 있었다. 그런데 갑자기 코끼리 떼가 지나가는 것이 눈에 들어왔다. 그들 속에 이런 유방이 달린 어떤 코끼리가 있었다. 그것을 보고 맨 처음 든 생각은 내가 너무 한심하고 음탕한 사춘기인 데다가 숲에서 고립된 생활을 한 지 겨우 한 달밖에 안 되었는데 벌써 지쳐서 코끼리의 유방이 폴스크바겐의 비틀만 해 보이는 환각에 빠진 것은 아닐까 하는 것이었다. 신경 쇠약증이 그렇게 빨리 일어나다니, 그리고 『내셔널 지오그래픽』에 나오는 나체 사진들을 멍하니 바라보는 그런 유치한 성적 강박증이 아닌지 공포스러웠다. 결국 코끼리의 가슴의 크기가 진짜 그만하다는 것을 알고 나는 안도의 한숨을 내쉬었다.

내가 훨씬 더 큰 깨달음을 얻게 된 것은 이 직후였다. 대학원생들은 떠났다. 나는 개코원숭이들의 평원이 내려다보이는 아름다운 산에 혼자 있었다. 늦은 오후였고 나는 긴장이 풀려 꽤 기분이 좋았다. — 많은 개코원숭이들을 하나둘씩 구별할 수 있게 되었다. 그날 오전에 공격적인 네부카드네자르가 늙은 아론과 젊은 여호수아 동맹군과 한판 대결이 있었다. 승패가 순간순간 변하는 복잡하고 지속적인 싸움이었다. 세 마리가 들판으로 숲으로 맹추격하며 중간에 한 번씩 으르렁거리며 맞붙었다. 싸움은 몇 분간 이어졌고 여호수아와 아론 동맹군이 간신히 승리했다. 나는 그 장면들을 따라다니며 세부 사항을 기록했다. 나는 이렇게 관찰한 것들을 이해하기 시작했다.

나는 근처 풀덤불의 임팔라 떼를 바라보며 텐트 앞에서 느긋하게 쉬고 있었다. 그때 공원 문에 있는 공원 관리부 소속의 랜드로버 한 대가 산등성이를 넘어 캠프로 이어지는 흙길을 따라 올라왔다. 나는 매일 그들이 지키는 문을 통과했고 잠시 차를 세우고 그들과 간단한 대화를 나누곤 했다. 이것은 나의 첫 공동체로, 전형적인 아프리카 식으로 15분 정도 서로 인사를 나누고 안부를 물었다. "친구, 오늘 별일 없어요?", "밤은 잘 보냈어요?", "일은 잘 되어가나요?", "오늘 밤 날씨는 어떨 것 같나요?", "여동생 남편 부모의 소들은 별일 없나요?" 등등 이런 식이었다.

차가 멈추었다. 앞쪽에 관리인 세 명이 앉아 있었고 뒤쪽에 뭔가 큰 것이 있었다. 그들은 뒷문을 열었다. 그리고 나는 보았다. 그것은 죽은 얼룩말이었다.

중년의 관리인이 내게 일상적인 인사말을 건네며 다가왔다. 그러는 동안 젊은 관리인 한 명이 칼을 들고 얼룩말에 작업을 하기 시작했다. "죽은 얼룩말이군요." 나는 내 부모님의 안부를 묻는 그의 인사를 가로막으며 말했다. "물론이오.", "그것 어디서 났어요?", "총으로 잡았소.", "총으로 잡았다구요?!" 케냐에서 사냥은 불법이었고 철저히 금지되어 있었다. 그것은 이웃 나라보다 케냐에 더 많은 관광객을 불러들이기 위해 국립 공원을 에덴동산처럼 지키고 보호하겠다는 뜻으로 정부가 취한 조치였고 엄청난 자부심의 원천이었다. 이런 보호 구역에서 관리인들이 무슨 이유로 야생 동물을 총으로 쏘아 죽였을까?

우리가 이런 이야기를 하고 있을 때 다른 관리인 한 명이 칼로 작업한 것을 들고 다가왔다. 얼룩말 뒷다리였다. 그는 그것을 내밀었다. 다리 한쪽의 근육질 정강이를 자른 것으로 발굽에 풀이 여전히 붙어 있었다. "얼룩말이 아팠나요?" 나는 그들이 자비심에서 그럴 수밖에 없었다고 설명해주기를 바라며 물었다. 그런데 그는 내 말을 잘못 이해했다. "아니, 당연히 아픈 것은 아니오. 우리는 병든 것은 가져오지 않소. 이건 건강한 수놈이오." 그는 약간 화가 난 목소리로 말했다.

그들은 차를 탔다. 선물을 주었는데 내가 소심하고 미지근하게 반응하니까 짜증스러웠는지도 모른다. 그들이 시동을 걸었을 때 나는 가까스로 물었다. "얼룩말을 쏘아 죽이는 것은 법에 걸리지 않나요?" 중년의 관리인이 차가운 시선으로 나를 바라보며 말했다. "관리부장이 이번 주에 임금을 주지 않았소. 우리에게 줄 돈을 자기가 꿀꺽했소. 우리도 고기를 먹어야 되지 않겠소?"

나는 얼룩말 뒷다리를 아기처럼 안고 한동안 그대로 서 있었다. 수만 가지 생각이 혼란스럽게 교차했다. 열세 살 때 나의 의지력을 시험하고 부모님의 신경을 건드리려는 목적으로 채식주의자가 되었다. 두 가지 목적 모두 멋지게 달성했다. 그리고 시간이 지나면서 나는 그 모든 것에 훨씬 더 교조적이 되었고 제약을 두는 데 그럴듯한 이유를 몇 가지 더 덧붙였다.―동물들의 고통, 생태학적 의식, 건강에 대한 인식이 그것이다. 아프리카에서는 어떤 것을 먹든 모험의 일부로 받아들이자고 마음먹은 상태였지만 아프리카에 온 지 몇 달 지나지 않은 그때에는 여전히 고기를 먹지 않고 지낼 수 있었다. 그런데 이런 일이 벌어진 것이다.

다른 현실적인 문제도 있었다. 도대체 이것을 어떻게 요리해야 하나? 마지막으로 먹은 고기는 중학교 때 간이식당에서 먹었던 소고기 샌드위치였다. 아니면 어머니가 해준 양배추 미트볼이었을 것이다. 대학 기숙사에 있었을 때에는 채식주의자들에게 마음의 안식을 주는 퍼플향 요구르트로 연명했다. 방학이 되어 기숙사에 남아 직접 끼니를 해결해야 했을 때 한 일은 지역 식료품점에 가서 퍼플향 요구르트를 사오는 것뿐이었다. 이곳 캠프에서는 쌀로 만든 밥, 콩, 양배추를 먹고 살았고 한 번씩 그것들을 적당히 요리해서 먹었다. 나는 얼룩말 뒷다리를 어떻게 요리해야 할지 전혀 떠오르지 않았다.

주된 문제는 고리타분한 도덕적인 문제였다. 이 관리인들은 단지 고기가 필요하다는 이유 하나만으로 살아 있는 얼룩말을 죽였다. 밀렵꾼이나 다름없었다. 내가 받은 것은 약탈품 일부였다. 관리부장에게 이것을 신고해야 하나? 하지만 관리부장은 그들의 임금을 착취하고 있다. 그럼 관리부장을 신고해야 하나? 누구에게 신고해야 하나? 내가 그들 모두와 맞서고 그들과 논쟁하고 그들의 잘못을 납득시켜야 하나? 그들을 심판하는 나는 도대체 누구인가? 내 코가 석 자인데 그럴 처지라도 되나? 그리고 그들은 이것을 선물로 가져왔다. 하지만 그들은 얼룩말을 죽였다. 하지만 얼룩말이 소와 무엇이 다르길래 소는 죽여도 되고 얼룩말은 안 되며 무엇이 얼룩말을 더 가치 있게 만드는 것일까? 실제로 그것을 먹는 것은 부도덕해 보였다. 하지만 그것을 덤불 속에 던져버리는 것은 더 부도덕해 보였다.

나는 무력하게 앉아 있었다. 도덕적 진퇴양난이 학기 논문 수준이 되어가고 있었다. 그때 얼룩말 뒷다리 살의 잘린 부분에 파리 떼가 달라붙은 것이 눈에 들어왔다. 어떻게 할 것인지 생각할 겨를도 없이 나는 스위스 다용도 칼로 가죽을 벗기기 시작했고 근육을 잘라 몇 덩어리로 잘랐다. 피와 조직이 사방으로 흩어져 주변이 엉망진창이 되었다(그날 밤 하이에나들이 텐트 주변의 바로 그 지점으로 몰려와서 그 잔여물을 처리했다.). 나는 그 덩어리들을 요리하기 시작했다. 몇 시간 동안 불 위에 올려놓으니 그것들은 타기도 하고 무미한 가죽이 되어버려서, 그날 아침에 천둥소리를 내며 사바나를 내달리던 얼룩말의 뒷다리라는 건 알아볼 수 없게 되었다.

이 덩어리들을 '먹는' 것은 가능하지 않았다. 그냥 기계적으로 틀(입)에 넣었고 씹었다. 질긴 가죽 같은 것이 입에서 너무 이질감이 느껴졌다. 그래서 이처럼 앞니를 사용해서 자르고 넓은 어금니로 이 먹을 수 없는 덩어리를 반복적으로 가는 것, 이것이 바로 '저작(씹음)'이라는 낱말의 사전적 정의라는 생각이 들었다.

그곳에 앉아 앞으로 며칠간 내 식사가 될 것을 처음 몇 조각 씹다가, 이 불법적인 고기를 먹다가, 갑작스런 깨달음이 불현듯 뇌리를 스쳐갔다. 나는 씹는 것을 멈추고 잠시 입을 벌리고 가만히 있었는데 절반은 온 힘을 다해 씹는 일에 지쳤기 때문이었고 절반은 갑작스런 무게로 다가오는 깨달음 때문이었다. 충격적인 생각이 떠올랐다. 우간다 학생…… 지난주에 박물관에서 만나서 이야기했던 그 우간다 학생…… 내가 터무니없는 거금을 주었던 그 우간다 학생은…… "그 자식은 진짜 우간다 학생이 아니었어!" 내 정신의 시야가 갑자기 맑아지는 것 같았다. 또한 내가 매일 밥을 먹으러 갔던 간이음식점의 그 자식에게도 반복적으로 뜯긴 것이 분명했다. 호텔에서 세금을 따로 받았던 종업원에게도 마찬가지였다. 이 모든 것이 갑작스런 깨달음으로 다가왔다. 도대체 이곳은 어떤 곳이길래 이렇게 모든 것이 사기일 수 있을까? 이는 뱀이 지식의 나무에서 사과를 가져온 것이 아니라면 적어도 공원 관리인이 앞의 나무에서 얼룩말 고기를 가져온 것이었다.

나는 끔찍한 불면의 밤을 보냈다. 도덕의 갈림길과 얼룩말 고기에서 나오는 독한 산성 가스의 시너지 효과에 괴로워하면서 말이다. 다음 날 나는 에덴동산에서 처음으로 거짓말을 했다. 여느 날처럼 나는 공원 본부를 지나갔다. 그즈음 나는 어쩌다 보니 목적지가 다른 특정한 공원 관리인 한 명을 습관적으로 태워주게 되었다. 그를 공원 경계선 끝에 있는 마을로 태워다주면 그는 마을에 들어가 사람들에게 한바탕 호통을 치고는 다시 나와서 본부로 데려다달라고 했다. 그는 내게 무뚝뚝하고 공격적이었다. 몇 주 동안 이런 이상한 운전사 노릇을 계속하면서 나는 나 자신에게 다음과 같이 반복 주입시켰다. 그를 더 이해해야 한다고, 숲에서 사는 남자들에게서 찾아볼 수 있는 일종의 '터프함'이 틀림없다고, 다른 문화권에서 온 사람을 대하는 데 익숙하지 않아서 그런 거라고 말이다. 그런데 그 불면의 밤에 문득 그가 날 이용해먹는 징글징글한 놈이라는 생각이 들었다. 그가 마을 사람들을 갈취하고 다니는데 내가 분별없이 시중들고 있는 꼴일지도 모른다는 생각이 들었다. 보통 때처럼 그가 라이플총을 흔들어서 마을에 태워다달라고 요구하자 나는 심호흡을 하고 거짓말을 했다. 밤새 연습한 대로 조심스럽고 대수롭지 않게 먼저 해야 할 일이 있으니 일단 그 일을 하고 오겠다고 말했다. 그러고는 일을 마친 다음 몰래 뒷길로 해서 캠프로 돌아와 승리의 미소를 지으며 얼룩말 고기를 뜯었다.

더 이상 예전처럼 행동하지 않았다. 그렇다고 해서 마치 그다음 날 가명으로 은행을 털러 가는 것처럼 행동하지는 않았다. 내 행동은 그렇게 많이 변하지 않았다. 그 대신, 이곳에서는 모든 것이 내가 전에 알던 방식과는 완전히 다른 방식으로 작동한다는 것을 인지하기 시작했다. 그것은 내게 지속적인 혼란의 원천이 되었다. 이곳 사람들은 내가 살던 세계의 그 누구보다 훨씬 더 친절했고 거의 가진 것이 없으면서도 그 적은 것을 나누었다. 하지만 이것은 힘이 작용하지 않는 어떤 테두리 안에서만 그랬다. 테두리 밖에서는 제복을 입고 총을 가진 사람들이 약한 사람들을 괴롭혔다. 가게 주인들은 글을 읽을줄 모르거나 숫자를 더할 줄 모르는 손님에게 사기를 쳤다. 일자리를 얻으려면 월급 일부를 상사에게 상납하는 데 동의해야 했다. 보건 관리들은 백신을 살 돈을 훔쳤고, 구조 요원들은 식량을 살 돈을 슬쩍했다. 짓다 만 건물이나 도로가 수없이 많은 것은 계약자가 자금을 들고튀었기 때문이었다. 곧 나는 백인판 사기 중 하나를 보게 되었다. 내가 필요한 물자를 구입하기 위해 나이로비로 나갔을 때였다. 그때 나는 폴란드 정착민이며 나이가 지긋한 R부인이 운영하는 게스트하우스에 잠시 묵었다. 그곳은 히치하이크를 하는 백인들과 떠돌이 백인들로 가득 차 있었다. 그들은 밀수를 하고 국경 초소에 뇌물을 먹였다고 뽐냈으며, 불법적인 현금을 암거래하는 방법과 가짜 비자 스탬프를 얻을 수 있는 곳에 대한 조언을 해주었다. 나는 처음으로 경찰들이 버스에서 갈취하는 것을 보았다. 그것은 경찰들이 신분증을 검사한다고 멈추게 한 도시 버스에서였다. 경찰들은 조직적으로 버스 통로를 따라 일하면서 나아갔고 현금을 걷었다. 그러다가 내가 뒷좌석에서 멍하니 바라보고 있는 것을 발견하고는 퉁명스럽게 버스를 출발시켰다. 며칠 뒤에는 아프리카나 인도의 도시에서 볼 수 있는 전형적인 사건 하나를 보게 되었다.─도둑 한 명이 군중들에게 붙잡혔는데 사람들이 광분하여 그를 정신을 잃도록 때렸다.

지극히 점잖은 사람들의 세계에서 벌어지는 수많은 사기와 술책과 부정과 속임수에 대한 설명은 수없이 많다. ─ 처절한 가난에서 오는 절박함. 내가 미처 감지하지 못한 방식으로 '우리 것'과 '그들 것'을 구분 짓는 부족 간의 원초적 적대감. 가장 추악한 부패. 거친 서부의 사고방식, 소도시의 권태, 제약과 규제라는 가면조차 벗어던진 고삐 풀린 이기적 자본주의. 만약 내가 상아탑 밖에서 경험한 것에 조금이라도 주의를 기울였다면, 내 세계도 이런 식으로 작동했을지 모른다. 내가 그런 것에도 조금이나마 눈을 떴다면, 어쩌면 상아탑도 이런 식으로 작동했으리라.

그러나 내 삶의 터전이 되리라 생각했던 박물관의 디오라마 관에서 동물들이 풀을 뜯고 있을 때, 그것은 경이로운 깨달음으로 다가왔다. 그리고 그것은 몇 달 후 내가 처할 작은 곤경에 대한 탁월한 준비가 되었다.

나를 아프리카에 보낸 교수는 아예 내 존재를 잊고 있었다. 첫 시즌 4~5개월째 되던 때였다. 나는 나이로비로 가서 상당한 국제 통화 요금을 지불하고 미국에 있는 교수에게 전화를 걸어 돈을 부쳐줄 때가 되었음을 정중하게 상기시켰다. "오! 그래. 미안미안. 깜박했어. 돈은 이번 주 내에 보호 구역으로 송금될 거야." 나는 다시 돌아가 연구 작업을 했지만 돈은 오지 않았고 나는 그냥 1~2주를 무작정 버텼다. 나는 국제 통화를 하기 위해 다시 나이로비로 나가 더 절망적인 전화를 했다. "오! 이런. 미안. 완전히 잊고 있었어. 돈은 며칠 내로 송금될 거야." 곧 나는 완전히 파산 상태가 되었고 나이로비에서 오도 가도 못하는 신세가 되었다. 더 이상 그에게 전화할 만한 여유조차 없었다. 그리고 그 당시에 아프리카에는 수신자 부담 통화 같은 것은 없었다. 부모님에게 연락해 도움을 요청할 생각은 없었다. ―나는 독립이 무엇보다 중요했으며, 쪼그라드는 자금을 쪼개고 또 쪼개 매주 부모님에게 즐거움이 담긴 항공 우편을 보냈다. 부유한 사업가가 아니라면 나이로비에 있는 미국인들에게 미국 대사관은 무용지물이나 다름이 없었다. 나는 돈을 가진 케냐 인을 한 명도 알지 못했다. 사실 아는 사람 자체가 없었다. 절망감에 빠져 나는 범죄 생활에 빠져들었다. 그것은 어느 정도 효과가 있었다.

내가 처음 시도한 사기는 놀라울 정도로 간단했다. 이곳은 이전에 영국 식민지였던 곳이고 관광객이나 휴가를 즐기러 온 사람들이 쏟아져 들어오는 곳이다. 그래서 이곳 사람들은 백인이 식사 한 끼나 빵 한 덩어리, 20실링을 훔칠 거라는 생각을 전혀 하지 못했다. 그렇다고 백인들이 도둑질을 하지 않는 존재라고 여긴다는 뜻은 아니었다. 단지 백인들은 훨씬 더 큰 것(이를테면 땅이나 나라)을 훔치는 존재라고 여겼다.

먼저 돈이 좀 있어야 했다. 나는 입국할 때 부주의하게 세관에 신고하지 않은 10달러짜리 지폐 5장, 즉 50달러가 있었다. 여행자 수표를 간수했던 곳이 아닌 다른 배낭에 넣어두었다가 세관에 신고하는 것을 깜박 잊어버린 것이었다. 그다음에 갈 때에는 비상용으로 미신고 달러로 들여가려고 갖은 재주를 부리곤 했지만 첫 시즌에는 말 그대로 깜박했다. 일단 나는 실수를 했음을 알고 그것을 신고하고 신고서를 작성하는 적절한 법적 절차를 거치기 위해 정부 은행으로 갔다. 은행원은 날 보고 완전히 당혹스러워했다. ―처음에 그는 건성으로 그 돈을 안전하게 보관해 주겠다고 했지만 내가 외환 사후 신고서를 작성하게 해달라고 부득부득 우기자 결국 퉁명스럽게 잃어버리든 말든 알아서 하라고 했다.

그래서 나는 미신고 달러를 조금씩 암시장에서 해결하기로 결정했다. 게스트하우스에 머무는 떠돌이들이 내게 알려준 바에 의하면, 보통 이러한 거래는 신중하고 의심이 많고 말이 없는 힌두교 사업가들과 이루어졌다(안색이 끔찍한 이들은 동아프리카 인도 중산 계급의 일부로서 도심지에서 전자제품 가게를 운영하는 사람들이었다.). 은행에서는 달러당 7실링을 주는 반면 이들은 10실링을 준다고 했다. 나는 다른 방법을 선택을 했다. 배낭을 메고 이곳에 처음 오는 사람인 양 사방을 두리번거리며 나이로비 대로변을 따라 걷곤 했다. 그러면 즉시 거리 건달들이 다가와서 이해가 안 되는 기이한 환율로 환전을 하라고 하곤 했다. ―"환전? 환전? 1달러, 25실링." 나는 이미 그들이 날치기꾼이라는 것을 배워서 알고 있었다. 그들은 그런 식으로 말해놓고 상대를 으슥한 골목으로 유인하여 날치기를 한다. 그 사람이 운이 좋다면 공포 속에서 경찰이 지나갈 때 소리치면 모두 도망간다. 아니면 그들은 몸싸움으로 돈을 뺏어가고 그는 돈을 잃는다. 단순무식한 녀석들은 그냥 골목에 들어서면 머리를 한 대 내리치고 돈만 가지고 달아난다.

나는 이 날치기꾼들에게 큰 실수를 하는 것이라고 말하지 않고 이렇게 말한다. "오, 그래? 안 그래도 나이로비에 와서 환전할 곳을 찾고 있던 중인데 잘됐군. 환율 25실링이면 좋은데. 만나서 반갑군. 지금 내가 가진 돈은 10달러뿐이지만 지금 묵고 있는 호텔(매우 좋은 호텔 이름을 말한다.)에 가면 500달러가 있는데 나중에 모두 환전할 수 있을까? 그리고 10달러는 지금 환전해 줄 수 있어? 500달러는 나중에 해주고."

날치기꾼들이 침을 꿀꺽 삼킨다. 이들도 때로 훈련이 잘되어 빠르게 계산하기 시작한다. ― '지금 우리가 10달러에 250실링을 준다면, 이 멍청이는 돌아가서 500달러를 가지고 올 가야. 그러면 그때 그의 머리를 내리치고……', "좋아." 마침내 돈이 교환되자 우정의 맹세가 이어진다. 연이어 만날 시간과 장소가 정해진다. 그러고 나면 땡이다. 그 도로를 안 가면 그만이다. 다음 10달러는 다른 사람에게 환전한다.

이것은 돈을 늘리기에 안성맞춤이었다. 그런데 상황이 더 악화되면서 그 돈마저도 거덜 났다. 나는 카메라와 필름을 터무니없이 싼값에 팔았다. 죽만 먹고 며칠을 버텼다. 어지럼증이 생겼고 정신이 멍해졌다. 나는 게스트하우스를 떠났고 도시 공원에서 잠을 잤고 도심지의 한 호텔에서 화장지를 훔쳤다. 4년 전 대학교 1학년 때 한번은 잘 모르는 누군가를 만나려고 엄청난 거리를 갔다. 그렇게 하면 내가 키스하는 것을 그녀가 반드시 허락해줄 것이라는 생각으로 말이다. 이번에는 이틀간 히치하이크를 해서 낯선 연구가 집을 무작정 방문했다. 그가 반드시 나를 먹여줄 것이라는 생각으로 말이다.

마침내 나의 다음 사기는 진화했다. 나는 도시의 시장으로 가곤 했다. 그곳에 야채 좌판대가 미로처럼 늘어선 곳이 있었다. 상인들은 양배추를 좀 사라고 청한다. 번듯한 고객인 것처럼 가장해 그들에게 더 가까이 다가가면 그들은 포트(마리화나)를 살 생각이 없는지 넌지시 묻는다. 단지 사기를 치거나 경찰에 신고하려고 그러기도 하지만(그러면 경찰은 갈취를 한다.) 그보다는 실제로 팔려고 그러기도 한다고 들었다.

일단 돈이 없어도 야채를 파는 곳에 줄을 선다. 상인은 포트를 원하지 않는지 슬쩍 묻는다. "좋아, 그런데 값은?" 상인은 값을 말해준다. 정말 싸다고 탄성을 지른다. 그리고 나중에 돈을 가지고 오겠다고 시간을 말해준다. 그러면 상인은 좋은 친구가 되었다며 채소를 공짜로 줄 테니 가져가라고 한다. 그것을 받고 이후에 그곳을 피해다니면 그만이다. 중요한 점은 제일 안쪽 좌판대부터 시작하는 것이다. 매일 조금씩 바깥으로 나오면 된다. 만나서는 안 될 사람을 만나는 일이 없도록 말이다. 자칫 잘못하여 실망한 상인을 만나기라도 하면 아마 목을 날리려고 달려들지도 모른다.

결국 나는 여러 날을 먹지 못했고 궁리 끝에 그냥 훔쳐먹기로 결심했다. 전략은 중급 정도의 호텔로 그냥 걸어들어가 식당에 자리 잡고 앉아 자신만만하게 식민지 통치 국가 주민 행세를 하며 종업원이 물어보면 적당히 가짜 방의 호수를 말해주는 것이었다. 추정컨대 이렇게 하면 케냐 인 종업원은 백인에게 이의를 제기할 엄두를 내지 못할 것이다. 나는 YMCA를 목표로 삼아 이미 숙박비를 낸 기독교인 행세를 할 생각이었다. 그런데 내가 계획을 실행으로 옮기려고 한 날에 돈이 송금되어 왔다. 마침내 교수가 내가 여기에 있음을 기억해낸 것이 분명했다. 제대로 먹지 못해 어질어질한 상태에 있다 보니 YMCA가 나의 구제에 중요한 역할을 한 것 같았다. 결코 그것은 잊을 수가 없다. 1년 후 우간다가 이디 아민을 타도하기 위한 전쟁의 소용돌이 속에 있을 때, 나는 우간다의 소도시에서 폭격을 맞아 지붕이 날아간 YMCA에서 잠을 잔 적이 있었다. 나는 그곳 책임자에게 거금을 주고(그가 생각하기에) 지붕을 다시 얹으라고 했다. 내가 했던 범죄 생활을 속죄하는 마음으로 말이다.

03

개코원숭이들의 복수

나는 죽음의 사자이다. 나는 공포 정치이고 열 가지 재앙이다. 나는 밤에 마주치는 혼령이다. 나는 아이들의 옷장 속에서 고양이 눈으로 자정이 되기를 기다리는 귀신이다. 나는 조용하고 움직임이 빠른 개코원숭이를 음흉하게 곁눈질한다. 나는 악마의 수금원이다. 개코원숭이 한 마리 더 다팅 성공이다. 행복하다! 나는 오늘 세상에서 제일 어려울 것 같았던 개코원숭이 검즈를 다팅했다. 약삭빠른 이 늙은 녀석은 수개월 동안 내 속임수를 모두 알아차리고 귀신처럼 빠져나갔다. 내가 그의 혈액 샘플을 얻는 일은 거의 절망적이었다. 그런데 오늘 그가 큰 실수를 했다. 자신이 암컷 무리 속에 둘러싸여 있으면 안전할 것이라고 여겼을까? 말살이 일어나면 그들이 뒤집어쓸 것이라고 여겼을까? 내가 감히 무리 속으로는 다팅을 하지 못할 것이라고 여겼을까? 하지만 그의 생각은 틀렸다! 그들은 모두 고개를 돌렸다. 그는 서로 가까이 있는 두 나무의 간격을 잘못 계산했고 픽! 마취용 다트가 그의 엉덩이에 적중했다. 그는 4분 후에 의식을 잃었다.

다팅. 앞에서 말한 것처럼 내가 처음 이 무리에 합류했을 때 제일 알고 싶었던 것은 개코원숭이의 사회적 행동, 그의 사회적 서열, 그의 정서적인 삶이 그가 얻는 질병, 특히 스트레스 관련 질환과 어떤 관련성이 있을까 하는 것이었다. 왜 어떤 신체는, 그리고 어떤 정신은 다른 것들보다 그런 질환에 훨씬 더 민감할까? 그래서 동물들의 일거수일투족을 미친 듯이 지켜보며 그들의 모든 드라마를 조심스럽게 기록한다. 그리고 블로건(blowgun : 입으로 불어 쏘는 마취 총 ― 옮긴이)으로 그들을 다팅해 신체 상태가 어떠한지 알아낸다. 이론적으로는 간단하다. 보통 하루에 열두 번 그들에게 다가가 행동 관찰을 하다가 한 번 예외적인 행동을 한다. 지팡이가 블로건이 되고 나는 그것을 불어 그들에게 다트를 날린다. 유일한 문제는 하루 중 같은 시간에 다팅을 해야 한다는 것이다. 그래야 혈액 호르몬 속에 있는 매일의 변동 사항을 제대로 파악할 수 있기 때문이다. 만약 그날 그가 아프거나 부상을 당했거나 짝짓기를 했다면 다팅을 할 수가 없다. ― 왜냐하면 이들의 호르몬이 정상 수치를 벗어날 것이기 때문이다. 마지막으로 정말 어려운 부분이 있다. 내가 다팅을 하려는 것을 그가 알아차린 상태에서는 다팅을 할 수가 없다. 스트레스를 받지 않은 휴식 상태에서 그의 스트레스 호르몬 수치가 얼마인지를 알려면 개코원숭이들이 평온할 때 쥐도 새도 모르게 다팅을 해야 한다. 그들에게 몰래 다가가야 한다. 들켜서는 안 된다. 좀더 정확히 말하면 생존을 위해 개코원숭이들의 뒤쪽에서 다팅을 한다. 그런 다음 가능한 한 빨리 첫 혈액 샘플을 얻는다. 다팅을 당한 그의 스트레스로 호르몬이 정상 수치를 벗어나기 전에 말이다.

내가 생존을 위해 하는 일은 개코원숭이들이 내가 거기에 있다는 것을 잊고 그들이 내게 등을 보이도록 그들 옆에서 무심한 듯이 행동하는 것이다. 이것은 대학 교육을 받았다고 해도 일반적으로 생각하는 것보다 훨씬 어렵다.

나는 아침 다섯 시에 일어나 무척 긴장한 상태로 어둠 속에서 모든 것을 준비한다. 마취제, 다트, 블로건, 주사기, 진공 채혈기, 원심 분리기, 액화 질소 탱크, 바늘, 유리병, 동물을 덮을 마대 자루, 즉석 얼음주머니, 우리, 저울, 사고를 대비한 응급 약품, 피펫, 슬라이드, 시험관, 끝없이 자질구레한 것들을 말이다. 6시 30분경에 나는 바위나 나무에서 자고 내려오는 개코원숭이를 발견한다. 나는 누군가를 목표로 정하고 엿보기 시작하며 계산을 한다. ─다트에 맞았을 때 그는 어느 방향으로 달릴까? 나무 위로 올라갈까? 바위 위로 올라갈까? 그럴 경우에는 의식을 잃고 떨어지지 않도록 어떻게 내려오게 만들까? 만약 그가 다른 녀석을 공격하면 어떻게 할까? 반대로 그가 다른 녀석의 공격을 받으면 또 어떻게 할까? ─그가 반쯤 정신을 잃어 비틀거릴 때 최근에 그에게 열을 받아 그의 목을 베어버리기를 원하는 녀석이 나타나면 어떻게 할까? 그가 나를 공격하면 어떻게 할까? 바람이 불면 그것을 얼마나 감안해서 쏴야 할까? 젠장, 쏠 수가 없다. 다른 어떤 녀석이 나를 정면으로 바라본다. 나는 다른 위치에서 몰래 따라간다. 그가 나를 보지 않는다. 아무도 나를 보지 않는다. 나는 쏠 준비를 한다. 완벽하다. 준비를 한다. 긴장으로 배 속이 울렁거린다. 블로건을 제대로 불 수 없는 과호흡 상태임을 깨닫는다. ─어쩌면 실수로 다트를 빨아들이거나 얕은 호흡으로 겨우 두 걸음 정도만 나가게 할지도 모른다. 젠장, 젠장, 그 녀석이 다시 몸을 움직인다. 나는 자세를 바꾼다. 나는 호흡을 가다듬는다. 그 녀석은 다시 나를 정면으로 바라본다. 나는 태연자약하게 행동한다. 그 녀석이 한순간 완벽한 자세를 잡은 듯싶더니 곧 옆으로 몸을 돌린다. 그러면 나는 자리에 쪼그리고 앉아 근육을 조금도 움직이지 않고 긴장으로 경련을 일으킬 정도로 꼼짝 않고 있다. 어떤 빌어먹을 벌레가 종아리를 물지만 손끝 하나 움직이지 않고 그냥 그대로 죽은 듯이 앉아 있다. 그냥 비명을 지르고 미친 듯이 달려들어 그 녀석을 쓰러뜨리고 싶다는 생각이 들 때까지 말이다. 그때 그 녀석은 다른 어딘가에서 일어나는 일을 보려고 몸을 돌리고 목을 길게 뺀다. 그 순간 아름다운 육질 덩어리의 엉덩이를 보인다. 핑! 나는 블로건을 불어 그의 엉덩이에 다트를 발사하고 그는 점차 힘이 빠진다.

공황 상태가 되고 숨을 헐떡이고 심장이 사정없이 두근거린다. 그가 아니라 내가 말이다. 그 녀석은 그냥 벌에 한 방 쏘였거니 생각하면서 느긋하게 걷는다. 나는 뒤쫓는 것을 들키지도 않고 수풀에서 그를 잃어버리지도 않도록 하면서 뒤따라간다. 일 분이 여삼추다. 3분이 지난다. 그는 행동이 점차 느려지고 조금 비틀거린다. 그는 자리에 앉아 잠시 쉬려고 한다. 약이 효과를 나타내기 시작한다. 아카시아 나무가 자줏빛이 되어 빙글빙글 돌기 시작할 것이고 얼룩말들이 모두 「라이언 킹」에 나오는 등장인물들처럼 춤을 출 것이다. 그 녀석은 점점 머리가 멍해지는 것을 느낀다. 이렇게만 되면 모든 것이 잘 관리된 완벽한 다팅이다. 그런데 그때 어떤 경쟁자 녀석이 그가 환각 상태에 빠지는 동안 어딘가에서 나타나 그를 괴롭히러 다가올지 모른다. 경쟁자가 절대 오지 못하게 해야 한다. 그 녀석이 곧 정신을 잃을 것이기 때문이다. 얼른 달려가서 그의 몸에 마대 자루를 덮고 혈액 샘플을 채취한다. 그러면 야생의 개코원숭이 다팅이 성공한 것이다. 무엇보다도 이것은 사냥 같은 끔찍한 것이 아니라 과학과 보존의 이름으로 하는 것이다.

이제 급한 불은 껐다. 이제 그를 이곳에서 데리고 나가야 한다. 지프차는 500미터 정도 떨어진 등성이에 세워져 있다. 나는 그를 무리의 다른 녀석에게 절대 들키지 않고 몰래 데리고 나가야 한다. 발각당하기라도 하면 그 녀석이 질겁을 하고 나를 갈기갈기 찢어버릴 것이다. 30킬로그램의 개코원숭이를 마대 자루에 담는다. 그리고 발꿈치를 들고 살금살금 걸어 무리 속에서 빠져나간다. 팔에 통증이 온다. 달리거나 킬킬웃거나 지쳐서 넘어지지 않도록 조심한다. 그 녀석은 코를 골고 나는 조용히 하게 하려고 한다. 지프차가 있는 등성이로 올라서니 힘이 들어 죽을 것만 같지만 이제 거의 다 왔다. 그다음에 할 일에 대한 계획을 세우기 시작한다. ─ 몇 시에 다음 혈액 샘플을 채취할까? 다른 무슨 검사를 할까? 몇 시쯤 풀어주면 정신을 차리고 안전하게 무리로 돌아갈 수 있을까? 그는 마치 감자 자루처럼 내 어깨 위에서 흔들거린다. 그런데 갑자기 그가 트림을 한다. 나는 그것에 극도로 마음을 빼앗겨 경계를 늦춘다. 그러면 그는 10초 후에 내 등에 토하고 끈적한 침을 흘린다.

다팅은 그렇게 진행된다. 세상에서 그것보다 더 큰 즐거움을 주는 것은 없다. 나는 맨해튼 기숙사에서 개코원숭이를 다팅하는 법을 배웠다. 그것은 무리에 합류한 후에 첫 휴가로 미국으로 돌아갔을 때였다. 나는 많은 연구 계획을 세웠다. 가장 큰 문제는 걸어다니면서 다팅하고 걸어다니면서 연구해야 한다는 것과 물소의 공격을 받을 수도 있다는 것이었다. 이웃 산에 하이에나를 연구하는 버클리 대학의 로렌스라는 연구가가 있었다. 그는 미국 군대에서 구식 적외선 야간 투시경을 기증받았는데 그것 덕분에 어둠 속에서도 차를 몰고 돌아다니며 하이에나를 추적할 수 있었다. 머리에 9킬로그램짜리 기계 장치를 두르고 말이다. 나도 비슷한 최첨단 해결책이 필요하다는 결론을 내렸다.

나는 미국 군대로부터 플래시 고든 제트팩(등에 메고 분사 추진을 이용하여 공중으로 올라갈 수 있는 기계 - 옮긴이)을 받았으면 했다. 나는 그런 것이 있다는 것은 알고 있었고 그것을 메고 세렝게티를 돌아다니면 안전할 것이라고 생각했다. 물소가 다가오면 공중으로 올라가면 되고 지역 마사이 부족에게 신이 될 수 있을 것이다. 나는 펜타곤에 전화를 걸어 교묘한 말로 유혹했고 마침내 매혹적인 문제라고 생각하는 대령 한 사람을 발견했다. 그는 제트팩이 실존한다는 사실을 확인해주었고 한번 알아보겠다고 하더니 친절하게도 이후에 다시 전화를 해주었다. 일주일 후에 그는 안 좋은 소식을 전해주었다. ― 유감스럽다고 하면서 제트팩을 구하려면 미국 군대보다 더 큰 어떤 곳에 알아봐야 한다고 말했다. ― 디즈니에서 지상에서 유일한 실용 모델을 가지고 있다고 했다. 나는 디즈니에 전화를 걸었다. 그리고 어떤 사람으로부터 대령보다 훨씬 더 낙담스러운 말을 들었다. 제트팩은 40킬로그램 정도가 나가고 워밍업하는 데 1분이 걸리며 석면 바지를 입어야 하고 동물학자들에게 대여 불가라고 했다. 이런저런 생각 끝에 그냥 물소에 대한 경계를 늦추지 말고 익히 배운 상식대로 숲을 다니자는 결론을 내렸다.

　다음에는 무엇으로 개코원숭이를 다팅해야 할지 궁리해야 했다. 제일 먼저 먼 거리에서 쏠 수 있는 가스로 작동하는 마취 라이플총을 생각했지만 상당히 비쌌고 들판용으로 쓰기에는 문제점이 있었다. 대체 가스 원통형 용기가 있어야 했고 무엇보다도 소음이 심했다. 다음으로 테이저 건을 검토했다. 그것은 목표물을 향해 전선으로 연결된 전극봉을 쏘는 총으로, 상대방을 쏘아맞히고 버튼을 누르면 엄청난 볼트의 전류가 상대방의 체내로 흘러 근육을 수축시킨다. 겉모양은 근사해 보이지만 많은 경찰들이 발견한 것처럼 상대방에게 심장 마비를 일으킬 수도 있다는 문제점이 있다. 나는 동물들에게 마취제를 주입한 고기를 먹여볼까 하는 생각도 했고 정신을 잃게 만드는 스프레이 가스를 뿌려볼까 하는 생각도 했다. 마지막으로 마취 블로건을 파는 남부의 작은 회사를 우연히 알게 되었다. 그들이 파는 것은 1cc 용량의 주사기를 불어서 날리는 저렴한 블로건이었다. 그 소포가 도착했을 때 나는 흥분을 감출 수가 없었다. 블로건은 작은 다트 주사기가 든 좁은 대롱 모양의 관이었다. 무시무시한 바늘과 내가 이해할 수 없는 촉발성 폭약이 있었다. 나는 주사기에 그것 대신 세제를 넣고 주사기를 총에 장착한 다음 불어서 책꽂이 너머로 쏘아보았다.

나는 방에서 맹렬히 연습했다. 위로 향해 발사, 아래로 향해 발사, 각도를 꺾어서 발사. 빠른 스핀 발사, 어깨 너머 발사, 바람 속에서 발사(선풍기를 틀어놓고). 캔자스 프리도니아 미식 축구팀의 뛰어난 라인맨이었던 중심이 낮은 둔감한 대학원생 친구인 앨런은 마치 다팅된 개코원숭이인 양 내가 그와 몸싸움을 벌이는 것을 연습하는 데 동의했다. 우리는 기숙사 지하실에서 연습했다.

시간이 지날수록 내 솜씨는 향상되었다. 내 방에 개코원숭이가 있다면 어디에 있건 다팅할 수 있었을 것이다. 그 당시에 다팅에 관한 두 개의 환상이 나를 지배했다. 하나는 프리츠 리프먼을 다팅하는 것이었다. 그는 그 당시에 믿을 수 없을 정도로 유명한 생화학자였다. 십여 년 전에 노벨상을 받았고 그즈음에는 위엄 있는 80대로서 운동화를 신고 교정을 돌아다니며 하루를 보내곤 했는데 일 층 내 기숙사 창문을 자주 지나갔다. 나는 생화학 교재들(절반은 그가 쓴 것이었다.) 뒤에서 그를 블로건으로 조준하곤 했다. 그의 엉덩이와 어깨 사이를 선택하고 적절한 용량을 위해 그의 몸무게를 계산했다. 하지만 다팅하는 것은 삼갔다. 또 다른 환상은 센트럴 파크로 가서 무작위로 몇 명을 다팅하는 것이었다. 그들이 쓰러져 있는 동안 나는 매직으로 그들의 배에 마야 상형 문자를 그려넣고 그들을 '이상한 나라의 앨리스' 조각상 아래에서 깨어나게 하고 싶었다. 신문에서는 야단법석을 떨 것이고, 텔레비전에서는 전문가들이 마야의 희생 제물에 관한 강의를 할 것이고, 지미 브레슬린(미국의 언론인, 시사 평론가 - 옮긴이)은 나에게 자수하라고 간청할 것이다. 분노한 군중은 경찰서 주변으로 몰려갈 것이다. ─그곳에서는 직업이 없는 고고학 박사들이 자신들이 하지 않았다는 알리바이를 대기 위해 노력하고 있을 것이다.

몇 개월이 지난 뒤 나는 현지로 돌아갔다. 나는 첫 다팅을 하기 전날 밤에 불안과 초조로 밤잠을 설쳤다. 동틀 무렵에는 배가 아팠고 기절할 것 같았고 그것을 회피할 온갖 핑계를 생각해냈다. 마침내 나는 밖으로 나갔다. 그리고 몇 분 후에 나는 기린이 지나가는 것을 바라보고 있는 이삭을 발견하고 그쪽으로 걸어갔다. 그리고 그에게 경고의 비명을 지르고 싶다는 생각을 겨우 억누르고 그를 다팅했다. 그는 기절했다. 아무도 그것을 보지 못했다. 나는 흥분한 나머지 그의 이마에 키스했다. 그리고 하루 종일 그가 끙끙거리거나 자세를 바꾸거나 방귀를 뀔 때마다 죄책감과 걱정으로 안달하면서 보냈다. ─심장 마비가 온 것일까? 알레르기 반응이 온 것일까? 다팅이 배 속에 부글거림을 유발한 것일까? 결국 우리는 둘 다 다팅에서 잘 회복되었다.

그리고 나는 점점 더 많은 개코원숭이를 다팅했다. 개코원숭이처럼 생각했고 개코원숭이에게 몰두했으며 개코원숭이의 혈액, 배설물, 치열 모형 그리고 온갖 것들을 얻느라 분주하게 보냈다. 그러고 나자 예상대로 그 과정은 점점 더 어려워졌다. 다팅하는 것 그 자체는 별것 아니었다. 블로건을 누군가의 엉덩이에 겨냥하고 다트가 그곳에 닿게 하면 되었다. 그런데 점점 더 그것이 다팅의 핵심이 되어갔다. 개코원숭이들이 점점 더 약삭빨라졌다. 더 이상 누군가에게 태연하게 걸어가 다팅을 할 수가 없었다. 개코원숭이들이 스트레스 반응을 보이지 않도록 하려면 그들이 알아채지 못하도록 점점 더 은밀하게 해야 했다. 그들은 점점 블로건과 지팡이를 구별하기 시작했다. 그들은 희한하게도 내가 다팅하려고 공기를 마시는지 재채기를 하려고 하는지 구분했다. 그리고 전자의 경우에는 땅에 바싹 엎드렸다. 어쩔 수 없이 덤불숲 뒤에 숨어서 하기 시작했다. 그들은 등을 보이고 걸어가다가 나를 보면 내 쪽으로 걸어왔고 나와 함께 나무 주위를 빙빙 돌았고 나보다 한 발 앞에 서 있곤 했다. 그들은 내가 다팅하는 거리를 계산했고 바람이 불면 그 거리가 더 짧아진다는 것을 알았다. 그들은 내가 기침감기에 걸리면 호흡이 더 얕아진다는 것도 아는 듯했다. 정말 기묘했다.

　점점 더 어려워졌다. 나는 차에서 다팅을 했다. 그들이 한번 차량을 알아보게 되면 그것 또한 바꾸어야 했다. 곧 나는 뒷자리에 숨고 친구에게 지프차를 몰게 하기도 했다. 유인용 여분의 차량을 사용하기도 했다. 내가 어디를 보는지 그들이 알 수 없도록 선글라스를 끼기도 했는데 이때에는 머리를 부딪히지 않도록 조심해야 했다. 스키 마스크나 핼러윈용 플라스틱 마스크를 쓰면 블로건을 사용할 수 없었다. 관광차 뒤에 숨어서 하기도 했고 해가 지기 전에 미리 개코원숭이들이 지나는 길목에 숨어 있다가 하기도 했다. 기억에 남을 만한 다팅을 한 날, 나는 언덕 위의 덤불숲 뒤쪽에 앉아 있는 여호수아에게 다가갔다. 내가 지프차를 덤불숲 앞쪽으로 밀자 그는 뒤쪽으로 물러났다. 나는 지프차를 뒤쪽으로 움직였다. 그러자 그는 앞쪽으로 이동했다. 이것이 한동안 계속되었다. 마침내 영감이 떠올랐다. ─지프차를 뒤쪽으로 움직이면 그가 앞쪽으로 온다? 나는 지프차 기어를 중립에 두고 몰래 차에서 내린 다음 차 뒤로 가서 차를 밀었다. 지프차는 언덕 아래로 굴러내려 갔고 예상대로 그는 곧장 뒤쪽으로 움직여 내 함정에 걸려들었다. 다팅 한 번 하느라 지프차 후드가 나무에 부딪혀 찌그러졌다.

　상황이 이렇다 보니 특이한 일이 일어났다. 관심이 많고 합리적으로 잘 교육받은 사람들은 매일 밤낮으로 이 동물들을 전술적으로 이기는 방법, 그들처럼 생각하는 방법, 그들보다 더 잘 생각하는 방법에 골몰하곤 한다. 그런데도 대개 성공하지 못한다. 이런 사람들의 마음은 행글라이더와 열기구를 사용하고, 유모차 같은 것에 숨어 숲 속을 통과하는 별로 가능성이 없는 계획으로 탈선한다. 그들이 힘든 시간을 보내는 동안 적어도 나는 이 모험에서 프로의 가장 큰 핵심 중 하나로 여겨지는 것에 자부심을 가질 수 있었다. ─실수로라도 개코원숭이를 잘못 다팅한 적이 한 번도 없었다. 사람들이 다팅을 위해 나를 고용하면 나는 그만한 값어치를 했다.

　기묘하게도 연구가들이 그 일에 나를 고용하기 시작했다. ─그들은 내가 그들의 개코원숭이를 다팅하는 것으로 그들의 연구에 협력하기를 원했다. 갑자기 새로운 압박감이 들었다. ─조립 라인의 다팅이라……. 나는 시즌 전체를 개코원숭이들과 노닥거리고 행동 자료를 수집하는 틈틈이 그들을 다팅하는 대신, 지형이 낯선 새로운 연구지를 방문해서 다음 주 중에 새로운 개코원숭이 12마리를 다팅해야 했다. 새로운 연구지에서 사람들과 팀을 이루어 진행하는 복잡하고 큰 프로젝트였다. 한 곳에서 우리는 절벽으로 개코원숭이들을 따라갔다. ─그 절벽은 개코원숭이들이 먹을 것을 찾아 평원으로 내려오기 전에 잠을 자는 곳이다. 내가 다팅을 훈련시킨 그쪽 지역 연구가들과 나는 절벽을 수색하고 평원으로 개코원숭이들을 따라가고 덤불숲에서 다팅된 동물이 사라진 곳을 나타내기 위해 깃발을 흔든다. 워키토키와 신호기, 흥미진진하다.

그렇게 나는 천직을 연마 중이었다. 그런데 바로 그즈음에 나는 가장 처참한 다팅을 했다.

우리아가 솔로몬을 무너뜨리기 직전에 나는 우리아를 완벽하게 다팅했다. 그는 숲에서 내 쪽으로 등을 돌린 채 자고 있었다. 그가 돌아눕기 전에 블로건을 불었고 적중했다. 그는 벌떡 일어나 열 걸음 정도 달렸고 다시 앉았다. 모든 것이 순조로웠다. 그런데 갑자기 문제가 발생했다. 갑자기 오른쪽 5~6미터 정도 떨어진 곳에서 여호수아가 숲에서 풀을 뜯던 임팔라들 중 작은 것을 때려눕혔다. 임팔라는 목을 물어 단번에 죽이기에는 너무 크다. 그래서 흔히 사용하는 전형적인 작전이 그냥 때려눕히고 살아 있는 것을 뜯어먹으며 놓아주지 않는 것이다. 그 순간 사방에서 한입 먹으려고 달려든다. 그래서 그런 상황이 되면 임팔라를 죽이는 것보다 달려드는 동료들에 더 신경을 써야 한다. 여호수아가 임팔라를 때려눕히자 그것을 목격한 우리아가 순식간에 달려들어 여호수아와 치고받고 싸웠다. 그리고 임팔라를 낚아챘다. 젠장, 재앙이다. 이제 곧 힘이 빠질 텐데 우리아는 임팔라를 끌고 숲 속으로 달려갔고 그 뒤로 네 마리가 그를 추격했다. 그들은 한판 붙었다. 나는 우리아가 제발 좀 졌으면 했다. 그가 제발 물러나 조용히 마취 상태에 빠지기를 빌었다. 그런데 그는 임팔라에 죽기살기로 집착했다. ―나는 공황 상태에 빠졌다. 그가 서서히 마취 기운이 돌기 시작하면 떼거리에게 난도질을 당할 것이다. 수컷들은 싸울 때 목숨을 걸고 격렬하게 공격을 한다. 그런데 한순간 그는 임팔라를 물고 강바닥 한쪽 모퉁이로 돌진하여 입구가 한 곳뿐인 무성한 가시나무 덤불 속으로 들어갔다.—그곳은 바닥에서 30센티미터 정도의 공간이 있고 나뭇가지들로 에워싸인 동굴이었다. 그는 그 밑으로 기어들어가 숨었다. 그곳에서 임팔라가 피를 흘리며 질러대는 비명 소리가 새어나왔다. 그리고 근처에 온 다른 수컷들이 끝까지 따라붙으려는 시도를 했다. 그들이 들어가려면 배를 바닥에 대고 기어들어가야 하는데 그건 너무 불리한 일이다. 그들이 일어나기 전에 우리아가 그들을 덮칠 것이기 때문이다.

여기서 이런 문제가 발생했다. 내가 먼저 들어가 우리아를 작은 덤불 동굴에서 꺼내야 하는 것이다. 다른 수컷들이 먼저 들어가 그가 반쯤 의식을 잃고 있는 것을 발견하면 그를 갈가리 찢어놓을 것이다. 하지만 우리아가 의식이 있을 때 내가 들어가면 그가 나를 갈가리 찢어놓을 것이다. 그가 공격적인 광분 상태에 있기 때문이다. 모두 밖에서 동요한 채 떠들어댔고 내가 입구 가까이에 접근하자 나를 위협했다. 임팔라는 여전히 안에서 비명을 지르고 있었다. 임팔라의 비명 소리가 여전히 생생한 것을 보니 우리아가 임팔라를 죽이지 못하고 잠이 든 것이 분명했다. 나는 동굴로 들어가기로 결정했다. 입구 부근에서 모두를 겁주어 쫓아버리려고 펄쩍펄쩍 뛰고 고함을 지르고 온몸으로 요란스럽게 난리법석을 떨었다. 나는 혈액 샘플을 위해 주사기와 카테터(체내에 삽입하여 소변 등을 뽑아내는 도관—옮긴이)를 쥐고 등을 바닥에 대고 동굴 안으로 천천히 기어들어갔다. 공격당할 것에 대비하면서 말이다. 안으로 들어가자 높이가 약 1미터 정도 되는 공간이 있었다. 아나나 다를까 우리아는 복부가 뜯긴 채 살아 있는 임팔라 위에 털썩 엎어져 완전히 잠들어 있었다.

깊은 잠에 빠져 코까지 골고 있는 우리아를 보자 임팔라를 먼저 내

보내 성찬을 기다리는 것들에게 주어야만 우리아와 내가 안전하게 나갈 수 있을 거라는 생각이 들었다. 다시 밖에서 수컷들이 소란을 떨기 시작했을 때 나는 잠시 이 특별한 드라마에서 주연 배우 역할을 하는 것의 도덕적 결과를 생각했다. 한순간 동굴로 들어오는 빛줄기가 막혔다. ―누군가가 기어들어오기 시작한 것이다. 나는 고함을 질렀다. 그러자 그 그림자는 얼른 사라졌다. 그러나 그것은 일시적인 효과일 뿐이었다. 다른 조치를 취해야 했다. 이 모든 걱정들의 한가운데서, 너무 늦어서 자료로 사용할 수 없게 되기 전에 혈액 샘플을 얻어야 한다는 생각이 문득 떠올랐다. 나는 혈액 샘플을 채취하기 위해 우리아를 임팔라 위에서 떼어냈다. 그런데 나는 중요한 어떤 것을 완전히 잊고 있었다. ―임팔라였다. 임팔라는 벌떡 일어나 몸부림을 치고 사나운 발굽을 휘두르고 난리였다. 임팔라는 내 이마를 차고 나를 사납게 공격했다. 나는 믿을 수가 없었다. ―임팔라에 대해서 까맣게 잊고 있었다니……. 공격적인 수컷 개코원숭이들의 광기를 면하는 방법을 찾는 중이었는데 생각지도 못한 밤비(이야기 속에 나오는 아기 사슴 이름 옮긴이)에게 맞아죽기 일보 직전이었다. 임팔라가 크게 비명을 질러대자 밖에 있는 모든 수컷들이 덩달아 빌어먹을 으르렁거리는 소리를 냈다. 나는 침착함 같은 것은 던져버리고 고래고래 고함을 질렀다. 임팔라는 가시덤불의 다른 쪽을 공략하다가 나갈 구멍이 없자 다시 내 얼굴을 차기 시작했다. 마침내 나는 질겁했고 임팔라가 날 죽일 것 같은 생각이 들었다. 작은 공간에서 불가능한 일도 아니었다. 나는 임팔라에게 달려들었고 임팔라의 목을 졸라 죽일 수 있다고 생각했다. 나는 너무 광분해서 임팔라와 바닥에 뒹굴며 싸웠고 마침내 임팔라의 머리를 바닥으로 내리치면서 끝이 났다. 그리고 정말 <u>으스스한</u> 순간이 왔다. 이제 임팔라를 밖으로 내보내야 하는 것이다. 나는 죽을힘을 다해 엄청난 무게의 사체를 입구 쪽으로 밀어내기 시작했다. 무거운 데다가 바닥이 가시투성이여서 마찰이 많았다. 나는 느리게 느리게 그것을 밀어내고 있었는데 어느 순간 그 무거운 사체가 내가 미는 것보다는 더 빨리 앞으로 움직이는 느낌이 들었다. ─임팔라의 어깨를 잡아당기는 영장류의 손이 보였다. 임팔라의 사체가 마침내 동굴 밖으로 사라져버렸다. 밖에 있던 수컷 네 마리가 미친 듯이 달려들었고 순식간에 난장판이 되었다. 나는 수컷들 중 하나가 임팔라를 끌고 다시 이곳으로 숨으러 들어올까 두려웠다. 하지만 그들은 모두 동굴에서 이상한 일이 일어나고 있다고 생각하는지 밖에서만 법석을 떨었다. 나는 공포감을 느껴 급히 안쪽으로 들어왔고 냉정을 되찾은 다음 우리아의 혈액을 채취했다. 밖에서 소란과 비명과 으르렁거림이 30분 정도 계속되더니 마침내 그림자들이 사라져버렸다. 수컷들이 사체를 다 뜯어먹고 어디론가 사라질 때까지, 나는 만족스럽게 코를 골며 자고 있는 우리아와 함께 동굴 속에 숨어 있었다. 그 후에 나는 우리아와 함께 지프차로 가서 그 속에서 한숨잤다.

이것이 지금까지 겪었던 다팅 중 최악의 다팅이다. 정말 바보스러운 행동이었다. 하지만 20여 년이 지나 글을 쓰고 있는 지금도 다팅은 여전히 내 핏속에 흐르고 있다. 며칠 전 밤에 영화관에 갔는데 어떤 중년 부인이 내 옆의 통로를 지나 걸어갔다. 제일 먼저 든 생각이 '85~90킬로그램, 마취제 0.9cc. 엉덩이에 살집이 있어 딱이군. 그녀가 쓰러지면 아마 남편이 지키려고 할 거야. 하지만 그는 송곳니가 작아.'였다. 나는 여전히 직업으로 이 일을 하는 것이 즐겁다.

04

마사이 족 마을의
중재자 역할

물론 개코원숭이 무리와 어울려 지내는 것도 좋았지만 첫해에 내가 뛰어든 신세계의 그 나머지 부분도 그것 못지않게 흥미로웠다. 가장 놀라운 것의 목록 제일 윗자리를 차지한 것은 마사이 족과 이웃이 되었다는 것이었다. 대부분의 케냐가 『내셔널 지오그래픽』 특집과는 거리가 멀었고 이전의 많은 부분이 빠르게 사라지고 있다. 이 나라에 있는 40여 개 남짓한 독특한 부족 중에 서른 개 정도는 농경민으로 이루어져 있고 대부분이 반투 족이다. ─농부들은 인구 밀집 지대 산지의 계단식 비탈에서 대가족 단위로 농사를 지으며 근근이 생계를 유지하고 있다. 그들은 현금 경제를 바탕으로 생활하고 자전거, 시계, 청바지를 사기 위해 돈을 손에 넣으려고 애쓰고 전통적인 건초지붕을 주석지붕으로 개조하려고 애쓴다. 이 사람들은 바깥 세계가 있다는 걸 알고 있고, 본인과 자식들을 위해 바깥 세계의 물건을 하나라도 얻기를 열렬히 갈망할 정도로 바깥 세계의 의미를 미약하게나마 감지하고 있다.

하지만 이 나라의 구석진 곳에는 여전히 변화를 거부하고, 스스로에 대해 부끄러워하지 않는 몇몇 부족이 있다. 한 예로 인도양 연안에 사는 스와힐리 무슬림 족이 있다. 그들은 자신들이 가진 유물과 문화 그리고 자기 과신으로 서구의 것이라면 무조건 수치스럽게 여긴다. 그리고 숲이 무성한 열대 우림 깊숙한 산림 지대에는 지상 최후의 수렵 채집자들이 살고 있다. 그들은 아프리카 다른 지역에 있는 피그미와 부시맨과 민족적 연관성이 있다. ─ 그들은 조용하고 작고 우아한 민족으로, 농업의 발명보다 앞서는 고대의 생활 양식을 지니고 있으며, 반투 족의 유입보다 앞선다.

그리고 이 나라의 광활한 황무지로 여겨지는 지역에는 유목 민족이 살고 있다. 이들은 사냥과 농사를 경멸하며, 북쪽에서는 낙타와 염소의 피와 젖을 먹고살고, 기후가 좀 더 양호한 남부 초지(내 연구지의 개코원숭이들이 사는)에서는 자신들이 키우는 소의 피와 우유를 먹고산다. 이들은 아프리카 전역에 걸쳐 살고 있다. ─ 그들은 바로 르완다의 와투시 족, 수단의 딩카 족, 그리고 아프리카에 대한 잡지의 표지를 가장 많이 장식하는 마사이 족이다. 그들은 민족적으로 언어적으로 서로 연관성이 있다. 키가 크고 매우 호리호리하고 쿠시 어파이거나 나일-함 어파에 속한다. 태곳적부터 그들은 지나가는 길목에 있는 농경 부족을 공격하고 약탈하는, 꽤 호전적이고 배타적이고 냉담한 민족이었다. 나는 이들과 관련하여 수년간 떠돌아다닌 한 가지 이론에 강한 매력을 느낀다. 1000~2000년 전에 이 소 중심의 민족의 조상은 부패해가는 로마 제국의 남쪽 경계선에 주둔해 있던 수단 군대의 수비대였다는 것이다. ─ 그들의 몇몇 군복 패턴뿐만 아니라 모든 부족 집단과 군사 조직에 분명히 이 이론을 뒷받침하는 몇 가지 요소가 있다. 그들은 나일 강을 따라 조금씩 남쪽으로 내려왔고 농경주의자들이 호구임을 발견했다. 그리고 대륙 전역에 퍼지게 될 때까지 계속 유랑했다.

마사이 족은 이 유형에 딱 들어맞는다. 그들은 유목 생활을 하며 북쪽 사막에서부터 점점 남쪽으로 내려왔고 지나는 길목에 있는 민족을 인정사정없이 공격했으며 19세기에는 케냐의 곳곳에 출현했다. 세기의 전환기에 그들은 지역 농경 부족인 키쿠유 족을 농업 지역의 심장부인 케냐의 중앙 산악 지대에서 쫓아냈다. 1세기가 지난 오늘날 그곳의 강과 산의 이름은 모두 마사이 어로 되어 있다.

마사이 족이 키쿠유 족을 쫓아내고 그곳을 차지하자마자 영국인들이 동일한 계획으로 식민지적 침탈을 시작했다. 영국인들이 보기에는 키쿠유 족이 마사이 족보다 땅을 빼앗기에 훨씬 더 쉬운 상대로 보였다. 만약 당시에 유행성 전염병이 팍스 브리타니아(Pax Britannia : 영국의 지배에 의한 평화 - 옮긴이)를 실현하는 데 도움이 되는 쪽으로 작용하지 않았더라면 끔찍한 충돌로 이어졌을지도 모른다. 1898년 우역이라고 불리는 충격적인 소 전염병이 발생하여 소의 80%가 죽었을 뿐 아니라 결과적으로 마사이 족에게 심한 타격을 입혔다. 이것은 명성을 가진 전사들의 기를 꺾어놓았고 그들로 하여금 영국과의 협상에 좀 더 고분고분하게 응하게 만들었다. 1906년에 영국은 마사이 족과 협정을 맺기로 결정했다. 마사이 족은 안락한 중앙 산악 지대를 포기하는 대가로 하나가 아닌 두 개 지역을 보장받았다. 하나는 북쪽에 있는 건조한 초지였고 다른 하나는 남쪽에 있는 초지, 즉 내 연구지의 개코원숭이들이 사는 초지였다. 게다가 소 떼의 이동을 용이하게 하는 통로까지 보장받았다. 어떻게 보면 좋은 거래였다. 마사이 족은 서둘러 그곳으로 옮겨와 자리를 잡았다. 그런데 그로부터 몇 년 내에 영국은 마사이 족의 북쪽 땅과 통로까지 빼앗아갔고 모든 마사이 족은 남은 남쪽 초지를 비집고 들어왔다. 그런데 그곳은 소들이 수면병에 상당히 많이 걸리는 곳으로 밝혀졌다. 마사이 족은 오늘날에도 인접한 부족을 계속 포악스럽게 약탈하기는 하지만, 영국이 크리켓 구장으로 정해놓은 땅에는 두 번 다시 위협을 가하지 못하고 있다.

마사이 족은 그 후에 그곳에서 평화롭게 살았다. 그 나라의 다른 지역에서는 20세기의 물질문명이 밀어닥쳐 콜라를 마시는 동안 마사이 족은 단호하게 그것을 막으려고 애썼다. 물론 마사이 족 땅의 일부에서도 변화의 물결이 일기 시작했다. 한 예로 동물 보호 구역에서 80킬로미터 정도 떨어진 마을 소재지에서는 마사이 족 남자 중 절반은 양복 차림에 서류 가방을 들고 있고 절반은 예전의 망토 차림에 창을 들고 있었다. 하지만 내가 있는 곳은 비교적 고립된 곳이다 보니 별로 변화가 심하지 않았다. 가장 가까이 있는 학교는 50킬로미터 정도 떨어져 있었고 한 마을에서 한 명 정도 스와힐리 어를 할 줄 알았으며 남자들이 전사의 호칭을 얻으려면 창으로 사자를 잡아야 했다. 결혼 제도는 여전히 일부다처제였고 결혼식 파티에서는 언제나 후식으로 사발에 소 피를 받아 마셨다. 그곳은 새로운 생각에 특히 문이 열리지 않은 세계였다.

나는 무리 속에서 첫 시즌을 보내던 어느 날 아침 당혹스러운 방식으로 이것을 발견했다. 좀 부당한 다팅이기는 했지만, 나는 다팅을 멋지게 해낸 참이었다. 솔로몬이 서열이 제일 높은 암컷인 레아의 어린 딸인 드보라와 처음으로 짝짓기를 했는데 숲에서도 하고 나무에서도 하고 들판의 초지에서도 했다. 드보라는 성피가 최대한 부풀어 있었는데 어쩌면 암컷의 가장 강렬한 발정기인 배란기일 수도 있었다. 그래서 솔로몬은 드보라를 물리칠 수가 없었다. 아니, 아니 내 말에 오해가 없기를 바란다. 내가 살금살금 다가가서 다팅을 한 것은 짝짓기 중인 솔로몬이 아니었다. 나도 직업적 기준이 있다. 내가 다팅을 한 것은 다니엘이었다. 사춘기인 다니엘은 하루 종일 그들을 몰래 따라다니며 지켜보았다. ─한순간도 그들로부터 시선을 떼지 않았고 오전 내내 그리 멀지 않은 거리에서 그들을 따라다니며 시간을 보냈다. 어쩌면 그들의 행동을 지켜보면서 암컷을 만족시키는 방법에 대해 솔로몬에게서 한 수 배우고 싶었을지도 모른다.

그래서 다니엘은 나를 신경을 쓰기보다는 관음증에 더 많은 관심을 보이느라 경계가 소홀해졌다. 나는 쉽게 다팅을 했다. 그의 모습이 순식간에 시야에서 사라졌고 나는 그를 뒤쫓았다. 지프차에서 약 1킬로미터 정도 떨어진 지점에 그가 쓰러져 있었다. 그는 별로 무겁지 않았다. 나는 그를 아기처럼 안고 기분 좋게 깡충깡충 뛰어서 돌아오고 있었다. 정말 멋진 아침이었다.

나는 그 녀석을 안고 언덕과 계곡을 넘어오던 중 마사이 족 전사 두 명과 마주쳤다. 그들은 특유의 붉은 망토만 두르고 있었는데 내가 친구를 만들기 시작한 마을의 옆 마을 사람들이었다. 그들은 개코원숭이에게 꽤 관심을 보였다. 나는 원숭이를 한 곳에 내려놓고 그들에게 보라고 했다.

"여기 봐요. 내 원숭이예요."

"죽었어요?"

이례적으로 그들 중 한 명이 마사이 족의 언어인 마아 어뿐만 아니라 스와힐리 어도 할 줄 알았다. 나는 마아 어는 전혀 몰랐지만 스와힐리 어는 조금 할 수 있었다.

"아니, 잠들었어요."

"왜 잠을 자나요?"

"내가 자게 하려고 특별한 약을 좀 주었어요."

"사람도 그 약을 먹으면 자나요?"

"당연하지요. 원숭이의 몸은 사람의 몸하고 매우 비슷하거든요."

나는 너무 당연해 보이는 말을 했지만, 두 전사는 이런 생각에 당혹감을 감추지 못하는 것처럼 보였다.

"아니오, 그렇지 않아요. 인간은 인간이고 개코원숭이는 야생 동물이오."

한 남자가 친구의 말을 통역해서 말해주었다.

"그래요. 하지만 우리는 매우 가까워요. 우리는 서로 친척 같은 존재예요."

"아니오, 그렇지 않아요."

마사이 족 전사는 좀 언짢아하는 표정으로 말했다. 나는 물러서지 않았다.

"하지만 우리도 한때는 원숭이 같았을 때가 있었는데 꼬리도 있었어요. 우리는 정말 가까운 관계예요."

"말도 안 돼요."

"내 말이 맞아요. 북쪽 사막에서 사람들 뼈가 발견되었는데 그들은 실제로 우리 같은 사람들이 아니었어요. 반은 개코원숭이였고 반은 사람이었어요."

"말도 안 돼요."

"내 말이 맞아요. 우리나라에서는 의사들이 인간 심장을 꺼내고 원숭이 심장을 넣을 수도 있어요. 그래도 그 사람은 죽지 않고 오래 살아요(나는 의학의 진보를 조금 과장했다.). 내가 당신 심장을 꺼내고 개코원숭이 심장을 대신 넣어도 당신은 여전히 전사일 거예요."

"당신은 그럴 수 없어요. 말도 안 돼요."

그는 조금 짜증을 내고 있었다. 다른 마사이 족은 몸을 굽혀 다니엘의 몸을 유심히 살펴보다가 놀라울 정도로 흰 피부가 드러난 부분을 보았다.

"봐요. 나하고 같지요?"

나는 그에게 흰 피부를 가리키며 말했다.

"아니오. 당신은 붉은 사람이오."

나는 그의 이 대답이 정말 즐거웠다. 틀림없이 그는 내가 크레이지 호스(인디언 추장 - 옮긴이)와 더 닮았다는 뜻으로 한 말이기보다는 햇볕에 타서 점점 이상하게 까매지고 있는 백인처럼 보인다는 뜻으로 한 말이었음에도 불구하고 말이다.

"나는 원래 정말 백인이에요."

나는 바지를 걷어올리고 타지 않은 속살을 보여주었다.

"보세요. 원숭이하고 같은 흰색이잖아요."

갑자기 나는 이 두 청년에게 약간의 충격을 주고 싶은 장난기가 발동했다.

"이 개코원숭이는 정말 우리 친족이에요. 사실 이 원숭이는 내 사촌이에요."

그리고 나는 그 말과 함께 몸을 숙여 다니엘의 코에 키스했다.

그들의 반응은 내가 예상한 것보다 훨씬 더 격렬했다. 마사이 족들은 기겁을 하며 갑자기 내 얼굴 앞에 바짝 창을 들이대고 흔들었다. 마치 정말로 찌를 작정인 것처럼 말이다. 그중 한 명이 소리를 질렀다.

"이 동물은 당신 사촌이 아니오. 그는 당신 사촌이 아니오. 개코원숭이는 우갈리 요리를 할 줄도 몰라요(우갈리는 이곳에서 누구든지 언제 어디서나 해먹는 일종의 옥수수 요리이다. 나도 그 요리를 할 줄 모른다고 대답할 뻔했지만 적어도 약간의 배려를 보여주기로 결심했다.). 그는 당신 사촌이 아니오!"

그들은 나에게 창끝을 겨누었다. 나는 정말 느릿느릿 차분하게 말했다. 맞아요, 맞아요, 두 사람 말이 옳아요. 이 원숭이는 사실 내 사촌이 아니에요. 내 친척이 아니에요. 이전에 한 번도 본 적이 없어요. 그냥 나는 여기서 일하는 사람일 뿐이에요. 기타 등등. 내가 이런 종류의 말들을 한참 늘어놓은 후에야 마사이 청년들의 태도가 마침내 누그러졌다. 그러고는 창을 내려놓고 알아듣기 힘든 케냐 영어로 자신들이 나의 친구라고 말했다.

이 일 끝에 우리는 영원한 형제애를 맹세하고 각자 자신의 길을 갔다. 팬티도 입지 않은 근본주의자들의 창에 찔리는 것은 생각만 해도 싫다.

얼마 후 마사이 족이 새로운 생각을 어떻게 받아들이는지 배울 기회가 또 있었다. 나는 가장 가까이 있는 마을과 접촉했고 그곳 사람들과 조금씩 안면을 익히기 시작했다. 운 좋게도 나는 그쪽 세계의 이상적인 소개자 한 사람을 발견했다. 그녀는 마사이 족 혈통과 키쿠유 족 혈통이 반반씩 섞인 로다로 나의 첫 친구였다. 그녀는 바깥 세계에 마사이 족을 대변하는 사람이나 다름이 없었다. 추측해보면 십중팔구 로다의 어머니는 마사이 족 전사들이 키쿠유 족 마을을 습격했을 때 끌려왔을 것이고 마사이 족 남자와 억지로 결혼했을 것이다. 그 당시에 그녀의 어머니는 나이가 나이니만큼 서서히 잠식해 들어오는 바깥 세계뿐만 아니라 자신의 부족에 대해서도 알 만큼은 알고 있었을 것이다. 그래서 로다는 마사이 족의 다른 여성들과 달리 이례적인 환경에서 자랐다.—그녀는 마아 어와 키쿠유 어뿐만 아니라 스와힐리 어도 할 줄 알았고 영어도 좀 할 줄 알았으며 글을 읽을 수 있었고 돈을 다룰 줄 알았고 마을 소재지가 있는 곳까지 80킬로미터를 히치하이크로 갈 수도 있었고 마을에서 소를 사고 팔 때 흥정을 할 줄도 알았고 그 대가로 바라는 것을 얻어낼 줄도 알았다. 그녀 혼자서 서구 것들을 조금씩 마을로 유입시켰고 마을에서 중산 계급을 만들어 '아프리카 사회주의' 사회에서 계급 라인을 만들어냈다.

나는 로다가 바깥 세계를 정말 많이 알고 있지만 여전히 마사이 족적인 사고방식을 고수하고 있다는 것을 느낄 때가 있었다. 한번은 내가 그녀에게 마아 어로 '사자'가 뭔지 물어본 적이 있었는데 바로 그날 그런 경험을 했다. 나는 마아 어 사전을 훑어보고 사자에 대한 단어가 두 개인 것을 발견했다. 로다에 따르면 하나는 사자를 속이기 위한 가짜 이름이다. 이른바 야외에서 말할 때 사용하는 이름이고 진짜 이름이 아니다. 진짜 이름은 밤에 집의 안전한 곳에서 말할 때 사용하는 것이다. 사전의 설명에 따르면 마사이 족은 야외에서 사자의 진짜 이름을 말하면 사자가 그것을 듣고 달려와 그 말을 한 사람을 잡아먹는다는 것을 믿는다고 한다.

"어떻게 생각해요, 로다? 사실이에요?", "그래요. 사실이에요. 절대 그 이름을 입 밖에 내선 안 돼요." 내가 그 단어를 말할 때마다 그녀는 눈에 띄게 안절부절못하는 모습을 보였다. "진정해요, 로다. 사자는 오지 않아요.", "아뇨, 와요. 나는 여러 번 봤어요. 그것이 와서 당신을 잡아먹을 거예요.", "진정해요.", "글쎄, 난 그런 일이 일어난다는 걸 여러 번 들었어요."

나는 더 밀어붙였다. "진정해요, 로다. 사자가 자기 이름을 알아들을 거라고 말하는 거예요? 로다도 알다시피 사자는 그런 것을 이해하지 못해요. 오지도 않을 거구요."

"아니, 올 거예요."

"사자가 마사이 말을 알아듣는다는 거예요?"

마침내 그녀는 짜증을 냈다. 그녀는 심통이 들어 있는 말투로 자신이 아는 두 세계를 이렇게 요약하며 균형을 잡았다.

"사자는 자신의 이름을 알아듣지는 못해요. 학교에서 배운 사람이라면 누구나 사자가 사람 말을 못 알아듣는다는 것을 알아요. 하지만 당신이 밖에서 여러 번 말하면 사자가 와서 잡아먹을 거예요."

이 주제는 이렇게 마무리되었다.

나는 로다가 마사이 세계에 한 발을 견고히 담근 채 외부의 생각을 어떻게 받아들이는지 조금씩 알아가는 중이었다. 개코원숭이들에게는 매우 특별한 오전이었다. 젊고 조용한 여호수아가 겁이 많은 룻에게 자신의 매력을 발산하며 그녀를 쫓아다녔다. 어떤 사춘기 수컷 한 마리가 비정상적인 욥을 괴롭히다가 결국 엄격한 라헬의 공격을 받았다. 베냐민은 통나무 위의 내 옆자리에 앉아 있었다. 더 이상 좋을 수가 없었다. 그래서 나는 그날 오후에는 작업을 접고 마사이 족 마을의 로다와 그녀의 가족을 방문하기로 결심했다. 로다는 외모에서부터 키쿠유 족 혈통임을 드러냈다. 그녀는 멀쑥하고 마른 체형의 마사이 족 여자들 속에 섞여 있는 조금 땅딸막한 여성이었다. 그녀는 대부분의 마사이 족들보다 유달리 웃음이 많고 다소 호들갑스럽고 좀 더 자애로웠다. 그녀의 남편은 거의 언제나 집에 없었다. 그는 공원 관리인이었고 밀렵꾼 순찰을 위해 대개 먼 외곽에 나가 있었다. 그는 내가 본 마사이 족 남자들 중에서 가장 키가 크고 야위고 심술궂어 보이고 무서워 보이는 인상을 가진 남자였다. 관리인 제복을 입고 자동 소총을 들고 있을 때는 특히 더 그랬다. 그러나 그는 자신이 보호하는 아기 코뿔소 이야기를 할 때나 자신이 '마마'라고 부르는 키가 작고 상체보다 하체가 더 큰 로다에게 애정을 가지고 몸을 기울일 때는 특히 놀라울 정도로 온화한 표정을 지었다. 아무튼 그들은 주변에서 기이해 보이는 부부 중 하나였다. 핵가족의 평온한 장면에 어떤 파장이 있다면 그의 두 번째와 세 번째 아내였는데 둘 다 로다보다 나이가 어려 로다가 이끌어가야 했다. 로다의 남편은 비번일 때 제복을 벗고 마사이 족 고유의 복장을 하고 아내들과 아이들을 데리고 마을을 거닐곤 했다. 아이 하나는 그들과 같이 다니지 않았는데 첫 우기 중에 어떤 열병과 뇌염을 앓았기 때문이었다.

아무튼 나는 안부 인사차 그녀의 마을을 방문했고 로다는 그 상황을 이용해 내 차를 얻어탔다. 곧 나는 그녀를 차에 태우고 보통 때 걸어가야 하는 3킬로미터 정도 떨어진 교역소로 갔다. 나는 모든 남자아이들이 엄마와 함께 강제로 쇼핑을 해야 할 때 느끼는 짜증이 향수에 젖어 되살아나는 것을 느꼈다. 우리는 가게로 갔다. 그 주변은 진흙과 배설물과 나뭇가지투성이였다. 그곳은 로다처럼 마사이 족과 키쿠유 족 혈통이 섞인, 머리가 희끗희끗한 그녀의 친구가 운영하는 가게였다. 로다는 담요 두 가지 유형, 비누, 소다, 옥수숫가루, 달걀, 설탕, 차, 손전등, 배터리, 전구, 말라리아 약, 코담배 등 십여 가지 물품을 샅샅이 훑어보았다. 그리고 그녀는 비교 쇼핑에 들어갔다. 그녀는 나에게 담요 두 가지를 펼쳐보게 했고 키에 맞는지, 아이들이 다 덮을 수 있는지 측정했다. 이것은 구매용이 아니었다. 담요는 단지 아이쇼핑이었는데 지금까지 그 두 유형이 아닌 다른 것은 한 번도 들어온 적이 없었다. 그녀는 비누, 개인 손전등, 전구 등을 보았고, 마지막으로 그날 먹을 것을 골라 담았다. 달걀 하나와 감자 두 개였다.

그녀는 30여 분간의 쇼핑에 행복해했다. 그리고 우리는 차를 타고 다시 마을로 돌아왔다. 나는 집으로 들어가 차를 마시고 가라는 초대를 받았다.

이것이 문제의 시초였다. 그녀의 시동생인 세레레가 술에 취해 있었다. 그는 괜찮은 사람인데 자주 술에 취해 있었고 술만 마시면 마사이 족 노인들을 몰라보고 자주 들이받았다. 언젠가 시간적 여유가 생겨 아프리카 전역을 여행할 기회가 있었는데 어딜 가나 술 취한 사람이 문제였다. 분노한 술주정뱅이는 단순했다. 언제나 같은 식이었기 때문이다. 한번은 내가 어떤 작은 마을로 들어가는 차를 얻어타기 위해 기다리고 있을 때 술 취해서 분노한 사람 하나가 내게 다가와 싸움을 걸었다. 그는 언제나 분노해 있었고 영어와 스와힐리 어가 섞인 말로 내게 한판 붙자고 했다. 자신은 '넘버 원 미스터 빅 쿵후 무함마드 알리'라고 했다. 그는 분노한 주정뱅이로 언제나 혀 꼬부라진 말투로 앞뒤가 맞지 않는 말을 주절거렸다. 나는 별로 두렵지 않았다. 테레사 수녀를 제외한 사람이면 누구와도 싸워서 이길 수 있기 때문이 아니라 그럴 때마다 언제나 같은 방식으로 벗어났기 때문이었다. 정신 박약아처럼 그냥 미소를 짓고 가만히 서 있으면 해결되곤 했다. 한 무리의 사람들이 모여들었고 그중에서 언제나 하얀 셔츠를 입고 셔츠 주머니에 펜을

꽂은 믿을 수 없을 정도로 온순한 남자 한 명이 앞으로 튀어나와 술주
정꾼에게 화를 내곤 했다. 그는 술주정꾼이 글자 꽤나 아는 특이한 백
인을 모욕하는 데 충격을 받은 학교 선생님이었다. 그는 화난 얼굴로
'미스터 쿵후 무함마드 알리'를 막아섰다. 이 세상의 모든 학생과 선생
님이 그렇듯이 한번 선생님은 영원한 선생님이고 아무리 술주정뱅이
라고 해도 한번 학생은 영원한 학생이었다. 그러면 상황은 마법처럼 풀
렸다. 노먼 록웰(정감이 가는 따뜻한 그림을 많이 그린 미국 화가 - 옮긴이)
의 그림 속 한 장면이 이어진다. ― 제목은 「전직 학생인 마을의 술주정
꾼을 훈계하는 선생님」이다. 술주정꾼은 선생님 앞에서 위축되어 앞뒤
말도 되지 않는 사과를 주절주절 늘어놓고 발만 내려다보고 있다. 그
러고 나면 학교 선생님은 나를 자신이 있는 곳으로 데려가 차를 한잔
대접해준다. 그리고 그곳에서 그는 미국 대통령들에 대한 퀴즈를 내기
도 하고 예수 그리스도에 대한 토론을 하기도 하고 자신에게 내 필체
를 보여달라고 하기도 했다.

　따라서 이런 사나운 술주정꾼들은 오히려 상대하기가 쉬웠다. 역대
미국 대통령의 순서만 기억하면 말이다. 문제는 호의적인 술주정꾼이
다. 그들은 사람을 보자마자 자꾸 뭘 잡아서 내놓으려고 한다. 나는 가
족 농장이 있는 한 친구를 방문한 적이 있었다. 그에게는 조지라는 술
주정꾼 형이 있었다. 그는 사람을 못살게 구는 말썽꾼이었을 뿐만 아니
라 자신의 아내를 때리고 아이를 버리는 등 온갖 못된 짓을 일삼는 사
람이었는데 기이하게 내가 마음에 들었는지 잘해주지 못해 안달이었
다. 그곳에 머문 4일 동안 그는 나를 위해 한 마리뿐인 소를 잡고 염소
를 잡고 기타 온갖 것을 잡았다. 마지막 날 밤에 조지를 제외한 가족들
이 함께 난로 주위에 둘러앉아 식사를 하고 있었을 때 문이 벌컥 열렸

다. 술 한잔 걸친 그의 형이 혀 꼬부라진 말을 하며 갑자기 방으로 난입했다. 그의 손에는 닭 한 마리가 쥐어져 있었다. 그는 내가 있는 곳으로 다가오더니 혀 꼬부라진 말투로 "너는…… 나의…… 친구다!"라고 말하고는 닭을 나한테 휙 집어던졌다. 불행하게도 공포에 질린 닭은 다리와 날개가 묶여 있지 않아 꼬꼬댁거리며 하늘을 날아올라 식사 중인 식탁을 온통 난장판으로 만들었다.

비슷한 일이 이곳에서도 일어났다. 로다의 시동생인 이 젊은이는 즉시 나를 위해 염소 한 마리를 잡겠다고 했다. (명심해 젊은이, 나는 마을을 계속 드나드는 사람이야.) 내가 만류하자 그는 토라진 것처럼 한쪽 구석으로 가버렸다. 나는 로다와 자리에 앉아 차분히 차를 한잔 마셨다. 마사이 족의 집에서 누군가가 뭔가를 찾는 것을 지켜보는 것은 언제나 흥미롭다. 집은 진흙과 배설물로 지어져 있고 지붕 위에 얹은 건초 사이로 햇살이 약간 들어오는 것을 제외하면 빛이라곤 없어 입구에서부터 미로나 다름없었다. 그런 상태에서 집 안 어딘가에는 소가죽 침대가 있고 어딘가에는 염소 몇 마리가, 또 어딘가에는 세레레와 함께 술을 진탕 마신 노인이 잠들어 있고 또 어딘가에는 아이가 있다.

우리는 기분 좋게 차를 마시며 앉아 있었다. 로다는 자신이 비밀리에 뭔가를 감추어둔 곳으로 잠시 갔다가 돌아왔다. 재앙이 일어났다! 로다는 자신의 돈이 없어진 것을 발견했다. 키쿠유 족과 마사이 족의 혈통을 반반씩 물려받은 로다는 이 마을에 있는 모든 현대적인 것의 선두 주자였고 마사이 족 마을에 처음으로 현금을 들여온 사람이었다. 그녀는 자신과 남편이 번 돈을 한 푼도 쓰지 않고 빠짐없이 모아 아이들 학비로 쓰고 있었다. 그런데 그 돈이 사라진 것이다. 그녀는 범인을 알았다. 그녀의 시동생인 세레레가 집에서 만든 술을 마시지 않고 그 돈을 훔쳐 지역 관광 캠프의 직원 식당에 가서 술을 사마신 것이다. 로다에게 상전이나 다름없는 오만한 마사이 족 전사인 세레레는 별것 아니라는 듯 '이봐요, 형수. 그건 내 특권이야.' 라고 말하는 것처럼 어깨를 한번 으쓱하고는 죄를 인정했다. 로다는 고함을 지르며 장작개비 하나를 들어 그의 옆구리를 사정없이 내리쳤다.

한바탕 난리가 일어났다. 세레레는 다시 중심을 잡고 피했고 로다는 울부짖으며 사방으로 그를 쫓아다녔다. 그는 비틀거리며 일어나 마치 해보라는 듯이 창을 집어들었고 그 뻔뻔함에 격분한 로다는 다시 막대기로 그를 때려눕혔다. 고성과 울부짖음이 오고 갔고 순식간에 그곳은 싸움 구경 온 마을 사람들로 가득 찼다. 반백이 된 노인들이 한 구석을 차지하고 젊은 여자들이 로다의 뒤에 자리 잡고 나머지는 모두 구경꾼이었다.

금주(禁酒) 연극 같은 장면이 이어졌다. 로다와 그녀의 친구 그룹은 울부짖는 목소리로 불만을 토로했다. 5년 전에 정부가 마사이 족 마을에 와서 지역마다 한 명씩 아이를 학교에 보내기를 요구했고 부모들은 두려움으로 사랑하는 아이를 숨겼다. 이제는 마을마다 아이를 학교에 보내는 데 공감하는 로다 같은 여자들이 있었다. ― 책도 없고 펜도 없고 종이도 없고 선생님도 거의 없는 50킬로미터 떨어진 오두막 학교였지만 아무튼 학비가 들었다.

마사이 땅의 아방가르드는 아이들의 교육을 원했다. 그런데 로다와 그녀의 친구들 외에는 아무도 그러지 않았다. 그녀와 그녀의 지지자들은 아이들 학비로 술 마시는 일은 없어야 하며 아이들을 학교에 보내야 한다고 언성을 높였다. 로다가 선봉장이었다. 그녀는 마을에서 자기 주장이 분명하고 급진적이고 새로운 물결을 일으킨 전투적 여성 해방

운동가로 절반은 키쿠유 족 혈통이었고 온갖 의심스러운 사상을 마을에 유입시켰지만 마사이 족 혈통들은 그녀를 참고 있었다. 그녀가 똑똑했을 뿐만 아니라 바깥 세계의 기술과 현금을 마을에 들여왔기 때문이었다. 비난은 인사불성으로 쓰러진 세레레를 넘어 일반화되었고 반백의 노인들에게 집중되었다. 누군가가 나에게 마아 어를 스와힐리 어로, 다시 영어로 통역해주었다. 이 소란의 한가운데에 있는 다양한 사람들이 나에게 뭔가를 기대하는 것처럼 보였다. 나는 그들이 나를 중재자로 여기는 것이 아닐까 하는 생각이 들어 잠시 아찔함을 느꼈다.

로다와 그녀의 지지 그룹은 책도 없고 공책도 없고 연필도 없는 텅 빈 학교라도 아이들을 그곳에 보내는 것이 좋다고 확신했다. 그러면 아이들이 몇 년 후 돌아와 소를 돌볼 것이다. "올드맨들은 학비로 술을 마시는 건 그만둬야 해요. 아이들이 학교에 다니고 교복을 입을 수 있도록 말이에요." 이런 여자들의 주장에 올드맨들은 이렇게 반박한다. "사실상 학교 다니는 것은 시간 낭비이며 멍청한 짓이야. 우리도 열심히 일해. 올드맨들은 원할 때마다 거나하게 취할 정도로 술을 좀 마실 수 있어야 해(여기서 올드맨이라는 말은 25살 이상으로 이전에 전사였던 남자들을 가리키는 말이다. 그런데 실제로는 이들 주장과 달리 마을에서 올드맨들은 일을 거의 하지 않았다. 일을 많이 하는 순서대로 말하면 대개 여자들이 가장 많이 했고 이어서 아이들, 개들, 당나귀들, 그리고 올드맨들이었다.)." 올드맨들은 계속 소리를 지르며 완고한 입장을 고수했다. "뭐? 학교? 멍청한 짓이야. 도대체 학교는 뭐하러 보내?" 그들은 이렇게 반문했다.

여자들이 잠시 혼란스러워하다가 한발 뒤로 물러났다. 사실 학교가 무엇인지 가장 분명한 개념을 가지고 있을 뿐 아니라 약간이라도 학교에 다닌 여성은 로다가 유일했다. 그녀들은 다시 서로 머리를 맞대고는 이렇게 소리치기 시작했다. "남자들은 적어도 술 마시는 데 돈을 다 쓰는 것은 그만둬야 해요. 아이들을 먹일 돈도 부족해요." 그러자 남자들은 이렇게 말했다. "나 원 참, 우린 마사이 족이야. 먹을 것이 지천에 널려 있어. 소도 있어, 안 그래? 아이들은 소 피나 우유를 언제라도 마실 수 있어. 여자들은 무슨 불만이 그렇게 많아?" 그들은 로다와 여자들을 보고 낄낄거리며 조롱했다. 그 순간 로다의 지지자 수가 줄었다. "아이들이 이만하면 괜찮지 뭘 그래?" 올드맨들은 그렇게 결론을 내렸다 (실제로는 아이들은 단백질 결핍, 말라리아, 결핵, 온갖 기생충투성이였다.). 로다는 남자들의 기세에 눌렸는지 내게 심판을 요구했다. 나는 난감해진 나머지 적절한 타협점을 찾아보려고 애썼다.

"아이들이 잘 먹고 학교에 잘 다니면 많은 것을 배울 것이고 그 후에 좋은 일자리를 얻을 것이고 그러면 많은 돈을 벌어올 거예요. 올드맨들이 언제나 정말 좋은 술을 먹을 수 있을 정도로 말이죠. 그러면 관광 숙소에서 백인들에게 파는 그런 좋은 술을 마실 수가 있어요."

이 말은 한순간 갈채를 받았지만 갑자기 여기저기서 로다에 대한 불평이 터져나오는 바람에 순식간에 싸늘하게 식어버렸다.—키쿠유 족 여자들이 다 그렇지 뭐…… 생긴 것도 짜리몽땅하고…… 믿어도 되는지 알 수도 없고…… 어쩌고저쩌고…… 이러쿵저러쿵…….

로다는 격분했고 그녀의 마지막 지지자들이 사라졌을 때 이렇게 열변을 토했다. "우리 여자들과 여기 있는 로버트는 올드맨들이 술 마시는 것을 그만두고 아이들을 학교에 보내거나 먹이는 데 돈을 써야 한다고 생각해요. 더러운 마사이 족 남자들은 아이들 눈을 씻어주는 것부터 시작해야 해요. 눈병에 걸리지 않도록 말이죠. 내 아이들은 눈병에 걸리지 않아요. 그리고 올드맨들 제발 반바지라도 좀 걸쳐요. 그리고 예수님을 좀 믿어야 해요."

오호! 기독교를 믿는 반 키쿠유 족 여인인 로다는 이렇게 복수했다. 그녀는 농업에 종사하는 케냐 인들이 마사이 족에게 불만이 있을 때마다 제기하곤 하는 두 가지 약점을 말한 것이다. ― 그것은 엉덩이를 내놓고 산다는 것과 예수님을 믿지 않는다는 것이다.

이 모임은 왁자지껄한 소란으로 끝이 났다. 올드맨들은 껄껄거리며 승리감에 취해 또 술 한잔하러 나무 그늘로 갔다. 세레레는 나에게 경의를 표하기 위해 염소 한 마리를 잡겠다고 선언했다. 나는 재빨리 도망쳤다.

05

코카콜라 악마

지프차 엔진을 수리해야 하는 날이었다. 한 달 동안 불길하게 툴툴거리더니 그날 아침에 시동이 완전히 꺼져버렸다. 그날은 무리 관찰을 하다가 늙은 이사야가 삶의 피날레를 장식하는 것을 보았다. 그는 지금까지 무리에서 가장 늙은 수놈으로 고령이었고 엉뚱한 면이 있었으며 관절염이 있고 쇠약했다. 그의 속성을 한마디로 말하라고 하면 그냥 '늙었다'는 것이다. 그는 다리를 절름거렸고 앉아 있을 때는 언제나 툴툴대고 앓는 소리를 냈고 반복적으로 자리를 옮겨다녔고 어린것들을 때렸다. 그는 할아버지답지도, 매력이 있지도, 밤에 조용하지도 않았다. 그런데 나는 그날 오전에 그가 마지막 짝짓기를 하는 것을 보았다. 상대는 에스더라는 발정기에 들어간 젊은 암컷이었는데 다른 수컷들이 거들떠보지 않자 슬며시 이사야를 유혹했다. 이사야는 꽤 그럴듯하게 그녀를 따라다녔고 위협적인 수컷이(이 경우에는 젊은 청소년기 수컷) 주변에 있으면 조금 떨어진 곳으로 에스더를 유인하는 해묵은 규칙을 기억했다. 마침내 그는 그녀에게 올라탔다. 익숙하지 않은 흥분의 고통 때문이었을까, 그 순간 그는 그녀의 머리 위로 구토를 했다. 이사야의 마지막 애정 생활은 그렇게 막을 내렸다. 그는 그 직후에 사라져 두 번 다시 모습을 드러내지 않았다. 어쩌면 사자나 하이에나의 공격을 받아 죽었을지도 모른다.

나는 이사야의 밀회를 기록해두고 지프차로 관심을 돌렸다. 지프차는 공원 본부의 카센터 50미터 지점에서 꺼졌다. 검사 결과 어떤 부품을 교체해야 했는데 나이로비에 힘들게 무전으로 연락한 결과 1~2주 후에 외환 위기가 해결되고 인도양의 몸바사 항에서 자동차 부품 하역 작업이 이루어져야만 부품 입수가 가능하다는 답이 왔다.

한동안 연구 일을 접을 수밖에 없는 상황에서 나는 참신한 발상을 했다. 배낭을 꾸려 관광객들 차로 나이로비로 나간 다음 히치하이크로 동아프리카 어딘가를 여행하는 것이었다.

나는 나이로비 산업 단지에서 장기간 대륙 횡단을 하는 화물차를 찾는 일부터 시작했다. 트럭이 주차된 지대 부근에서 하루 종일 기다린 끝에 내가 가려는 방향으로 가는 탱크로리 한 대를 발견했고 그 차에 몸을 실었다. 그것은 기이한 구형 레일랜드(차 이름 - 옮긴이)였는데 운전석에 좁은 침대가 끼여 있고 여기저기 술병, 통조림캔, 여러 가지의 기어, 장치, 도구, 걸레, 기름통 등이 온통 어질러져 있었다. 운전사는 이슬람교도인 마흐무드와 이스마엘리였다. 두 사람 모두 술에 절었고 침울해 보였다. 그들은 해안 지대에서 자라는 암페타민(각성제 - 옮긴이) 같은 어떤 식물을 씹고 있었다. 화물차는 시속 2킬로미터로 갔다. 그 이상 속도를 내는 것이 불가능해 보였다. 그래서 우리는 밤새 나이로비 서쪽으로 기어갔다.

동이 터오는데 우리는 2.7킬로미터의 급경사 비탈을 여전히 기어서 올라가고 있었다. 몇 시간 동안 걸어가는 속도로 꾸준히 가고 있는 로리 뒷자리에 앉아 풍경을 바라보고 있자니 무슨 이런 일이 있나 싶었다. 우리는 마침내 비탈의 꼭대기에 도달했지만 로리는 완전히 고장이 났다. 마흐무드가 엔진을 살펴보더니 거의 사망 상태라고 했다. 마흐무드는 정비사를 데리러 나이로비로 들어가는 반대편 버스를 잡아타고 카센터로 향했다. 이스마엘리와 나는 탱크로리에서 이틀간 붙어 있었다. 그가 덜 침울할 때 나는 그의 스와힐리 어를 알아듣기가 훨씬 더 수월했다. 나는 처음에 이런 지연에 좌절했지만 걱정할 것까지는 없다고 결론지었다. 그래서 우리는 앉아 있었다. 곧 이스마엘리가 운전석 상자들 사이로 사라졌다가 기도 매트를 들고 나타났다. 그는 하늘을 보고 잠시 생각하더니 동쪽을 찾아 기도에 들어갔다. 얼마 후 그는 스와힐리 어가 아랍 어에 뿌리를 두고 있는 것에 대한 강의를 하기 시작했고 스와힐리 어를 단순한 방언으로 전락시켰다. 나는 히브리 어가 아랍 어에 얼마나 가까운지 예를 들어가며 그를 즐겁게 해주었다. 그는 한술 더 떠 히브리 어까지 아랍 어의 방언으로 간주했다. 내가 그것에 토를 달지 못하고 있을 때 그는 먹을 것은 걱정하지 말고 같이 먹자고 말했다.

그의 식사는 하필이면 스파게티였다. 이스마엘리는 원래 이탈리아 소말릴란드 출신으로 이전에 식민 통치 국가 주민이었을 때 스파게티에 흠뻑 빠졌다고 했다. 그는 석유난로 위에서 한 냄비를 만들었고 가죽 속에 넣어온 낙타 젖을 부었다. 우리는 배불리 먹었다. 식사 후에 그는 다시 기도에 들어갔다. 지겨워진 나는 카세트를 꺼내 노래를 틀기 시작했다. 그는 내 카세트에서 나오는 소리를 계시로 받아들였고 그것을 들고 가서 조심스럽게 따라 웅얼거렸다. 그는 이전에 이런 멜로디를 들어본 적이 없었지만 이 멜로디에는 소말리-아랍 특유의 리듬감이 있었다. 곧 그는 이 멜로디와 기도를 결합시켰다. 그는 자리에 앉아 고음에 리드미컬한 발작 같은 것을 하며 눈을 감고 몸을 앞뒤로 흔들었다. 갑자기 때가 되자 카세트를 내려놓고 다시 기도 매트 위에 몸을 던졌다. 그렇게 시간이 지나자 나는 서서히 아랍계 이탈리아 인이 되어 스파게티를 먹고 이스마엘리가 기도문을 외우고 울부짖는 소리를 들었다.

다음 날 아침에 다른 로리가 들어왔고 나는 갈아타기로 결정했다. 이스마엘리가 내 카세트를 탐냈지만 스웨터 하나를 받는 것으로 만족했다. 그는 해안 지대의 얇은 옷 하나밖에 없어 밤마다 떨었다. 새로운 로리도 지난번 것과 전혀 다르지 않을 정도로 낡은 것이었는데 아무튼 올라탔다. 운전사는 거구로 건장함이 넘쳐흐르고 나이가 제법 들어 보이는 예레미야라는 남자였다. 그는 유행하는 스타일의 머리에 깔끔하게 수놓은 페즈 모자(일부 이슬람 국가에서 남자들이 쓰는, 빨간 빵모자같이 생긴 것 – 옮긴이)를 쓰고 무거운 검은 테 선글라스를 쓰고 있었는데 윗니가 금니였다. 게다가 팔뚝이 어마어마하게 굵은 것이 꽤 인상적이었다. 조수는 운전사와 대조적인, 약 서른 살 정도의 요나라는 남자였다. 그는 쑥 들어간 눈에 덥수룩한 수염을 기르고 있었는데 꼭 영양실조에 걸린 사람 같았다. 그의 옷은 누더기나 다름없었고 온통 기름투성이였다. 그는 학대를 많이 받아 주눅이 든 사람 같았다.

산마을에서 우리는 점심을 먹기 위해 멈추었다. 내가 점심을 꺼내려고 하자 예레미야가 자신을 따라 간이음식점으로 가자고 했다. 정상적인 절차는 벽에 붙어 있는 메뉴판을 보고 주문하는 것이었지만 이 남자의 방식은 완전히 달랐다. 처음에 나를 충격으로 몰아넣었던 그 호전성으로 그는 사람들을 보는 족족 괴롭히고 위협했다. 그러자 간이음식점 종업원들이 화들짝 놀라 이해할 수 없는 행동을 했다. 몇몇은 이웃으로 달려가 신선한 토마토와 양파를 사왔다. 또 다른 몇몇은 어딘가에서 고추를 가지고 왔다. 그들은 남자아이 하나를 고깃집으로 보내 염소 고기를 요리해 오게 했다. 예레미야는 마치 궁전에 있는 대왕처럼 식탁을 깨끗이 치우고는 칼을 들고 채소를 얇게 썰기도 하고 깍둑썰기를 하기도 하면서 상상할 수 있는 모든 것을 했다. 토마토는 오목한 그릇에 담았고, 양념은 한쪽으로 치웠다. 고기가 도착하자 그는 자르기 시작했다. 나는 하찮은 주머니칼로 도와주려고 했지만 그의 질책에 구경꾼 역할로 돌아갔다. 예레미야는 계속 주문을 했고 새로운 것이 올 때마다 평을 했다. 그는 양파가 충분하지 않다고 분노했다. 마침내 모든 것이 준비되었고 각각 적절한 크기로 그릇에 담겼다. 예레미야는 미친 듯이 모든 것을 식탁 위에 쏟아붓고 손으로 뒤섞었다. 우리는 엄청난 크기의 고깃덩어리를 집어 토마토와 양파로 휘감아 먹었다. 예레미야가 앞장을 섰고 나는 그를 따라했다. 그는 오른손으로는 고추를 들고 한입 베어물고는 매운 걸 가라앉히기 위해 가능한 한 빠르게 많은 다른 음식을 입에 집어넣었다.

식사가 끝날 즈음에 예레미야는 로리에 있는 요나에게 갖다줄 것을 주문했다. 성찬을 마친 후에 나는 너무 많이 먹어 몸을 가누기 어려웠지만 나가면서 요나는 왜 오지 않고 그곳에 남아 있는지 물었다. "그냥 로리가 좋다는 거요." 이것은 말 그대로 사실이었다.

요나는 정말 로리를 좋아했다. 그의 일은 밤에는 경비원처럼 로리에서 잠을 자는 것이었고 평소에는 이런저런 잡일을 하는 것이었다. 그의 강박증이 이 일을 하게 이끌었는지, 아니면 일을 시작한 이후에 나타나 곪은 것인지 모르겠지만 아무튼 요나는 로리와 자신을 분리시키지 않았다. 요컨대 그는 절대로 그곳을 떠나지 않았다. 그 후 며칠간 나는 그를 주의 깊게 지켜보았지만 그가 한 번도 땅에 발을 딛는 것을 본 적이 없었다. 우리가 식사할 때마다 그는 로리 뒤에 붙은 트레일러를 바쁘게 왔다 갔다 하며 기름을 점검하고 볼트와 걸쇠를 조정하고 후드와 운전석 문을 소심하게 닦았다. 한 번도 땅바닥에 발을 딛지 않고도 운전석에서 트레일러로 건너다녔다. 그가 영양실조에 걸린 것 같은 모습을 하고 있는 것은 예레미야 이전의 운전사가 그에게 먹을 것을 제대로 주지 않아서라는 결론을 내렸다. 그는 차가 운행 중일 때에도 운전석과 트레일러를 능숙하게 넘나들었는데 뒤쪽에서 소변을 보곤 했다.

우리는 떠났다. 예레미야는 식사에 즐거워했고 키쿠유 족 원주민의 노래를 흥얼거렸다. 그의 목소리는 상당한 저음이라 운전석 바닥으로 가라앉는 듯했다. 원래 조금 우울한 노래지만 튀는 부분이 있었는데 그때마다 그는 리듬에 맞춰 자신의 페즈 모자를 가볍게 두드렸다.

우리는 오후 늦게 케냐 서부의 소도시 엘도레트에 도착했다. 그런데 이번에도 로리가 심각한 고장을 일으켰다. 차를 살펴보는 동안 잠깐 주변을 둘러보고 돌아와보니 내가 르완다로 가는 또 다른 운전사인 피우스에게 인계되어 있었다. 그런데 이것이 내 아프리카 여행 최악의 악몽으로 이어질 줄이야! 처음에는 크게 이상할 것까지는 없는 조금 기이한 저녁으로 시작되었다. 피우스는 엘도레트가 고향으로 리프트 밸리 이쪽 남자들에게 가장 매력적인 어떤 갱단 두목이었다. 그는 젊고 키가 컸고 체격이 매우 호리호리했다. 그는 몸에 딱 붙는 청바지를 입고 스포츠 셔츠를 바지 위로 내놓고 스포츠 재킷을 입고 면도를 하고 담배를 물고 있었고, 가당찮아 보이는 15센티미터 정도의 붉은색 통굽 구두를 신고 있었다. 그를 둘러싼 남자들 역시 비슷했다. 하나같이 줄담배를 피우고 통굽 구두를 신고 있었는데 키가 적어도 190센티미터는 되어 보였다. 누군가가 나를 '피터'라고 불렀다. 내가 항의했음에도 불구하고 다들 막무가내로 그렇게 불렀다. 나는 순식간에 피터가 되었다. 피우스와 그 일당은 으스대듯이 앞장서서 다녔고 나는 그들을 따라다녔다. 그들은 어딘가에서 주워들은 미국 속어를 입에 달고 살았다.

"피터, 우리가 오늘 밤에 엘도레트를 구경시켜 주지."

"빌어먹을 지금 말이지. 피터."

우리가 첫 번째 술집으로 들어갔을 때 사람들이 우리 양옆으로 갈라졌다. 나는 그들이 받지도 않은 모욕을 받았다느니 어쩌니 하며 다른 패거리와 싸움을 벌일 것이라고 예상했다.

"난 빌어먹을 맥주!"

"나도 빌어먹을 맥주!"

"나도 빌어먹을 맥주!"

"나도 빌어먹을 맥주!"

"저는 탄산음료 주세요."

사람이 바뀌는 데는 한계가 있다. 우리는 또 다른 술집으로 옮겼다. 내가 분명한 이유 없이 그들의 모호한 애정을 받는 것처럼 보였다.

"그래, 피터는 오케이야."

"그래, 피터는 오케이야."

"그래."

이것은 교과서적인 재미는 아니었지만 적어도 그때까지는 계획된 것이 있으니 그 나름대로 참을 만했다. 피우스를 따라다니다 내일 그의 차에 올라타 그의 패거리와 작별을 하고 캄팔라로 떠나기만 하면 그만이라고 생각했다. 피우스가 나와 악몽 같은 결전을 벌이리라고는 전혀 예감하지 못한 채 말이다. 돌이켜보면 그가 진짜 악당이었는지, 아니면 환대가 어떤 것인지 잘 모르는 거친 케냐 인에 불과했을 뿐인지, 아니면 내가 그의 어떤 세뇌 실험의 피실험자가 된 것인지 여전히 잘 모르겠다.

동이 틀 무렵 나는 피우스가 깨워서 일어났다. 그는 깨끗한 새 스포츠 재킷을 입고 있었고 나머지 부분도 깔끔했다. "오늘 캄팔라 간다. 이봐, 피터. 내 옆에 꼭 붙어 있어." 나는 정말 가는 줄 알고 희망에 차서 일어났다. "하지만 그 전에 먼저 한잔해야지." 우리는 또 술집에 갔다. 나는 수면 부족으로 정신이 멍한 나머지 피우스가 맥주와 함께 들고 온 콜라를 처음에는 거절했다. 그러다 그의 성의를 생각해 결국 그것을 마셨다. 그러자 그는 한 병 더 가져왔고 나는 또 마셨다. 우리는 다른 술집으로 이동했다. "우리 곧 떠날 거야." 그러고는 또 다른 술집으로 갔다. 이른 오후가 되었다. 나는 배가 고팠다. 내가 식사를 주문할 때마다 피우스와 그의 패거리가 그 주문을 중간에서 자르고 콜라를 가져오게 했다. 나는 그들이 무례하고 달갑잖다는 생각이 들어 언제 떠날 거냐고 반발했다. 마치 대화를 하는 도중에 내가 왜 여기에 있어야 하는지에 대해 피우스가 설명했는데 내가 그 미묘한 지점을 놓친 것 같았다. 피우스의 답은 위협적으로 40실링만 빌려달라는 것이었다. 나는 빌려주었다. 그런데 그는 또 콜라를 가져왔고 마시라고 했다. 나는 콜라에 취할 지경이었다. 피우스는 지칠 줄을 모르고 또 다른 술집으로 옮겨갔다. 나는 그와 그의 패거리에 끌려다니고 있었다. 오후가 좀 지날 무렵에 나는 지난 새벽 이후로 그들이 날 감시하고 있다는 것을 깨달았다. 나는 배가 고팠고 콜라에 넌덜머리가 났다. 그런데 그들은 내게 또 콜라를 마시게 했다. 그는 마치 자상한 형제애로 날 대하는 듯 보였지만 그 아래에 있는 야만적 폭력성이 완전히 가려지지 않는 것처럼 보였다.

우리는 또 다른 곳으로 갔고 이번에는 더 많은 콜라가 나오기 시작했다. 마침내 나는 탈출할 방법을 강구하기 시작했다. 하지만 예레미야의 로리는 정비공이 후드를 올려놓은 채 여전히 수리 중에 있었다. 요나가 로리 뒤의 트레일러에서 얼굴을 빼꼼히 내밀고 바라보았다. 나는 탄산 망각증에 빠져들었고 내 몸이 피터가 된 것처럼 나 자신과 점차 분리되는 느낌이 들기 시작했다. 나는 피터에 갇혀 있었다. 나는 완전히 진이 빠졌다. 콜라가 또 나왔다. 피우스는 또 돈을 빌려달라고 했고 이전에 빌려간 것을 조금 돌려주었다. 그리고 다이아몬드 밀수를 위해 나를 자이르에 데려간다는 앞뒤가 맞지 않는 말을 늘어놓기 시작했다.

"그래, 피터는 괜찮아."

"그래, 피터는 괜찮아."

"그래, 피터는 괜찮아."

우리는 전날 밤에 했던 것과 비슷한 순례를 시작했다. 나를 제외한 다른 사람들은 아무도 잠을 자지 않는 것처럼 보였다. 아니, 그들은 교대로 내가 깨어 있는지 움직이는지 감시했고 내가 콜라를 마시는 것을 지켜보았다. 나는 새벽 4시에 한 술집에서 결국 잠이 들었다.

다시 동이 텄다. 2시간의 수면이었다. 피우스는 내가 완전히 학습 능력을 상실한 사람인 양 나를 깨우며 다시 약속했다. "이봐, 오늘 우리 캄팔라 갈 거야." 우리는 다시 술집으로 갔다. 이미 그곳에 진을 친 그의 패거리는 내가 비협조적이 되자 알아서 콜라를 주문했다. 또 콜라가 나왔다. 나는 그것을 마시고 망각 속으로 빠졌다. 이제 결코 이곳을 빠져나가지 못하는구나. 이렇게 엘도레트에서 죽는구나.

정오경에 구세주처럼 예레미야가 다시 나타났다. 나는 그에게 달려가 도움을 요청했다. 그는 나한테 저리 가라는 손짓을 했다. 그가 또 점심 준비를 시작했기 때문이었다. 그는 위아래가 붙은 점프 슈트 복장을 하고 있었는데, 그것은 싫증난 구경꾼들에게조차 인상을 남길 정도로 볼륨이 있는 머리를 도드라져 보이게 했다. 그는 스카프를 하고 당연히 페즈 모자를 쓰고 있었는데 어쩌면 식사를 위해 차려입고 왔을 수도 있었다. 피우스와 패거리가 그에게 가세했고 나도 얼떨결에 뒤따르게 되었다. 그는 토마토와 양파를 별 어려움 없이 구했다. 하지만 좋은 고기를 찾는 것은 오디세우스가 따로 없었다. 가게마다 소의 시체를 확인해보고 고기 조각에 코를 대보고 여기서는 거절하고 저기서는 주인을 질책하고 까다롭게 굴다가 마침내 몇 가지를 받아들였다. 어디를 가나 사람들이 모두 그를 아는 것 같았고 돈이 오고 가는 것은 보이지 않았다. 사람들 한 무리가 그를 따라다녔다. 토마토나 양파는 사람들이 가져왔다. 하지만 고기는 예레미야의 영역이었다. 그는 샘플로 주는 고기를 받아 점프 슈트의 다양한 호주머니에 넣었다. 한 곳에서 그는 자신의 호주머니를 여기저기 뒤져 고기 몇 조각을 꺼내 다른 것과 맞바꾸었다. 마침내 우리는 준비 의식이 이루어지는 식탁에 모두 모였다. 며칠 전에 그랬던 것처럼 우리는 배불리 먹었다. 나는 예레미야에게 피우스에게서 좀 구해달라는 말을 되풀이했다. "일단 점심부터 먹고." 식사가 끝나자 예레미야는 손을 씻으러 사라졌다. 그때 피우스가 나를 잡아당겼고 읍의 다른 쪽 술집으로 데려가 또 콜라를 마시게 했다. 돈을 더 빌려달라고 했다. 콜라가 끝없이 나왔다. 무슨 일인지 판단이 되지 않는 낯선 위협이었다.

저녁에 우리는 예레미야의 로리를 지나갔다. 피우스는 그 로리를 지날 때 이유 없는 심술로 자는 요나를 깨웠다. 요나는 내게 목이 마른데 내일 콜라를 좀 갖다줄 수 있는지 물었다.

또 다음 날 아침이 되었다. 달라진 것은 아무것도 없었다. 잠은 부족했고 점점 나락으로 떨어지는 기분이었다. 나는 아침 7시에 콜라를 거절했다가 요나의 말이 기억나 다시 달라고 했다. 피우스가 의심스럽게 말했다. "뭐하려고? 요나 갖다주려고?" 나는 순순히 그렇다고 했다. 그는 날 위협하며 그렇게 안 하는 것이 좋다고, 한 번만 더 그러면 가만두지 않겠다고 말했다. "이제 마셔야지?" 그는 그렇게 말하고 나에게 콜라를 주었고 나는 강제로 마셔야 했다. 나는 탈출 계획을 세우기 시작했다. 그와 맞서면 그가 칼로 나를 죽이려고 들 것 같았다. 이른 오후에 우리는 새로운 술집으로 가고 있었다. 나는 마침내 이 모든 것에 폭발해 장황한 말로 떠들기 시작했다. 그때 피우스의 얼굴이 갑자기 밝아졌다. "오, 여기 누가 왔는지 봐, 피터." 차 한 대가 우리 옆에 멈추었다. 이런 세상에나, 그의 어머니였다. "피터, 이분은 우리 엄마야." 우리는 차를 타고 읍의 끝에 있는 그의 집으로 갔다. 그녀는 나를 정말 따뜻하게 대해주었다. "피터라고 했던가? 케냐에서 뭘 하고 있지?" 피우스는 완전히 어린 꼬마가 된 것처럼 보였다. 엄마 옆에서 연신 깔깔거렸고 가족사진을 수줍게 보여주었고 나와 함께 레모네이드를 마셨다. 심지어 그는 자신이 신고 있는 터무니없는 통굽 구두를 조금 부끄러워하는 것처럼 보였다. 그가 딴판으로 바뀌는 것을 보자 차마 그의 어머니에게 도움을 요청할 엄두가 나지 않았다. "부인, 부인 아들은 악마예요. 나를 억지로 붙잡아놓고 있어요."라고 말하는 것이 부적절해 보였다. 피우스가 차에서 물건을 꺼내 옮기는 어머니를 도와주려고 달려가는 모습을 보니 예전의 그를 보는 것 같았다. 나는 그녀와 악수하고 그녀에게 작별 키스를 했다. 우리는 떠났다. 우리는 다시 원점으로 돌아갔고 피우스는 나를 술집으로 야만스럽게 밀어넣었다.

이른 저녁에 술집에 있을 때였다. 나는 화장실로 갔다. 피우스 패거리가 잠시 방심했다.—아무도 나를 따라붙지 않았다. 나는 유일한 탈출 기회라고 생각하고 배낭과 사소한 소지품을 모두 포기하기로 결정했다. 나는 재빨리 뒷문으로 빠져나가 거리로 달려나갔다. 그곳에 로리 한 대가 출발하려고 막 시동을 걸고 있었다. 나는 재빨리 운전석으로 달려가 운전사에게 어디든 좋으니 좀 태워달라고 했다. 그때 누군가가 내 옷을 잡아당기며 끌어내렸다. 피우스였다. 나는 그에게 내 이름은 로버트이고 여기를 떠날 것이라고 말했다. "아니, 그렇게는 안 될걸. 저 자식이 널 속일 거야. 저 자식은 나쁜 놈이야." 나는 다시 올라타려고 했다. 그때 피우스가 나를 확 비틀어 바닥에 내동댕이쳤다. 나는 울고 싶은 아이 심정이었다. 분노하거나 겁이 난다기보다 심통이 나는 것을 느꼈다. 그의 패거리가 다 나와 있었다. 나는 다시 안으로 끌려들어갔다. 피우스는 이 모든 상황에 약간 기분이 상한 것 같았다. 마치 누군가가 사회적 무례를 범하기라도 한 것처럼 말이다. "오, 어서 와, 피터. 콜라를 마셔야지."

또 콜라를 마시며 앉아 있었을 때 시간이 자정으로 가고 있었다. 피우스가 갑자기 말했다. "피터가 지쳤어. 좀 자게 해줘야 하지 않겠어?" 그들은 나를 어떤 집 옆방에 밀어넣고 침대로 던지며 잘 자라고 했다. 이게 웬 행운인가? 나는 살짝 잠이 들었다. 그런데 얼마 지나지 않아 문을 두드리는 소리에 잠을 깼다. 피우스였다. 선글라스에 담배에 비키니 팬티 차림으로 언제나 그렇듯 통굽 구두를 신고 있었다. 그런데 매춘부로 보이는 두 여자가 같이 있었다. 그녀들이 방으로 떠밀려 들어왔다. "그래, 피터. 괜찮아!" 문이 쾅 닫혔다. 나는 두 여자에게 잠을 자야 한다고 정중하게 설명했다. 두 여자는 방문을 박차고 나가 피우스와 심한 언쟁을 벌이며 그에게 욕을 퍼부었다. 난 그 이유가 나와 관련이 없기를 바랄 뿐이었다. 물건을 던지고 때리고 울고불고하는 소리가 그날 밤 내내 이어져 나는 거의 잠을 잘 수가 없었다.

다음 날 아침 다시 술집으로 돌아갔고 나는 또 다시 콜라를 마셔야 했다. 절망에 빠진 나는 그날 밤 피우스가 마실 맥주에 바비튜레이트(불면증 치료제 및 마취제 – 옮긴이)를 타서 그를 인사불성이 되게 하고 싶다는 생각을 했다(나는 여행 중에 사용할 비상용 진통제로 그 약을 가지고 있었다.). 그런데 행운의 여신이 마지막 순간에 내 편이 되어주었다. 하루를 시작하는 섬세한 시간에 뚜렷한 이유 없이 너무 많이 마신 맥주가 피우스를 한 방 먹였다. 그는 갑자기 몸에 탈이 났는지 구토하며 화장실로 달려갔다. 그의 패거리가 따라갔다. 한 녀석이 내 손목을 꽉 잡고 끌고다녔다. 그러다가 한순간 손을 놓고 홀에서 수건을 좀 가져다 달라고 했다. 나는 홀로 달려갔고 그때 깨달았다. ─이제 혼자구나. 고립되고 허기지고 지치고 두렵고 혼란스러운 감정만큼이나 절망적으로 심한 대가를 치를 것이라는 걱정으로 잠시 멈칫했다. 피우스는 화장실에서 다시 토했고 패거리는 어찌할 줄 모르고 서로 난리였다. 순간적으로 나는 짐을 집어들고 냅다 뛰었다.

화창한 날이었고 밖에는 다들 일하거나 점심을 먹는 일상적인 활동이 한창이었다. 행운의 여신은 여전히 내 편이었다. 기적과도 같이 예레미야의 로리가 아직 그곳에 있었다. 이제 모든 수리를 마치고 막 떠날 준비를 하고 있었다. 요나가 내게 빨리 올라타라고 손짓을 했고 나는 로리 뒤쪽에 숨었다. 고통스러운 30분 동안 예레미야는 차의 시동을 걸고 운전석에서 이것저것 살펴보고 후드를 닦았다. 그런 다음 정비사와 악수를 나누며 작별 인사를 했다. 나는 피우스 일당이 나를 다시 잡으러 올까봐 트레일러 속에 몸을 웅크리고 숨어 있었다. 그런데 피우스와 그의 패거리는 나타나지 않았다. 우리는 출발했다. 차가 달리는 동안 엘도레트가 내 시야에서 사라지고 피우스가 더 이상 보이지 않는 안전한 상태가 되었을 때 나는 요나가 사용하는 기술로 운전석으로 기어넘어갔다.

"피터 씨, 당신은 마침내 피우스의 손아귀에서 벗어났소. 그놈은 매우 나쁜 자식이오."

저녁 무렵 우리는 예레미야의 누나가 사는 키탈레에 도착했다. 우리는 그날 밤 그 집에 들렀다. 나는 미친 남자로부터 탈출한 데 대해 안도했지만 여전히 마음 한 편에 있는 마음의 동요를 완전히 떨쳐버리지 못하고 있었다. 그런데 그의 누나와 그녀 친구들이 나를 따뜻하게 맞이해주었고 나는 그들의 보살핌 속에 빠져들었다. 그곳은 내 행동 하나하나에 낄낄거리며 웃는 따뜻한 모성을 가진 여자들로 가득 차 있었다. 건강한 가족의 분위기가 나를 취하게 만들었다. 주변에 아이들이 있고 라디오에서 키쿠유 족 음악이 나오고 모두가 춤추고 몸을 흔들고 있었다. 예레미야의 매형은 친근했지만 기술적인 것에는 소질이 없어서 예레미야가 오면 수리를 부탁하려고 램프, 석유난로, 손전등 등 많은 것을 모아두고 있었다.

우리는 앉아서 큰 그릇에 담긴 스튜를 함께 먹었다. 나는 안전한 분위기에 정신을 놓기 직전까지 갔다. 예레미야의 누나가 잠시 사라졌다가 저녁 선물과 함께 나타났다. ─로리에서 요나를 데리고 온 것이다. 그녀가 로리로 가서 음식으로 그를 구슬렸든지, 아니면 인정사정없이 그냥 멱살을 잡고 끌고 왔든지 둘 중 하나였다. 예레미야를 닮은 외모를 보면 후자가 훨씬 더 그럴듯했다. 저녁에 나는 생존에 대한 보상을 받았다. ─예레미야의 누나는 나를 '로버트'라고 불렀고 침대에서 한숨 푹 잘 수 있게 해주었다. 지난 나흘간 피우스 같은 사람을 낳은 이 대륙에 저주를 퍼부었던 내게 필요한 것은 한숨 푹 자는 것뿐이었다. 다시 깨어났을 때 아프리카를 다시 사랑할 수 있도록 말이다.

06

올드맨과 지도

개코원숭이들이 다시 어디론가 사라져버렸다. 그래서 나는 캠프로 와서 오후를 보냈다. 끝없이 펼쳐진 초지와 양쪽에 나무가 줄지어 있는 강 바닥의 중앙에는 울창한 숲이 있다. 개코원숭이들은 매일같이 그곳으로 먹이를 찾으러 가는데, 그들이 일단 그곳으로 들어가면 나는 더 이상 그들을 따라갈 수가 없다. 그 숲은 산등성이 꼭대기까지 수 킬로미터 뻗어 있고 그 안에는 밀집한 관목과 끝없는 가시덤불숲, 땅 돼지 구멍, 날카로운 화산 암석, 사람들이 만나고 싶어 하지 않은 동물들이 득실거리기 때문이다. 이전 대학원생들이 그들을 쫓아 그곳으로 가는 것은 불가능하다고 했다. 나는 걸어서 가는 것을 한 번 시도했다가 하마터면 코뿔소에게 밟혀죽을 뻔했다. 차를 몰고 한 번 더 시도했다가 타이어 두 개가 순식간에 펑크가 났고 거의 차축이 부러질 뻔했고 코뿔소에게 납작하게 밟힐 뻔했다. 결국 포기했다.

그들은 특히 흥미로운 아침이면 그랬다. 우리아는 솔로몬을 꺾기 위한 작전을 한창 진행하고 있었다. 치열한 전투에서 솔로몬이 이길 것 같았지만 여러 번 역전되었다. 둘은 쫓고 쫓기고 방어하고 결정적으로 격렬해지려는 순간에 깊은 숲 속으로 사라졌고 그날 오후에는 다시 나타나지 않았다. 그사이에 나이가 들고 위엄이 있는 아론이, 발정기에 들어선 붐시에게 깊은 관심을 보였다. 별로 가능성이 없어 보여 그냥 지켜보기만 했다. 그들이 거사를 치르는 것이 관찰되어야만 데이터에 기록될 것이다. 그런데 결정적인 찰나에 그들 역시 관목숲으로 사라져버렸고 그날은 더 이상 모습을 드러내지 않았다. 미리암은 갓 태어난 새끼를 데리고 나타났다가…… 어느 순간 사라져버렸다. 오전 내내 그런 식이었다. 마지막에 잠에서 깬 베냐민조차도 주변에 동료가 없자 갈팡질팡하며 무리를 찾아 숲 한쪽에 있는 들판으로 질주했다가 다른 쪽으로 질주하고 난리였다.

나는 포기하고 캠프로 돌아왔다. 표면상 읽고 논문 작업을 해야 할 것이 있었지만 알베르트 슈바이처 박사를 한번 흉내내보기로 했다. 『의학 박사 마커스 웰비(1969년에서 1976년까지 미국에서 방영된 의학 드라마 - 옮긴이)』를 한번 본 적이 있고 일회용 밴드 한 상자만 있다면 15킬로미터 내에서 가장 지식이 많고 가장 시설이 잘 갖추어진 의사 노릇을 할 수 있다. 그런데 정말 기이하게도 마사이 족들이 어떻게 알았는지 알아서 찾아왔다.

캠프는 일반적인 의료 천막과 모양새가 비슷했다. 제일 먼저 온 아이는 발이 베이고 무릎 살갗이 일부 벗겨져 있었다. 매일 깨끗한 물(어디에 있지?)로 좀 씻기라고 아이 엄마에게 마구 떠들어대고 항생제 연고를 발라주고 밴드를 붙여주었다. 아이 엄마는 일회용 밴드 자투리 부분을 주워 주머니에 넣었다. 나는 내가 정말 타락하고 낭비하는 서구인처럼 느껴졌다. 다음 아이는 설사였다. 한 여자는 말라리아였다. 나는 그녀에게 클로로퀸을 주었다. 같이 온 여자 역시 병색이 완연했다. 내가 청진기를 그녀의 가슴에 대보는 동안 그녀는 내 쪽으로 격한 기침을 해댔다. 마치 공기가 오래된 건물의 지저분한 에어컨을 통과하는 듯한 소리가 들렸다. 아마도 결핵일 것이다.

산등성이에서 노인 한 명이 나타났다. 예순 살은 되어 보였다. 마사이 족 노인의 전형이었는데 그렇게 상태가 안 좋아 보이는 사람은 처음이었다. 그는 머리에 울 모자를 쓰고 있었는데 면도는 오래전에 그만둔 듯했다. 희끗희끗한 머리는 다발져 있었고 흰 수염이 가닥가닥 나 있었다. 마치 피카소 그림 속에 나오는 염소처럼 얼굴 가장자리가 튀어나와 있었다. 그리고 얼굴에는 온통 주름이 자글자글했는데 그 일부에 먼지가 층층이 쌓여 있었다. 오래전에 그의 어머니가 병구완한 이후로 그의 얼굴은 그의 생존에 도움이 될 만한 역할을 하지 못했다. 그 이후로 그것은 '만약에'라는 것이 없이 어떤 길로 가도 지옥으로 가게 되어 있었다. 한쪽 귀는 귓불이 축 늘어져 있었고 다른 쪽 귀는 마치 그를 얕잡아본 독수리가 귓불을 채어 날아가기라도 한 것처럼 뜯겨 있었다. 피부는 삼베처럼 거칠었고 뼈는 엉덩이와 허벅지 위쪽을 제외하면 메마른 가지처럼 앙상했다. 마치 삼베 자루에 강철 볼 베어링을 채워넣은 듯한 모습이었다.

그는 이른바 썩은 눈을 하고 있었다. 결막염이었다. 마사이 파리 눈이라고도 했다. ―파리가 소똥 위를 걷다가 그들의 눈 위를 걸어서 시력을 잃은 눈이었다. 상당수의 사람들이 그것 때문에 눈이 멀었다. 나는 그에게 항생제와 연고를 주었다. 마지막으로 나는 어설픈 스와힐리 어로 일주일 동안 항생제를 하루에 네 번 먹고 약을 먹은 전후로 음식을 먹어서는 안 된다는 것을 설명하려고 애썼는데, 그는 약을 먹는 일주일 동안 절대로 음식을 먹어서는 안 된다는 뜻으로 알아들은 기색이 역력했다. 잘못된 하루를 보낸 다음 날 그의 아들이 찾아왔는데 그의 아버지가 하얀 약이 짜증난다고 했던 것이 분명했다. 그의 아들이 잘못을 바로잡았다.

그는 눈을 치료받고 잠시 머물며 캠프에 재미있는 것이 없는지 살펴보았다. 나는 개코원숭이 혈액 샘플을 냉동하기 위해 얼마 전에 배송받은 드라이아이스로 그를 즐겁게 해주었다. 나는 상자를 열고 연기가 새어나가게 했다. "뜨거워." 그가 말했다. 내가 물 한 잔을 가져와 드라이아이스를 물속에 넣자 연기가 흘러나왔다. "뜨거워." 그는 조금 지겨워질 때까지 반복했다. 나는 그의 손을 잡고 컵 속에 넣었다. "앗, 차가워!" 나는 그에게 작은 드라이아이스를 쥐고 있게 했다. 그는 머뭇거리다가 그렇게 했다. "앗 뜨거워, 앗 차가워!" 그의 목소리에는 건조하고 짜증스럽고 두려운 기색이 들어 있었다.

나는 그에게 청진기로 자신의 심장 소리를 들어보게 했다. 나는 청진기를 그의 귀에 꽂았다. 그는 청진기를 두려워하고 희한해하는 것처럼 보였다. 마치 유엔에서 동시통역되는 연설을 듣고 있는 스와질란드의 어떤 왕처럼 말이다. 나는 망설이며 공명기를 그의 가슴 이곳저곳을 대다가 그의 심장이 있는 곳에 놓았다. 그는 그것을 듣고 있다가 심장 고동 소리에 고개를 까닥거렸다. 그는 모든 것에 철저히 무관심해 보였다.

"당신 심장이오." 내가 말했다.

"나는 올드맨이오. 그리고 아들이 많소."

나는 그가 왜 이런 말을 하는지 의아했다. 내가 그의 심장을 어떻게 할까봐 나를 위협하는 것일까? 허세를 부리는 것일까? 단지 심장 고동 소리 앞에서 자신이 이루어놓은 것과 불멸을 말하는 것일까?

즉흥적으로 나는 그 주변이 상세히 그려진 지도를 꺼냈다. 나는 그에게 무엇을 보여주는지, 왜 보여주는지도 모르고 그것을 펼쳤다. 그는 허벅지로 균형을 잡고 쪼그리고 앉아 있었다. 추측건대 그는 평생 동안 여기서 50킬로미터 밖으로 나가본 적이 없을 것이고 이 지도에 보이는 장소를 절반 정도만 알고 있을 것이다. 나는 지도를 펼쳤다. 나는 가장 가까이 있는 산꼭대기 하나를 가리키며 천천히 그 이름을 말했다. 그러고 난 후에 지도에 있는 산지의 동심원을 가리키고 같은 이름을 말했다. 그다음에는 캠프 뒤에 흘러가는 강을 가리킨 다음 이름을 말하고, 지도에 있는 그것을 가리키고 같은 이름을 말했다. 그러고 나서 나는 동쪽에 있는 산들도 똑같이 그렇게 했다. 그는 멍한 시선으로 날 바라보았다. 초조해하거나 이해하지 못하겠다는 표정이 아니라 그냥 머리가 텅 빈 것 같은 표정이었다. 나는 모든 절차를 다시 밟아나갔다. 나는 이름의 힘이 사소하지 않다는 듯이 엄숙한 어조로 말했다. 그는 멍하게 듣고 있었다. 나는 한 번 더 해보기로 했다. 산꼭대기를 가리키고 이름을 말하고, 지도에서 그것을 가리키고 같은 이름을 말했다. 내가 그렇게 했을 때 그의 눈이 휘둥그레졌고 호흡이 가빠졌다. 그는 빠르고 단조롭게 실제 강을 가리키고, 이어서 지도에 있는 강을 가리키며 강 이름을 반복하고 반복하고 또 반복했다. 그의 허벅지가 흔들리며 균형을 잃을 뻔하다가 다시 중심을 잡았다.

그는 여전히 숨 가쁘게 호흡했다. 그는 산을 가리키고 그 이름을 소리 내어 외치고 미소를 짓고는 내게 자신의 손을 잡고 지도에서 같은 지점을 가리키게 했다. 그러다 그는 웃음을 터뜨렸다. 그는 다시 매우 조용히 강을 거슬러 올라갔고 산맥을 따라 꼭대기로 갔다. 그는 내가 자신의 손을 잡고 인도해주기를 기다렸다. 그는 엄숙하게 산들의 이름을 읊조렸다. 그는 첫 번째 산꼭대기로 다시 돌아갔고 이해할 수 없게도 웃음을 터뜨리며 지도의 그 지점을 다시 가리켰다. ─ 개인적인 농담이었다. 그는 갑자기 총명해진 것처럼 사방을 둘러보고는 실제 지형과 같은 방향으로 지도를 조심스럽게 다시 놓았다. 그리고 나서 그는 다시 첫 번째 산꼭대기로 돌아와서는 웃음소리를 내며 고개를 절레절레 흔들었다. 마치 믿어지지 않는 것처럼 말이다.

그는 갑자기 생각에 잠겨 조용해졌다. 나는 그가 다른 무언가를 생각하며 혼란에 빠져 있는 것이 아닐까 생각했다. 그는 생각에 잠겨 고개를 갸우뚱했다. 그는 지도를 가만히 응시하다가 망설이고 망설인 끝에 손을 뻗어 지도를 뒤집었다. 어쩌면 땅 밑에 무엇이 있는지 보려고 지도를 뒤집어 보았을지도 모른다. 그는 지도 뒷면에 아무것도 없는 것을 보고는 아무렇지도 않은 표정을 지었다.

그는 일어서다가 잠시 비틀거렸다. 갑자기 일어서서 그런 것 같기도 했고 예상치 못한 하루의 흥분 때문에 그런 것 같기도 했다. 그는 갈 준비를 하다가 또 무슨 생각이 들었는지 지도를 보고 잠시 나를 바라보았다. 그리고 나서 지도를 가리키며 물었다. "당신 부모님은 어디에 있소? (당신 집은 어디에 있소?)"

그 질문을 받자 어렸을 때 뉴욕의 천체 투영관에 갔던 기억이 났다. 나는 그곳에서 난생처음으로 태양계의 크기를 실감했다. 내가 앉아 있는 공간에 여러 행성 모델이 동심원을 그리며 돌고 있었다. 해설가가 설명했다. "여기 있는 행성은 수성이고 저기 있는 행성은 목성이에요. 불행하게도, 이 모델 공간의 크기 때문에 천왕성은 여기에 없어요. 그것은 거리를 가로질러 센트럴 파크에 있다고 생각하면 돼요. 그리고 명

왕성도 여기에 없어요. 그것은 클리블랜드에 있다고 생각하면 돼요. 정말 우주는 넓다는 생각이 들 거예요."

나는 그를 중심으로 지도로부터 세 걸음을 걸었고 마사이 족의 마을 소재지라고 말했다(정확하지는 않다.). 그곳은 그의 아들이 방문했음직한 곳이었다. 그러고 나서 나는 대여섯 걸음을 걷고 말했다. "여기가 나이로비예요." 나이로비는 그가 들어본 적이 있었을 것이다. 그러고 나서 나는 들판을 가로질러 실눈을 뜨고도 잘 보이지 않는다는 확신이 들 때까지 걸었고 그럴싸한 믿음의 한계라는 생각이 들었을 때 걸음을 멈추고 소리쳤다. "우리 부모님 집은 여기 있어요." 그는 믿지 못하는 것처럼 보였다. —그는 그것이 진실임이, 세상이 너무 넓음이, 내가 그렇게 먼 곳에 있는 부모님을 떠나 텐트 속에 살고 있음이 믿어지지 않았을 것이다. 그는 계속 관심을 보이며 지팡이로 지도 중심부, 우리가 있는 곳을 다시 톡톡 치며 "우리가 있는 곳!"이라고 강조하듯이 소리쳤다.

그는 매우 만족스러운 하루를 보낸 것처럼 보였다. 그는 경이로운 것을 보았을 뿐만 아니라, 내가 그들을 대변한 만큼 미래의 상속자들이 그렇게 엉망이 아니라는 확신을 했을지도 모른다. 그는 나와 악수를 하고 혼잣말로 중얼거리며 멀어져갔다. 그는 덤불숲이 시작되는 지점에서 소리쳤다. "굿바이, 백인.", "굿바이, 마사이." 나는 소리쳐 답해주었고 그것은 그에게 즐거움을 주었다. 그는 덤불숲으로 들어섰다.

07

동아프리카 전쟁에
대한 기억

당신들의 전쟁

첫 번째 해가 끝나갈 무렵에 나는 관광 숙소에서 알게 된 하룬의 집을 방문했다. 그는 탄자니아 국경 지대 부근에 살고 있는 농경 부족 출신이었다. 나는 그곳의 삶에 매력을 느꼈다. 외따로이 고립된 활기차고 건강한 농부들이 언덕 위의 구석구석을 개간하여 농작물을 재배해서 많은 아이들을 먹여살리고 있었다. 그들은 닥치는 대로 먹고 미친 듯이 일하고 남는 시간을 주술, 씨족 반목, 복수 주문으로 보냈다. 하룬의 여동생도 최근에 주문에 중독되어 중병을 앓았다. 아니 적어도 그들은 이웃이 주술사를 시켜 중독시킨 것이라고 확신했다. 논쟁의 발단은 소가 옥수수밭을 짓밟은 것 때문이었다. 그런 다음에 여동생이 병이 들었다. 보복의 저주라는 것이 가장 그럴듯한 설명이었다.

하지만 부족의 가장 큰 투쟁 에너지는 당연히 이웃 부족인 마사이 족을 향해 있었다. 일반적으로 동쪽과 남쪽에 있는 마사이 족과의 경계선에서 소 강탈을 위한 공격 같은 말썽이 일어났고 그것이 싸움으로 이어졌다. 하지만 지난 몇십 년간 세계의 일부분인 이곳에 독립이 찾아왔고 이제 모든 것이 변했다. 예를 들어, 하룬의 부족인 키시 족이 동쪽의 마사이 족과 싸웠을 때는 별문제가 없었다. 하지만 그들이 남쪽의 마사이 족과 싸웠을 때에는 케냐 인들이 탄자니아 인들과 싸우는 꼴이 되었고 국제적인 사건이 되어 경찰이 개입했다. 이곳 전투원들에게는 이 모든 것이 매우 기이하고 제멋대로인 것처럼 보였다.

나는 오래전에 또 다른 자의적인 경계선이 형성되었던 것이 떠올랐다. 한때 케냐는 영국의 식민지인 동아프리카였고 탄자니아는 독일의 식민지인 탕가니카였다. 1914년에 백인 식민주의자들은 제복을 입고 부대를 만들어 제1차 세계대전을 수행했다. 키시 족의 땅에서도 전투가 있었다. 전쟁 전에 군인들이 언덕에 묻었다는 보물들에 대한 전설이 지금까지도 여전히 전해지고 있다.

하룬과 나는 술 한잔 마시고 껄껄 웃기도 하고 추억에 잠기기도 하는 늙은 노인들과 자리를 같이했다. 나는 그들에게 독일 식민 통치자들과 영국 식민 통치자들이 서로 싸웠던 때에 대해 물었다. 그들은 잘 기억하고 있었다.

"백인들이 어떤 이유에선가 자기들끼리 싸웠지. 그래서 여기서 싸움을 시작했어. 그들은 지금 경찰들이 입은 옷을 입고 오곤 했지. 그들은 서로 총질을 하곤 했어. 상상해봐, 죽은 백인들을. 한번은 비행기가 날아왔어. 그 당시만 해도 우리는 그것이 뭔지도 몰랐고 끔찍한 공포에 사로잡혔지. 엄마에게 달려가고 숨고 난리였지."

"어느 날 영국인들이 와서 우리도 나가서 싸워야 한다고 했어. 우리는 믿어지지 않았어. 그들은 총을 주면서 백인들을 쏘라고 했어. 그들이 언제나 했던 말이 있었는데 총에는 마술이 걸려 있어서 아프리카 인들이 백인들을 쏠 수 없게 되어 있다고 했어. 그런데 영국인들은 독일인은 백인이라도 자신들과 다른 백인이라면서 총을 쏴도 된다는 거야."

"그리고 그들은 미친 소리를 했지. 우리에게 마사이 족과 싸우러 가야 한다고 했어. 그들은 우리에게 총을 주면서 그렇게 하라고 했어. 우리는 말했지. 알았다. 당신네들이 준 총으로 싸우겠다. 그러자 그들은 남쪽의 마사이 족하고만 싸워야 된다는 거야. 동쪽의 마사이 족하고는 절대 싸우면 안 된다는 거야. 우리는 미친 짓이라고 생각했어. 그래서 거절했지. 그러자 그들이 우리를 때렸어. 하지만 그래도 우리는 거절했지."

노인은 정말 알다가도 모를 일이라고 여겼다. 하지만 마사이 족은 싸우는 것을 즐겼다. 동쪽에 있는 영국의 동아프리카 마사이 족 군대와 남쪽에 있는 독일의 탕가니카 마사이 족 군대는 임시로 만든 전투복을 입고 몇 번 전투를 했다. 하지만 아무도 결과를 기억하지 못했다.

나는 하룬의 집을 방문했을 때 그의 아버지가 백인들의 전쟁에 대한 남다른 경험을 했다는 것을 알게 되었다. 1930년 당시 스무 살이었던 하룬의 아버지는 마음에 두었던 한 여자와 결혼하기를 원했다. 그녀는 이웃 산에 사는 소녀였는데 소를 끌고 간 웅덩이에서 그녀를 알게 되었다. 그들은 몇 번 서로 보게 되었고 한 번 인사도 나누었다. 그가 그녀에게 이름을 물었을 때 그녀는 웃으며 얼굴을 가리고 염소들을 데리고 산으로 사라졌다. 그는 그녀와 결혼하기로 마음먹었다.

그는 하룬의 할아버지인 자신의 아버지에게 이웃 산에 결혼하고 싶은 여자가 있다는 것을 알렸다. 그는 그 여자의 부모님에게 지참금을 주고 여자를 사올 수 있도록 유산을 미리 좀 달라고 청했다. 그의 아버지는 그에게 일 년만 기다리라고 했다. 사십 대인 자신이 그해에 세 번째 아내를 맞이하기 위해 소를 사용해야 된다는 것이었다. 그는 다소 불만스러웠지만 기다리기로 했다. 그런데 일주일 후에 자신의 아버지가 돈을 주고 세 번째 부인을 데려왔는데 그 여자는…… 자신이 짝사랑하던 웅덩이의 소녀였다.

그는 삶에서 난생처음으로 제정신를 놓고 있는 돈을 모두 가지고 산을 내려가 교역소의 술집으로 가서 인사불성으로 술을 마셨다. 키시에서 술에 취해 난동을 부리고 탄식하며 비틀거리다 식민지 경찰에게 체포되었다. 누가 그를 인도에 있는 군대에 보냈을까? 하룬의 아버지는 15년 동안 싸웠다. 인도와 버마에서 영국을 위해 싸우기도 했고, 제2차 세계대전에서 수단, 나이지리아, 잠비아, 로디지아에서 징집된 원주민 병사들과 함께 일본인들과 싸우기도 했다. 1945년 그는 서른다섯 살의 나이로 고향에 돌아왔고 지금 하룬의 어머니가 된 당시 15살 소녀와 결혼했다. 하룬의 말에 따르면 그는 그 이후에 자신의 아버지나 아버지의 세 번째 부인과 한마디도 하지 않고 살았다고 한다. 그리고 음식이 입에 안 맞았다는 것을 제외하면 15년간의 전쟁에 대해 한마디도 꺼내지 않았다고 한다.

내가 그의 집을 방문해 하룬의 아버지를 보았을 때 그는 거의 일흔 살이었고 정신이 조금 온전하지 못한 것처럼 보였다. 하룬의 어머니가 서둘러 음식과 차를 준비하는 동안 그는 구석진 곳에 있는 의자에 앉아 주위를 쏘아보면서 뭐라고 혼자 중얼거렸다. 하룬이 나를 소개했을 때 그의 아버지는 걱정스러운 표정으로 자리에서 물러났다. 그는 그날 오후 나머지 시간 내내 내게서 시선을 떼지 않았고 같이 음식을 먹으려고 하지 않았다. 결국 그는 하룬을 불러 나를 가리키며 키시 어로 말했다. "저 백인이 군에서 왔다면 나는 다시는 그곳에 가지 않을 것이라고 말해라."

레게머리 반항아, 윌슨 킵코이

내가 동아프리카의 그다음 전쟁에 대한 이 이야기를 종합할 수 있었던 것 또한 이 기간 중이었다.

윌슨 킵코이는 덤불숲 사방 160킬로미터 내에서 히틀러에 대해 분노하는 유일한 남자였을 것이다. 아니 노예 거래에서 아랍 인이 한 역할, 미국인의 인디언 학살, 팔레스타인 사람에 대한 이스라엘의 만행에 대해서도 그럴 것이다. 어쩌면 불공정에 대한 분노는 차치하고 그런 말을 한 번이라도 들어본 유일한 사람이었을 것이다. 그의 분노는 역사나 정치에 그치지 않았다. 그는 그의 나라가 일당 독재라는 데 분노했고 언론에 재갈이 물려져 있고, 사람들이 사라지고, 예산의 절반이 군에 뇌물로 들어가야 막사를 유지할 수 있다는 데 분노했다. 그는 매우 위험한 말을 서슴없이 했다.

윌슨 킵코이는 숲에서 자랐고 학교는 근처에도 가보지 못했다. 살아온 여정 어디에선가 그는 배움에 대한 열정을 느꼈다. 그는 영어를 독학으로 공부해 수준 이상의 실력을 쌓았고 돈이나 시간이 생기면 모두 책에 투자했다. 그런데 그는 배우고 알게 되면서 오히려 더 분노했다. 그는 소리를 지르거나 시끄럽게 말하지 않았다. 그는 분노를 폭발시키며 싸움을 거는 유형이 아니었다. 관리인이나 경찰이 직원들 월급을 갈취하는 것을 보면 윌슨은 정면으로 맞서 그들에게 남아프리카 백인보다 더 나쁜 사람들이라고 말하고 했다. 그리고 얻어맞았다. 백인들이 어떤 흑인을 "보이(boy)"라고 부르면 윌슨은 그들을 "식민지 돼지"라고 부르곤 했다. 그래서 그는 자주 일자리를 잃었다. 그는 사람을 죽이는 일을 매우 신랄하게 비판하곤 했다. 그의 친구들은 그를 경이와 두려움으로 바라보면서도 걱정스러움을 감추지 못했다.

아마도 윌슨의 가장 특이한 점―20년을 살아오면서 생긴 독특함―은 그가 몰래 한 어떤 행동이었다. 그것은 저녁마다 혼자가 되면 영어와 스와힐리 어, 자신의 부족 언어인 킵시기 어로 단편 소설과 시를 쓴다는 것이었다. 그는 배신과 정치적 탄압의 이야기로 케냐 지성인층에 인기 있는 싸구려 스파이 모험 소설 같은 것을 썼다. 그의 친구들 중 아무도 그가 그런 것을 쓰는지 몰랐다. 그는 자신의 아내에게조차 말하지 않았다. 그의 아내는 교육받지 못한 마사이 족 여자였다(마사이 족은 전통적으로 그가 속한 부족인 킵시기 족의 적이다.). 그는 그 여자를 임신시켰지만 그런 경우에 남자들이 해야 하는 단순한 행위, 즉 그녀의 아버지에게 일정한 액수의 돈을 지불하는 행위를 거부했다. 그 대신 그는 주저하지 않고 그녀와 결혼했다. 그렇게 한 결혼이다보니 그는 그녀에게 얼룩말만큼도 관심이 없었다.

윌슨의 분노와 불평 그리고 심장을 고동치게 하는 살인 충동에 지배적인 역할을 한 사람은 그의 아버지였다. 그의 아버지 이름은 킵코이와 키무타이(Kipkoi wa Kimutai), 즉 키무타이의 아들 킵코이였다. 그는 그곳 사람들에게 킵코이로 알려져 있었다. 그는 부족의 오랜 방식대로 귓불에 구멍을 뚫었는데 귓불이 어깨까지 축 늘어져 있었다. 그는 한 대 얻어맞은 것 같은 얼굴과 끔찍할 정도로 너절한 옷을 입고 있었는데 누가 뭐라고 해도 신경 쓰지 않았다. 킵코이는 말로 분노를 표출하는 윌슨과 달리 실제로 많은 사람을 죽였다. 그는 동물 보호 구역 내에서 밀렵 감시를 하는 순찰팀을 이끌고 있었다. 케냐가 독립하기 오래전에 그는 백인 사냥꾼들인 영국인 '사장님'을 보조하는 '급사(boy)'로 훈련을 받았다. 그는 사파리 사냥을 나가거나 코끼리가 농작물을 파괴해 사살해야 할 때나 이빨 빠진 굶주린 늙은 사자가 마을 사람들을 덮치려고 할 때 언제나 사냥꾼과 함께 갔다. 그는 '백인 사장님'이 강을 헤치며 걸어갈 때 총기 급사로 그 옆에 붙어 기름칠한 라이플총을 머리 위로 들고 따라다녔고 물소가 그들에게 곧장 달려올 때에도 결코 움츠리지 않았다. 그리고 사장님에게 적절한 총을 적절한 순간에 건네주었다. 그는 사냥감에 몰래 접근하고 추적하는 법을 배웠다. — 그는 덤불 숲으로 난 길을 한 번만 가면 기억했고 코뿔소가 최근에 언제 나무를 스치고 지나갔는지 냄새만으로도 알아냈다. 그는 사격을 몰래 배워야 했음에도 놀랄 정도로 잘 쏘았다. 급사는 절대로 사격을 하지 않았기에 아무도 그에게 사격을 가르쳐주지 않았다.

1963년경 독립 전후로 사냥감이 줄어들고 있었다. 인구가 급속도로 늘어나면서 점점 더 많은 관목과 숲이 불태워져 농경지가 되었다. 그리고 예기치 않게 부유한 백인들은 더 이상 사냥을 하기 위해서가 아니라 동물을 구경하고 사진을 찍기 위해서 왔다. 아프리카 인들이 나라를 되찾은 바로 그 시점에 동물들은 더 이상 사냥의 대상이 아니라 보존의 대상이어야 한다는 말이 나오기 시작했다. 그리고 킵코이는 동물들을 구경하고 보호하고, 공원을 세우고 보호하는 새로운 개념과 새로운 흐름의 일부가 되었다. 늙은 영국인 사장님들이 한동안 공원 관리인이 되었다. 사냥 폐지가 마지막 단계에 접어들자 백인들이 아프리카 공원을 운영하는 것이 정치적인 옹호를 받을 수가 없게 되었다. 최초로 흑인 관리인이 나타났다. 순리대로라면 킵코이가 그들 중 하나가 되었어야 했다. 그는 나이가 적절했을 뿐만 아니라 애초에 그런 서비스 교육을 받았던 사람이었다. 하지만 그는 동물 관련 기소 조항을 만들고 공원 입장료를 빼돌리지 못하게 하고 야영지에 적절한 쓰레기장을 만드는 데 관심이 없었다. 그는 여전히 사냥을 원했다. 동물 사냥이 금지되자 그는 인간 사냥을 시작했다. 그는 밀렵 감시 일을 맡았고 국경선에서 밀렵꾼들이 몰래 경계선을 넘어와 코뿔소나 코끼리를 쏘아죽이고 상아와 뿔만 밀반출하는 것을 막았다. 소말리 족 국경선 부근을 순찰하는 일을 맡았을 때 그는 전통적인 사막 습격자로 소말리 족 소탕을 원하는 거칠고 잔인한 남부 반투 케냐 인으로 자신의 조를 채웠다. 탄자니아의 남쪽 국경선을 지키는 임무를 맡았을 때는 차갑고 조용한 소말리 족 케냐 인들로 자신의 조를 구성했다. 그는 부하들이 자신의 지시를 따르지 않으면 광분해서 그들을 발로 차고 때려눕히고 고함을 지르고 폭력을 행사하곤 했다. 그는 은퇴하기에 적합한 나이를 훌쩍 넘긴 오십 대 후반에도 밀렵꾼들과의 소규모 접전, 함정에 빠트리기, 총싸움을 불사했다. 국경선 남쪽의 탄자니아 군인들이 열악한 상황에서 배가 고파 얼룩말 고기를 먹을 생각으로 무기를 들고 나타났을 때 그는 그들과 전투를 벌였다. 킵코이의 사전에 은퇴란 단어는 없었다. 그는 고향 농장으로 돌아가 나이 들어 죽는 것을 두려워했다. 그런데 기이하게도 그는 점차 다른 아프리카 인들과는 다른 어떤 소망을 가지게 되었다. 그것은 힘겨운 세계에서 전투적으로 살아온 그의 삶에 비추어 보면 낯설기 짝이 없는 것이었고 불가해한 것이었다. 백인들이 독립 전후로 분출하기 시작한 난센스를 그가 받아들이게 되었다. ― 그는 동물을 사랑하게 되었고 그것을 보호하고 싶었다.

킵코이에게는 아이들이 열네 명 있었다. 그가 집에 돌아왔다가 떠날 때면 세 아내 중 한 명은 임신했다. 그는 아이들 열네 명을 다 알아보지 못했다. 아니, 아이들 열네 명 중에서 열세 명이 아버지를 알아보지 못했을 수도 있었다. 유일한 예외가 월슨이었다. 첫째 아들 월슨만이 그의 옆에서 자랐다. 월슨은 아버지의 캠프에서 자랐는데 북쪽 사막이든, 우간다 숲의 사람들이 부시벅(영양의 일종 – 옮긴이)을 잡기 위해 덫을 놓은 서부 열대 우림 지대이든, 탄자니아 국경선을 따라 설치된 고립되고 포위된 전초 기지든 아버지를 따라 안 간 곳이 없었다. 그는 아이였을 때 밤마다 총성을 들었고 아버지를 비롯하여 부상당해 돌아온 순찰대원들을 보곤 했다. 혹은 아예 돌아오지 못하는 사람도 있었다. 그는 두려움과 고립감을 느끼는 동시에 숲에서 현명함을 배웠고, 숲에 미치고 긴장하고 한시도 방심하지 않는 사람으로 성장했다. 삶은 그에게 매복 공격 같았다. 매복 공격의 절반은 그의 아버지가 했다. 그는 아들을 옆에 두고 숲에 대해 자신이 아는 것을 가르쳤다(비록 총 쏘는 법은 결코 가르치지 않았지만 말이다.). 킵코이 순찰대에 있는 극악한 자들은 킵코이 아들의 존재에 당혹스러워했지만 그냥 내버려두었다. 이후에 월슨이 어느 정도 나이가 들어 관광 캠프에서 일하게 되었을 때 그들은 다른 사람이면 몰라도 감히 월슨의 월급을 갈취하지는 않았다. 킵코이와 그의 순찰대는 그 지역에서 두려움의 대상이었다. 그런데 아무도 몰랐던 것은, 아니 더 정확히 말해 월슨이 부끄러워서 어느 누구에게도 말하지 못했던 것은, 월급날에 나타나 월급을 빼앗아가는 사람이 다른 사람도 아닌 자신의 아버지라는 사실이었다.

킵코이가 월슨의 월급을 빼앗아가는 것은 단지 의례적인 일이었다.

킵코이는 윌슨을 아이 때부터 때렸다. 처음에는 분노로 때렸고 그다음에는 분노로 가르쳤다. 어떻게 백인들이 나라를 빼앗고 사람들을 비하하고 동물들을 죽이는지, 어떻게 백인들이 아프리카 인들로 하여금 서로 부족끼리 싸우게 만드는지, 군인들이 먹을 것을 구하기 위해 새끼를 밴 동물을 총으로 쏠 수밖에 없도록 백인들이 어떻게 그곳을 가난하게 만드는지, 그리고 아무도 그를 지배하지 못하도록, 그래서 그의 아버지가 아들을 자랑스러워하도록 가르쳤다. 그런 후에 킵코이는 윌슨을 때리곤 했다.

이런 모순과 모욕, 격렬한 분노와 위험 앞에서 윌슨은 격분을 표출하기보다 정반대로 되어갔다. 그의 분노는 얼음장이 되었다. 그는 말이 없었고 언제나 긴장감을 늦추지 않았고 신중했다. 그는 숲 속 사람들에게는 매우 드문 특성인 신랄함과 비꼼과 냉소를 발달시켰다. 그는 갈고 닦은 최고의 무기, 즉 공공연한 경멸로 킵코이에게 맞섰다. 그것은 킵코이의 숲의 방식과 숲의 교육과 숲의 가치관에 대한 경멸이었다. 윌슨은 문맹이나 다름없는 킵코이를 반면교사로 책을 탐독하여 힘을 길렀다. 그는 세계와 역사에 대해 배웠고 킵코이와 그의 부하들이 얼마나 작은 존재인지를 알았다. 그는 제복을 입고 총을 가진 사람들이 억압적이라는 정치적 의견을 한층 더 강하게 표출했다. 그에게 그들은 다른 사람을 사냥하도록 훈련받은 사람일 뿐이었다. 그는 자신의 아버지인 킵코이에 대해서 말할 때 식민지 경멸어로 비아냥거리기 시작했다. ―"내 아버지는 부시 원숭이야.", "내 아버지는 부시 깜둥이야."

윌슨이 아버지를 잘 아는 백인 사장님 팔머 밑에 들어가 일을 하게 된 것은 바로 그즈음이었다. 그때 그는 다른 관광 숙소에서 일하다가 해고당해 킵코이의 캠프에 와 있었다. 그 캠프에서 그가 지내는 곳의 구석에는 어울리지 않는 책들과 종이들이 쌓여 있었다.

어느 날 팔머가 정기적 순시로 랜드로버를 몰고 나타나 소리를 질렀다.

"킵코이 자식 어디 있어?"

그는 충격을 받은 표정의 소말리 족 사람들에게 소리쳤다.

"또 어디 가서 술 처먹고 자빠져 있는 것 아냐? 내가 오늘 킵코이 자식 발라버릴 거야. 부시 원숭이 같은 자식. 젠장 빌어먹을 킵코이 어디 갔어?"

킵코이가 마침내 텐트에서 나타났다.

"어이구, 백인 어르신 오셨군요. 식민지 개똥 같은 어르신에게 맛 좀 보여주려고 총을 좀 닦고 있었습니다요."

팔머가 이 말에 껄껄거리고 웃었다.

"총알 좀 아껴. 그리고 탄자니아 인들을 어떻게 할 건지 계획은 세워 두었겠지? 할 수 있는 한 모든 도움을 받을 필요가 있어."

그리고 그는 험악한 인사말에 놀란 소말리 족 남자들 앞에서 킵코이의 텐트로 들어갔다.

팔머는 케냐에서 공식적인 직책이 없는 백인 중 한 명이었지만 규정에 없는 힘을 가지고 있었다. 아프리카에는 동물들이 많았지만 정부가 가난했기 때문에 동물들을 보살피고 싶어 하는 부유한 백인들의 힘을 빌리지 않을 수가 없었다. 팔머도 그런 백인 중 한 명으로서 킵코이와 그의 부하들의 월급과 제복, 기름, 총알에 대한 예산의 일부를 지불했다. 그는 케냐에서 자란 영국인으로 상당한 유산을 물려받아 남부 초지 끝부분에 거대한 밀 농장을 가지고 있었다. 하지만 단지 밀 수익이 있고 자선 사업을 한다고 해서 킵코이 순찰대를 검열할 권리가 주어진 것은 아니었다. 오래전에 팔머는 밀렵을 감시하는 영국 관리인 중 한 명이었다. 정치적 변화 속에서 백인들이 물러나야 했을 때 그는 그것을 잘 받아들였고 정치적으로 그렇게 할 수밖에 없다는 것을 인정했으며 킵코이가 자신을 대신하여 밀렵 감시 임무를 하기를 촉구했다. 팔머는 누구보다도 킵코이와 그가 가진 기술을 잘 알고 있었다. 그도 그럴 것이 팔머는 아프리카 독립으로 관리인이 되기 전에 백인 사냥꾼 중 한 명이었다. 그리고 그들이 둘 다 이십 대 초반일 때부터 킵코이는 팔머의 급사였고 팔머는 백인 사장님이었다.

다른 사람들 앞에서는 반사적으로 서로에게 큰소리치던 킵코이와 팔머는 일단 텐트 안으로 들어가면 그런 모습을 싹 거두곤 했다. 대신 그들은 순찰대 상황을 의논했다. 킵코이 생각에 어떤 사람들이 밀렵꾼 속에 있는지, 탄자니아 인들이 다음번에는 어디서 공격을 할지, 상아 밀수를 하는 의회의 힘 있는 의원에게 어떤 조치를 내릴 수 있는지 등을 말이다. 그리고 대화에 점점 자주 등장하는 주제가 있었다. 그것은 돈 문제였다. 팔머가 정부와 계약한 바에 따르면 정부에서 순찰대 유지 비용의 절반을 지원하고 팔머가 나머지 절반을 지원하면 되었다. 하지만 매달 재정 상태는 악화 일로를 걸었고 정부의 반쪽 지원금조차 줄어들기 일쑤였다. 밑에 있는 사람들은 점점 배를 곯았다. 킵코이가 순찰대에 쓸 돈을 요구하면 팔머는 불평하고 위협하곤 했다. 그는 정부에 저주를 퍼붓고는 킵코이와 그의 부하들이 돈을 빼돌린다고 주장하곤 했다. 하지만 진담으로 그런 건 아니었다. 서로 대화 끝에 의미심장한 말이 오고 갔기 때문이었다. 킵코이가 "사람은 누구나 배고프면 실수를 해요."라는 말을 하면 팔머는 결국 실제로 낼 만한 여유가 되는 액수보다 더 많은 돈을 냈다.

이럴 때면 윌슨은 한쪽 구석에서 책을 읽는 척하며 그들의 대화를 듣고 있었다. 그들은 그의 존재를 무시했다. 그런 다음 팔머와 킵코이는 다른 사람들 앞에서 또 서로 허세를 부리고 시비를 걸며 공격하는 척했다. 팔머가 떠나려는 찰나에 킵코이가 물었다.

"팔머, 농장에 우리 아들이 할 만한 일이 없나요? 저 자식이 관광 캠프에서 일 하나 제대로 못하고 저 꼴로 있어요. 농사일은 좀 쉽지 않겠어요?"

"알았어. 킵코이, 너 정도밖에 못하면 한 달 내로 다시 돌려보낼 거야."

"금고는 잘 지키세요. 기회가 되면 그 자식이 훔쳐갈 수도 있어요."

윌슨은 그렇게 팔머의 농장에 일하러 갔다. 그는 다양한 훈련을 받았다. 그는 기계 일도 배웠고 장부 정리도 배웠다. 그는 일꾼들을 감독하기도 했고 불법 침입을 하는 지역 마사이 족들과 협상을 하기도 했고 킵코이의 순찰대와 팔머 간에 교량 역할을 하기도 했다. 그는 이 모든 것을 능숙하게 해냈다. 하지만 그는 자신을 비밀스럽게 흥분시키는 것 중 하나는 절대로 하지 않았다. ─그것은 사격이었다. 팔머는 그에게 총 쏘는 법은 가르치지 않았다. 그가 전직 대단한 백인 사냥꾼에 전직 관리인에 전직 밀렵 감시대원이라는 점에서 보면 이례적인 판단이었다. 하지만 그것뿐만이 아니었다. 그는 자신의 농작물을 먹으러 오는 야생 동물을 쏘지 않는 농부 중 한 명이었다. 그는 몇 킬로미터에 걸쳐 비효율적인 전기 울타리를 설치하기도 했고 몰이꾼을 고용하기도 했고 농작물에 접근한 동물들이 피해 가게 만드는 조건의 맛 혐오 실험을 하기도 했다. 하지만 그는 동물들을 쏘지 않았다. 킵코이만큼이나 어울리지 않게 팔머도 야생 동물을 사랑하게 된 것이었다. ─그가 밀렵 감시에 자금을 지원하는 까닭도 이 때문이었다. 그는 심지어 자신의 농작물을 먹어치우는 동물까지도 사랑했다.

하지만 윌슨은 총기 사용법을 배우지 못한 것에 실망을 한 것 외에는 그곳의 일과 삶을 사랑했다. 팔머는 몇 년 전 자신의 급사였던 킵코이를 대하듯 자연스럽게 윌슨을 급사로 대했다. ─그를 가르치고 질책하고 조롱하고 승진시켰다. 변덕이 심한 자신의 아버지에게 이미 익숙해 있던 윌슨은 자신의 역할을 자연스럽게 받아들였다. 충실하게 일을 하면서도 팔머에게 분노했고 그의 식민주의 방식을 비난했다. 그들은 끝없이 논쟁했다. 윌슨은 팔머 같은 부류의 백인이 황금 작물을 도입한다는 미명하에 케냐 땅을 황폐화했다고, 영국의 인도 통치 기간 중에 그곳에서 종교적인 차이를 이용하여 인도-파키스탄 전쟁을 유도했다고, 북아일랜드를 무력으로 진압했다고 냉정하게 비난하곤 했다. 팔머는 윌슨이 이런 식으로 정치·경제에 대해 떠들어대면 조롱으로 응수했고 볼셰비키의 헛소리로 치부했으며 농장 일꾼들을 조직화하려는 시도는 애당초 하지 않는 것이 좋을 것이라고 분명하게 경고했다. 그리고 팔머는 윌슨을 승진시켰고 그에게 더 많은 책임을 지웠고 설득에 관한 책을 더 많이 읽게 했다. 윌슨은 팔머의 거칠고 확신에 찬 버릇들에 대해 떠들어내기 시작했다. 심지어 그는 자신의 친구들에게 그 말을 하면서 그 늙은 식민주의자를 어떻게 죽일지 이야기하기까지 했다.

문제는 정부가 킵코이 순찰대에 지원하는 돈을 더 삭감하면서 일어나기 시작했다. 결국 누구나 배고프면 실수를 한다는 킵코이의 위협적이면서 걱정스러운 말도 팔머에게 더 많은 돈을 내놓게 하지 못했다. 그는 이미 자신이 할 수 있는 만큼 내놓고 있었다. 정부 월급이 늦어지거나 없어졌다. 그렇게 몇 개월이 흘렀다. 이젠 총알도 부족했고 차량을 움직일 기름도 부족했다. 먹을 것도 충분하지 않았다. 그들은 월급을 받지 못해 국경선을 넘는 탄자니아 군대 병사들만큼이나 배고픔을 느끼기 시작했고 그들과 같은 생각을 하기 시작했다. 킵코이 분대의 소말리 족은 어떤 짓을 해도 죄책감 같은 것은 느끼지 않았지만 킵코이를 두려워했고 그에 대한 두려운 존경심을 가지고 있었다. 그들은 배가 고팠다. 그들은 지역민들을 갈취하기 시작했다. 그것은 그들에게는 별문제가 되지 않았다. 지역민들은 자신들의 부족이 아니라 킵코이의 부족이었다. 혹은 그들은 고기를 얻을 수 있다면 어떤 것도 가리지 않았다. "우리는 배가 고파요, 킵코이, 헛소리 아니에요. 월급도 못 받고. 우리에게 먹을 것을 줘요. 안 그러면 우리가 직접 구하러 나설 거예요."

마찬가지로 그들만큼이나 배가 고프고 몇 개월 전부터 이런 위기 상황의 출현을 감지한 킵코이는 자신이 어떤 결정을 내려야 한다는 것을 알았다. 그들은 고기를 얻기 위해 총으로 동물을 잡는 일을 시작해야 했다. 성인 수컷인 얼룩말 혹은 기린 혹은 영양 등 고기를 얻을 수 있고 멸종 위기에 처하지 않는 것이 그 대상이었다. 킵코이는 나가서 사냥을 해야 했고 그의 부하들을 먹여야 했다.

그날 밤에 그는 잠이 오지 않았다. 사십 년 전 백인 사장님과 첫 사냥을 나가기 전날 밤 이후에 사라진 증상이 나타난 것이다. 킵코이는 밀렵꾼들과의 전투에 사용했던 자동 소총 대신에 오래된 .458, 즉 코끼리를 잡을 때 사용하는 큰 총을 사용했다. 그는 첫 발을 쏘고 몸을 부르르 떨었다. 한 번도 이런 적이 없었다. 그리고 기린을 놓쳤다. 어린 소말리 족 남자 중 한 명이 그것을 보고 낄낄거렸고 킵코이가 멀리 달아나는 다른 기린을 쏘아 쓰러뜨린 후에도 계속 빈정거렸다. 그날 밤에 그들은 고기를 포식했고 킵코이가 일주일에 한 마리씩 이렇게 먹게 해주겠다는 약속을 하자 마음을 풀었다. 하지만 그들은 그의 등 뒤에서 그를 조롱했다. "저 영감탱이 점점 맛이 가고 있어. 그가 덜덜 떠는 것 봤지?"

일주일 후에 팔머 농장에서 일하던 윌슨이 약간의 돈과 팔머가 킵코이에게 전하는 말을 가지고 아버지의 캠프를 찾아왔을 때 킵코이는 순찰을 나가고 없었다. 윌슨은 그의 부하들과 한 번도 편안하게 보낸 적이 없었지만 그들과 느긋하게 있었다. 그들은 윌슨을 여전히 이례적이고 정이 안 가는 아이로 여기고 있었지만 그럼에도 불구하고 그가 팔머 밑에서 점점 자리를 잡아갈 뿐만 아니라 팔머의 힘이 상당하다는 것을 알고는 달리 보았다. 그들은 윌슨의 비위를 맞추려고 했다. 아니 적어도 그와 친해지려고 노력했다. 킵코이를 비웃었던 가장 어린 소말리 족 대원은 윌슨이 보통 때 자신의 아버지에 대해 얼마나 분노하는지 알고 있었다. 그래서 윌슨에게 킵코이가 겨우 100미터밖에 안 떨어진 곳에서 기린을 쏘고는 얼마나 떨었는지 이야기해 주었다. "윌슨, 네 아버지가 기린을 놓쳤어."

윌슨은 대답하지 않았다. 그는 그 말을 듣자마자 아버지를 기다리지 않고 바로 떠났다. 그날 저녁에 그는 팔머와 같이 있을 때 이상하게 침묵을 지켰고 최근에 있었던 대학의 폐쇄와 정부의 학생들 구타에 대한 논쟁에 끼어들지 않았다. 윌슨은 팔머에게 뜻밖의 요구를 했다. ─ 며칠간 휴가를 달라는 것이었다. 잠깐 아내를 만나고 오고 싶다고 했다. 팔머는 평소의 아내에 대한 그의 냉담함을 생각하며 참 알 수 없는 노릇이라고 생각했지만 즉시 허락해주었다. 그동안 윌슨이 거의 쉬지 않았기 때문이었다.

윌슨은 다음 날 아침에 떠났다. 하지만 그는 잊혀진 아내가 살고 있는, 마사이 족과 킵시기 족의 사이에 있는 아주 작은 마을로 가지 않고 나이로비로 향했다. 그곳에는 온갖 부류의 불법 체류자들이 온갖 종류의 불법적인 일을 할 수 있는 곳이었다. 윌슨은 수치심이 들었지만 돈을 지불하고 어떤 서비스를 받았다. 팔머의 농장 근처에서도 할 수 있는 일이었지만 이렇게 멀리까지 온 것은 들킬지도 모른다는 두려움 때문이었다. 그는 문서 작성자에게 갔다. 그 사람은 부스에 앉아 문맹자를 위해 편지를 써주기도 하고 중요한 서류를 읽어주기도 했다. 당연히 윌슨은 문맹자가 아니었다. 그는 자신이 외딴 숲에서 온 일자무식꾼으로 취급당하는 것을 수치스러웠다. 하지만 그는 자신의 필체가 아닌 글이 필요했다. 그는 자신보다 몇 살 더 많은 전직 학생에게 조심스럽게 자신이 부르는 대로 받아 적게 했다. 그는 '킵코이 와 키무타이'가 밀렵을 했다는 사실과 장소, 날짜, 그리고 그 사실을 입증할 수 있는 순찰대원을 상세히 기술했다. 그는 서명하지 않고 나이로비 일반 우체국에서 팔머에게 보냈다. 팔머는 동물 보호 구역 관리인 절반이 밀렵을 한다는 것과 정부 관료들도 같은 것을 한다는 것을 어느 정도 알고 있고 입증할 수 있었지만 시스템 속에 있는 부패의 일부로 받아들이며 두고 보고 있었다. 팔머는 킵코이를 추적하기로 결정했다.

그 일을 하는 데에는 별로 오래 걸리지 않았다. 자신의 안전 때문에 겁에 질린 젊은 관리인들이 정부와 직접적인 관련이 없는 백인이 심문하는 특이한 일에 기꺼이 협조했다. 킵코이가 배고픈 부하들을 먹이기 위해 밀렵을 했다는 것을 팔머가 이해했는지 여부는 분명하지 않다. 대신 그는 킵코이와 맞서기 위해 그의 텐트로 찾아갔다.

킵코이 텐트 벽에는 그가 어디를 가든지 가지고 다니는 사진이 있었다. 그것은 어린 학생들에게도 잘 알려져 있고 국립 박물관에서도 볼 수 있는 유명한 사진이었고 케냐 역사에 칭송 일색으로 기록되었고 갓 등장한 국가 정체감을 나타내는 몇 안 되는 이미지 중 하나였다. 그것은 죽은 레닌 장군의 사진이었다.

1940년대 후반 그리고 1950년대 초반에 키쿠유 족은 영국인의 식민지 지배에 맞서 봉기했다. 그 동기는 영국인들이 키쿠유 족의 전통적 땅을 탈취하고 조상 대대로 살아온 곳에서 참정권을 박탈하고 그들을 2등 시민으로 취급한 것이다. 하지만 가장 직접적인 동기는 여성 할례나 영아 살해 같은 키쿠유 족 관습 중 영국인들이 용납하기 어려운 몇몇 관습을 영국인들이 불법화하려고 한 것이다. 키쿠유 족은 봉기했고 그것은 케냐의 반(反) 백인 비밀 결사대인 마우마우 단으로 세상에 알려졌다. 젊은이들은 숲으로 가서, 싸우고 약탈하고 강탈하고 고의적으로 파괴했다. 부족의 격분을 넘어서는 어떤 강력한 이데올로기가 있었는데, 그것의 방향성은 어렴풋하게 좌파적이었다. 많은 마우마우 단 전사들이 이것을 반영하는 가명을 썼다. 레닌 장군은 카리스마 있는 지도자이자 유능한 전사로 두각을 나타냈던 한 젊은 남자의 가명이었다. 그는 키쿠유랜드의 울창한 애버데어 산지를 유랑하는 상당한 수의 무리를 이끌었다. 그는 영국군이 반란군을 진압하기 위해 수배를 내린 사람들 중의 한 명이었다.

1954년 9월 23일 레닌 장군은 애버데어 산의 낮은 비탈에서 기습 공격을 받았다. 활과 화살로 부시벅을 쏘려던 순간 그는 총탄 한 발을 가슴에 맞아 죽었다. 유명한 사진은 죽은 후 얼마 되지 않은 그의 모습을 찍은 것이다. 수염이 있고 마우마우 단의 레게머리에 동물 가죽으로 만들어진 전통 복장을 하고 있다. 그는 옆으로 누워 있고 가슴 부상이 보인다. 그를 추적하여 사살한 한 영국 병사가 레닌 장군의 가슴팍에 한 발을 올려놓고 서 있다. 그는 수염이 있고 강인한 군은 얼굴이었지만 화난 얼굴은 아니다. 그는 전통적으로 사냥꾼이 쓰러진 사자에게 취하는 자세를 취했고 이지적이면서도 빈정대는 듯한 얼굴 표정은 자신이 하는 말을 정말 잘 알고 있음을 보여주었다. 그 순간 영국 대중을 향해 냉소적이고 위안을 주는 메시지가 나왔는데 이런 말이었다. "그렇고 그런 사냥감일 뿐이고 그렇고 그런 날일 뿐입니다." 이 말은 케냐 독립일마다 케냐 신문에 실렸는데, 대중들에게 그 말의 의미는 여전히 이런 것이었다. "그들이 우리를 어떻게 취급했는지, 그들이 우리를 무엇으로 여겼는지 보세요."

당연히 사진 속의 병사는 팔머였다. 그것은 팔머 대장이 자랑스러워하는 업적이었다. 물론 개인적으로 그 자부심이 오래 지속되지 않았음에도 불구하고 말이다. 팔머는 나이가 들면서 수치심을 느꼈고 머리가 벗겨졌고 면도를 했고 시건방진 태도를 버렸다. 더 이상 아무도 자신을 알아보지 못할 때까지 말이다. 영국 제국과 영국의 식민지인 동아프리카에는 수많은 팔머들이 있었는데 그들은 술 한잔 마시면서 자신이 팔머라고 주장하곤 했다. 하지만 진짜 팔머는 다른 영국인들과 가급적 시간을 보내지 않았고 그들과 술을 마시지 않았다. 그는 다른 누군가가 자신의 공을 가로채는 것을 즐거워했다. 그리고 그는 새로운 나라로 사라졌다. 팔머에게 동조했지만 사격의 반사 동작이 더 느렸던 영국 군인 아든은 명예퇴직하고 영국 어딘가로 가서 잊혀진 술꾼이 되었다. 아든의 급사는 독립 후에 도로에서 사고를 당해 죽었다. 그런데 팔머의 급사는 킵코이였다.

활기찬 팔머 대장과 죽은 레닌 장군을 찍은 사진의 왼쪽 모퉁이에는 누군가의 그림자가 있다. 당연히 킵코이는 상전으로 모시는 어른과 사진 속에서 영광을 나누는 것이 허락되지 않았다. 하지만 그는 카메라의 앵글에서 약간만 벗어나 있었다. 팔머가 인정한 것처럼 사냥 전략은 킵코이가 세운 것이었다. "배고픈 인간은 실수를 합니다." 킵코이가 말했다. 그들은 일꾼들을 풀어 숲에 놓은 전통적인 키쿠유 덫을 찾아 없애도록 하여 마우마우 단에게서 고기를 박탈했다. 들키지 않게 설치된 덫을 찾는 것은 힘들고 지겨운 일이었다. 하지만 그것은 킵코이와 팔머둘 다에게 마우마우 단을 잡는 데 요구되는 전략을 세우려는 욕구를 불러일으켰다. 그들은 덫을 충분히 제거했고 반란자들에게 옥수수를 밀반입할 수 있는 농가를 통제했다. 마우마우 단은 굶주리기 시작했다. 그리고 그들은 영국인들과 싸우는 대신 활과 화살을 들고 부시벅을 뒤쫓으며 시간을 보냈다.

차가운 9월 어느 아침에 우기가 일찍 다가왔고 숲길에 희미하지만지나간 흔적이 남아 있게 되었을 때 킵코이가 앞장을 섰고 레닌 장군의 흔적을 발견했다. 그들은 특이한 전략, 즉 높은 곳으로 올라가 킵코이가 레닌 장군의 흔적을 찾을 때까지 아래로 내려가는 전략을 썼다. 킵코이의 추측대로 영국군이 아래쪽 가까운 곳에 있음에도 불구하고 레닌 장군은 사냥감을 사냥하기 위해 아래쪽으로 움직이고 있었다. 킵코이가 선두에 섰고 팔머가 그 뒤를 따랐다. 그리고 다른 두 명이 후방을 지켰다. 그들은 다른 사냥꾼들보다는 덜했지만 흥분과 신중함으로 긴장해 있었다. 킵코이가 그를 먼저 발견했고 팔머가 필요한 순간에 정확히 총을 쏘았다. 킵코이는 팔머가 느꼈던 그 자부심을 느꼈고 마우마우 단 순찰에 대한 임시 급여를 준 데 대해 팔머에게 감사했다. 그리고 킵시기 족인 그에게 키쿠유 족의 슬픔은 별 의미가 없었고 다른 부족의 행운을 저지할 기회를 반겼다.

처음으로 팔머가 밀렵 감시 캠프 중 하나에 있는 킵코이의 텐트로 들어가 핀으로 고정되어 있는 사진을 보았을 때 그는 약간 화가 나서 왜 그것이 그곳에 있는지 그에게 물었다. "언젠가 나는 신문사에 그 대장이 지금 어디 있는지 알려주고 한몫 받아낼 거예요. 그리고 사장님처럼 차를 몰 겁니다." 킵코이가 냉소적으로 대답했다. 그는 팔머가 그것을 물어본 것이 조금 놀라웠고 기분이 상했다. 그가 왜 그 순간을 기념하는지에 대한 답이 분명하다고 생각했기 때문이었다. 함께했던 긴 세월 중 그 9월의 아침은 존경, 분노, 감사, 두려움, 경쟁 등 팔머에 대한 킵코이의 다양한 감정이 사랑 비슷한 감정으로 수렴되었던 때였던 것이다.

팔머가 킵코이의 텐트에 들어가 밀렵에 대한 문제를 정면으로 제기했을 때 그곳에서 무슨 일이 있었는지 분명하게 알려져 있지는 않다. 어쩌면 킵코이는 사진을 가지고 협박을 했을지도 모르고 어쩌면 그런 사실 앞에서 수치심으로 죽고 싶었을지도 모른다. 어쩌면 킵코이가 해명을 했거나 팔머가 누그러졌거나 킵코이가 벌을 자처했을지도 모른다. 아무튼 킵코이는 책임을 지지 않고 은퇴하는 것으로 결론이 났다. 그는 두 아내가 살아 있고 자녀들 아홉 명이 남아 있는 고향으로 돌아갔다. 팔머는 농장 일로 돌아갔다. 그는 곧 밀렵 감시 순찰대를 위해 균형이 맞지 않는 절반의 분담금을 낼 만한 여유가 없다고 정부에 알렸다. 킵코이의 밀렵 감시 순찰대는 그 직후에 해산되었다. 그 기간 중에 윌슨은 팔머에 대한 분노를 폭발시켰다. 그것은 팔머가 자신의 아버지를 공격 대상으로 삼은 데 대한 분노였고 일을 제대로 해결하지 못한 데 대한 분노였다. 윌슨은 일을 할 때 더 내향적이 되었고 일관성을 잃고 결국 위험한 존재가 되었다. 그는 처음으로 술을 마시고 대마초를 피우기 시작했다. 그는 다른 일꾼들과 싸우기도 했다. 심지어 어느 날 그는 팔머를 폭행하기까지 했다. 팔머는 그에게 한 번 더 기회를 주었다. 그리고 그 직후에 윌슨은 팔머 농장의 금고를 들고 사라졌다. 그는 지금 나이로비의 판자촌에서 일자리를 찾아 도시로 나온 외딴 시골 출신의 다른 젊은이들과 어울려 다닌다. 레게머리를 하고 술을 마시고 가끔씩 도둑질을 하면서 말이다.

간이음식점에서

마우마우 단은 길을 잃었다. 동아프리카는 독립을 앞두고 있었다. ― 영국 정치가들조차 변화의 바람에 대해 뜻을 내비추었다. 하지만 그들은 당연히 식민지를 레게머리를 하고 동물 가죽으로 만든 옷을 입고 '차이나 장군' 같은 가명을 사용하는 숲의 투사들에게는 넘겨주지 않을 생각이었다. 마우마우 단은 어느 정도 효과적으로 진압되었고 영국인들은 케냐를 케냐 인들에게 넘겨주었다. 하지만 그들은 그것을 잘 다듬어지고 지도받은 케냐 인들에게 넘겨주었다. 그들은 영국에서 교육받은 잠재적 영국 예찬론자들로서 몇십 년 후에도 케냐 판사들에게 모차르트 가발을 쓰게 했다.

하지만 새 정부는 이전의 마우마우 단을 어떻게 해야 하는지의 문제에 직면했다. 내가 윌슨과 킵코이와 팔머의 이야기를 조각조각 이어붙였던 바로 그 첫해 중에 나는 그 투사들의 예상 밖의 운명 또한 알게 되었다. 국가 신화와 관련해서 마우마우 단이 승리했고 독립은 그들이 일으킨 저항의 직접적인 성과물이라고 주장하는 것이 편리했다. 조모 케냐타가 마우마우 단을 이끌었다고 말하는 것이 편리했다. 케냐타는 세련된 인물로 세계를 여행한 적이 있는 작가였다. 1950년대 초에 영국인들은 그를 감옥에 집어넣기 위해 그를 마아마우 단의 배후 인물로 고발했다. 모든 증거는 이것이 조작임을 시사했다. 이제 새 정부는 차라리 그것이 사실이라고 말하는 것이 편리했다. 마우마우 단은 반란군을 이끌었고 전쟁에서 승리했다. 그들의 지도자는 이제 대통령 집무실에 자리를 잡았다.

문제는 당연히 진짜 마우마우 단 투사들을 어떻게 대우해야 하느냐 하는 것이었다. 몇몇은 대중적 의식을 위해 기마행렬에 참여했다. 덥수룩한 레게머리에 동물 가죽 옷을 입은 어리둥절한 남자들은 곧 독립 박물관을 향해 갔는데 그들의 표정에는 가는 세로줄 무늬 정장을 입고 넥타이를 매고 정부용 메르세데스 벤츠를 타는 새로운 정부의 키쿠유 족들을 의심하는 빛이 역력했다. 그런데 그렇게 하고 난 후에 그들을 어떻게 하지? 가는 세로줄 무늬 정장을 입은 정부 관료들은 영국인들이 그들을 두려워하는 것보다 훨씬 더 그들을 두려워했다. 그들은 '모스크바 사령관'이라고 불리는 분노하고 교육받지 못한 게릴라들이었다.

새로운 정부를 위한 놀라운 성공으로 투사들은 국가 신화 속으로 조용히 흩어졌다. 몇몇은 정부에 들어갔고 몇몇은 케냐타를 위한 특별 치안 부대를 운영했다. 그들 중 상당수는 일종의 보상으로 도시에서 간이음식점을 운영할 수 있는 허가증을 얻었다. 간이음식점은 나이로비 시내 도처에 있었고 외곽에도 있었다. 그것은 크고 통풍이 잘 되는 나무로 만들어진 간이 건물로 긴 의자와 식탁이 딸려 있었다. 주인이 있을 공간이 있었고 어쩌면 몇 년간 계속 타고 있었을지도 모르는 불위에 커다란 요리 가마솥이 올려져 있었다. 케냐의 차, 옥수수와 콩 요리(전통적인 키쿠유 족 요리), 때로 염소나 닭 찌개 등 언제 어디서나 볼수 있는 싸고 편리한 좋은 음식이 나왔다. 그것으로 보아 간이음식점은 투사들을 위한 보상이라는 분명한 결론이 나왔다.

나는 첫 시즌 중에 이것을 알게 되었다. 나는 나이로비에 갈 때마다 같은 간이음식점에 들렀다. 매일 옥수수와 콩 요리가 나왔고 시끌벅적한 키쿠유 족 댄스 음악이 흘렀고 남자들이 앉아서 먹으면서 큰 소리를 내고 있었고 고양이들과 닭들이 발밑에 있었다. 그 음식점은 친척 아저씨 같은 중년의 키쿠유 족인 키마니가 운영하는 것이었다. 키마니는 크고 둥글고 한 대 얻어맞은 듯한 키쿠유 족의 얼굴을 하고 있었고 얼굴과 머리에 까칠한 하얀 털이 군데군데 자라 있었고 무거운 외투를 입고 울 모자를 쓰고 있었다. 그는 카운터 뒤에 자리 잡고 서서 소리치고 잔돈을 거슬러주고 차를 나누어주고 단골들에게 농담을 했다. 나는 기꺼이 그의 단골이 되었고 그는 매일 나에게 악수와 절과 차로 인사를 하곤 했다. 나는 그를 통해 스와힐리 어를 연습했다. 그는 나의 모든 몸짓을 즐겁고 독특한 것으로 여기는 것처럼 보였다.

어느 날 나는 그에게 간이음식점을 운영하는 많은 남자들이 마우마우 단원이었는지 물어보았다. "당연히 그렇소. 나도 그렇고." 그는 말했다. "키마니, 당신도요?", "그럼요. 맞아요." 내가 놀라자 그는 웃음을 터뜨리며 즐거워했다. "그래요. 나도 한때는 마우마우 단원이었어요. 그들이 내 아버지의 땅을 뺏어간 후에 나는 숲으로 도망가서 싸웠죠. 우리는 맹렬했고 머리를 길렀고 유럽식 옷을 입지 않았어요.", "키마니, 당신도 사람을 죽인 적 있나요?", "그럼요. 여러 번 죽였죠.", "정말요?", "한

번은 우리가 영국인들과 전투를 했을 때 나는 누군가에게 활을 쏘았죠. 하지만 빗맞았죠."

그가 너무 즐거워 보여 그의 이야기가 믿어지지 않았다. 나는 이전에 마우마우 단원이었노라고 주장하는 것이 그 나이 또래 키쿠유 족 남자들의 기분 좋고 무해한 농담이 아닌지 궁금했다. 하지만 그러고 나서 그는 말했다. "우리는 영국인들과 끔찍한 싸움을 했죠. 그들은 우리를 생포해서 8년간 사막의 감옥으로 보냈죠. 그리고 이것 봐요, 그 영국인들이 내 손톱을 뽑았어요." 그는 이것이 시끌벅적하게 만드는 것임을 알았고 향수에 젖어드는 것처럼 보였다. 나는 이전에 그의 손톱을 눈여겨본 적이 없었다. 그의 손가락 끝에는 한때 손톱이었을지 모르는, 혹은 남은 잔유물일지도 모르는 어떤 것이 붙어 있었다. "하지만 키마니, 영국인들에게 화나지 않나요? 그들을 증오하지 않아요?" 그는 훨씬더 즐거워했다. "아뇨, 아뇨, 우리가 이겼잖아요!"

그는 잠시 동안 껄껄거리며 웃었다. 하지만 그러고 나서 차분해지며 자신의 손가락에 대해 생각했다. 그는 말했다. "그들이 내 손가락을 뽑았을 때 그들이 싫었죠. 그리고 나는 사막에 있는 그 감옥이 싫었어요. 나는 영국인들을 증오하지 않아요. 하지만 그렇다고 그들을 좋아하지도 않아요. 그들은 좋은 사람들이 아니에요."

갑자기 그는 자신의 태도를 기억했고 케냐 인들이 이야기 상대인 백인의 국적을 식별할 수 없을 때 하는 방식으로 반응했다. "오, 당신은 영국인이 아니죠, 그렇죠?" 그가 물었다. "예, 저는 미국인이에요."

그는 즐거워하며 큰 소리로 말했다. "그것이 내가 당신에게 말하는 이유예요. 당신네 미국인들 또한 영국인들과 싸웠죠. 그 사람들에 대해 잘 알 거예요."

손톱이 없는 이 점잖은 남자는 내게 차를 좀 더 내왔다.

나일 강의 원천

솔로몬의 통치에서 우리아의 통치로 넘어가는 과도기가 있었고 그것이 지났다. 여호수아는 어린 오바댜를 돌보는 법을 배우고 있었다. 그리고 신경이 엄청나게 날카로운 룻은 여호수아 덕분에 조금씩 진정되어 갔다. 베냐민이 벌통과 우연히 마주친 지 몇 주 지나 있었다. 그리고 라헬과 그녀의 가족이 사면초가에 몰린 불쌍한 욥을 통제하고 있는 것처럼 보였다.

나의 첫해를 마무리할 때가 가까워지고 있었다. 나는 곧 다시 실험실로 돌아가야 했다. 성공적이고 안전하게 보낸 기간을 축하하기 위해 나는 내 삶에서 가장 충동적인 일을 하기로 결정했다. 나는 우간다로 갔다.

나는 얼마 전부터 우간다에 가보고 싶었다. 지도에서 발견한 어떤 교차로에 앉아 있고 싶은 꿈을 이루고 싶었다. 그것은 완벽한 교차로였다. ―북쪽으로 난 도로는 사막과 수단으로 달렸고, 서쪽으로 난 도로는 자이르와 콩고로, 남쪽으로 난 도로는 르완다와 부룬디 그리고 마운틴 고릴라가 있는 곳을 향하고 있었다. 나는 마음으로 그려볼 수 있었다. ―"오른쪽 사하라. 왼쪽 마운틴 고릴라. 직진 콩고. 안전을 위해 안전띠 착용."이라는 짧은 문구가 쓰인 녹슨 표지판이 붙어 있는 먼지투성이의 텅 빈 교차로였다. 나는 어느 쪽으로 히치하이크를 할지 정하지 않은 채 그 표지판 아래에 앉아 있는 것을 꿈꾸었다. 콩고로 가는 경우에 대비하여 모기장을, 사막으로 가는 경우에 대비하여 머리에 두를 얇은 숄을, 마운틴 고릴라에게 가는 경우에 대비하여 스웨터를 준비하고 말이다.

하지만 나는 이디 아민이 전복되는 걸 보기 위해 우간다로 갔다. 그는 1979년에 축출되었다. 그는 매우 독재적인 살인자들보다 더 야만적이거나 흉악하지는 않았지만 삶의 환희 같은 소년 같은 태도와 그것을 결합했고 서구 언론에 저항할 수 없었다. 그는 국민들을 죽이고 나라를 공포로 몰아넣고 나라의 부를 약탈하는 등 비도덕적인 짓을 했다. 서구 언론의 말처럼 그는 어릿광대였다.

그는 자신이 스코틀랜드 왕임을 선언했고 손님들 앞에서 스코틀랜드 아코디언으로 세레나데를 불렀고 스코틀랜드 전통 의상인 킬트를 입었다. 그는 다른 세계 지도자들에게 언어 도단 같은 전보를 보냈다. 그는 빅토리아 여왕에게 연애편지를 보내 그녀를 몇 번째인지도 모를 아내로 자신의 왕실에 초대한 1세기 전의 우간다 왕을 연상시켰다. 그는 캄팔라에 있는 영국 추방자 공동체를 위협했고 유명한 영국 사업가들이 그를 가마에 태우면 심기가 누그러졌다. 그리고 만약 기록이 어느 정도 신뢰할 만한 것이라면, 그는 많은 아프리카 독립 후 지도자들 중한 명으로 정적들을 죽이고 그들을 먹었다. 서구는 어떻게 저항할 수 있었을까? 아민은 독립한 제3세계 나라들에 대한 생각으로 불안하고 초조해하던 서구인들이 그보다 더 만족스럽게 만들어낼 수 없는 존재였다. ― 그는 자신을 스코틀랜드의 왕이라고 선언한 사람이고 인육을 먹는 사람이었다.

그가 자신의 나라를 파괴하는 동안 아프리카 다른 나라 지도자들 대부분은 그것을 모르는 척했다(이것은 오늘날까지 우간다 인들이 상당히 비통해하는 점이다.). 그를 한결같이 비판한 사람은 탄자니아의 줄리어스 니에레레로 강한 권위를 가진 원칙주의자였다. 그녀는 테러만큼이나 저속한 놀음에 어느 정도 본능적으로 분노하는 사람이었다. 니에레레는 아민의 축출을 위해 끊임없이 캠페인을 벌였고 우간다의 비참함에 반발하는 많은 반역 집단을 지원했다.

1979년에 엄청난 오판으로 아민은 니에레레가 무력한 늙은 암탉이라고 선언했고 탄자니아 일부를 빼앗았다. 아프리카 사회에서 이것은 정말 분쟁을 일으킬 만한 말이었다. 탄자니아는 역습했고 아민의 군대를 물리쳤다. 니에레레는 다른 아프리카 지도자들의 통치를 존중하는 아프리카 연합 조직의 규칙을 따를지, 아니면 살인자를 축출할지를 결정해야 하는 어려운 상황에 직면했다. 그녀는 후자를 선택했고 비교적 맹렬한 몇 주간의 전투를 했다. 탄자니아 군대는 지역민들의 지지를 받았고 아민과 그의 군사는 수도에서 쫓겨났다.

캄팔라 사람들 모두 기뻐서 제정신이 아니었다. 라디오에서는 사람들이 거리에서 춤을 추었다고 했다. 새로운 정부가 탄생했고 두려움이 끝났으며 감옥과 고문실이 텅 비었다.

탄자니아 군대는 빅토리아 호수의 서부 쪽을 휩쓸었고 캄팔라를 향해 동쪽으로 이동했다. 북쪽은 여전히 아민 군대의 통제를 받고 있었고, 케냐의 국경선에 접해 있는 동부 쪽도 마찬가지였다. 탄자니아 군대는 동부 전선으로 집결했고 케냐 국경선으로 통하는 좁은 통로를 열었다. 바로 이날이 내가 케냐에서 우간다로 들어간 날이었다.

나는 개코원숭이들과 긴 시간을 보낸 끝에 여행을 하고 싶었다. 나는 이례적으로 신문 기자 같은 반사 작용으로 역사가 만들어지는 것을 보고 싶은 열망을 느꼈고 이 특별한 역사에 마음이 움직였다. ― 거리에서 춤추고 있는 자유를 되찾은 사람들을 보고 싶었다.

아, 이것은 당찮은 말이다. 나는 스물한 살이었고 모험을 원했다. 나는 공포를 경험하고 놀라운 것들을 보고 싶었고 훗날에 그것을 얘기하고 싶었다. 그리고 이전 한 달 동안 나는 누군가가 몹시 그리웠다. 그래서 전쟁터로 가면 그리움을 떨쳐버리고 기운을 차릴 수 있을 것이라고 생각했다. 나는 사춘기 후반의 수컷 영장류처럼 행동하고 있었다.

그래서 나는 케냐에서 국경선 통과가 유일하게 허용되는 차인 유조차(탱크로리)를 얻어타고 그곳으로 갔다. 나는 캄팔라로 가서 그곳에서 약간의 시간을 보냈고 차를 얻어타고 더 서쪽으로 자이르 국경선에 있는 산으로 갔다. 그리고 두려운 미지의 곳으로 너무 깊이 들어갔다고 느껴졌을 때 다시 방향을 돌려 차를 얻어타고 케냐를 향해 동쪽으로 가기 시작했다.

그 나라로 들어간 날 내가 지나가기 약 30분 전에 동쪽 통로에서 유조차 한 대가 아민의 군대에 의해 폭파되었다. 며칠 후에 캄팔라의 곳곳에서 시체가 보였고 하늘에는 독수리들이 빙빙 돌고 있었다. 우리가 있는 지역에서도 포격이 있었고 탱크로리 운전사와 나는 그날 밤 차 밑에서 몸을 웅크리고 보냈다. 이것이 내 전쟁 이야기이고 내가 목격한 전투의 전부였다. 나로서는 그것만으로도 충분했다. 하지만 중요한 것은 전쟁이 아니었다. 기이하게도 그런 절대적인 공포의 순간에 정화되는 것이 느껴졌다. 그리고 그때 포격이 멈추었고 안도감이 들었다. 더 많은 무게가 나간 것은 아민이 통치했던 지난 십 년에 대한 역겨움이었다.

내가 그곳에 갔을 때 그곳에는 행복감, 즉 약탈의 해방감이 있었다. 그리고 좋지 않은 예감이 들었다. 아민이 캄팔라를 빠져나간 다음 날 군중들은 수도에 있는 상당수의 가게들을 약탈했다. 서구 언론은 "다시 한 번 미친 듯이 날뛰며 자신의 공동체를 파괴시키는 '저' 사람들"이라는 논조로 말했다. 결코 그렇지 않았다. 아민, 억압 그리고 약탈은 식민지주의의 또 다른 잔재로 필연적인 결과물이었다. 세기의 전환기에 영국인들은 수단 인들의 봉기와 충돌했을 때 더 남쪽으로 내려가 우간다를 착취하기로 결정했고 그들이 그곳에 진주해 있는 동안 누비아 인 부대를 예비 부대로 데려오기로 결정했다. 누비아 인들(아촐리 족 같은 부족) 다시 말해 북부 이슬람 부족들은 남부 기독교인들의 나라에 머물렀다. 영국인들이 우간다의 독립을 허락했을 때 누비아 인들을 남겨두고 군대를 통제했다. 아민은 북부 부족 출신의 장군이었다. 그는 나라를 장악했을 때 캄팔라에 있는 가게들을 탈취했고 그것을 부족 동포들에게 나누어주었다. 따라서 약탈과 복수의 향연은 결국 북부인에 대한 복수였다.

하지만 행복감은 오래가지 않았다. 다시 좋지 않은 일이 일어났다. 오랜 기간의 두려움은 쉽게 잊혀질 수가 없었다. 교육을 받은 사람이라면, 정치인이라면, 종교 지도자라면, 돈을 가진 사람이라면 누구라도 어떤 식으로든 그 대가를 지불했다. 나는 어느 날 저녁에 부간다(우간다의 한 주(州). 이곳의 주도가 캄팔라임. - 옮긴이)의 사업가인 한 남자와 앉아 있었는데 그는 몇 해 동안 빼앗긴 차량을 마치 잃어버린 아이들인 양 줄줄 읊었다.

"처음에 그들은 UHG 365를 빼앗아갔어요. 우리 차인데 좋은 차였죠. 그리고 그들은 UFK 213을 빼앗아갔어요. 그것은 로리였죠. 그러고 나서 그들은 UFW 891을 빼앗아갔어요. 그것은 소형 트럭이었죠. 나는 그 이후에 시내 주변에서 그것을 운전하는 아촐리 족 사람을 보았어요. 그는 군인이었죠."

내가 머물렀던 폭격당한 YMCA의 운영을 도와주던 한 늙은 노인은 주저앉아 자신의 잃어버린 아이들을 반복적으로 말했다. 모두 잃었다고. 두 명은 죽은 것을 확인했고 한 명은 아민의 고문실 배수 홈통 어딘가로 사라졌다고.

선생님들이 가장 많은 고통을 당했다. 우간다는 교육이 발달했다. 빅토리아 여왕의 기념일에 영국의 처칠은 우간다를 아프리카의 진주로 보게 하는 교육을 시작했다. 그리고 그것은 다른 아프리카 식민지에 없는 교육을 발달시켰다. 아민이 쿠데타를 일으켰을 때 우간다의 대학은 대륙에서 타의 추종을 불허했다. 예상대로 선생님들이 일찍 아민의 목표물이 되었다. 어느 날 나는 토로로의 국경 지대 소도시에서 거리를 걷고 있었는데 하얀 셔츠를 입은 흥분한 중년 한 명이 나를 붙잡았다. "외국인이세요? 여기에 오다니, 신의 축복이 있기를. 이것은 우리가 지금 자유롭다는 것을 의미합니다. 그리스도께서 탄자니아의 아들들을 통해 우리에게 전해 주셨습니다. 나는 학교 선생님이었어요. 그런데 학교는 사라졌어요. 그들이 불태워 버렸죠. 나는 감옥에 잡혀갔고 그들은 날 고문했어요. 그들이 날 때린 곳을 보세요." 그는 나를 옆에 앉혀놓고 미친 듯이 자신의 이야기를 했다. 그날 토로로에서 네 명의 다른 선생님들이 나를 붙잡고 비슷한 이야기를 했다. 모두 감옥에 갇혀 있다가 망가진 몸으로 이제 막 풀려나온 사람들이었다.

다시 출판되기 시작한 신문에는 이미 이런 구절이 있었다. 신문들은 '나라의 심리학적인 재활'의 필요성을 거론했다. 모든 몸짓, 모든 마주침, 모든 냄새가 옳지 않고 긴장되어 있고 조심스럽고 부적절했다. 부질불식간에 뭔가 잘못된 것 같은 느낌이 들었다.

너무 많은 사람들이 낯선 사람을 보는 즉시 붙잡고 자신들 이야기를 할 준비가 되어 있었다. 너무 많은 사람들이 캄팔라 거리에서 누군가를 비웃고 들이받을 준비가 되어 있었다. 너무 많은 사람들이 보도에서 외국인 혐오증의 공황에 빠져 나로부터 멀어졌다.

어느 날 나는 새 대통령의 궁 근처의 캄팔라 시내를 걸었다(새 대통령은 우간다 반란군과 탄자니아 군에 의해 지명된 교수로 겨우 2주간만 통치하고 대체될 운명이었다. 아민에 대한 기억이 향수를 불러일으키는 색조를 띨 때까지 10년 동안 쿠데타와 반쿠데타가 발작적으로 반복되었다.). 한 무리의 군중이 자신의 볼일을 보느라고 바빴다. 미묘한 어떤 일이 일어났고 그것이 모두의 머릿속에 두려움의 방아쇠를 당겼다. 나는 서너 명의 사람들이 독립적으로 우연히 같은 시간에 같은 곳에 멈춘 것이라고 추측했다. ―열쇠를 어디에 두었는지 기억하려는 사람, 다음에 어떤 볼일을 봐야 하는지 결정하려는 사람, 재채기를 하려는 사람 등으로 말이다. 많은 사람들이 꼼짝하지 않고 서 있었다. 마치 어떤 심리학적인 비판의 소리가 들려온 것처럼 말이다. 모두 죽은 듯이 멈추었다. 그것은 소도시 전체가 그렇게 될 때까지 퍼져갔고 모두 꼼짝하지 않고 서 있었다. 모두 대통령 궁을 노려보았고 모두 긴장한 상태로 간신히 호흡했고 가족들이 함께 몸을 맞댔다. 세상에, 무슨 일이 나려는 거지? 모두가 이런 생각을 하고 있었다. 모두 약 5분 동안 다음에 무슨 일이 일어날지 기다리며 침묵을 지켰다. 마침내 탄자니아 병사들이 다가와 모두에게 움직이라고 소리칠 때까지 말이다.

합리적으로 말하면 정서적으로 가장 강렬한 순간은 내가 캄팔라에서 가장 큰 곤경에 처해 있을 때여야 했다. 나는 정말 멍청한 짓을 했다. 아프리카에서 하루만 보낸 사람이었어도 피했을 그런 짓이었다. 너무 부끄러워 내가 한 짓을 차마 말하지는 못하겠지만 그 결과로 두어 명의 탄자니아 병사들이 내가 아민의 군대에 복역한 전직 용병이라는 결론을 내렸다. 기꺼이 그런 일을 하는 백인들이 많이 있었으므로 군인들 생각이 터무니없는 것만은 아니었다. 펄펄 끓는 복수심에 불타는 우간다 군중이 늘어났고 병사들이 흔들렸다. 나는 그들의 총구가 겨냥된 속에서 콘크리트 바닥에 얼굴을 대고 누워 있어야 했다. 당연히 내 삶에서 가장 두려운 순간이었다. 같이 다니던 케냐의 탱크로리 운전사가 그들에게 용감하게 따졌고 나를 풀어주도록 그들을 납득시켰다.

예상치 않게 가장 강렬한 경험을 한 순간은 그 이후에 다가왔다. 나는 마침내 두려움을 느꼈고 갈피를 잡지 못하고 그곳을 도망치다시피 빠져나가야 했다. 나는 차를 얻어타고 안전하고 친숙한 케냐로 다시 향하기 시작했다. 공황 상태에서 빠져나왔음에도 불구하고 모든 논리에 맞서서 해야 할 일이 있었다. 나는 나일 강의 원천을 보기 위해 진자(우간다 중부의 빅토리아 호수에 면한 도시 - 옮긴이)로 갔다. 바로 이곳이 빅토리아 호수의 물이 흘러내려 백나일이 시작되는 곳이다. 바로 이곳이 영국의 탐험가인 리처드 버턴이 꿈꾸었고 존 스피크가 모든 것을 벗어던지고 혼자 힘으로 마침내 도달했던 곳이며, 빅토리아 과학의 엄청난 논쟁 중 하나를 일으킨 곳이다. 어린 시절부터 이들은 나의 영웅이었다. 나는 버턴의 일기와 전기를 읽었고 지도 상에 있는 그들의 여행지를 따라 올라갔다. 나는 나일 강이 시작되는 지점을 보고 싶었다.

그곳을 찾는 것은 그렇게 어렵지 않았다. 이제 그 위에는 다리가 있었고, 그 아래에는 수력 댐을 이루고 있는 콘크리트 벽이 있었다. 그것은 수문을 열어 급류를 흘려보내는 곳이었다. 기이하게도 그곳에는 스피크가 이 지점을 '발견'한 것을 기념하는 명판까지 붙어 있었다. 다리의 중심에 서니 콘크리트 벽 아래로 내려가는 계단이 보였다. 벽에 구명이 있어 물 수위를 알게 하는 플랫폼 같은 것이 있었다. 그것은 틀림 없이 댐의 작용과 관련이 있을 것이다.

그곳에 서서 아래를 내려다보니 기이한 모습이 눈에 들어왔다. 병사 한 명이 손을 등 뒤로 묶인 채 계단 아래에 묶여 있었다. 그의 목에 줄이 매어져 있었고 그 줄이 벽의 구멍 안에 있는 기계 같은 것에 묶여 있었다. 물이 올라왔을 때 결국 발이 물에 휩쓸려 익사하거나 질식사 한 것 같았다. 그는 몸이 부어 있었고 뻣뻣하게 굳어 있었으며 물이 밀려들어오자 완전히 떠올랐다. 나는 두서없이 이런저런 생각을 했다. '우간다 인일까 아니면 탄자니아 인일까?(제복이 얼마 남아 있지 않아 잘 구분이 되지 않았다.)', '그가 아민에게 협조한 사람이라면 벌을 받을 만해.', '하지만 저런 식으로 죽어 마땅한 사람은 없어.', '그가 얼마나 많은 선량한 시민을 죽였을까?', '어쩌면 그는 그렇게 하지 않을 수 없었던 강요당한 징집병이었을지도 몰라.' '하지만 난 내가 단지 명령에 따를 뿐이라고 말하는 나치들에 대해 어떤 생각을 하는지 알아.' '장담컨대 악어들이 그 시체에 도달하기에는 물살이 너무 강해.', '물이 그의 위로 올라왔을 때 그가 살아 있었을까? 그의 기분이 어땠을까?', '내가 더 가까이 다가가 그것을 보고 모든 세세한 것을 기억하여 훗날에 사람들에게 말해줄 수 있을까?', '그냥 잊고 싶어. 그냥 빌어먹을 이곳을 벗어나 집으로 안전한 곳으로 가고 싶어.' 하지만 나는 그곳에 얼어붙은 듯 서 있었다. 움직일 수가 없었다.

몇십 년 후에 내가 가르치는 신경생물학 수업에서 나는 언제나 공격의 생리학에 대한 강의를 빼놓지 않는다. — 그것의 호르몬 조절, 그것에 어떤 영향을 행사하는 뇌의 부위, 유전적인 요소 등등. 해마다 그 자료를 다루는 강의 시간이 점점 더 늘어난다. 내가 다루는 몇 가지 주제에 관한 설명은 정신 분열증이나 언어 사용, 혹은 부모 행동에 관한 신경생물학에서 크게 벗어나지 않는다. 하지만 나는 당혹스러울 정도로 점점 많은 시간을 공격에 대한 이야기를 하며 보낸다. 해마다 그것을 더 오래 강의하는 것은 댐에 목이 묶여 있던 그 남자 때문이고 내가 그곳을 떠나지 못하고 오랫동안 그를 바라보고 있었던 것 때문이다. 나는 그것이 공격의 모호성 때문이라고 생각한다. 그것은 내게 가장 혼란스러운 정서이다. 그리고 학문의 세계에 있는 사람으로서 변명하자면, 내가 그것을 충분히 강의하면 그것은 오지 않고 조용히 사라질 것이며 동시에 그것의 매력과 역겨움이 나를 두렵게 하는 것을 멈출 것이라고 믿는다. 부모의 행동, 성적 행동, 이것들은 흔히 꽤 난공불락의 긍정적인 것이다. 정신 분열증, 우울증, 치매는 분명히 나쁘다. 하지만 공격은? 운동 패턴이 같고 내장과 신경 전달 물질의 분출이 같은 행동인데도, 어떤 때는 상을 받고 어떤 때는 해롭다고 여겨진다. 정의의 전쟁, 해방된 나라, 그리고 콘크리트 속의 구멍에 끼어 꼼짝하지 못하는 머리. 나는 최면에 걸린 듯 몇 시간 동안 그것을 바라보며 서 있었다. 마치 이 남자가 나일 강으로 조금씩 조금씩 씻겨내려가는 데 얼마나 오래 걸리는지 보려는 것처럼 말이다.

몇 킬로미터 가는 동안 내 마음이 가라앉기 시작했을 때 뒤쪽 체인이 느슨해졌
다. 베이커와 우간다 인이 몇 분만 손보면 되는 사소한 문제였다. 베이커는 운전
석에서 나가면서 좌석 아래에 손을 뻗더니 날 보고 "봐요, 깜짝 선물이오."라고
말하며 망고 하나를 던졌다. 하나는 우간다 인에게 던졌고 하나는 자신이 먹었
다. 그들은 체인을 감기 위해 뒤로 갔고 나는 견인차 캡의 그늘에 몸을 기댔다.

나는 한평생 생각과 감정과 느낌으로 가득 찬 삶을 살 것이며, 매우 오래 살지도
모른다. 하지만 아무리 많은 경험을 쌓았더라도 이 순간을 언제나 믿을 수 없는
즐거움과 감사하는 마음으로 뒤돌아볼 것이다. 나는 망고를 한입 베어물고 그 즙
을 음미했다. 여러 날 만에 처음으로 안전하다는 생각에 눈물이 왈칵 솟았다.

Chapter

02

준어른기

08

개코원숭이들
재야의 사울

한때 우두머리 수컷으로 있던 무리에서 전직 우두머리 수컷이 되기를 원하는 존재는 아무도 없을 것이다. 1980년대 초에 솔로몬은 무너졌고 세상에서 잊혀졌다. 사악한 녀석이 아니었던 우리아는 강적을 권좌에서 몰아낸 후에 특별히 잔인하게 굴지는 않았다. 하지만 무리의 다른 수컷들은 달랐다. 솔로몬이 서열 2위가 된 것은 단지 우리아와 자리를 맞바꾼 것이 아니었다. 솔로몬은 순전히 현상 유지와 위협으로, 자신의 물리력으로 지배가 가능했던 시점을 훨씬 넘겨 우두머리 자리를 꿰차고 있었던 상태였다. 우리아가 성공적으로 도전하는 것을 지켜본 다른 수컷들은 그 기회를 놓치지 않고 도전했고 1980년에 솔로몬은 중간 계급이라고 할 수 있는 9위까지 곤두박질쳤다. 그리고 지난 몇 년간 익숙하게 보아왔던 패턴이 출현했다. 그들의 지배력 싸움의 전형적인 패턴이다. 예를 들면 4위는 3위와 5위와 대결을 벌여 전자에게 지고 후자에게 이긴다. 17위는 주로 16위와 18위와 대결을 벌여 한쪽에 이기고 다른 한쪽에 진다. 하지만 예외적으로 1~5위가 특이하게 하위 서열인 11위와 대결을 벌이는 경우가 있다. 왜 그들이 서열이 낮은 11위를 벌하는 것에 그토록 열중할까? 알고보면 그는 이전에 1~5위를 지배했던 전직 1위로 밝혀진다. 주객의 전도이다. 개코원숭이들은 태생적으로 복수심이 오래간다. 솔로몬은 끝없는 나락으로 떨어졌다. 서열 6위 안에 들었던 이삭, 아론, 당시 8위 정도였던 베냐민이 그를 물리칠 기회를 얻었다. 솔로몬은 소박한 미니멀리스트 스타일을 잃고 더 높은 서열을 가진 것들에게 비겁하게 아부했고 더 낮은 것들에게 사악하게 굴었다. 그는 비정상적인 불쌍한 욥을 괴롭혔다. 욥의 가족으로 추정되는 나오미, 라헬 그리고 사라가 두 번씩이나 들판으로 그를 뒤쫓는 추격전을 펼쳤을 정도로 말이다. 솔로몬은 나한테도 몇 번 달려들어 나를 지프차 안으로 들어가게 만들었다. 그러다가 그는 많은 전직 우두머리 수컷이 찾아낸 해법대로 어느 날 갑자기 그곳을 떠나 남쪽 무리에 합류했다. 다른 곳에서는 중간 정도의 서열을 유지하며 적어도 익명으로 살아갈 수 있을 것이다. 그는 두 무리가 강을 사이에 두고 서로 마주 보고 소리칠 때 가끔씩 모습을 드러냈다.

무리의 다른 영역에서도 약간 변화가 생겼다. 여호수아는 한창 나이에 접어들었고 드보라는 솔로몬의 새끼로 보이는 첫 딸을 낳았다. 드보라가 임신 가능한 발정기 중에 유일하게 함께 보냈던 수컷이 그였기 때문이었다. 솔로몬은 우리아의 격심한 공격을 받았을 당시에 마지막 짝짓기를 했던 셈이다. 솔로몬이 드보라를 강간한 것은 그녀가 임신 1~2주에 접어들었을 때였음이 분명했다. 솔로몬이 우리아에게 무너지지 않았더라면 이 아이는 솔로몬의 아이로서 인정을 받으며 자랐을 것이다. 정치적인 변화의 바람이 불었음에도 이 아이는 버림받지 않았다.

드보라와 암컷 서열 1위인 외할머니 레아의 보살핌 속에서 이 아이는 빠르게 성장했고 충만한 자신감을 자랑했다. 낮은 서열의 미리암 역시 우연히 같은 주에 딸을 낳았다. 이 둘 사이의 차이는 현저했다. 드보라의 딸이 더 컸고 고개를 먼저 들었고 먼저 걸었고 먼저 엄마의 등에 올라탔다. 드보라는 아이가 떨어져 있어도 제자리에 앉아서 먹을 것을 먹었다. 낮은 서열의 암컷들이 드보라 주위에 모여 그녀에게 털고르기를 해주곤 했다. 대조적으로 미리암은 딸이 두어 발자국만 떨어져 있어도 불안한 것처럼 얼른 집어들었다.—서열이 높은 드보라의 아이와 달리 이 아이에게는 상처를 입히려는 것들이 한둘이 아니었다. 미리암은 아이를 양손으로 붙잡고 먹어야 했고 그녀의 배에 달라붙어 있지 않으려고 하는 아이와 몸싸움을 하며 발 빠르게 움직여야 했다. 다양한 연구를 통해 미리암보다는 드보라처럼 서열이 높은 엄마에게 태어나는 행운을 가진 아이가 더 빠르고 더 건강한 발육을 보여주며 힘든 시절에 생존율이 더 높은 것을 알 수 있다. 아이들이 태어난 지 일주일이 된 어느 날 그들은 처음으로 사회적 접촉을 했다. 드보라의 아이가 미리암의 아이가 있는 쪽으로 달려가자 미리암의 아이는 재빨리 몸을 돌려 엄마에게 달아났다. 최초의 지배력 상호 작용이 일어난 것이다.

그동안 또 다른 영역에서는 최근에 무리에 들어온 요나단이 사춘기에 접어들며 리브가에게 심하게 빠져 있었다. 그녀는 비극으로 생을 마감한 아름다운 밧세바의 딸로 아직 사춘기 전이었다. 그녀는 엄마의 뛰어난 미모에는 미치지 못했지만 생기발랄했다. 그녀는 귀여웠고 쾌활했으며 가장 가까운 친구인 사라(나오미-라헬-사라 집안)를 포함하여 많은 친구들과 어울려 놀았다. 그리고 당연히 그녀는 요나단의 존재조차 모르고 있었다. 수줍음이 많은 젊은 수컷이었던 요나단은 여호수아가

룻에게 써서 효력을 보았던 집중적이고 헌신적인 공세 같은 세속적 전략을 구사할 수가 없었다. 대신 요나단은 얼굴을 팔에 묻고 맥없이 앉아 멀리 있는 리브가를 응시할 뿐이었다.

몇 년 전 거의 같은 시기에 무리에 합류해 서로 떨어질 수 없는 친구가 된 다윗과 다니엘에게도 변화가 있었다. 다니엘은 다윗보다 일 년 정도 앞질러 빠른 성장을 보이기 시작했다. 곧 그는 어깨 근육, 갈기털, 넓어진 가슴을 갖추었다. 그는 마치 미식축구복을 입은 중학생처럼 보였지만 서열에 평지풍파를 일으킬 시기가 되지 않았을까 하는 생각이 들 정도로 인상적이었다. 어쩌면 그런 변화에 가장 깊은 인상을 받은 이는 다니엘 자신이었을지도 모른다. 갑자기 그는 더 이상 다윗과 레슬링을 하고 나무를 오르내리며 쫓아다닐 시간이 없었다. 그는 더 중요한 일에 매우 바빴다.

이 시즌에는 독특한 유형의 암컷과 수컷이 나타났다. 성인 수컷인 이삭이 암컷인 라헬과 친구가 되었다. 나는 라헬이 무리 중에서 가장 좋은 암컷이라고 여기고 당연히 갈채를 보냈다. 수컷과 암컷 개코원숭이가 함께 어울려 다니지만 짝짓기를 하지 않는다면 친구 관계로 여겨질지도 모른다. 미시간 대학의 영장류학자 바버라 스머츠는 몇 년 전에 다음과 같은 주제에 대한 탁월한 책을 썼다. ─"드물게 우정을 쌓는 개코원숭이들이 있다면 어떤 존재이고 어떤 특성이 요구되며 보상과 고통은 무엇일까?(좌절감이 들 때 마음대로 때리는 것을 삼가야 하는 것이 심적 고통이라면 뭔가를 함께 할 수 있는 상대로 선택받는 것이 보상이다.)" 그렇게 라헬과 이삭은 친구가 되었다. 이삭은 지난해 내가 보기에 가장 독특한 모습을 하고 있었다. 첫눈에 얼핏 보면 그는 다소 부진아 같았고 바보 같아 보이는 평평한 이마를 가지고 있었다. 한창때인 그는 건강하다면 도전을 했어야 했다. 그런데 그는 '싸움', '마지막 결전', '도발'에는 언제나 한 걸음 물러나 있었다. 좀 가혹하게 말해 '겁쟁이', '계집애 같은 아이', '마마보이'와 같은 단어가 문득 떠오르겠지만 그렇다고 도망 다니는 것은 아니었다. 그는 사심이 없고 평정을 잃지 않은 상태로 다닐 뿐이었다. 그는 싸움에서 지지는 않았다. ─단지 그런 부류 중 하나가 아닌 쪽을 선택했을 뿐이었다. 만약 그리 유쾌하지 않은 상황에서 벗어나기 위해 누군가에게 복종의 몸짓을 해야 한다면 그는 아무렇지도 않게 그런 몸짓을 하곤 했다.

그의 성생활은 흥미로웠다. 매우 매력적인 암컷이 발정기에 들어간다고 해보자. 수컷 개코원숭이에게 '매우 매력적인'이라는 말은 이미 새끼를 한두 번 낳았고 아이가 살아 있는 암컷을 말한다(이는 생식력과 유능한 엄마 둘 다를 입증하는 것이다.). 그리고 생식력이 쇠퇴할 만큼 늙지 않은 것이다. 그런 암컷이 있는 경우에 높은 서열의 수컷들은 치열하게 싸운다. 그리고 서열 1위는 암컷이 배란기에 가장 가까워졌을 때 짝짓기를 하고 2위는 그다음 기간에 하고 3위는 또 그다음 기간에 한다. 룻이나 에스더같이 비교적 어린 암컷들이 처음 발정기에 들어서면 완전한 생식력을 가진 상태라고 할 수 없었고 높은 서열의 수컷들은 별로 관심을 보이지 않았다. 그래서 차선으로 그녀들은 풋내기 여호수아나 늙은 이사야 같은 수컷들과 짝짓기를 하곤 했다. 바로 이 패턴을 이용한 것이 약삭빠른 이삭이었다. 그는 한창때의 암컷들을 차지하려고 송곳니를 드러내는 심한 경쟁에는 별로 관심을 보이지 않았다. 대신 그는 첫 번째 주기를 시작하는 어린 암컷들과 짝짓기를 하는 데 상당한 시간을 보냈다. 당연히 그들은 임신하는 경우가 드물었지만 만약 한다면 거의 100%가 그의 새끼일 것이다. 발정기가 시작된 이후 11시간 같이 있었으니 그 아이가 자신의 아이일 확률은 17%라고 말하지 않아도 된다. 만약 이삭이 롯의 첫 발정기에 그런 전략을 썼다면 오바댜는 여호수아가 아닌 그를 닮았을 것이다. 하지만 이삭이 그런 전략을 쓰기 시작한 것은 훨씬 나중이었다.

그래서 이삭은 상당한 시간을 대부분의 다른 수컷들 눈에 별로 흥미롭지 않은 짝짓기를 하며 보냈다. 그는 짝짓기를 하지 않을 때에는 친구인 라헬과 어울려 다녔다. 엉큼한 인간들은 그들이 정말 짝짓기를 하지 않았을지 궁금해할지도 모른다. 그는 라헬과도 몇 번 했다. 하지만 그들은 주로 친구였다. 그들은 함께 앉아 있었고 함께 먹었고 함께 끝없이 털고르기를 했다. 목가적이었다. 그는 라헬하고만 그랬다. 사춘기 이전의 암컷들과는 짝짓기를 하고나면 그만이었다. 이 전략은 여러 면에서 성공적이었다. 임신하는 암컷들은 극소수였지만 여러 해가 지나면서 그의 새끼로 보이는 것들이 많이 나타났다. 그를 닮아 평평한 이마를 가진 새끼들이었다. 그리고 그의 동료들이 경쟁적인 생활 방식을 추구한 결과 죽거나 불구가 되거나 기력을 소진했을 때 그는 여전히 몸이 좋았다. 인상적인 개체였다.

베냐민, 아, 나의 베냐민은 1980년까지는 자신의 운명을 개척하지 못했다. 성공적은 아니었지만 우리는 이종 간의 소통을 한 적이 있었다. 무시무시한 역경 앞에서 수컷은 때로 다른 수컷들과 공조하는 동맹 관계를 맺기도 한다. 그런 동맹은 안정성이 입증되면 믿을 만한 힘으로 여겨진다. 수컷이 동맹을 맺고 싶은 다른 수컷에게 힘을 합치자고 할 때 보여주는 일련의 몸짓과 얼굴 표정이 있다. 어느 날 베냐민은 덩치가 크고 거친 녀석에게 공격을 당하기 일보 직전에 있었다. 사나운 녀석이 베냐민을 향해 험악한 표정으로 돌진해오고 있었다. 점점 공황 상태에 빠진 베냐민은 동맹군을 찾아 사방을 두리번거렸지만 새끼들이나 얼룩말, 혹은 덤불숲밖에 보이지 않았다. 필사적으로 힘이 필요한 순간에 그는 내게 몸을 돌려 동맹군이 되어주기를 간청했다. 전문적인 훈련이나 객관성에 비추어 말하면 내가 한 행동이 옳지만 일면에서 부끄러운 생각이 들게도 나는 그의 언어를 모르는 척해야 했고 그가 무슨 말을 하는지 모르겠다는 시늉을 해야 했다. 그는 내가 지프차로 그 녀석을 들이받기를 바랐을 것이다.

개코원숭이들이 왜 그렇게 낮잠을 많이 자는지 알게 된 것이 이즈음이었다. 그것은 베냐민 때문이었다. 그는 다른 것들이 잠들지 못하게 만들었다. 개코원숭이들은 길을 잃으면 두 음절의 소리를 낸다. "와-후"라는 외침이다. "다들 어디 있니?"라는 뜻이다. 내가 그와 단둘이 길을 잃은 적이 있는데, 그때 그는 그렇게 외쳤다. 최근에 나는 숲속에 개코원숭이들이 자는 나무 아래에 텐트를 치고 야영을 하기 시작했다. 드물게 모든 것이 평화롭고 고요한 밤이었는데 베냐민이 갑자기 "와-후"를 외치기 시작했다. "와-후!…… 와-후!…… 와-후! 와-후! 와-후!" 결국 다니엘이 근처에 있는 나무에서 반쯤 자다 깬 목소리로 또 몇 번 "야-후!"를 외쳤고 여호수아, 밧세바 등이 연이어 외쳤다. 결국 모두 통제 불능 상태로 한밤중에 30분간 "와-후!"를 외쳐댔다. 아마 베냐민이 나쁜 꿈을 꾸다가 갑자기 깨어나 주변에 동료들이 있는지 알고 싶었던 것이 아닐까 추정할 뿐이다.

네부카드네자르가 자신의 원래 상태를 되찾은 것은 1980년 초였다. 그는 비열하고 멍청하고 재능이 없는 녀석이었다. 그는 한쪽 눈이 썩어 한 눈밖에 없었다. 그의 표정은 무감각했다. 그리고 자세도 좋지 않았다. 그는 무리에서 몇 년을 보냈는데도 친구 하나 없었다. 그는 모두를 괴롭히기만 했다. 사실 그는 아무도 감당할 수 없는 존재였다. ─ 그는 서열이 높은 수컷들은 위협하지도 밀어붙이지도 않고 언제나 같은 범주에서 맴돌았다. 하지만 나이가 나이인 만큼 수컷으로서 힘을 과시할 수 있는 기회가 아직 있었다.

그는 아이를 납치하는 데 능숙했다. 이런 행동이 무엇을 의미하는지, 이런 행동을 설명하는 데 인간 용어를 사용하는 것이 옳은지 등은 영장류학자들 사이에서 끝없이 논쟁이 되는 것 중 하나이다. 수컷 한 마리가 누군가에게 완패당하기 일보 직전이다. 높은 서열의 수컷이 점점 다가오자 다급해진 수컷은 자기 어미의 품에서 겁에 질려 저항하는 어린 새끼를 낚아채 보란 듯이 꽉 움켜쥔다. 그러고는 기적적으로 공격을 당하지 않는다. 여기에 대한 이전의 행동학적 설명은 아이들이 매우 귀엽고 약한 존재이기 때문에 아이를 움켜쥐면 공격을 막을 수 있다는 것을 태어날 때부터 알고 있다는 것이다. 아이를 붙잡고 있는 존재에게 누가 공격할 수 있으랴? 학대받은 아이들은 아이가 자동적으로 공격을 막는다는 것은 난센스라고 말할지도 모른다. 현지 연구도 그것이 난센스임을 보여주었다. ─ 어떤 상황에서는 수컷들이 아이를 죽이기도 한다. 그러니 "아이가 어른을 온화하게 만든다."라는 정도로 해두자. 얼마 후에 사회생물학자들은 훨씬 더 권모술수적인 시나리오를 생각해 냈다. 우두머리 수컷이 막 누군가를 공격하려고 한다. 공격을 당한 녀석은 누군가의 아이를 붙잡는데 아무나 붙잡는 것이 아니라 공격자의 새끼로 여겨지는 것을 붙잡는다. "나를 공격해봐. 그러면 네 아이가 그대가를 치를 거야." 납치극은 인질극이다. 똑똑해야만 할 수 있다. 이 생각은 온갖 예측을 불러일으켰다. 붙잡힌 아이는 공격자의 새끼일 가능성이 매우 높아야 한다. 그런데 최근에 무리에 막 합류한 높은 서열의 수컷은 아이를 납치당하는 일이 일어날 수가 없다.ㅡ아버지가 될 수 있을 만큼, 아니 아버지라고 여겨질 만큼 무리에 오래 있지 않았기 때문이다. 게다가 이것은 오직 누가 누구와 짝짓기를 했는지 기억할 수 있는 자만이 할 수 있다는 것을 주목해야 한다. 초보자나 머리가 나쁜 종에게는 추천할 만하지 않다. 이러한 사회행동학적 모델을 지원하는 자료는 많지 않다. 이론에 다음과 같은 부록이 첨가되었다. "아이 납치는 권모술수적인 납치일 때도 있고 두려운 순간에 위안을 얻기 위해 서일 때도 있고 위험한 상황에서 벗어나기 위해 자신의 아이를 붙잡을 때도 있다."

이유가 무엇이건 간에 네부카드네자르는 상습적인 아이 납치자였다. 그가 소동을 일으키면 높은 서열의 수컷이 다가오고 그는 비명을 지르는 암컷을 공격하고 쫓고 때리면서 끝내 아이를 탈취해가곤 했다. 서열이 높은 드보라의 아이가 납치의 대상이 되는 경우는 없었다. 하지만 서열이 낮은 미리암의 아이는 달랐다. 그녀의 딸은 언제나 납치의 대상이 되곤 했다. 그리고 불가피하게도 그가 그녀를 때리고 아이를 뺏으려고 몸싸움하던 중에 아이의 팔이 부러지기도 했다. 무리 전체가 떼 지어 들판으로 그를 추격했고 공격했다. 하지만 아이는 이미 손상을 입었고 그 이후에 아이는 절룩이면서 걸었다.

돌이켜보면 내가 네부카드네자르를 가장 용서하기 어려운 이유는 그가 밧세바에게 한 짓 때문이었다. 나는 그녀에게 매료되었다. 그녀의 꼬리 끝은 내가 지금까지 본 다른 것들과는 달리 경탄스러운 하얀색이었다. 그녀는 잉그리드 버그만처럼 우아했고 절제미가 있었다. 그녀는 딸인 리브가를 잘 돌보지는 않았다. 그녀는 주로 드보라와 어울려 다녔고 특히 좋아하는 과일이 있어 언제나 무리를 이끌고 그 과일이 달린 나무로 가곤 했다. 그렇다, 그녀는 인상적인 성격의 소유자는 아니었지만 꼬리 끝에 하얀 무늬가 있었다. 그녀의 비극은 개코원숭이들이 익히하는 사회적 상호 작용 때문이었다. 개코원숭이들은 언짢은 일을 당하면 제일 먼저 분풀이 대상을 찾았다. 한 수컷이 싸움에서 지면 몸을 돌려 아직 채 성인이 되지 않은 어떤 수컷을 추격한다. 짜증이 난 그 수컷은 다른 성인 암컷에게 달려든다. 성인 암컷은 사춘기 아이를 때린다. 사춘기 아이는 어린아이를 넘어뜨린다. 이 모든 것이 15초 내에 이루어진다. 이것을 전문 용어로 '전위적 공격 행동'이라고 한다. 개코원숭이들은 공격 중 기분 나쁘다는 이유로 죄 없는 구경꾼을 공격하는 비율이 믿기지 않을 정도로 높다. 무능력한 욥이나 베냐민이 끝없이 분풀이의 대상이 되었다. 이번에도 그랬다. 네부카드네자르는 롯과 그녀의 아이인 오바댜를 못살게 굴었다. 한번은 오바댜의 아버지일 가능성이 높은 여호수아가 그들을 구해주러 왔다. 그와 네부카드네자르는 서로 방어하다가 송곳니를 드러내고 달려들었고 더 성장이 빠른 여호수아가 그를 물리쳤다. 네부카드네자르는 옆에서 비명을 지르는 욥에게 달려들었고 어떤 새끼를 뒤쫓았고 그를 피해 달아나는 밧세바의 옆구리를 물었다. 전형적인 전위적 공격 행동이었다. 어쩌면 밧세바는 면역 체계가 약했는지도 모른다. 아니, 그보다 네부카드네자르의 입에서 나는 악취가 더 지독했기 때문이었을 수도 있었다. 그녀는 패혈증에 걸렸고 2주 후에 끔찍하게 죽었다.

　사회생물학은 가장 비열한 사회적 행동에 대해 마키아벨리적인 설명*을 한다고 자주 비난을 받는다. 그런 비열한 행동을 유효적절하게 사용하면 높은 보상을 받기 때문에 그런 행동을 한다는 것이다. 이런 설명

* 지배자가 권력과 성공을 쟁취하기 위해서는 흔히 비도덕적인 방법을 동원할 필요가 있다는 설명 – 옮긴이

보다 주목을 덜 받기는 하지만 사회생물학은 이타적이고 남을 배려하는 행동에 대해서도 같은 설명을 한다. 이타적인 행동도 그 행동이 높은 보상을 받는 환경 아래에서 나타난다는 것이다. 하지만 지금 단계의 과학으로는 개인 차이를 설명할 수 없다. ― 왜 이삭은 우리가 '좋은 것'으로 인정하는 전략을 택하고 네부카드네자르는 사악하고 비열한 방식으로 행동할까? 지금 단계의 과학으로 훈련받은 과학자가 내릴 수 있는 결론은 네부카드네자르의 어떤 기본적 수준이 똥이라는 것뿐이다. 1980년에 이 무리는 이 말에 진심으로 동의했을 것이다.

그리고 솔로몬의 왕좌를 물려받은 불굴의 젊은 정복자인 우리아는 그 후에 어떻게 되었을까? 그는 역량 부족으로 권좌를 오래 유지하지 못했다. 솔로몬이 가버린 후에 우리아는 잠시 동안 권좌를 유지했지만 왕위 유지에 필요한 것을 가지고 있지 못했다. 그는 재야의 사울에게 결국 자리를 넘겨주어야 했다.

사울은 1977년에 이 무리에 들어왔다. 그의 등장은 주목할 만했다. 그는 원래 인근 무리에 있었는데 어느 날 두 무리가 강가에서 먹이 활동을 하다가 강을 보고 서로 마주쳤다. 대개 이런 경우 두 무리가 모두 서로 소리 지르고 목을 빼고 바라보고 있다가 서로 지겨워지면 원래 하던 일로 다시 돌아간다. 하지만 그날은 마법의 기류가 흘렀다. 붑시가 인상적인 사울을 눈여겨보았다. 사울은 나긋나긋한 붑시를 보았고 그녀에게 눈썹을 씽긋했다. 이것은 영장류들에 대략 같은 의미를 나타낸다. 그녀는 강둑으로 달려가 그에게 자신의 엉덩이를 내밀었다. 기분이 좋아진 사울이 건너와서 그녀에게 다가갔다. 붑시는 약 10미터 정도 달아나 다시 엉덩이를 내밀었다. 사울이 다시 다가갔다. 그러자 붑시는 다시 달렸고 사울을 자신의 무리에 들어오게 했다. 그는 붑시와 특별히 지속적인 관계를 가진 것은 아니었지만 그곳을 떠나지 않았다.

6개월 동안 사울은 은둔자로 살았다. 그는 주로 혼자 있었다. 그는 무리들과 같이 잤지만 맨 가장자리에서 잤다. 나는 그때까지 누구든 그렇게 하는 것을 본 적이 없었다. 그는 아침에 제일 먼저 내려왔고 제일 먼저 가장자리 끝으로 갔다. 만약 누군가가 다가오면 그는 멀리 떨어졌다. 그는 두려워하지 않았고 낮은 서열이 아니었다. 상호 작용을 했을 때 그는 꽤 강력한 높은 서열의 수컷이었다. 그는 대부분의 시간에 그냥 혼자 있는 것을 택했을 뿐이었다. 1978년 초에서 1980년 말까지 그는 주로 동료들을 지켜보거나 생각하면서 시간을 보냈다. 그는 한창때의 솔로몬과 그의 몰락을 지켜보았고 여호수아와 룻이 짝을 이루는 것을 지켜보았고 이삭이 인자한 전략을 쓰는 것을, 네부카드네자르가 아수라장을 만드는 것을 지켜보았다. 그는 다른 것들이 모두 나무 아래서 하품을 하는 동안 미친 듯이 먹이 활동을 했고 그런 다음에는 가장자리에 앉아서 하염없이 주변을 지켜보기만 했다. 어느 날 그는 마침내 자신의 시대가 왔다는 결정을 내린 것이 틀림없었다. 주변인에 불과하던 그가 어느 날 우리아를 퇴위시켰기 때문이었다.

그날 이른 오후에 사울은 이삭과 대결해 이삭을 물리쳤고 지속적인 싸움으로 네부카드네자르를 무너뜨렸고 나이가 제법 든 아론을 이겼다. 여호수아, 베냐민, 다니엘, 다른 몇몇은 그냥 불안하게 그 주변을 맴돌았다. 해 질 녘에 그는 우리아를 위협했다. 그리고 그들은 누가 이기고 누가 지는지 감을 잡을 수 없는 일진일퇴의 대결을 펼쳤다. 동이 틀 무렵에 모두 신경이 곤두서 있었고 수면 부족에 시달리는 가운데 사울이 우두머리 수컷이 되어 나무에서 내려왔다. 우리아는 송곳니 공격을 받아 두 곳이 깊이 베여 있었는데 한 곳은 코 중앙으로 둘로 갈라져 있었다. 그는 그날 언덕에서 혼자 침울하게 보냈다.

그렇게 사울의 시대가 열렸다. 그는 놀라울 정도로 극단적인 성향이 있었다. 그는 폭발적으로 난폭해질 때가 있었다. 우두머리 수컷들은 특히 재임 초기에 다른 높은 서열의 수컷들의 도전을 많이 받는다. 그것에 대한 대응은 흔히 무시하거나 험악한 표정을 짓거나 달려들거나 건성으로 추격하는 것이다. 하지만 사울은 가장 사소한 도발조차도 가장 강력한 공격으로 응징했다.—송곳니를 드러내며 격렬하게 추격해 도망가는 수컷의 옆구리를 물었다. 곧 아무도 사울에게 시비를 걸거나 도전하지 않았다. 모두 그가 지나가면 재빨리 길을 비켜주었다. 하지만 어떤 면에서 그는 공격적이라고는 할 수 없었다. 그는 싸움을 먼저 걸지 않았다. 그는 주변에 있는 것들에게 무의미하게 악의를 품거나 괴롭히지 않았다. 놀라운 것은 그는 전위적 공격 행동(분풀이)으로 암컷을 공격하지 않았고 기분 나쁘다는 이유로 그들을 뒤쫓지 않았다. 이러한 행동은 수컷 개코원숭이에게 드문 행동이었다. 사울에게는 음양의 조화 같은 면이 있어서 누군가 시비를 걸면 미친 듯이 보복했지만 그러기 전에는 쉽게 동요되지 않는 평정과 차분함이 있었다. 마치 그는 2년간의 고독한 명상 끝에 그런 놀라운 능력을 얻은 것처럼 보였다. 이삭의 독특함이 될 수 있으면 모든 충돌을 피하고 어린 암컷들과의 짝짓기하고 라헬과 우정을 나누는 것이어서 전형적인 수컷 개코원숭이의 가치를 거부하는 것이었다면, 사울의 독특함은 수컷 개코원숭이의 가치를 계승하는 것이었다. 사울은 대부분의 수컷들이 열망하는 존재였다. 그들이 조금만 똑똑하거나, 자제심 혹은 힘이 있다면 말이다.

무리에 평화가 찾아왔고 모든 것이 제자리를 잡았다. 사울은 많은 새끼들의 아버지가 되었고 내가 본 어떤 우두머리 수컷보다 훨씬 더 왕성한 번식력을 자랑했다. 비록 그가 특별히 아버지 노릇을 하지는 않았지만 말이다. 그는 특정한 암컷과 특별히 가깝게 지내지 않았고 무리에 있는 거의 모든 암컷들과 친밀한 관계를 가졌다. 여러 해가 흘렀다. 어쩌면 사울은 웅장한 기념 성당을 짓고 영원토록 수도회에 기부금을 낼 생각이었는지도 모른다. 무리에 있는 다른 수컷들은 틀림없이 사울의 지속적인 목 조르기 속에서 자신들의 한창때가 허무하게 흘러가 버리는 것을 힘겹게 받아들였을 것이다. 이 탁월한 개체를 무너뜨리는 데는 드문 수단이 필요했다.

대개의 경우 우두머리 수컷의 반사 신경이 조금 느려지고 자신에게 용기가 조금 더 생기기를 기다리는 한둘의 뚜렷한 계승자가 있다. 1975년에 솔로몬과 아론이 이름 없는 수컷 203호를 그렇게 한 것처럼 1978년에 우리아는 솔로몬을 격침시켰다. 그런데 그 당시에는 한창때의 젊은 수컷들은 많이 있었지만 뚜렷한 이인자가 없었다. 그리고 그들 중 어느 누구도 사울에게 덤벼들 용기를 내지 못했다. 마침내 그들은 머리를 썼다. 그것은 연합 작전이었다.

여호수아와 덩치가 큰 므나쎄가 제일 먼저 팀을 이루었다(곧 다시 적이 되었지만 말이다.). 그들은 서로에게 동맹을 위한 유화적인 몸짓을 보내고 서로 파트너십을 공고히 하면서 오전을 보냈다. 그리고 마침내 용기를 내어 사울에게 도전장을 내밀었다. 사울은 즉시 그들을 격파했고 송곳니로 므나쎄의 엉덩이를 물었고 둘 다를 도망가게 만들었다. 다음 날 연합군에 하나가 더 가세했는데 무리에 들어온 지 몇 년 안 된 젊은 수컷인 레위였다. 사울은 이 셋을 순식간에 쫓아버렸다. 그다음 날 사악한 네부카드네자르가 그들에게 합류했다. 네부카드네자르와 므나쎄는 잠시 사울의 공격에 맞서는 듯했지만 곧 사울이 그들을 박살내버렸다.

　그다음 날 다니엘이 가세했다. 그리고 이 위대한 과업에 도대체 몇 대의 대포가 있어야 하는지 알아보기라도 하겠다는 듯이 베냐민이 가세했다. 6 대 1이었다. 나는 사울이 이길 것이라는 데 한 표를 던졌다. 그는 숲 가장자리에서 나타났고 그들은 그를 둘러쌌다. 나는 지프차 위에서 그들의 일거수일투족을 놓치지 않으려고 안간힘을 썼다. 마치 시저의 암살 장면을 보는 것 같았다.

　내 눈에 이 여섯은 갈팡질팡하는 것처럼 보였다. 사울은 그렇지 않았다. 비록 이 수컷들이 모두 송곳니를 갈며 공격적인 자세를 보여주고 있었음에도 불구하고 말이다. 사울은 눈에 띄게 침착하고 냉정하게 묵묵한 자세를 견지했다. 나는 연합군이 합심하여 어떤 전략을 세웠다고는 생각하지 않는다. 개코원숭이들은 그럴 만한 능력이 없다. 결과가 좋았다면 우연히 공격이 먹혀들었을 뿐이다. 레위와 므나쎄는 신체적인 손상을 입힐 수 있는 역량이 큰 녀석이었다. 그들은 원의 반대쪽으로 움직였다. 사울이 누군가와 맞서 싸우려면 다른 한쪽으로 등을 보여야 했다.

　사울은 맞설 상대를 결정했고 레위와 여호수아에게 달려들었다. 나는 그가 그것을 잘 받아넘기고 그들을 쫓아버릴 것이라고 확신했다. 하지만 므나쎄가 후방에서 우연한 적시타를 날렸다. 그는 사울이 뛰어올랐을 때 뒤로 달려들어 사울의 엉덩이를 가격했다. 사울은 중심을 잃고 레위와 여호수아를 놓치면서 옆으로 넘어졌다. 그 순간 모두 그에게 달려들었다.

　그 후 3일 동안 그는 숲의 바닥에 누워 있었다. 그가 왜 하이에나의 공격을 받지 않는지는 아무도 모른다. 몇 주 후에 다팅을 했을 때 그는 송곳니에 물린 부분이 반쯤 치유되어 있었다. 그는 몸무게가 1/4 정도가 빠져 있었다. 그리고 어깨는 탈구되어 있었고 팔 위쪽이 부러져 있었다. 그리고 그의 스트레스 호르몬 수치는 매우 높았다.

한동안 몸이 좋지 않은 상태였음에도 불구하고 그는 결국 회복했다. 그는 두 다리와 한 팔로 다니는 법을 배웠다. 그는 스리 포인트 스탠스 (three point stance : 미식축구에서 양발을 벌리고 상체를 굽혀 한쪽 손을 지면에 대는 자세 – 옮긴이)의 풀백처럼 보였다. 그의 쓸모없는 팔은 축 늘어져 있었다. 그는 두 번 다시 싸움을 하지 않았고 짝짓기를 하지 않았다. 그의 서열은 바닥으로 내려갔다. 그리고 그는 자신이 왔던 가장자리로 되돌아갔고 재야로 다시 돌아갔다. 여러 해 전과 달리 그는 더 이상 아침에 제일 먼저 일어나 나가지 않았다. 이제는 절름발이가 되어 제일 늦게 일어나 나갔다. 그는 다른 존재들과 어울리지 않았고 누군가가 다가오면 피하고 멀찌감치 떨어져서 지켜보았다.

09

삼웰리 대 코끼리 떼

나는 사울의 지배 중에 다시 케냐로 돌아왔다. 몇 년 전 여기에 첫 발을 내디뎠을 때 떨던 모습과는 사뭇 다르게 많이 닳아 있었고 어느 정도는 세속적이 되어 있었다. 이제 여권에 비자 도장이 가득했다. 뿐만 아니라 우간다에서 발생한 집요한 무좀 문제로 다년간 의대의 피부학 병례 검토회의 학습 도구가 되어야 했다. 넥타이를 두 개 구입했는데 근래에 불가피하게 하나를 매고 맨해튼 음식점에서 식사를 해야 했다. 내 연구는 조금씩 진척을 보이고 있었다. ― 낮은 서열의 개코원숭이들 몸에서 만성적인 스트레스 반응이 나타났고 그들이 스트레스 관련 질환에 더 쉽게 걸린다는 자료를 얻기 시작한 것이다. 나는 15분 동안 잔뜩 긴장한 채 연구 과제를 발표했고 첫 과학 학회에서 대학원생으로 살아남았다. 내가 속한 과학 집단의 기준에 비추어봐도, 심지어 개코원숭이 무리의 기준에 비추어봐도 나는 다소 믿음직한 성인이 되어가고 있었다.

나는 노조를 지지해온 집안의 정치적 원칙을 배신하는 것으로 이를 기념했다. 그리고 고용자 대열에 합류했다. 개코원숭이 연구는 성황을 이루고 있었다. 학문적 조언자들이 내게 논문을 끝낼 것인지에 대해 정중하게 물어보는 것과 실험실 연구에서 벗어나, 내가 매년 숲에서 보낼 수 있는 시간은 제한되어 있었다. 그런데 내가 없는 기간에도 개코원숭이들을 관찰할 필요가 있었다. 그래서 나는 일 년 내내 지속적으로 행동 자료를 수집하기 위해 케냐 인 두 명을 고용했다. 두 사람 모두 동물학이나 영장류학의 학위 같은 것은 없었다. 가족들이 대주던 학비가 떨어지기 전에 학교를 조금 다닌 경험이 있을 뿐이었다. 그리고 그들은 나와 나이가 비슷했다. 그들은 군에서 설거지를 하기도 했고 공원의 관광 숙소 주변을 어슬렁거리며 종업원의 먼 친척이라는 구실로 직원 숙소 바닥에서 잠을 자며 일거리를 구하고 있었다. 나는 수많은 구직자 속에서 그들을 찾아낸 내 예리함을 자축했지만 내 삶의 친구가 된 이 두 사람을 발견한 것은 사실 따지고보면 운이 좋았을 뿐이었다.

리처드는 마사이 족 마을 북쪽의 농경 부족 출신이었고 허드슨은 서부 출신이었다. 둘 다 아내와 가족은 먼 곳에 있는 부족 농장의 터전에 살고 있었다. 그리고 둘 다 전통적으로 부족의 적이나 다름없는 마사이 족 땅으로 들어와 일하는 것은 처음이었다. 하지만 그 외에는 두 사람이 정반대였다. 리처드는 명랑 쾌활했고 감정을 잘 표현했고 다팅에 성공하면 의기양양해했고 그렇지 않으면 애석해했고 지속적으로 자신의 새로운 모습을 시험했으며 서구인들의 버릇을 흡수하고 잘 흉내 냈다. 이와는 대조적으로 허드슨은 내성적이었고 주로 생각에 잠겨 있었고 바위처럼 든든하고 검소하고 금욕적이었다. 그리고 먼 친척이 학교에 다니도록 지원해주고 있었다. 그는 자신의 감정과 판단의 깊이에 대해 내색을 잘 하지 않았다. 그들은 둘 다 관광 숙소의 직원 숙소에 묵었다. 나와는 달리 텐트에서 기거하고 싶어 하지 않아서였다. 리처드는 이 프로젝트에 십 년 정도 종사한 후에 고향으로 돌아가 가족들과 살 생각을 하고 있었다. 허드슨은 보호 구역 다른 쪽에 있는 개코원숭이 캠프에서 상당 시간을 보냈지만 결국 1990년대에 내가 작업하는 곳으로 돌아왔다.

자본주의자로의 타락은 한발 더 앞으로 나아갔다. 나는 캠프에 머물 사람을 한 명 더 고용했다. 초기에 내 캠프는 공원 한쪽 끝에 있는 산 위에 있었기 때문에 마사이 족과 다른 방문객들은 1~2주에 한두 번 정도만 나타났다. 그런데 개코원숭이들의 움직임에 변화가 생겨 캠프를 그 아래 넓은 평지로 옮겨야 했다. 그곳은 더 덥고 더 건조했을 뿐만 아니라 불운하게도 공원 경계 지역에 있는 여러 마사이 족 마을과 훨씬 더 가까웠다. 내가 나갔다가 돌아온 날이면 내 물건들이 하나둘씩 없어지기 시작했다. 결국 내가 캠프에 없는 동안 그곳을 지킬 사람이 한 명 있어야 했다.

사람을 구하는 일은 어렵지 않았다. 숙소나 순찰 초소마다 일거리를 찾는 근무자들의 친인척들이 많이 있었기 때문이었다. 문제는 보조자들이 오히려 나를 힘들게 할 수 있다는 것이었다. 나와 같은 시기에 산의 다른 쪽에서 하이에나를 연구하는 버클리 대학 과학자인 로렌스의 캠프에 그런 극적인 사례가 있었다(그는 곧 나의 친한 동료가 되었다.).

로렌스는 연구 자금이 부족해 어스워치(earthwatch)라는 업체를 위해 야영지를 세웠다. 그 업체는 현지답사 프로그램을 운영하며 생태 관광객들을 보내주었다. 그것은 상당히 성공적이었고 그는 곧 방문객들에게 요리를 해줄 사람을 고용했다. 제일 먼저 고용된 사람은 토머스라는 사람이었다. 그는 그곳 전체 사파리 회사에서 탁월한 캠프 요리사로 유명했고 기술도 많았고 그중 몇 가지는 꽤 쓸 만했다. 그의 첫인상은 다소 호들갑스러웠다. 키가 작고, 땅딸막하고, 수다스럽고, 지저분하고, 털이 많고, 음흉스럽고, 거의 언제나 술에 취해 있었다. 토머스는 한가할 때면 마사이 족 마을로 달려가 집에서 만든 마사이 족 술을 병째로 마시면서 비틀거리고 춤을 추고 쳇소리로 깔깔거리고 노래를 부르며 고주망태가 되어 돌아오곤 했다.

그는 틈만 나면 거나하게 취해 강을 따라 비틀거리며 걸었다. 그의 독특한 특성 두 가지를 빛나게 해준 곳이 바로 강이었다. 그는 갈지자로 걷다가 폭이 몇 미터 정도이고 깊이가 몇 센티미터 정도인 좁은 개울에 앉아 물고기를 잡기 시작했다. 그러다 어디선가 갑자기 나타난 살집이 풍성한 물고기를 수십 마리씩 잡곤 했다. 그런데 불운하게도 토머스가 잡았다는 물고기를 본 사람은 한 명도 없었다. 그가 가진 기적 같은 다른 특성 때문이었다. 그는 물소를 부르는 남자였다. 수년간 토머스는 끝없이 물소에게 공격받고 쫓기고 뿔로 받히고 내동댕이쳐지고 짓밟혔다. 그는 잡은 물고기의 무게에 몸이 축 늘어져 떠들썩한 목소리로 목청껏 노래를 부르며 출발했고 술병을 마저 비우려고 잠시 걸음을 멈추었다. 바로 그 순간 마치 자로 잰 것처럼, 아니 오고 가는 계절의 변화처럼 물소 한 마리가 숲 속에서 난데없이 나타나 그에게 돌진했다. 물소는 날렵하게 토머스를 들이받고 그를 어깨 위로 던져 수많은 물고기를 진흙 속으로 가시덤불 속으로 나무 위로 사방으로 흩어지게 했다. 그가 물소를 불러내는 마력은 가히 기적적이었다. 야생 동물 관리부 직원들이 개체 수 감소가 걱정이 되면 술 한잔 걸치고 술주정을 하며 노래를 부르는 토머스를 지프차 앞에 후드 장식물처럼 묶고 돌아다니면 생명이 없는 지역의 생명력을 물소만으로 복원시킬 수 있을 것이다. 토머스를 일리노이 주 위네트카 시어스 원예 지역에 놓아두면 몇 분도 안 되어 물소들이 제설기 뒤에서 달려나와 그를 환풍관으로 던져버릴 것이다. 사람들이 놀라서 사방으로 토머스를 찾아다니다가, 결국 침을 뱉고 욕지거리를 퍼붓고 있는 그를 발견할 것이다. 다가오는 물소 앞에서 자신의 장기인 경악스러운 골반춤을 추면서 말이다. 무엇보다도 가장 놀라운 점은 그토록 많은 물소 공격을 당하고도 대퇴골이 부러져 약간 다리를 절었을 뿐 별로 큰 부상을 당하지 않았다는 사실이었다.

토머스와 상반되는 대조를 이룬 넘버 투 요리사는 성자 같은 줄리어스였다. 그는 유순하고 유쾌했고 어릴 때부터 선교사의 영향을 많이 받고 자란 사람이었다. 토머스는 자신이 나이가 더 많아서 캠프에서 더 많은 역할을 한다면서 줄리어스의 월급에서 꼬박꼬박 절반을 덜어갔다. 이미 마사이 족 전사들이 보호비 명목으로 월급 일부를 가져가는 것에 대해서도 항의할 생각이 없었던 줄리어스에게 이것은 큰 문제가 되지 않았다. 문제는 토머스가 한가한 시간에, 특히 술을 마시고 캠프로 돌아왔을 때 생겼다. 이런 상태에서 토머스는 줄리어스를 괴롭힐 수 있다는 것을 알고 그의 주위에서 두 배로 난리 법석을 떨었다. 토머스는 춤을 추고 낄낄거리고 이 불쌍한 남자에게 키스하는 소리를 내고 야만스럽게 골반을 흔들며 고문했다. 이것은 고상함과 성스러움을 유지하는 줄리어스에게 모욕적이었다. 그는 대부분의 시간을 텐트에서 찬송가를 부르며 보냈다.

흔히 줄리어스가 이런 터무니없는 행동에 무릎을 꿇을 것이라 생각했지만 어느 날 그는 어쩌다 무심코 판세를 뒤엎어버렸다. 우리는 캠프로 들어가 대단원의 막이 내려진 것을 보았다. 술 취한 토머스가 어떤 격한 행동을 했는지 분명치 않지만 줄리어스가 텐트로 물러나 종교적인 위안을 구하는 대신 성경책을 쥐고 토머스에게 설교를 하는 이 죄인에게 지옥으로 꺼져버리라고 소리쳤다. 뜻밖에도 이 유순한 사람은 초원의 후예였다. 그날 이후에 화가 난 맑은 정신의 토머스는 이런 개똥 같은 경우를 두 번 다시 당하고 싶지 않다고 로렌스에게 말하고 일을 그만두었다. 이 사건은 그에게서 숲 속 삶의 열정을 영원히 앗아가버린 것처럼 보였다. 이날까지 토머스는 팀으로 와서 요리를 좀 해달라고 굽실거리며 간청하는 패키지여행 전문 업자들의 잦은 순례를 외면하고 밀주에 취한 채 나이로비 거리를 배회하고 있다. 그는 벌이가 더 좋고 자신에게 꼭 맞는 새로운 일을 발견했다. 놀라운 기억력을 가진 그는 나이로비에 사는 모든 식민 통치 국가 출신 백인들을 안다. 그는 그들 중 한 명을 발견할 때마다 아첨하듯 '나리' 혹은 '마님'을 외치며 부리나케 달려간다. 그러고는 같은 도시에 살고 있는 다른 모든 백인들에 대한 최신 가십거리를 전파하며 늙은 영국인을 즐겁게 해준다. 싸움, 간통, 살인, 굉장한 발견 등 그가 어디서 이런 정보를 얻는지는 아무도 모른다. 하지만 그의 레이더망을 빠져나가는 것은 없다. 그는 유쾌하지만 악의가 담긴 위선, 대부분 허위인 것을 즉석에서 지어내며 그것을 중계한다. 사람들은 그곳을 벗어나자마자 비방을 되풀이하며 즐거움을 느낀다. 하지만 언제나 그것은 토머스가 '대출'을 한 이후이다. 그래서 그는 부자가 되었고 더 방탕해졌다. 비록 언젠가는 물소가 그를 추적하여 그곳에 발판을 마련해야 하겠지만 말이다.

그래서 놀랍게도 숲의 예상 밖의 요구에 오히려 약체로 밝혀진 사람은 토머스였다. 줄리어스는 로렌스의 피고용인으로 오랜 경력을 쌓고 인정받게 되었다.

내가 캠프에 보조자를 고용해야 할 필요성을 느꼈을 때는 토머스가 그만둔 무렵이었다. 그런데 어쩌다보니 나는 보조자들 때문에 실소를 금치 못할 경험을 하게 되었다. 돌이켜보면 사건의 발단이 된 것은 대만산 토마토소스가 곁들어진 고등어 통조림이었던 것 같다. 그해에 미국 실험실에 앉아 있자니 한시바삐 케냐로 들어가고 싶어 몸이 근질거렸다. 그래서 서둘러 떠났고 마침내 나이로비에 도착했을 땐 숲으로 들어가기 하루 전이었다. 나는 다시 나이로비로 나올 필요가 없도록 3개월 치 식량을 미리 구입하려고 시장으로 달려가 한 바퀴 돌았다. 살 것을 미리 생각해둔 것은 아니었지만 쌀과 콩, 숲에서 일주일 지나면 썩는 채소, 썩은 맛을 감추기 위한 칠리소스, 축하할 일이 있을 때 먹기 위한 설탕 시럽에 절인 자두 통조림을 샀다. 그런 다음 단백질을 공급할 만한 식품을 찾아보았다. 치즈는 숲의 열기 때문에 이틀만 지나면 흐물흐물 녹았다. 고기는 여전히 피했다. 미국식 참치 통조림은 현지 연구를 하는 생물학자가 먹기에는 너무 비쌌다. 어쩌면 그것은 미국 외교 사절용일지도 몰랐다. 선택지가 별로 없는 상황에서 나는 대만산 고등어 토마토소스 통조림을 발견했다. 값이 싸고 양이 풍부했지만 뼈와 연골과 정체 모를 생선 부분에 마음이 선뜻 내키지 않았다. 매년, 나는 잠시 걸음을 멈추고 생각했다. '그것 말고 다른 것 좀 사자. 먼저 천천히 한번 둘러보자.' 하지만 그러다보니 짜증이 확 밀려들었다. '그냥 사자. 음식은 음식일 뿐이야.' 나는 그것을 한 상자 집어들었다. 그래서 캠프에서 3개월간 쌀과 콩과 씹을 때마다 잇몸을 찌르는 뼈가 들어 있는 빌어먹을 고등어 토마토소스 통조림만 먹었다.

3일만 먹고 나면 누구나 딸기 타르트, 벨비타 치즈 음식, 유후 (Yoo-Hoo) 초콜릿 음료에 대한 환각에 빠질 것이다. 하지만 적어도 내가 결정한 사항이라고 나 자신에게 계속 말했다. 앞으로 이곳에서 살아야 하는 딱한 보조자는 죽으나 사나 그것을 먹어야 한다는 것을 서서히 깨닫게 될 것이다. 해안이나 호수 지역 출신 사람들은 예외라 해도 내가 만난 대부분의 아프리카 인들은 무엇보다도 생선을 보고 당황했다. 쌀과 콩도 그들에게 새로운 음식이었다. 그들 대부분이 탄수화물 공급원으로 하얀 옥수수죽만 먹었기 때문이었다. 그래서 그는 식사 때마다 자리에 앉아 반투 족 극기주의가 되어 지켜보기는 하겠지만 고등어 깡통 뚜껑이 열리고 고통스러운 토마토소스가 슉 하고 스프레이처럼 발사되고 생선이 깡통에서 툭 떨어질 때의 지긋지긋한 소리, 연골의 반짝거림에 넌더리가 날 것이다. 그는 서서히 자포자기하고 싶은 마음이 들 것이다.

아니 고등어만 비난하는 것은 불공평해 보인다. 어쩌면 일이 너무 열악하기 때문에 보조자들은 미치고 팔짝 뛸 것이다. 상상해보라. 케냐의 농장에서 살다가 약간의 현금을 손에 넣으려고 멀리 인적이 끊긴 숲에서 이상하게 생긴 백인 한 명과 살아야 하는 것이 어떤 일인지, 얼마나 두려운 일인지를 말이다. 그들 입장에서 보면 나는 식성이 이상하고 습관이 이상하고 스와힐리 어가 이상하다. 피부색도 뙤약볕 아래서 변하고 껍질이 일어나 상당 부분이 벗겨졌다. 리처드는 무슨 냄새인지 끝없이 물어본 후에 우리 같은 백인들에게는 특이한 냄새가 난다고 말했다. 게다가 나는 수염도 덥수룩하고 머리카락도 부스스했다. 아프리카 인들은 분명히 불안하고 초조할 것이다. 또 일은 어떻고? 캠프 일은 그들이 적응하는 데 전혀 도움이 되지 않는다. 반쯤 자다깬 개코원숭이들이 주변에서 휘청거리지…… 연기를 내뿜는 드라이아이스, 액화 질소, 그리고 온통 원숭이 오줌, 원숭이 피, 원숭이 똥투성이…….

하지만 이것은 문제의 일부에 불과했다. 거친 환경에서 살아온 금욕주의자라면 흥미로운 환경에서 위안을 얻으려고 애쓸지도 모른다. 하지만 이 보조자들은 그것과는 거리가 먼 산간벽지 농경 마을 출신이었다. 그런 마을 중 가장 가까운 마을이 여기에서 120킬로미터나 떨어져 있다. 그리고 그런 출신들에게 덤불숲은 별로 위안이 되지 않는다. 그들 관점에서 보면 이곳은 무서운 사자나 물소나 악어가 득실거리고 눈알을 파먹는다는 무서운 개미가 떼 지어 몰려다니는 곳이다. 그리고 무엇보다도 최악인 것은 모든 케냐 농경지 출신 남자들에게 악몽이나 다름없는 마사이 족이 바로 옆에 살고 있다는 것이다.

재미있는 것은 눈을 씻고 찾아봐도 없다. 각 시즌이 시작된 직후에 그들은 우울해지곤 했다. 한 명은 주정뱅이 토머스가 개척해놓은 길을 그대로 따라갔지만 열정이나 재능은 그에게 미치지 못했고 마사이 족과 사이좋게 화해한 후에 그들에게 밀주를 사서 마시고 점차 술 중독에 빠져들었다. 또 다른 한 명은 줄리어스와 같은 독실한 종교인이었는데 곧 나에게 이의를 제기했다. 자기 나라 대통령이 수염은 도덕을 손상시킨다고 했다는 것이다. 그리고 이곳에서 지배적인 애국심과 종교를 최고 수준으로 합치면서 그는 자신이 수염투성이가 있는 캠프에 있으면 지옥에 떨어져서 천벌을 받을 것이라고 생각한다고 분명히 밝혔다. 또 한 명은 동물과 마사이 족에 대한 공포로 말이 없었고 삽을 옆에 놓고 잠을 잤다. 또 다른 한 명은 밤중에 텐트에 켜놓은 불빛을 두려워하여 그 불빛이 자신을 마비시킨다며 비명을 지르고 신경 쇠약증을 앓았다. 또 한 명은 별 의미 없는 온갖 자질구레한 것들을 훔쳤고 아무 말 없이 며칠간 사라졌다가 나타나곤 했다. 나는 처음으로 사람을 해고해야 하는 곤란한 처지에 놓였고 며칠 동안 그것을 계획하면서 누군가를 해고해야 한다는 죄의식과 나를 그런 처지에 놓이게 한 그를 갈기갈기 찢어버리고 싶다는 분노, 그 역시 나를 그렇게 하고 싶을지도 모른다는 피해망상증 사이를 오락가락했다. 나는 그에게 청교도 노동 윤리, 황금률*, 빈스 롬바르디*를 들먹였고, 그가 마음을 고쳐먹고 자신을 구제하면 나처럼 교수가 될 수도 있다는 인상을 주려고 내가 젊은 시절 저질렀던 비슷한 일탈 행위를 지어내 부족한 스와힐리 어로 일장 연설을 하기도 했다. 그리고 연설이 끝난 후에 나는 그를 해고했다. 그는 남자답게 받아들였다. 그런데 그 이후에 이날까지 밤중에 캠프 주변에서 가지가 우두둑 부러지는 소리가 나거나 뭐라고 중얼거리는 소리가 들리면 그가 강둑에 숨어 있다가 나를 인정사정없이 토막 내 주변을 배회하는 하이에나 밥으로 던져주려고 하는 것이 아닐까 하는 망상에 빠졌다(이곳에서는 상당수의 살인이 숲에서 일어난다.).

하지만 내가 지금까지 보았던 사람들 중 가장 구제 불능의 숲 속 미치광이가 될 뻔한 사람은 삼웰리였다. 만약 코끼리들이 그를 구해주지 않았더라면 또 얼마나 비도덕적인 결말로 이어졌을지 나는 여전히 가슴을 쓸어내린다. 삼웰리는 내 연구 보조자인 리처드의 동생이다. 내가 앞에서 언급한 것처럼 리처드는 8킬로미터 정도 떨어진 관광 캠프 중한 곳의 직원 숙소에 묵고 있었다. 그해 리처드는 내 캠프를 관리할 사람으로 고향에 있는 삼웰리를 데려왔다. 시작은 순조로웠다. 첫날은 텐

---

* 기독교의 기본적 윤리관. 남에게 대접을 받고자 하는 대로 남을 대접하라는 가르침을 이른다. - 옮긴이

* 미국의 미식축구 감독으로 명언을 많이 남겼다. 예를 들어 "성공의 요건은 노력, 현재 주어진 일에 대한 헌신, 승패와 무관하게 현재 임무에 최선을 다한다는 결심이다."와 같은 명언이 있다. - 옮긴이

트를 치고, 쓰레기장을 파고, 변소를 파고, 장작을 패는 등 꽤 힘든 노동을 했다. 그날 오후에 우리는 불을 지폈고 점점 배가 고파왔다. 나는 텐트를 위한 수로를 만들 것이라고 말하고 삼웰리에게 저녁을 준비하라고 했다. 나는 그에게 쌀과 콩과 고등어 통조림 하나를 내밀었다. 일하러 나갔다 돌아와보니 그는 망연자실한 표정으로 어쩔 줄 모르고 있었다. 아차 싶었다. 어떤 문화적인 혼란이 일어났다. 내겐 너무 익숙해서 뭔가 알려주어야 할 것을 깜박했던 것이다. 예를 들어 처음에 내가 리처드에게 운전을 가르쳐주기 시작했을 때 차가 캠프로 기울어져 덜커덩했는데 그는 신나서 난리였다. 나는 잠시 볼일을 보고 돌아왔는데 그는 안에서 나오려고 낑낑거리며 창문을 잡고 씨름을 하고 있었다. 내가 그에게 문을 여는 방법을 알려주지 않았던 것이다. 이번에도 다르지 않았다. 내가 삼웰리에게 뭔가 기본적인 것을 설명하지 않았음이 분명했다. 하지만 처음에는 그것이 무엇인지 감이 잡히지 않았다. 마침내 그가 자신은 깡통 음식을 먹어본 적은 있지만 직접 따본 적은 없다고 말했다. 그래서 그 일은 쉽게 해결되었다(그들에게는 깡통 음식이라는 개념 자체가 새로운 것이었는데 백인들이 깡통 안에 음식을 숨겨둔다고 생각하는 것처럼 보였다.). 우리는 설탕 시럽에 절여진 자두 통조림을 따서 먹었다. ― 결국 이것은 특별한 경우에 먹기 위한 특별식으로 사용된 셈이었다. 그리고 우리는 점점 친구가 되었다. 문제는 다음 날이었다. 내가 개코원숭이를 관찰하러 나갔다가 돌아와보니 삼웰리는 3개월 치 통조림 뚜껑을 다 따놓는 신공을 발휘해놓고 있었다. 그날 밤 우리는 꿀돼지처럼 먹었고 나머지는 주변에 나누어주었다. 이 문제는 다시 나이로비로 나가 여분의 식량을 보충한 후에 해결되었다.

삼웰리는 모든 것을 잘했고 하루가 다르게 일취월장했다. 곧 그는 숲에 임시 건물을 짓는 일에 천재임이 드러났다. 캠프는 곧 프로젝트들로 한 가득이었다. 내가 그곳에 갔을 때는 여전히 우기가 이어지고 있을 때였다. 삼웰리는 작업에 착수했다. 그날 오후에 그는 칼을 들고 관목 숲으로 들어가 네 개의 큰 나무를 베어와 잔가지를 쳐내고 손질을 해서 네 개의 기둥을 세웠다. 그는 작은 구멍을 파고 흙이 부드러워질 때까지 물을 부었고 곧 네 기둥을 견고하게 세웠다. 더 많은 나무를 잘랐고 잎이 무성한 나뭇가지 한 묶음을 덩굴 식물로 묶었다. 그것은 비를 피해 들어갈 수 있는 별채였다. 며칠 후에 돌아와보니 나뭇가지와 잎으로 뒤쪽에 벽이 만들어져 있었다. 그리고 또 다른 벽이 만들어졌고 그리고 또 세 번째 벽이 만들어졌다. 뒷벽에는 창문도 있었다. 프로젝트는 그것만이 아니었다. 사방 온 천지에서 뭔가가 불쑥불쑥 나타났다. 삼웰리는 물을 가두어 두기 위해 수조를 팠다. ―어느 날 내가 캠프로 돌아와보니 삼웰리가 그곳에 앉아 '찬물'을 마시고 있었다. 어느 날 저녁에는 이제 아궁이까지 갖춘 별채에서 삼웰리가 갑자기 물었다. "강에 내려가서 씻는 게 어때요?" 나는 어스름한 빛 속에서 물소에 대한 경계를 늦추지 않으며 강으로 내려갔고 강 옆을 파서 목욕 웅덩이를 만들어 놓은 것을 발견했다.

　작업의 중심에는 별채가 있었는데 그것은 점점 집의 모습을 갖추어 갔다. 사면이 벽으로 둘러싸였고 문도 달렸고 현관도 있었으며 두 번째 방도 있었다. 아궁이 주변에 긴 의자도 생겼고 식탁도 있었다. 이 모든 것은 흙과 나무와 나뭇잎과 넝쿨 그리고 바위로 만들어져 있었는데 중력을 거스르는 것처럼 보였다. 삼웰리는 아직 고등어 냄새가 완전히 가시지 않은 통조림 깡통을 납작하게 펴서 벽에 붙여 방수 효과를 냈다. 그리고 개코원숭이 우리 하나를 가져다가 동물이 접근하지 못하는 식료품 저장고를 만들었다. 또 그 집의 벽에 숨겨진 작은 구멍을 만들고 거기에 캠프에 있는 모든 컵과 움푹한 그릇을 넣어두었다. 그 구멍은 비가 오면 물이 받히도록 약간 비스듬하게 기울어져 있었다.

도구를 올려놓을 선반을 만들었다. 벽에 대통령 사진을 붙였고 선반을 만들어 고등어 통조림을 진열했다. 매일같이 내가 들판에서 관찰을 마치고 캠프로 돌아올 때마다 이번에는 무엇을 만들어 놓았을까 하는 기대감으로 마음이 설렐 정도였다. — 진흙과 똥으로 만든 증기 오르간을 만들어 놓았을까? 아니면 유명한 동물학자 반신상을 손으로 깎아 놓았을까? 아니면 대만산 고등어 통조림 깡통으로 베르사유 궁전을 10:1로 축소한 모형을 만들어 놓았을까?

어느 날 차에서 뭔가가 톡 부러졌다. 나는 그것에 대해 자책했다. 엔진 문제였는데 밤새도록 그것을 붙들고 씨름하다가 차에서 잤다. 내가 캠프에 없다는 것에 대한 불안감 혹은 안도감 혹은 다른 어떤 느낌 때문에 삼웰리가 광란의 행동을 한 것이 분명했다. 다음 날 내가 돌아갔을 때 그가 흥분된 표정을 하고 있었다. 그는 내게 강에 내려가서 씻는 게 어떻겠느냐고 권했다.

"삼웰리, 또 강에 뭔가 큰 것을 만들어 놓았구나, 그렇지?"

"그래요, 그래요."

나는 내려갔고 삼웰리가 신이 나서 따라왔다. 세상에 이럴 수가…… 강이 사라져버렸다. 당혹감과 놀라움으로 나는 주변을 둘러보았고 추정컨대 삼웰리가 미친 듯이 쉬지 않고 이틀 동안 작업해놓은 것을 발견했다. 그는 강 전체를 둑으로 막아버렸다. 흐름이 정지해 있었다. 15센티미터 깊이에 1미터 폭으로 물이 흐르던 강이 모래와 바위로 이루어진 1.5미터 벽으로 막혀 삼웰리 호수가 되어 있었다.

삼웰리의 얼굴은 기쁨으로 빛났다. —이것은 그에게 매우 자랑스러운 업적이었다. "삼웰리, 도대체 어찌된 일이야?" 내가 물었다. "내가 강을 막았어요." 그가 대답했다. "그래, 그건 알겠는데 도대체 왜 그랬어?", "이래야 물이 빠져나가지 않아요. 이제 비가 멈추면 물이 말라버릴 테니까요."

이론상으로 그 둑은 훌륭했다. 나 역시 수년 동안 강을 둑으로 막는다는 환상을 품어보지 않은 것은 아니었다. 그 강은 마라 강으로 이어져 있고 그것은 빅토리아 호수로 이어져 있고 또 그것은 나일 강으로 이어져 있다. 나는 계산을 해본 결과 우리가 강을 막으면 카이로에 문제가 생기고 수에즈 운하에 문제가 생기고 인도의 지배가 고립될 것이고 빅토리아 여왕과 제국 전체가 나의 통제하에 놓이게 될 것이다. 하지만 그런 엄청난 매력이 있음에도 불구하고 강을 막으면 극복할 수 없는 몇 가지 문제가 발생한다. 그래서 둑을 터야 했다. 나는 물이 이렇게 고여 있으면 2주 내에 모기 유충과 영양의 배설물, 빌하르츠 주흡충, 전염성 달팽이가 우리가 상상하는 이상으로 우글거릴 것이라고 설명했다. 삼웰리는 요지부동이었다. —그는 둑을 트고 싶어 하지 않았다. 그의 주장은 물을 이렇게 가두어놓으면 언제든지 물을 얻을 수 있고, 수영을 할 수도 있고, 물고기를 잡을 수도 있고, 심지어 고등어를 잡을 수도 있다고 했다. "둑을 터야 해." 내가 말해도 삼웰리는 전혀 말을 듣지 않았다. "보트를 타고 다닐 수 있도록 나무로 보트도 만들 거예요. 우리를 보호하기 위해 저 안에다 악어를 넣어놓을 수도 있어요. 모든 관광객들이 와서 우리에게 돈을 주고 사진을 찍을 거예요." 마침내 나는 이대로 두면 정말 큰 문제가 생길 수 있다는 것을 상기시키기 위해 마지막 카드를 내밀었다. "음…… 말하자면…… 마사이 족하고 관련된 거야. 마을에 있는 마사이 족이 공급받는 물인데 막아놓으면 오늘 밤 마사이 족 전사들이 창을 들고 올 거야."

이것은 속임수였다. 그 말에 그는 마지못해 수긍했다. 그리고 우리는 오후의 남은 시간을 둑을 트는 데 보냈다.

이 실망감이 그의 정신에 어떤 영향을 미친 것처럼 보였다. 그날 그 이후에 그는 텐트에서 나오지 않았다. 다음 날도, 그다음 날도 실의에 빠진 나날이 이어졌다. 삼웰리의 집은 흙과 잎으로 방 세 개가 만들어진 후에 중단되었다. 포도주 저장고도, 번지르르한 장식도, 지붕 위의 망대도 짓다 만 상태였다. 삼웰리는 말을 하지 않았고 저녁 내내 우두커니 불만 바라보고 있었다. 그는 더 이상 통조림 깡통을 따려고도 하지 않았다. 고등어는 그대로 남아 있었다.

삼웰리는 우울해했고 정신적으로 불안정해졌다. 둑이 실패로 돌아가자 그는 낭패감에서 벗어나지 못하는 것 같았다. 흙과 나무와 잎으로 이상향을 건설하겠다는 원대한 자신의 포부가 수포로 돌아갔다. 갑자기 정신이 들어보니 외딴곳에서 어떤 이상한 백인 한 명과 마취제에 반쯤 취해 있는 개코원숭이 무리 속에 있었다. 나는 그의 형인 리처드와 의논했다. 그는 자신의 동생이 어떻게 다시 기운을 내게 할 수 있을지 몰라 당혹스러워했다. 여러 사람에 이어 또 한 명의 충실한 캠프 일꾼이 미치기 일보 직전에 있었다.

일단 시기적으로 좋지 않았다. 그즈음 건조한 계절이 한창 진행 중에 있었고 마음을 최상으로 유지하는 사람도 정서적으로 불안정해지는 시기였다. 매일같이 날은 점점 더 후덥지근해졌다. 삼웰리 호수는 둑을 트지 않았어도 무용지물이 되었을 것이다. 주위의 물이 완전히 증발해버렸기 때문이었다. 강은 진흙 바닥이 드러났고 대기에는 먼지와 찌지직 전류가 흐르는 듯한 긴장이 흘렀다. 스노콘(과즙에 물, 우유, 설탕 따위를 섞어 얼린 얼음과자 – 옮긴이)과 욕조가 생각나지 않는 순간이 없었다. 일 년 중에 불이 가장 많이 나고 누 떼가 이동하는 시기였다.

내가 있는 공원이 속해 있는 넓은 세렝게티 평원은 비의 순환 패턴을 가지고 있다. 즉, 평원의 거대한 지역을 돌아가며 우기가 있다. 그래서 연중 어느 때나 어느 한 곳에서는 풀이 무성하게 자라고 그중에는 풀이 1.5미터나 되는 곳도 있다. 그리고 이백만 누 떼가 비가 내리는 곳으로 이동하고 육식 군단이 그 뒤를 따른다.

매년 상황은 똑같다. 부시 파일럿(평원을 비행하는 비행사 – 옮긴이)이 공중에서 지켜보며 동물 떼들이 탄자니아 국경선에서 80킬로미터 지점에 있음을 알릴 것이다. 그들은 일주일 뒤에 국경선까지 올 것이다.[*] 그 뉴스를 듣고 다음 날 오후에 지프차에 올라서서 쌍안경으로 주변을 살펴보면 먼 산비탈에서 동물들이 떼 지어 이동하는 모습이 보인다. 그리고 그다음 날 아침에 잠에서 깨면 그것들이 지나가는 소리가 들린다. 사방 어느 곳을 바라봐도 질주하는 누 떼를 비롯한 동물 수백만 마리가 줄지어 미친 듯이 달려가는 모습이 보인다.

이 시기는 한 해 중에 제일 건조해 불이 쉽게 난다. 물도 없고 아무것도 없고 오직 먼지와 불뿐이다. 세렝게티 전체가 불탄다. 번개가 쳐서 1미터가 넘는 바싹 마른 풀에 불이 붙으면 엄청난 기세의 화염이 천지를 휩쓴다. 밤에 차를 타고 산 위로 올라가보면 화염의 벽과, 화염의 오렌지색이 그대로 반사된 구름의 모습을 볼 수 있다. 그리고 그 모든 것 속에서 누 떼가 화염 속을 뚫고 질주하고, 한 무더기의 솟과 동

---

[*] 세렝케티는 70% 정도가 탄자니아에, 30% 정도가 케냐에 속해 있다. 5월에 세렝게티에 건기가 시작되면 탄자니아에 있던 모든 동물들이 케냐의 호수 근처로 이동을 시작한다. – 옮긴이

물들이 공포에 질려 방향 감각을 상실한 채 발작을 일으키듯이 달리고, 육식 동물들이 그 뒤를 따라 쫓아간다. 밤이 되면 우리는 오싹함을 느낀다. —하이에나 군단이 둘러싼 덤불 속에서 누들이 비명을 지른다. 이 시기에는 아침에 일어나보면 이런저런 동물 시체가 텐트 뒤쪽에 널브러져 있다. 하지만 별로 큰 문제도 아니고 걱정할 필요도 없다. 텐트 앞쪽 드넓은 초원에 수십만 마리의 누 떼가 있으니까 말이다. 모든 것이 화염과 연기와 먼지와 열기의 소용돌이 속에 있다. 삼웰리가 침울해 있던 것이 바로 이즈음이었다.

하지만 다행스럽게도 그런 상황에서 코끼리들이 밤에 우리 캠프에 들이닥쳐 그의 집을 먹어버렸다.

밤에 캠프 주변에 코끼리들이 오면 사람 심장을 최고로 뛰게 할 정도의 기막힌 광경이 펼쳐진다. 그는 공포 속에서 잠을 깬다. —텐트 주변에 뭔가 타닥 찌직 하는 소리가 나고 나무가 텐트를 가까스로 피해 넘어지며 대혼란이 일어난다. 무언가가 입구의 관목을 먹고 있다. 팽팽했던 텐트 천이 찢어지며 느슨해진다. 그러면 그는 창문 밖을 내다본다. 잠들 때만 해도 없던 나무 밑동이 올라갔다가 내려온다. —코끼리 다리이다! 이쯤 되면 미련퉁이 코끼리가 잘못해서 나무 하나만 잘못 밀어도 그는 압사당할 것이다. 그리고 매번, 이제 코끼리 발에 밟혀죽을 것 같은 절대적인 공포 속에서 죽은 듯이 기다린다. 그런데 신기하게도 감정의 반전이 일어난다. 코끼리 배 속에서 괴음 같은 것이 들려오는데 그것을 듣노라면 놀라운 느낌이 든다. 코끼리는 배로 괴성을 만들어낸다. 그것은 지구 상의 가장 완벽한 소리이다. —"저음의 베이스가 지구의 핵처럼 울리는 소리다. 그 소리를 듣고 있으면 마치 다시 아이가 된 것 같고, 가장 완벽한, 아주 옛날의 하얀 수염을 가진, 엄청난 사랑을 주는 할아버지가 옆에 있는 느낌이 든다. 사랑한다는 이유 하나만으로 우리를 안아서 들어올리고 자신의 입에 우리를 갖다대고 자신의 배에 우리의 귀를 대게 해주는 그런 할아버지 말이다. 그런 할아버지의 시끄러운 트림이 너무 천천히 들리고 너무 깊은 울림이 있어 오래 지속될 것이고 다음 빙하기가 돌아올 때까지 우리를 행복으로 얼얼하게 만들 것이다. 코끼리 소리는 그렇게 들린다. 그는 텐트 안에서 죽음을 준비하고 누워 있다가 그들의 배 속에서 나는 달래는 듯한 멋진 소리에 둘러싸인다. 그는 강아지처럼 몸을 웅크리고 자고 싶은 마음이 든다. 하지만 그럴 수가 없다. 왜냐하면 그를 밟아죽일 수도 있는 빌어먹을 코끼리 떼가 밖에 있기 때문이다. 그리고 어쩔 수 없이 텐트 밖으로 나가 배설을 해야 할 때가 있다. 한번은 내가 그런 상황에 처한 적이 있었다. 그날 아침에 나는 관광객들을 진흙에서 끌어내주었다. 그들은 고맙다며 나를 점심 식사에 초대했다. 밥과 고등어에 넌덜머리가 난 나는 흔쾌히 그 초대에 응했다. 나는 동물의 행동에 대해 그들이 묻는 것에 대답을 해주었다. 그리고 그들이 대접한 음식을 돼지처럼 먹었고, 영국인들이 매우 좋아해서 케냐 호텔 매니저들에게 영구적인 유산으로 남긴 크고 끔찍하고 맛없는 푸딩으로 식사를 마감했다. ―치킨 검보, 키카유 미트 로프, 카레, 파인애플 얇게 썬 것을 곁들인 스팸 로프, 설탕에 절인 잡다한 것들을 얹은 갈색의 걸쭉하고 짙은 푸딩 등등. 나는 설사로 밤을 지새웠지만 코끼리들이 올 때까지만 해도 그것들을 먹은 것을 후회하지는 않았다. 갑자기 배 속에서 발작을 일으켰고 나는 텐트 앞에서 옷을 다 벗은 채 고통스럽게 산성 액체를 배설하고 있었다. 그런데 세상에…… 아무리 그래도 그렇지 어떻게 그렇게 굴욕인 일이 있을 수가……. 코끼리 여섯 마리가 날 둘러쌌다. 조용하면서도 기묘하고 배려하는 것처럼 자기들끼리 뭐라뭐라 중얼거리며 긴 코를 공중으로 흔들며 내 행동과 신음 소리를 유심히 살폈다. 그들은 내가 배설하는 모습이 마음에 드는지 날 가만히 지켜보았다. 셰익스피어의 비극이 회전 무대에서 공연되고 있는 꼴이었다.

아무튼 코끼리들이 밤에 오면 이런 상황이 벌어졌다. 그런데 이번에는 행운이라고 해야 하나…… 어느 날 밤에 코끼리들이 내려와 삼웰리의 집을 먹었다. 알고보니 삼웰리는 타고난 코끼리 전사였다. 그와 리처드는 코끼리가 전혀 출몰하지 않는 농경지 출신이었다. 하지만 과거의 시간 어딘가에서 그들의 조상 일부가 아랍 코끼리 부대 소속이었음이 분명했다. 삼웰리가 겁도 없이 코끼리들과 맞섰기 때문이었다. 한밤중에 코끼리 한 무리가 갑자기 삼웰리의 집 지붕과 뒤쪽 벽을 뜯어 우걱우걱 씹어먹고 삼웰리가 공들여 발라놓은 고등어 통조림 벽을 무차별적으로 짓밟았다. 며칠간 한마디도 하지 않던 삼웰리가, 우울에 빠져 있던 삼웰리가 갑자기 텐트 밖으로 달려나갔다. 조용하던 삼웰리가 코끼리들을 향해 고함을 지르고 몸을 마구 흔들고 요란 법석 난리를 떨고 돌을 집어던지며 코끼리들을 자신의 집에서 쫓아내려고 안간힘을 썼다. 처음에 나는 후피 동물의 발에 밟혀 죽기 일보 직전의 공포감에 사로잡혀 텐트 속에 몸을 웅크리고 있었다. 그런 와중인데 삼웰리가 집을 지키겠다고 나가서 코끼리들 앞에서 생난리를 치고 있는 것이었다. 그가 밟혀죽기 전에 말리러 나가야 했다. 그런데 세상에! 그가 코끼리들의 꼬리에 불을 붙이려고 했다. 코끼리들은 격분하기보다 어이없다는 표정으로, 아니 언젠가 내 공연을 지켜보던 바로 그 인내심으로 코를 사방으로 휘두를 뿐이었다. 그들이 집을 먹는 동안 삼웰리와 나는 서로 소리를 지르며 언성을 높였다. 마침내 나는 그를 설득해 텐트 안으로 데리고 들어왔다. ─식사를 하겠다는 코끼리를 그가 말릴 수는 없었다.

우울증으로 숲 속 미치광이가 될 뻔한 삼웰리를 코끼리들이 구한 셈이었다. 다음 날 아침에 그는 자신의 집에 무슨 피해가 있는지 일일이 조사했다. ─지붕 반쪽이 뜯어먹혔고 벽 한쪽이 사라졌다. 수많은 고등어 통조림 깡통 장신구가 난장판을 이루었다. 다음 날 저녁 무렵에 몇 주 만에 처음으로 그는 집수리에 달려들었고 어느 정도 피해를 복구했다.

그날 밤에 코끼리들은 다시 돌아와 뒤쪽 벽과 현관을 먹어치웠다. 그리고 그것은 다음 날 해질 무렵에 다시 복구되었고, 존재하지 않는 강에서 물을 끌어올리기 위한 덩굴 식물 도드레 장치가 추가되었다.

그 일은 그 시즌의 남은 기간 동안 계속되었다. 삼웰리는 집을 고쳤고 코끼리들은 그의 건축으로 향연을 즐기기 위해 오곤 했다. 그리고 그는 매번 동이 틀 무렵 새롭게 힘을 내고, 새로운 계획을 세우고, 마음속으로 복수를 다짐하고, 어떻게든 단단히 손보겠다는 건축에 대한 강한 신념으로 손상을 수리하곤 했다. 그리고 그 뒤 몇 해 동안 삼웰리와 나는 언제나 함께 캠프에 머물렀고 코끼리들이 식사하러 오면 기꺼이 환영하곤 했다.

10

최초의 마사이 족

늦은 오후에 나는 캠프에 혼자 있었다. 삼웰리는 관광 캠프에 있는 리처드를 보러 가고 없었다. 나는 그날 상당한 시간을 불쌍한 요나단의 행동 자료를 수집하면서 보냈다. 그는 리브가를 향한 메아리 없는 짝사랑의 고통에 갇힌 딱한 영혼이었다. 그것을 지켜보노라니 나까지도 씁쓸하고 우울한 기분을 떨쳐버릴 수 없었다. 그의 행동을 샘플링한 자료를 보면 그가 쫓아다녀도 별로 가망이 없을 것처럼 보였다. ―그녀는 앉아서 친구들과 털고르기를 했다. 그는 일정한 거리에 떨어져 앉았다. 그녀는 꽃과 뿌리에서 먹을 것을 찾아다녔다. 그는 그녀 뒤에 완벽하게 열 발자국 정도 떨어져 있었고 먹는 것은 안중에도 없었다. 그녀는 한창때의 가장 힘이 센 수컷 중 하나에게 엉덩이를 들이밀었고 요나단은 혼자 따로 떨어져 앉아 자기 무릎과 발목 털을 미친 듯이 뽑고 있었다. 그러다 마침내 그녀가 혼자 있었을 때 그는 재빨리 기회를 포착하여 접근했다……. 그런데 그녀는 그에게 눈길 한번 주지 않고 재빨리 달아나버렸다.

'제발 옆에 좀 가게 해줘.' 나는 짜증이 났다. '그에게 말도 좀 걸고, 나가서 콜라도 한잔 마셔. 무도회 데이트에서는 네가 그보다 더 못할 수도 있어.' 나는 그녀에게 화가 났다. '이봐, 그 불쌍한 청년이 털고르기를 해달라는 것이 아냐. 털고르기를 할 기회를 달라는 거야. 그에게 조금만 털고르기를 할 기회를 주는 것이 어때? 어서, 리브가. 그것은 그를 행복하게 해줄 거야.' 이 문제의 핵심은 사실 나 역시 나에게 털고르기를 해줄 누군가가 절실하게 필요하다는 것이었다.

나는 숲의 미치광이가 될 기미가 보였고 그 때문에 마음을 졸이고 있었다. 그때 마사이 족 몇 명이 내 캠프에 들렀는데 오히려 다행이었다. 로다 남편의 친척인 소이로와가 그들을 이끌었다. 그는 괜찮은 마사이 족으로 이후에 내 친구가 되었다. 그들은 매우 흥분해 있었는데 자신들끼리 뭔가를 성공적으로 공모한 것처럼 매우 신난 표정이었다. 그것은 염소구이였다.

마사이 족은 알려진 것처럼 소의 피와 우유에 거의 전적으로 의지해 산다. 소 피를 마시는 것을 지켜보는 사람은 혐오감이 들겠지만 유목민의 관점에서 보면 그런 행동은 상당히 타당성이 있는 행동이다. 그들은 대부분 옥수수죽 같은 것과 함께 소 피와 우유를 마시고 집에 벌통을 건드릴 만한 아이가 있으면 벌꿀을 먹는다. 그리고 고기도 먹는다. 특별한 행사가 있을 때 그들은 염소를 잡는다. '야생 염소' 혹은 '야생 소'는 달아난 가축이기에 야생 동물이 아니다. 그러므로 야생 동물을 죽이지 않는다는 마사이의 평판에 오점을 남기지 않고 그것들을 사냥할 수 있다. 그런데 염소를 잡아먹을 때 강한 문화적인 금기가 있다. 그것은 남자들이 여자들에게 고기 먹는 것을 들키면 재수가 없다는 것이다. 단백질이 결핍된 문화에서 남자들만 고기를 먹겠다는 정말 편리한 발상이 아닌지!

이 남자들은 염소구이를 해먹으러 먼 길을 왔다. 그들은 아내에게 잠시 주변에서 바람 좀 쐬고 오겠다고 하고 나온 것이다. 그들은 숲으로 들어가 아무도 보지 않는 곳에서 고기를 먹을 것이다! 올드맨들은 아내를 어떻게 속이고 왔는지 이야기하며 서로 즐거움을 만끽했다. 그들은 표면상으로는 내게 소금과 양파를 좀 빌려달라고 왔지만 사실은 함께 가자는 것이었다. 물론 가고말고.

우리는 숲 속 빈터로 갔다. 염소는 무리의 일행처럼 그들을 따라왔다. 어떤 곳에 이르렀을 때 우리는 걸음을 멈추었다. 마사이 족들이 서로 발에 침을 뱉었다. 즐거움의 표시였다. 가장 나이가 많아 보이는 남자 세 명이 앞으로 나와 마치 축복을 하거나 골상학 검사를 하는 자세로 염소의 목을 조심스럽게 잡았다. 그들이 고개를 끄덕이자 젊은 남자 한 명이 염소의 목을 벴다. 모두 침묵을 지켰다. 흘러나오는 염소 피를 조롱박에 받아 다들 돌아가면서 한 모금씩 마셨다. 나는 정중하게 받아 입에 대면서 핏속에 있는 탄저병이나 기생충 등 하나님만 아는 것은 가급적 생각하지 않으려고 했다. 그 작업이 끝나자 올드맨들은 전망 좋은 곳에 자리 잡고 앉았다. 그들은 망토인지 담요인지 몸에 걸치고 있는 것을 풀어 바닥에 펼쳐놓고 마치 해변인 양 알몸으로 그 위에 앉았다. 버팀목인 팔꿈치, 옴투성이의 근육질 다리, 조금 올챙이배, 쭈글쭈글한 성기는 1970년대 초에 대학 기숙사 포스터에 불쑥 등장하곤 했던 헨리 키신저(미국의 정치가 - 옮긴이)의 조작된 누드 사진을 닮은 것 같아 보였다.

나머지 사람들은 내가 난로에 불을 붙이는 것보다 더 빠른 속도로 불을 지폈다. 그들은 염소를 도살해 잎으로 만들어진 접시 위에 토막 난 고기를 놓았다. 염소 고기가 요리되기 시작했다. 먼저 작은 조각이 익었고 내가 가져온 소금과 양파를 곁들였다. 우리는 그것을 먹기 시작 했다. 그제서야 이런저런 대화가 오고 갔다.

그들은 '메리카(아메리카)'에 대해 알고 싶어 했다. 나는 내가 사는 뉴 욕은 나이로비 같다고 했다. 사람 많고 지독하고…… 그리고 믿을지 모 르겠지만 모든 마을이 한 건물 안에 산다고 했다. 아래층 마을에 사 는 사람들도 있고 위층 마을에 사는 사람들도 있고, 그렇게 여러 층으 로 된 건물이 있다고 했다. 그마나 나이로비를 한 번 갔다 온 적이 있 는 소이로와만 그것을 믿을 뿐 아무도 믿지 않았다. 그들은 메리카의 동물에 대해서 물었다. 나는 야생 동물은 거의 없다고 했다. "사냥꾼들 이 다 잡아갔기 때문인가요?" 하고 그들이 물었다. 그런 이유도 있지만 주로 농사지을 곳을 만들기 위해서라고 말했다. 이것은 마사이 족의 전 통적인 공격 대상인 농사와 농부들에 대한 뿌리 깊은 경멸에 맞선 것 이었다. "멍청하게 옥수수 같은 것을 심으려고……." 그들 중 한 명이 말 했다.

그들은 이곳에 있는 많고 많은 동물 중에서 왜 하필이면 개코원숭이 를 연구하는지 물었다. 나는 그들이 인간을 정말 많이 닮았고 그들의 질병이 인간의 질병과 비슷한 점이 많기 때문이라고 설명했다. 그들은 부정했고 인간과 비슷한 점이 별로 없다고 반박했다.

나는 그들에게 고생물학 이야기를 해주었다. "알겠지만 사막에서, 북 쪽에 있는 사막에서 놀라운 것을 발견한 과학자들이 있었어요."

"박물관에서 온 과학자들이죠."

소이로와가 말했다.

'오호, 어떻게 알지?'

"그래요, 그들은 인간의 뼈를 발견했어요. 하지만 인간의 뼈라고 하기엔 어려웠어요."

마사이 족들은 이 말이 무엇을 뜻하는지 알고 싶어 했다.

"글쎄요. 반은 인간이고 반은 개코원숭이와 닮았다고나 할까요? 머리에 있는 뼈(나는 두개골에 대한 스와힐리 어가 무엇인지 몰랐다.)는 사람 뼈만큼 크지 않았지만 개코원숭이 뼈보다는 컸죠. 그리고 얼굴은 개코원숭이만큼 길지는 않았지만 사람보다는 더 길었어요. 그리고 여기에 있는 뼈(나는 골반을 가리키며 말했다.)를 보고 알아낸 것은 그들이 인간처럼 걷지도 않았지만 원숭이처럼 걷지도 않았다는 거예요. 중간이라고 할까요."

"그렇다면 개코-인간이군."

비교적 나이가 많은 사람 중 한 명이 말했다. 나는 공감을 표시했다.

"하지만 그들은 어디에 있죠?"

누군가가 물었다.

"이 뼈들은 아주 아주 오래된 거예요. 정말 오래된 거죠. 유럽인들이 생기기 전에, 부족이 생기기 전에, 사람들이 언어를 사용하기 전에……. 과학자들은 개코-인간이 인간과 개코원숭이의 아주 아주 아주 오래된 조상이라고 생각해요."

한동안 이 말을 소화하느라고 모두 말없이 앉아 있었다. 올드맨들은 염소 연골로 이를 쑤셨다. 누군가는 개를 쫓았고 또 다른 누군가는 침을 뱉었다.

"계속 말해봐요. 백인 양반이 아는 것도 많군."

올드맨 중 한 명이 말했다.

"아니, 그렇지 않아요."

"그들이 창을 가지고 있었나요?"

소이로와가 물었다.

"아뇨, 그들은 뭔가를 파고 뭔가를 깨는 데 작은 돌 조각 같은 것을 사용했어요."

"꼬리가 있었나요?"

"아뇨."

"옷을 입었나요?"

"아무도 몰라요. 옷은 그렇게 오래 남아 있을 수 없으니까요. 하지만 과학자들은 옷을 입지 않았을 것이라고 생각해요."

모두 또 잠시 생각에 빠졌다.

"신발이나 시계는요?"

좀 어린 남자가 물었다. 올드맨들이 킬킬거렸다. 그는 자신이 웃기는 질문을 했음을 깨닫고는 부끄러워했다(신발과 시계는 그해 이 지역의 유행 상품이었다. 그들은 신발을 신지 않고 허리춤에 묶고 다녔다. 시계는 시간을 보려고 차는 것이 아니었다.).

모두 한층 더 숙고 상태에 빠져들었다. 마침내 소이로와가 그들이 모두 궁금해하는 마지막 질문을 했다.

"그들이…… 마사이 족이었나요?"

나는 그럴 수도 있지만 아닐 수도 있으며 알 수 없다고 했다.

숙고가 좀 더 이어졌다. 염소 고기가 동이 나고 있었다. 식사의 가장 흥미로운 부분인 응고된 피 푸딩이 건네지고 있었다. 나는 거절했다. 나는 그들의 생각이 궁금했다.

마침내 소이로와가 잠시 생각에 잠겨 있다가 이렇게 말했다.

"다들 알겠지만 나는 최근에 시간을 말할 수 있게 되었고 스와힐리어를 말하게 되었고 돈에 대해서도 알게 되었어요. 우리 할아버지는 전혀 모르는 거죠. 사람들은 언제나 새로운 것을 배워요. 아마도 아주 아주 아주 오래전의 그들은 최초의 마사이 족이었을 거예요. 그때는 그들이 어떻게 인간이 되는지 아직 모를 때였을 거예요."

모든 사람들이 이 대답에 만족스러워하는 것처럼 보였다. 곧 사람들은 소이로와와 나에게 나이로비와 메리카에 있는 2층짜리 집에 대해 물었다.

"위층 마을 소들이 오줌을 누면 아래층 사람들 머리에 떨어지나요?"

11

하이에나 연구가가 들려준 이야기
육식 동물 연구와 국가 방위

    성장기가 거의 끝날 무렵 가장 좋았던 것 중 하나는 리처드와 허드 슨과 친구가 된 것이었다. 또 다른 것은 마침내 하이에나 연구가 로렌 스와 끈끈한 관계로 발전했다는 것이다. 일반적으로 현지 생물학자들 은 대체로 청결하지 못하고 길들여져 있지 않다. 로렌스는 내가 본 사 람들 중에서 이런 성향이 가장 강한 사람 중 한 명이었다. 로렌스는 어 린 시절을 캘리포니아 사막에서 도마뱀들과 뱀들 속에서 보냈다. 그 는 몇 년 동안 알류샨 열도에서 혼자 여우를 연구하면서 보냈다. 그리 고 스코틀랜드 북부 황무지를 가로질러 어떤 새를 추적 연구했고 마 침내 케냐에 와서 하이에나 연구가 로렌스가 되었다. 내가 개코원숭이 들과 보낸 첫해에는 이상하게 그가 무서워서 가까이하지 않았다. 그는 몸집이 거구인 데다가 스코틀랜드 민속 장송곡 같은 것을 떠들썩하게 부르곤 했다. 심지어 더 불안했던 것은 그가 정신이 혼란스럽거나 짜 증이 날 때 영장류학자라면 누구나 지배력 과시 행동이라는 걸 알아차릴 수 있는 행동을 했기 때문이었다. 그것은 성가신 사람 앞에 턱과 짙은 수염을 불쑥 내미는 행동인데 그는 무의식적으로 그렇게 했다.

첫해에 그는 내 앞에서 턱내밀기를 자주 했다. 다음 해에 우리는 각자 캠프를 아래쪽 평원으로 옮기게 되었고 그때부터 점차 서로를 알게 되었다. 생각해보니 전환점이 된 날은 로렌스가 사소하지만 어떤 중요한 발견을 한 날이었다. 그날은 사울이 지배할 때로 날씨가 후덥지근하고 누 떼가 한창 이동 중에 있었다. 나는 코를 힝힝거리는 시끄러운 누 떼에 둘러싸여 캠프에 앉아 발가락을 쳐다보며 얼굴에 붙은 파리 떼를 쫓고 있었다. 여기저기 할 것 없이 온통 사방에서 누들이 콧방귀 소리를 내며 똥을 누었는데 어쩌면 그날은 그렇게 하는 누 떼에 둘러싸인 천 번째 날이었을 것이다. 갑자기 로렌스의 랜드로버가 내 캠프로 달려왔다. 그는 차에서 내려 내가 있는 곳으로 성큼성큼 걸어왔다. 그는 내게 "잘 지냈어요?" 하더니 "gnu dung(누 똥)이 회문('gnudung'과 같이 앞에서 보나 뒤에서 보나 철자가 같은 것 – 옮긴이)이란 걸 알고 있어요?" 사실 몰랐다. 우리 사이에 냉랭한 기운이 사라졌다. 그 이후로 20년 동안 그는 스코틀랜드 민요를 큰 소리로 부르는 법을 가르쳐주었고 차 엔진에 대한 내 무지를 없애주겠다는 헛된 노력을 했으며 내가 말라리아의 공격을 받았을 때, 그리고 실험 실패와 향수병으로 힘들어했을 때 나를 돌봐주었다. 그는 큰형 같은 사람이었고 그 역할을 더없이 잘했다.

이것들 외에도 나는 로렌스 덕분에 하이에나를 좋아하게 되었다. 로렌스는 이 동물을 열정적으로 좋아했다. 이것은 좋은 일이었는데 그 동물도 지지자가 있어야 했다.

하이에나는 갯과도 고양잇과도 아니고 하이에나과이다. 그들은 애절

하고 아름다운 눈, 젖은 코, 순식간에 어떤 동물의 팔다리라도 잘라버리릴 수 있는 강력한 턱을 가지고 있다. 그들은 대중 매체에서 온갖 오명에 시달려왔다. 하이에나에 대해 모르는 사람은 없다. 사바나에서 언제나 동물 시체를 먹고 있는 사자와 함께 등장한다. 말린 퍼킨스는 팔을 걷어붙이고 유혈 장면을 집중적으로 촬영한다. 척하면 척이다. 퍼킨스는 고귀한 사자와 하이에나의 약탈적 사냥 기술을 시적으로 표현한다. 정글의 왕이 온통 파리 떼로 뒤덮인 동물의 내장을 뜯어먹고 있을 때 카메라는 서서히 멀어지며 음침한 변두리를 비춘다. 그곳에 하이에나가 도사리고 있다. 주변부에 숨어 먹다남긴 것을 노리며 살금살금 다니는 소심하고 지저분하고 초라하고 쓸모없는 존재들이다. 퍼킨스는 시청자로 하여금 하이에나를 경멸하게 만든다. 그들을 청소부라고 부른다. 포식자를 왜 그렇게 칭송하고 청소부를 왜 그렇게 멸시하는지 알 수 없는 노릇이다. 우리 역시 동맥 경화증에 걸려가면서까지 누군가가 죽인 고기를 게걸스럽게 먹지 않는가? 그것은 우리의 편견이다. 사자는 명사 대우를 받지만 하이에나가 MGM(영화 및 텔레비전 프로그램을 제작·배급하는 미국의 대표적인 미디어 회사 – 옮긴이)에서 제작한 영화의 시작 부분에서 포효하는 소리를 내는 일은 결코 없을 것이다.

그런데 얼마 전에 육식 동물학계에 혁명이 일어났다. 국가 방위 산업에서 밤이나 낮이나 시간에 구애받지 않고 대상을 공격할 수 있는 것은 매우 중요하다. 그래서 군대는 어둠 속에서 물체를 식별을 할 수 있는 고글, 적외선 감지 망원경, 광양자 인핸서 등을 개발했다. 군대에서는 차세대 모델 연구에 매달렸고 예전 것들 몇 가지는 동물학자들에게 넘겨주기로 결정했다. 갑자기 혁명이 일어났다! 사람들이 밤에 동물을 볼 수 있게 된 것이다.

밤 사냥의 대가인 하이에나가 구원을 받았다. 그들은 공조하여 자기 몸집보다 열 배나 더 큰 것들까지도 쓰러뜨리는 탁월한 사냥꾼이었다. 그들은 육식 동물로서 사냥을 잘하기로 두 번째라면 서러워할 최고의 사냥꾼 중 하나였다. 그러면 최악의 사냥꾼 중 하나는 누구일까? 바로 사자이다. 그들은 몸집이 크고 눈에 잘 띄고 비교적 동작이 느리다. 사자는 치타와 하이에나를 지켜보고 있다가 그들이 잡은 것을 탈취하는 것이 훨씬 더 쉽다. 이것이 바로 동틀 무렵에 모든 하이에나들이 멋진 사진과는 거리가 먼 창백한 모습으로 서성이는 이유이다. ─밤새도록 사냥을 한 건 하이에나인데 지금 아침을 먹고 있는 것은 누구인가?

로렌스는 하이에나의 대중적인 이미지와 관련된 이러한 수정주의의 한가운데에 있었다. 그가 미국으로 돌아가 있던 어느 날 갑자기 그에게 뜬금없는 전화가 걸려왔는데, 그것은 어쩌면 이 동물의 이런 놀라운 사냥 기술 때문이었을 것이다. 그 전화는 미국 육군에서 걸려온 것이었다. 한 대령이 그에게 회의에 참석하여 자신의 연구에 대한 이야기를 해주기를 원했다. "농담하는 거요? 난 하이에나가 짝짓기하는 거나 보는 사람이오." 로렌스가 대답했다. "우리도 알고 있습니다." 대령이 대답했다. "우리는 당신에 대한 모든 것을 알고 있어요." 그리고 그것을 로렌스에게 증명해 보였다. "그러지 말고 우리가 여는 회의에 오십시오. 다른 모든 육식 동물 생물학자들도 올 겁니다. 좋은 일이 될 거예요. 그것에 대한 수고비는 지불하겠습니다. 미국 육군에서 특별 대우를 할 것입니다." 당황한 로렌스는 결국 동의했다.

그날이 왔고 로렌스는 약속대로 무슨 일로 그러는지 혼란스러워하는 육식 동물 생물학자들과 함께 최고급 호텔에 자리했다. 사자 연구가들, 늑대 연구가들, 들개 연구가들, 하이에나 연구가들이 와 있었다.

그리고 한쪽 구석에 몇몇 군 관계자들이 조용히 있었다.

처음에 생물학자들은 언제나 하듯이 했다.―그들의 연구에 대해 공식적인 언급을 했고 자신들이 연구하는 동물이나 연구 장소에 대해 떠벌리며 발표되지 않은 정보를 알아내려고 질문을 했다. 그동안 군 관계자들은 뒷자리에 앉아 말없이 뭔가를 기록하고 있었다. 마침내 생물학자들은 그들이 보이는 행동에 알 수 없는 소름이 돋았다. 그들은 그날 밤에 바에 모여 군에서 왜 자신들에게 관심을 가지는지 물어보기로 결정했다. 다음 날 아침을 먹은 후에 그들은 통일 전선을 구축했다. 대령은 부드럽게 응대했고 사정을 설명했다.

"『스타워즈』라는 영화를 본 적이 있으십니까?" 거의 모두 본 적이 있다고 했다. "그러면 2편에 나오는 임피리얼 워커(Imperial Walker)라는 것이 기억나십니까? 코끼리를 닮은 수송 수단인데 눈 위로도 가고, 모든 것, 심지어 반역자들 위로도 쿵쿵거리며 걸어가는 거대한 수송 기계죠." "네, 알아요." 연구자들이 답했다. 아마도 모두들 조카의 장난감 모델을 생각하고 있었을 것이다. "우리 육군에서 임피리얼 워커 같은 것을 설계하고 있습니다. 원형을 제작하는 데 상당한 돈이 들었지요. 그런데 문제가 좀 있습니다."

가장 빨리 걸어야 겨우 시속 몇 킬로미터이고 그것도 매끄럽고 평탄한 지형에서만 가능했다. 게다가 넘어지는 문제가 있다. 그래서 그들은 도움이 필요하다고 했다. 누군가가 육식 동물 생물학자들의 생각을 한번 들어보는 것이 좋지 않겠냐는 기발한 생각을 했다.―요컨대 어떻게 설계해야 사냥감을 향해 달려가는 동물처럼 움직일 수 있는지 그들과 한번 상의해 보는 것이 어떻겠느냐는 것이었다. "그것이 신사 여러분을 여기에 모신 이유입니다." 대령은 참석한 여성 생물학자는 무시하고 그렇게 말했다. "연구하는 동물이 사냥할 때 어떻게 움직이는지 좀 말씀해 주시기를 부탁드립니다." 그는 미소를 지으며 말했다.

현지 생물학자들은 만만한 집단이 아니다. 그들은 꽤 다루기 힘든 사람들이다. 그들은 많은 시간을 혼자 연구하며 다른 사람들과 잘 어울리지 않는다. 그들은 예의 바르게 행동하는 것과는 거리가 멀다. 그들은 자신들이 연구하는 동물의 특성을 그대로 가지고 있다. 그들은 본능적으로 제복 입은 사람들을 의심한다. 보호 동물 관리 구역의 관리인들이 거짓말하는 것을 수없이 봐왔기 때문이다. 대령은 다시 따뜻한 미소를 지었다. 하지만 생물학자들은 눈치 백 단이었다.

"헛소리 작작하쇼." 그들은 집단 항의를 했다. "헛소리 아닙니다. 우리는 여러분들을 통해 육식 동물들이 사냥할 때 어떻게 달리는지 알고 싶을 뿐입니다."

아무도 믿지 않았다. "이동에 대해 알고 싶다면 이동 관련 전문가를 불러야 하는 것 아닌가요? 인공 장치를 설계하고 기계 팔다리를 만드는 사람들이 있어요. 동물들이 어떻게 움직이는지 알고 싶다면 생체 공학 전문가나 생물 물리학자들이 있죠. 달릴 때 어떻게 움직이는지 엑스레이를 찍는 사람들도 있어요. 그런 일은 우리 같은 사람이 아닌 그런 사람들에게 맡겨야 하는 일 아닌가요? 젠장, 이봐요. 셰이스코프 대령, 이건 아니잖소?" 생물학자들은 논의를 했고 더 이상 대화하지 않겠다고 선언했다.

모임이 깨졌다. 셰이스코프 대령은 상관에게 전화를 걸어보겠다고 하면서 한발 물러섰다. 생물학자들은 흥분을 감추지 못하고 일단 바에 모였다. 그런데 그것은 알고보니 터무니없다고 말하기에 앞서 흥미로운 어떤 것으로 밝혀졌다.

그날 늦게 셰이스코프 대령이 돌아왔다. "신사 여러분, 좋은 소식이 있습니다. 여러분들이 특별한 분들이기 때문에 극비 정보를 말해도 좋다는 특별 허락을 받았습니다."

결국 여기에는 숨겨진 의제가 있다는 것이 밝혀졌다. 군에서 몇 년간 신형 탱크를 만들고 있었다. 천문학적 비용이 투입된 프로젝트였다. ─카뷰레터 하나에 미국 생태학 전체 예산보다 더 많은 돈이 들어갔다. 그것의 비용은 끝없이 초과되었고 어떤 희생적인 장군 한 명이 더 많은 예산을 따내기 위해 매년 의회에 가서 설명해야 했다. 군에서는 그것에 매우 흡족해했다. 지금까지 존재한 탱크 중 세계 최고였기 때문이었다. 대령은 그 이야기를 하면서도 흡족한 기색을 감추지 않았다. 그것은 직접적인 미사일 공격을 견딜 수 있었다. 그것에는 외부에 노출된 창문이나 입구가 없었다. 대신 본체에 비디오카메라가 장착되어 탑승자들에게 정보를 전달해주었다. 그것은 자유자재로 이동할 수 있었다. 시속 80킬로미터로 달릴 수 있었고 흔들거려도 아주 정확하게 미사일을 발사할 수 있었다. 그것은 하나의 큰 자이로스코프였다. 최고 특징은 탑승자들이 언제 뚜껑을 열고 후핵 공기를 호흡해도 되는지 알려주는 가스 크로마토그래프(유기 화합물 혼합체 분석기 - 옮긴이) 공기 샘플러를 가지고 있다는 것이었다.

대령은 초대한 생물학자들을 위한 모든 노력을 아끼지 않았다. 그들은 영상 필름을 보여주었는데 그것은 탱크를 위한 훈련 전시 장치로 내부와 외부가 다 촬영되어 있었다. 3-D 안경을 쓴 생물학자들은 컴퓨터로 시뮬레이트된 그랜드 캐년으로 영상 속의 탱크가 한 바퀴 돌아 떨어지자 속이 울렁거렸다. 난민 캠프를 정확히 조준하여 폭격하는 장면은 섬짓했다. 그것은 한마디로 굉장했다.

"우리 탱크는 이 정도이고 우리는 정말 자랑스럽습니다." 대령이 말했다. 하지만 다음과 같은 문제가 있었다. 전쟁을 할 때 탱크의 전통적인 전략은 탱크의 위력을 이용해 주변에 있는 가장 높은 곳에 올라가 그곳에 자리 잡고 움직이는 것을 쏘는 것이었다. 그런데 신형 탱크는 평원을 종횡무진 누비며 달릴 수 있게 설계되어 있었다. 문제는 탱크에 최고 탑승자를 태웠음에도 이전과 전혀 다를 것이 없이 주변에 있는 제일 높은 곳에 올라가 자리 잡고 표적을 기다린다는 것이다. 또 다른 문제도 있었다. 탱크는 중부 전선(흔히 우리가 '유럽'이라고 부르는 곳)에서 러시아 인들과 싸우도록 되어 있었다. 그런데 중부 전선 아마겟돈에는 신경가스와 방사선뿐만 아니라 수많은 전자 교란 장비들이 있어 서로 소통을 할 수가 없었다. 따라서 난제는 이것이었다. ― 아무도 이 탱크를 적절히 사용할 줄 모르고 포식자들이 하는 것처럼 적을 향해 움직이는 법을 아는 사람이 없으며 다른 탱크와 소통이 불가능할 때 어떻게 해야 하는지 모른다는 것이다. "그래서 펜타곤에 있는 똑똑한 동료 한 명이 육식 동물 생물학자들을 불러 물어보면 어떻겠느냐는 아이디어를 냈고 우리가 이런 자리를 마련하게 되었습니다. 말하자면 우리에게 포식자처럼 생각하는 법을 가르쳐달라는 것입니다. 당신들의 하이에나가 먹이를 향해 지름길로 달려갈 때 얼마나 빠른 속도로 어떻게 추적하는지, 늑대들이 일단 사냥을 시작하면 서로 어떻게 소통하는지, 그들이 서로를 잃어버리면 어떻게 하는지, 우리의 탱크 탑승원들에게 당신들의 동물이 사냥하듯이 사냥하는 법을 가르쳐 주십시오."

'젠장.' 미국 육식 동물 생물학자들은 생각했다. 아무도 예상하지 못했던 것이었다. 육군이 제대로 사용하지도 못하는 무기에 천문학적인 돈을 들인 것을 정말 멍청하다고 해야 할지, 탱크 탑승자들에게 포식자들처럼 행동하도록 훈련시키겠다는 것을 똑똑하다고 해야 할지…….
갑자기 그들 눈에는 셰이스코프 대령이 스타워즈의 다스 베이더와 마
키아벨리를 섞어놓은 사람처럼 보였다.

생물학자들은 시간 벌기 작전에 들어갔다. 너무 너무 어려운 문제라
서 답하는 데 시간이 좀 걸린다고 그들은 답했다. 대령은 그들의 전략
을 꿰뚫어보며 말했다. "알았습니다, 신사 여러분. 연구비는 우리가 기
꺼이 댈 것입니다." 이제 생물학자들은 도덕적인 추정을 해야 했다.

학자들 한 그룹은 이런 일에 관련되기를 원치 않는다며 바로 회의장
을 떠났다. 다른 그룹은 가능하면 우려먹는 데까지 우려먹기로 결정했
다. 곧 그들은 서명란에 사인하고 탱크 탑승자들을 가르치는 일을 하
려고 기를 썼다.

로렌스가 중도 실용주의자들의 선봉장이었다. 중도 실용주의자들은
누가 뭐라고 해도 이 군인들이 탱크를 만들 것이라고 생각했다. "사실
우리 논문만 찾아봐도 다 나오잖아. 어쩌면 이것은 작게나마 자금을
야생 동물 보존으로 돌리는 데 도움이 될지도 몰라. 게다가 이 군인들
은 협동하는 종에 대해 잘못 알고 있어.─실제로 그런 경우는 별로 없
고 대부분의 사냥은 통제되지 않는 무한 경쟁일 뿐이야. 몇 년간 그들
의 돈으로 기분 좋게 연구하고 나중에 그들에게는 미안합니다만 알고
보니 그 녀석들이 사냥을 별로 썩 잘하지 못하더군요. 그렇게 하면 전
쟁 무기에 들어갈 돈이 보존 연구에 흡수되고 펜타곤에는 탱크에 경주
용 줄무늬를 칠할 정도만 남게 될지 모르잖아. 그런데 어디다 서명을
하면 되지?"

그래서 남은 생물학자들은 마음을 정하고 모임을 재개했다. 더 많은
크루아상이 나왔고 더 많은 이야기가 오고 갔다. 그들은 최적의 전략

포획 혹은 번식의 체력 방정식과 관련한 세부 사항에 대한 논쟁을 하면서 그렇고 그런 흥미로운 시간을 보냈다. 가끔씩 군장성 쪽으로 머리를 조아리기도 하고 그들이 이야기하는 것과 사냥 기술을 쉽게 연관시키면서 말이다. 대령은 '척'이라는 이름을 가진 것으로 밝혀졌다. 곧 그는 그들과 바에서 술을 마셨다. 그는 대단한 이야기꾼이었고 더럽게 좋은 사람이었다. 모두 좋은 시간을 보냈고 마지막에 단체 사진을 찍었다. 군은 그들에게 모임에 온 데 대해 수표를 보냈고, 그들은 하나같이 군대 보조금 제안을 절호의 기회로 여기고 닥치는 대로 휘갈겨 썼다. ─로렌스는 몇 개의 야간 투시경, 워키토키, 태양 전지판이 달린 비싼 현지용 컴퓨터를 적었다. 그리고 연구 보조원 7명, 화염 방사기, 위성 장치, 살상용 광선총, 수백만 달러의 돈도 적었다. 모두들 적었지만 아무도 땡전 한 푼 받지 못했고, 척 대령이나 육군에 있는 누군가에게 다시 연락을 받은 사람도 없었다. 그리고 이날까지도 생물학자들은 한자리에 모일 때마다 허옇게 센 머리를 흔들며 수상쩍다는 듯이 묻는다. "그 자식들이 정말 우리한테 무엇을 알아냈지?"*

* 무슨 일이 있었는지에 대해 분명한 가능성이 있는 것
a) 육식 동물 생물학자들은 척 대령으로부터 다시 연락을 받지 못했고, 실제로 그와 공모하여 비밀 엄수를 맹세했다고 말하고 있다.
b) 이 모임은 척 대령과 동료들에게 연습이었다. 과학자들을 매수하고 회유하고 조종하는 방법을 배우기 위한 연습 말이다. 육식 동물 생물학자들은 그냥 연습용이었다. 그들은 지금 로켓 과학자들에게 이 방법을 활용하고 있다.
c) 척 대령과 그의 군대 동료들은 사실은 가장한 초식 동물들로, 육식 동물의 사냥 전략에 대한 정보를 얻으려고 했다.

12

쿠데타

세부적인 것은 항상 바뀌었다. 하지만 내 꿈의 주제는 언제나 한결같았다. 물론 매일 밤마다 꾸는 것은 아니었지만 중학교 때 구타당한 경험을 한 이후로 정말 시간이 많이 흘렀다는 것을 감안하면 여전히 잦은 편이었다. 꿈에서 나는 지하철을 타고 가고 있었다. 한 무리의 건달들이 내 앞에 나타나 날 털려고 했다. 혹은 길을 따라 걷고 있는데 위험한 살인마 한 명이 나타나 나를 마구잡이로 무자비하게 죽이려고 했다. 어떤 경우에도 심한 상처를 입기 일보 직전에 있었고 나는 두려움에 떨고 있었다. 그런데 꿈은 그 순간에 언제나 똑같았다. 어떻게든 나는 말로 위기를 모면했다. ─때로는 내가 훨씬 더 거칠고 훨씬 더 세상물정에 밝다고 과시하듯이 말했다. 그러면 그들은 한 걸음 물러났다. 때로는 사전에 계획한 대로 익살스럽고 즐겁고 재미있고 위협적이지 않게 그들을 무장 해제시키며 교묘하게 빠져나갔다. 때로는 일반적이지 않은 솔직한 접근을 했다. 나는 말했다. "이봐요, 나는 혼자고 당신들은 한 무리예요. 나를 죽도록 패는 것은 식은 죽 먹기죠. 그런데 그렇게 해서 얻는 것이 뭐죠?" 그 말이 조금 먹혔는지 그들은 나를 두고 떠났다. 때로는 꿈에서 정체를 알 수 없는 심리 요법을 썼다. 그 건달의 상처와 분개와 문제를 공감하고 인지하는 식으로 그가 한 인간이라는 데 초점을 맞추어 퀘이커 교도답게 말하면 그는 더 이상 나를 위협하지 않았다.

아프리카에 있었을 때 이 꿈은 다채로운 지역색을 띠었다. ―나는 누였고 하이에나 떼에게 둘러싸였다. 나는 그들에게 포식자–먹이 비율에 대한 강의를 하여 그들을 굴복시켰다. 한번은 표범에게 쫓기는 영양이었는데 채식의 이로움으로 그를 설득했다.

언제나 위기를 모면하게 한 것은 내 말이었다. 그것은 백전백승이었다. ―만약 내가 대학원을 마치면 이 유일한 무기를 이용하여 강의하는 일자리를 얻을지도 모른다. 하지만 당시 케냐에서 그런 작전이 씨도 먹히지 않았던 때가 있었다.

1982년 사울이 지배할 때였다. 뉴스에 등장하는 케냐에 대한 소식은 언제나 안 좋은 것뿐이었다. 제3세계가 서구인에게 인식될 때 대개 그 주제는 어떤 비극, 가뭄, 유행병, 혹은 우리 의식에 충격을 던지는 폭력적인 것이다. 이번에 그것은 어수선한 쿠데타 시도였다. 모든 것이 아마추어적이고 적당히 비도덕적이었다. ―군대, 대학 그리고 정부 기관의 모든 하부 기관을 망라하는 핵심 요소가 광범위하게 포함된 계획된 쿠데타였는데 실패로 돌아갔다. 공군의 섣부른 행동 때문이었다. 중요한 순간에 술을 마시고 흥청거리다가 대통령을 잡을 수 있는 기회를 놓쳤고 군부는 공군 동료를 지원해야 할지 맞서야 할지 결정하지 못하고 갈팡질팡했다. 대학생들은 화를 자초한 공군을 열정적으로 지지하는 치명적인 오판을 했다.

군대가 물밀듯이 밀려들었고 공군 반군을 빠른 속도로 궤멸시켰다. 학생들은 때맞추어 바주카포 공격을 당한 새로운 혁명적 군사 정부를 지지하며 결속을 다졌다. 정부는 라디오 방송국을 재점거했고 대중들에게 자신감을 주입시키고자 모두 즉시 시내로 나가 쇼핑하라고 지시했다. 그것과 때를 같이하여 그곳에서 대규모 탱크 전투가 시작되었고 수많은 시민 사상자들이 생겼지만 외면당했다.

타격을 받은 공군은 숲, 언덕, 뒷골목으로 피신해 게릴라전을 벌였고 안전을 위해 전속력으로 뛰어다녔고 예전처럼 강도 짓을 했다. 그들 중 한 무리는 북쪽에 있는 주요 공군 기지 한 곳을 근거지로 삼아 사면을 내리지 않으면 나이로비에 폭탄을 투하하고 폭격을 가하겠다고 위협했다. 나이로비에서 군사 작전이 진정되자 이번에는 민간인 소요 사태가 일어나 때로는 진압하는 군대에 반발했고 때로는 선동으로 이어졌다. 이것은 주로 인도인들을 대대적으로 때리는 것으로 이루어졌다.

영국이 동아프리카에 들어온 초기에 철로를 놓는 등 식민지 기반 시설을 세우기 위해 인도에서 막노동꾼들을 수입했다. 아프리카 인들에 비해 인도인들은 교육 수준이 우월했고 영국인들은 이들로 필요한 틈새를 채웠다. ─마치 중세 유럽의 유대 인들이 그랬듯이 인도인들이 이곳에서 자신의 땅을 갖고 농사를 짓고 정부 기관에 종사하는 것은 거의 불가능했다. 그렇다보니 유대 인들이 그랬듯이 인도인들은 1세기가량을 상업 계층, 가게 주인, 대부업자로 진화하며 발전했고 아프리카 인들은 그들을 증오하기 시작했다. 식민지 시절에 숲에 사는 농부는 평생 동안 식민지 경제를 주무른 백인 지배자들은 한 명도 보지 못했을지 몰라도 인도인들은 주변에서 심심찮게 볼 수 있었다. 그들은 먼 거리의 아주 작은 마을에 있는 교역소를 운영하는 가게 주인들이었고 농부들에게 돈을 쓰게 했다. 나이로비에서 인도인 소수는 지금까지 변함없이 중산 계급을 이루며 살았다.— 문제는 얼마나 자신의 배를 불릴 수 있는지에 따라 경제 정책을 세우는 가는 세로줄 무늬 정장 차림의 반투 족 관료들에게 있었지만 평범한 아프리카 인들 눈에는 보이지 않았다. 가시적으로 보이는 것은 금전 등록기에 가격을 입력하는 힌두교도 인도인들이었다.

그래서 인도인에 대한 아프리카 인들의 분노가 서서히 끓어올랐다. 최근에 그것은 단지 인도인들이 부유하기 때문만이 아니라 '진짜 아프리카 인'이 되기를 거부한 것 때문이기도 했다(그런 불만이 집중된 것은 인도 여자들이 아프리카 남자들과 결혼하거나 같이 자려고 하지도 않는다는 사실이었다.). 그리고 아프리카에서 선동 정치가라면 누구든지 인도인을 공격하면 이질적이고 적대적인 부족들을 통합시킬 수 있었다.— 심지어 독재자 이디 아민이 제일 인기가 있었을 때는 인도인들의 시민권과 재산을 몰수하고 그들을 우간다 밖으로 추방했을 때였다.— '모두를 위한 부'가 추방을 위한 공식 표어였다.

케냐에서의 인도인들의 상황은 1930년대 베를린에서의 유대 인들의 상황과 다르지 않았다. 쿠데타의 여파로 그들의 크리스탈나흐트(Kristallnacht)*가 일어났다. 그들은 강탈과 약탈의 격렬한 집단 폭행을 당했고 병원은 구타와 윤간당한 인도인 희생자들로 넘쳐흘렀다.

이 난동은 정부가 가시적인 재진압을 할 때까지 며칠 동안 이어졌다. 약탈당한 폐허 속에서 유리를 끼우는 사람들이 일을 시작했다.— 공군 반군이 하나둘씩 제압되었고 애국가가 정부 공식 라디오 방송에서 반

* 수정의 밤 혹은 유리의 밤. 1938년 11월 9일 나치 돌격대가 독일 전역에서 유대교 회당 및 유대 인 상점을 습격한 사건—옮긴이

복적으로 흘러나왔다.

그 이후에 모차르트 가발을 쓴 치안 판사들이 주재하는 긴 공판이 있었다. 정부가 처한 작은 문제는 쿠데타가 사회의 수많은 하부 조직에 스며든 계획된 저항을 공군이 섣불리 행동으로 옮긴 경우임을 인정할 수 없다는 것이었다(이것을 인정하게 되면 오히려 엄청난 사회적 불만이 하부 사회에 잠재해 있었다는 것을 인정해야 하기 때문이다.). 대신 쿠데타는 조직적으로 연관되어 있지 않은 몇 안 되는 미친 인간들의 행동의 결과로 극히 작고 구체적인 형태를 하고 있어야 했다. 신문에서는 처음 발사를 시작한 상등병에 대해, 그를 위해 차량을 운전한 사병에 대해, 라디오 방송국을 반란군에게 빼앗긴 후에 방송으로 흘러나가는 기념 음반을 고른 혁명적 음악학 연구가에 대해 세세하게 말을 쏟아냈다. 결국 관련자들은 절차에 따라 교수형에 처해지거나 영원히 감옥에 수감되었다. 하지만 그런 다음 정부는 큰 쿠데타를 계획하는 데 가담했던 모든 사람들을 잡아야 했다. 그렇게 광범위하게 퍼진 불만족을 나타내는 사건을 숙고하고 있다는 것을 인정하지 않고 말이다. 쿠데타의 분명한 우두머리들을 대상으로 한 일련의 엉성한 숙청이 이루어졌고 법무 장관의 여론 조작용 재판이 그것을 강조했다.

곧 모든 것이 다시 질서를 되찾았고, 관광 산업이 서서히 재개되었다.

나는 쿠데타 이후에 최초의 민간 항공기로 케냐에 도착했다. 미국에 있던 나는 한시바삐 케냐에 가고 싶어 온몸이 근질거렸고 출국을 미루지 않기로 결심했다. 나는 케냐에 폭력이 난무한다는 서구 사회의 보도에 콧방귀를 뀌며 가능한 한 빨리 나이로비를 떠나 조용한 시골로 들어갈 계획이었다. 나는 미국에 돌아온 이후에 개인적인 일로 우울했고 케냐의 불안이 오히려 내 머릿속의 신경 전달 물질 문제를 말끔하게 해결해줄 것이라고 여겼다. 게다가 위기가 닥치면 내가 잘하는 말로 그 위기를 모면할 생각이었다.

팬아메리칸 항공의 마지막 항공편은 라고스에서 나이로비로 들어가는 것이었다. 747기에는 다른 세 명의 승객이 타고 있었다. 가족들의 생사를 알기 위해 정신없이 달려가는 힌두교 사업가 한 사람과 그곳에서 일어나는 교전 상황에 대해 아주 조금 알고 있을 뿐인 관광객 한 커플이었다. 나는 그들에게 도움을 준답시고 암시장과 사기성 비자 도장을 얻는 것에 관한 쓸모없는 조언으로 그들을 즐겁게 해주었다. 공항에 도착하자 우리는 케냐에 온 것을 환영하며 케냐는 정말 행복한 곳이라는 자동화된 직원의 영접을 받았다. 우리는 군 수송 차량에 태워졌다. 밤이었다. 도처에 엄숙한 표정을 한 군인들이 깔려 있었다. 우리는 절망적인 소식을 들었다. ─자칫 잘못하면 총을 맞을 수 있는 통행금지 시간 때문에 군 수송 차량은 우리를 시내 중심지의 큰 호텔에 내려주었다. 그곳에서 다음 날 아침까지 있어야 했다. 관광객 커플은 상관없었다. 그들은 그곳에 예약을 한 상태였기 때문이었다. 사업가는 광분했는데 12시간 더 있다가 가족을 찾아야 한다는 것을 의미했기 때문이었다. 그런데 나는 짜증이 났다. 이전에 어려움이 닥쳤을 때 한 번 화장지를 훔치러 들어간 적이 있던 호텔이었는데 그곳에서 하룻밤을 묵으면 내 예산에 막대한 지장이 생겼다. 그런데 군 수송 차량에 각각 다른 곳에 내려달라고 하자니 뭔가 말이 안 되는 것처럼 보였다. 호텔에서 방까지 침착한 보조 관리인이 동행하며 밤에 바닥에서 자고 커튼을 걷지 말라고 충고했다. 거리에서는 밤새도록 총성이 울려퍼졌다.

다음 날 그곳에는 전투의 잔혹한 참상이 느껴졌다. 군인들이 도처에 깔려 있었고 총이 길 모퉁이마다 겹겹이 놓여 있었다. 시내의 한쪽 모통이에서는 여전히 약탈과 전투가 있었다. 하지만 모든 곳에서 시민들에게 기본적인 일상으로 돌아가라는 지시가 내려졌다. 시민들은 손을 머리 위로 들고 신분증을 입에 문 채 일터로 걸어가는 흥미로운 합의를 받아들였다. ― 로마에서는 로마법을 따르랬다고 나는 여권을 물고 침을 흘리며 서 있어야 했다.

나는 시내에서 다양한 곳을 들렀다. 지인들의 상황을 확인하고 숲으로 가져갈 필수 물자를 구입하기 위해서였다. 내가 아는 상점 한 곳은 완전히 난장판이 되어 있었다. 힌두교도인 주인이 가게를 지키다가 두개골 골절을 당해 입원해 있었다. 또 다른 한 곳은 가게가 엉망으로 부서져 있었고 주인은 피신해 있었다. 또 다른 한 곳에서는 주인이 불안하고 조심스럽게 일을 재개했고 무슨 일이 있었는지 이야기할 때 눈물이 그렁그렁했다. 나는 부근을 한 바퀴 돌았는데 모두 만신창이가 되어 있었다.

정오경에 나는 나이로비에서 알몸으로 있는 것이 불리함을 알았다. 그곳에는 언제나 도시에 어울리지 않게 거의 알몸인 남자들이 있었다. ― 오랜 기간 동안 숲에서 살다가 나이로비로 이사온 사람들이 신경 쇠약증을 앓는 경우가 있었는데, 그럴 경우 제일 먼저 하는 일이 서구의 옷을 벗어던지는 것이었다(몇 년 후에 임상 심리학자인 내 아내가 케냐 동료들과의 대화를 통해 이런 일이 흔한 일이라고 확인해주었다.). 그래서 나이로비에는 거의 알몸이 되어 큰 소리로 불평하고 고함을 지르는 남자들이 언제나 어느 정도 있었고 그곳 사람들은 그들을 차분하게 대했다. 그런데 지금은 문제였다. 많은 공군 반군들이 쿠데타가 실패로 돌아가자 나이로비 건물과 골목 구석구석에 은신해 있었다. 운 좋은 반군은 번듯해 보이는 민간인을 약탈했다. ― 그를 죽이고 그의 옷을 훔쳐입고 그의 신분증을 입에 물고 사람들 속으로 들어갔다. 이것은 일부운 좋은 자들 이야기이고 그렇지 않은 반군은 선택할 수 있는 것이 한 가지밖에 없었다. ─공군복을 벗어버리고 알몸으로 달아나는 것이었다. 그렇게 달아나던 반군이 두어 시간에 한 번씩 진압군의 총에 사살되곤 했다. 정오경에 나는 처음으로 거리 처형을 목격했다. 평상형 군대 트럭이 덜커덕거리며 알몸의 시체들을 싣고 간헐적으로 지나다녔다. 그들은 어울리지 않게 침착하게 교통 신호를 지켰는데 이것은 평상시나 다름없는 듯한 이상한 분위기를 자아냈다.

늦은 오후 무렵에 이전에 묵은 적이 있던 R부인의 게스트하우스를 찾았다. 그곳은 여행자들에게 침대나 바닥 공간이나 텐트 공간을 돈을 받고 빌려주는 폴란드 여자의 집이었다. 나는 1년 동안 R부인을 보지 못했는데 오랜만에 보러 간다는 생각에 신이 났다. 나는 바르샤바 게토(예전에, 유대 인들이 모여살도록 법으로 규정해놓은 거주 지역─옮긴이)로 물자를 성공적으로 밀반입하는 최초의 인간이 된 것 같았다. 그곳은 쿠데타 이후에 새로운 손님이 없었다. 며칠 동안 거리 총성을 피하고 강제 정전에 대비해 안에서 모여 자고 있었다. 외부에서 왔기 때문에 나는 1~2킬로미터 밖에서 무슨 일이 일어나고 있는지 그들에게 정보를 줄 수 있었다. 모든 사람들이 지치고 기진맥진해 있었고 식량 부족으로 배를 곯고 있었는데 지금 극에 달해 있었다. 나는 어머니가 구워준 쿠키를 가져갔다. 나는 R부인과 그곳에 몇 년간 체류하고 있는 두 폴란드 소년인 스테판과 보그단과 함께 방 한쪽 구석에 모여 앉았다. 나는 쿠키를 나누어주었고 R부인은 숨겨두었던 탄산음료를 주었다. 그들은 먹을 것에 정말 기쁨을 감추지 못했고 울컥하기는 나도 마찬가지였다. 멀리서 총성이 들리는 가운데 촛불 아래 약간의 음식을 나누어 먹는 일은 종교적 경건함을 느끼게 했다.

그날 밤에 잠자리에 들었을 때 모든 것이 멋진 모험 같았다. 안 좋은 일들이라고 해도 설명이 안 될 것은 없었다. ─ 힌두교도들이 박살이 난 것이 소름끼쳤지만 희생양이 있어야 하는 것을 고려하면 불가피한 측면이 있었다. R부인의 집에 묵고 있는 스위스 여행자 두 명이 어제 군인들에게 구타를 당했는데 단지 하라는 대로 하지 않았던 것이 이유라고 했다. 한 명은 크고 다부진 체격으로 피부색이 창백할 정도로 하얀 편이라 군인들의 화를 불러일으킬 수밖에 없어 보였다. 둘 다 친근감이 없고 얼굴이 우거지상인 것도 그것에 일조했을 것이다. 게다가 그들은 스와힐리 어도 영어도 못했다. ─ 그들은 무슨 일을 당해도 한마디 해명조차 할 수 없는 입장이었다. 나는 걱정하지 않았다.

다음 날 나는 마지막 자질구레한 몇 가지 일은 생략하고 떠날 준비를 했다. 차량을 구했고 몇 주간 먹을 수 있는 식량을 구입했고 보관 창고에서 캠프 물품을 회수했다. 이제 수속을 밟으러 야생 동물 관리 부서로 갔다. 그것은 시내에서 외곽으로 16킬로미터 지점에 있는 국립공원 입구에 있었다. 공원은 여러 가지 문제로 폐쇄되어 있었다. 주요 공군 기지가 그 공원 경계 지점에 있었다. 군의 공격으로 많은 공군들이 무장한 채 그 울타리를 넘어 공원에 들어가 활보하고 있었다. 그들은 식용으로 동물들을 쏘았고 관리인들을 사살했고 그들의 옷으로 갈아입고 도피했다. ─ 곳곳에서 알몸의 시체들이 발견되었다. 공원 직원들은 공황 상태였고 나는 그들을 위로했다.

귀환 중에 나는 많은 군대 검문소를 통과했다. 그들은 공군으로 보이는 사람이 빠져나가는지, 그리고 누군가가 이 상황을 이용하여 물자를 축적하지 않는지 감시하고 있었다. 그들은 사람들을 때리고 들볶고 가진 것을 털고 개인적인 앙갚음을 했다. 나는 처음 두 검문소를 통과했고 지날 때 그들에게 똥 씹은 표정으로 히죽 웃었다.

멀리 도로가 굽은 곳에 있는 세 번째 검문소에서 군인들이 총을 들고 차를 갖다대라는 동작을 했다. 나는 여권과 연구 허가증을 준비했다. 미소를 지을 준비도 했다. 내 계획은 이랬다. 검문소를 대하는 최고의 방식은 스와힐리 어로 활기차게 "안녕하세요?"라고 말하고 상대가 누구든 처음 5분간 일반적인 감언이설을 하고 그들의 수훈에 대해 여러 가지 질문을 하고 나라를 지키기 위해 이렇게 어렵고 중요한 임무를 수행하느라고 수고가 많다는 치하의 말을 해주고 미소를 짓고 몽상에 젖은 시선으로 당황하지 않고 계속 말을 거는 것이다.

군인 세 명이 다가왔을 때 나는 미소부터 날렸다.

"당신은 문제가 있다. 매우 나쁜 거야. 문제가 있다, 큰 문제다."

첫 번째 사람이 암송하듯이 말했다.

나는 "다들 안녕하세요? 문제없어요."라고 준비한 스와힐리 비속어를 말하려고 했다. 나는 "안녕하세요."라고 말했다. 그때 첫 번째 군인이 나를 차 창문에 밀쳤다. 나는 다시 한 번 말했다. "안녕하세요?" 그는 나를 차 창문에 더 세게 눌렀다. 이제 세 명이 나를 둘러쌌다. 그들에게 술 냄새가 났다.

나는 호흡이 조금 가빠졌다. 하지만 한 번 더 밝은 목소리로 "문제없어요."라고 말했다. 첫 마디가 떨어지기가 무섭게 그들은 나를 다시 한 번 차 창문에 쾅 박았다. 첫 번째 군인이 내 가슴팍을 눌렀다. 두 번째 남자가 내 옷깃을 잡았고 세 번째 남자가 내 머리를 한 번 더 차 창문에 박았다. 갑자기 머리가 아프고 띵했다.

내 목을 잡은 남자가 입을 삐죽이며 이를 드러내었다. 문득 나는 그가 나에게 미소를 짓고 있다고 생각했다. 그 순간 멍청하게도 그와는 말이 통할지도 모른다고 생각했다.

무슨 말을 할지 생각을 모으는 동안 나는 그에게 고개를 돌리고 명랑하게 미소를 지었다. 조금 소리 내어 웃었던 것 같기도 하다. 내가 긴장을 풀었으니 그들도 긴장을 풀라는 뜻이었다. 그 군인은 여전히 이를 드러내고 주먹으로 내 배를 내리쳤다.

지각에 뭔가 이상이 일어났다. 배가 끔찍하게 아팠지만 그와 동시에 머리도 아팠다. 내 머리가 뭔가로 가득 차서 터져버릴 것 같았다. 구토증이 일어났다. 숨을 쉴 수가 없었다. 그들은 주먹으로 내 배를 한 번 더 내리쳤다. 아니면 먼젓번에 내리친 것을 다시 내리쳤다고 느꼈을 수도 있었다. 집중하기가 어려웠다.

갑자기 나는 바짝 집중했다. 그들 중 한 명이 내 목에 칼을 들이댔다. 그리고 다시 같은 말을 반복했다. "문제가 있다. 매우 나쁜 거야. 큰 문제가 있다."

내 머릿속에서 한 가지 생각만이 맴돌았다. ─'칼을 조심해. 칼을 조심해. 칼이 내 목 가까이 있어.' 나는 말하지 않고 그냥 그들의 얼굴을 번갈아 바라보기만 했다. 그들도 조용해졌다.

누군가가 내 시계를 벗겼다. 족쇄가 풀리는 느낌이었다. 진짜 가까운 곳에서 큰 음성이 울려퍼졌다. "자, 이제 문제없다." 그들은 칼을 내리고 별안간 웃기 시작했다. 그들 중 한 명이 내 머리를 밀쳐 나를 바닥으로 내동댕이쳤다. 그들은 서로 내 시계를 유심히 바라보며 걸어갔다.

나는 도망가야 하나 말아야 하나 망설이며 자리에서 일어났다. 그들 중 한 명이 차를 가리키며 화난 목소리로 말했다. "가. 어서 꺼져."

그들이 폭소를 터뜨렸을 때 나는 떠났다. 그때 이후로 말을 가지고 위기를 모면한다는 생각은 꿈에도 하지 않는다.

13

목소리를 들어서는
안 될 때 듣는 것

완전히 다른 세계의 사람들과 어울려 시간을 보내는 것이 매혹적인 이유는 고향에 돌아가면 절대로 볼 수 없는 것이 있기 때문이다. 누군가의 아주 대담한 문신, 마시라고 내놓은 신선한 소 피를 담은 그릇, 아이들이 숲에서 자신보다 더 건강이 안 좋은 사자에게 물린 후에 옮아온 발진 등등.

하지만 가끔씩 나는 내가 원래 속한 세계와 매우 비슷한 것을 보았다. 매혹적인 것은 그것에 동반되는 더없이 참신한 설명이었다.

그 한 가지 유형을 보게 된 것은, 다른 곳에 있는 캠프에서 주로 작업하고 한 번씩 나를 방문하는 보조자 허드슨이 왔을 때였다. 우리는 그날 공원 서쪽으로 반나절 정도 가면 나오는 그의 마을을 방문했다. 우리는 그곳에서 남자들과 둘러앉아 담소를 나누었다. 우리가 부담 없이 오후를 보내고 있었을 때 숲에서 갑자기 누군가가 나타났다. 그는 멍한 표정을 한 장년의 남자였다. 면도를 하지 않아 수염이 듬성듬성

나 있었고 맨발에 안짱다리에 흰 곰팡이가 핀 담요 같은 것을 어깨에 두르고 있었다. 침을 흘린 자국을 보니 정상이 아닌 것 같았다. 다른 사람들은 이곳에서는 마을 백치들이 언제나 환대를 받는다고 하며 대수롭지 않게 받아들였다. 대화가 다시 이어졌다. 그런데 그는 한 번씩 이해할 수 없는 말을 웅얼웅얼하다가 왔던 쪽으로 다시 걸어갔다.

"저 사람 왜 저러는 거야?"

내가 허드슨에게 물었다.

"저 사람 정말 잘생겼죠? 그는 정말 잘생겼어요."

"그래, 정말 잘생겼네."

내가 말했다. 사실 내 눈에는 물에 반쯤 빠졌다 나온 다람쥐처럼 보였다. 하지만 일단 동의했다.

"저 남자에게는 아내가 두 명 있어요. 그런데 그가 너무 잘생겨서 아내 둘이 밤마다 언제나 서로 차지하겠다고 싸우는 거예요. 그는 한 아내를 더 좋아했어요. 그러자 다른 아내가 화를 내며 주술사에게 가서 저주를 걸었어요. 그래서 지금 자기 이름도 기억하지 못해요."

"아내가 둘이면 잘생긴 게 위험할 수도 있어요."

남자들 중 한 명이 킬킬거리며 말했다.

알츠하이머 초기 증세라는 생각이 들었다. 하지만 두어 달 후에 나는 로다의 마을에서도 비슷한 경험을 했다. 개코원숭이들은 더없이 고요한 하루를 보냈다. 네부카드네자르는 아무에게도 시비를 걸지 않았다. 욥은 전혀 괴롭힘을 당하지 않았다. 베냐민은 한동안 내 차 지붕에 앉아 가끔씩 머리를 숙여 앞 유리창으로 빼꼼히 들여다보곤 했다. 여호수아는 놀이의 개념을 이해하고 이제 사춘기가 된 아들인 오바댜가 다른 아이들과 몸싸움을 하는 것을 지켜보았다. 여호수아는 가끔씩 다른 원숭이들에게 험악한 표정을 지었다. 이삭은 평소와 다름이 없었다. 그는 젊은 암컷 하나에게 관심을 보이다가 서열 2위 므나쎄가 그 암컷에게 관심을 보이자 구애를 포기하고 대신 라헬의 털고르기를 해 주었다. 그날은 그렇게 차분히 지나갔다.

내가 캠프에 돌아왔을 때 마사이 족 내부 문제가 공개적으로 노출된 것을 볼 기회가 생겼다. 마사이 족과 나 사이에 어떤 친밀성이 있어서가 아니었다. 차가 있다는 것이 유일한 이유였다.

그날 마사이 족의 로다가 친구들과 함께 공황 상태로 캠프에 달려왔다. 공황 상태가 된 마사이 족을 보는 것은 극히 드물기 때문에 무슨 일인지 심장이 뛰었다. 그들은 내 도움이 필요하다고 했고 설명할 시간이 없으니 즉시 차를 몰고 마을로 좀 가자고 했다. 염소를 죽인 여자를 어디로 데려가야 하는데 꾸물거릴 시간이 없다고 했다. 앞뒤 설명이 없었지만 일단 차에 그녀들을 태우고 마을로 가는 것을 피할 수가 없었다.

일단 차에 타자 그녀들은 조금 진정했고 무슨 일인지 이야기했다. 마을에 끔찍한 일을 저지른 미친 여자가 있다는 것이었다. 내게 그 여자를 차에 태워 보호 구역 맞은편 끝에 있는 정부 기관의 진료소에 데려가달라고 했다. 나는 항변했지만 소용없었다. 그들은 필사적이었다. 그녀들이 상세한 이야기를 했는데 그녀는 고전적인 신경 쇠약증을 앓고 있는 것 같았다. 나는 그 마을을 여러 번 방문했지만 한 번도 그녀를 본 적이 없었다. — 그녀가 보이지 않는 곳에 숨어 있는 것일 수도 있었다. 그녀는 끔찍하게 이상한 행동을 했다. — 행사를 방해하고 연장자들의 말을 듣지 않고 그리고……. 오늘이 결정타였는데 미친 듯이 날뛰며 맨손으로 염소를 때려잡았다고 했다.

우리가 마을에 가까이 다가갔을 때 나는 펼쳐질 장면을 상상하며 마음의 준비를 했다. ─어쩌면 그녀의 가족들이 그녀와의 이별을 앞두고 눈물을 흘리며 나아서 돌아오라고 말하는 장면일지도 모른다. 어쩌면 두려움에 질린 여자가 제발 쫓아내지만 말아달라고 애원하는 장면일지도 모른다. 그런데 우리가 차에서 내렸을 때 한 여자가 무슨 뜻인지 알 수 없는 마사이 어로 고래고래 소리를 지르며 우리에게 달려들었다. 그녀는 거구였고 알몸이었다. 그녀는 온몸이 염소 배설물, 염소 피, 염소 내장으로 온통 범벅이 되어 있었다. 일부는 입에서 흘러내렸다. 그녀는 죽은 염소의 일부를 여전히 손에 들고 있었는데 우리에게 달려들어 우리를 때려눕혔다. 염소 내장이 사방으로 흩어졌다. 그녀는 날 목 졸라 죽이려고 작정한 것처럼 보였다.

나는 누구 못지않게 건강한 남자였고 삶에 대해 다양한 상상을 했지만 염소 내장으로 범벅이 된 거구의 알몸 밴시(아일랜드 민화에 나오는 여자 유령 ─옮긴이)에게 목 졸려 죽는다는 생각은 꿈에도 해본 적이 없었다. 내가 이렇게 죽으면 내 부모님이 자식이 이토록 기이하고 황당하기 짝이 없는 방식으로 저세상으로 간 데 대한 수치심을 견딜 수 있을까 하는 생각이 들었다.

내가 죽음에 대한 생각에 잠시 빠져드는 동안 로다와 그녀의 친구들이 그녀에게 몸을 던져 몸씨름을 했다. 염소 내장이 사방으로 흩어지는 와중에 그녀들은 그녀를 지프차 뒤쪽으로 떠밀어 지프차 뒷자리에 집어넣고 그녀를 덮치며 맹공을 퍼부었다. "빨리 가요. 가요." 그녀들이 소리쳤고 우리는 출발했다.

차를 타고 가는 동안 예상대로 정말 끔찍했다. 물이 적어 잘 씻지 못하기 때문에 마사이 족들이 지프차에 타면 상태가 좋을 때도 후각적으로 힘든데 진원지에 있는 여자가 히로뽕 맞은 물소처럼 포효하는 까닭에 모두 광분하고 땀범벅이 된 상황이어서 이만저만 역겹지 않았다. 햇볕에 데워진 염소 내장 냄새는 논외로 해도 말이다.

목적지로 가는 내내 그녀는 소리치고 뒹굴고 운전석 뒤에서 나를 붙잡고 염소 배설물 진창에 끌어넣으려고 했다. 천만다행으로 로다와 그녀의 친구들이 뜯어말려서 가까스로 막았다. 우리는 끝없이 느껴진 45분 동안을 질주해서 강을 가로지르고 순찰대를 지나 국립 공원 본부가 있는 문으로 들어갔다. 순찰대는 그런 일을 아주 흔히 있는 일로 여기는 듯했다. 일단 나는 그녀를 진정시키기 위해 모든 것이 괜찮다는 분위기를 만들려고 애썼다. 나는 우리가 사파리 관광을 온 것일 뿐이라는 듯이 기린을 가리켰지만 그녀는 계속 고래고래 소리만 질러댈 뿐이었다.

마침내 우리는 정부 진료소로 갔다. ─ 말라리아와 콜레라를 포함한 모든 질병을 간호사 한 명이 담당하고 있는, 금방이라도 무너질 것 같은 건물이었다. 그 남자는 환자를 진찰할 것 같지 않았다. 그는 우리가 그녀를 뒤쪽 방으로 직접 옮기지 않으면 달리 방법이 없다고 했다. ─ 그는 그녀와 접촉하려고 하지 않았다. 다시 로다와 그녀의 친구들이 붙잡고 떠밀고 소리지르고 몸싸움을 벌리며 결국 그녀를 방으로 끌어넣었다. 그 방은 자물쇠로 잠겼고 장애물이 설치되었다.

그녀가 계속 고래고래 고함을 질렀다. 간호사는 불안한 시선으로 우리와 악수를 했다. 우리는 햇빛 속에서 기지개를 켜고 하품을 했다. "다음에 할 일은 뭐죠? 그녀가 좀 진정될 때까지 기다렸다가 문을 통해 이야기를 해보고 그녀의 병세에 대해 간호사와 의논해봐야 하나요?" 내가 물었다. "아뇨, 그냥 여기서 나가면 돼요." 로다가 말했다. 그들은 어서 마을로 돌아가자고 떠밀었다.

나는 비교 문화 정신 의학을 처음 경험했다. 우리와 다른 삶을 살고 있는 마사이 족들도 정신병에 대해서는 우리와 같은 관용을 가지고 있는 것처럼 보였다. 다시 차를 타고 창문을 열어 견딜 만한 수준으로 환기시키고 차분한 상태로 집으로 돌아오는 중에 나는 정신병에 대한 그들의 관점을 알 수 있는 좋은 기회를 얻었다. 그들의 문화에서 정신 분열증 같은 것을 어떻게 보는지 말이다.

"그런데 로다, 뭘 보고 그 여자가 잘못되었다는 것을 알았죠?"

그녀는 내가 정신이 이상한 사람인 것처럼 바라보았다.

"그녀는 미쳤어요."

"그런데 어떻게 그것을 알 수 있어요?"

"그녀는 미쳤어요. 그녀가 하는 행동을 보고도 모르겠어요?"

"그런데 무엇을 보고 그녀가 미쳤다는 결론을 내렸죠? 그녀가 무슨 짓을 했나요?"

"염소를 죽였어요."

"오, 마사이 족이라면 언제든지 염소를 죽여요."

나는 인류학적인 객관성을 유지하며 말했다.

"남자들만 죽여요."

그녀는 내가 바보인 것처럼 쳐다보며 말했다.

"그 밖에는 어떻게 알았나요?"

"그녀는 목소리를 들어요."

"음, 하지만 여기 있는 다른 마사이 족들도 목소리를 들을 때가 있어요(소몰이를 하기 전의 의식, 마사이 족의 무아지경 댄스, 그리고 목소리를 들어달라고 누군가가 요구할 때)."

나는 한 번 더 반박했다.

로다는 비교 문화 정신 의학에 대해 궁금해하는 사람이면 누구나 알고 싶어 하는 것의 절반을 한마디로 요약했다.

"하지만 그녀는 목소리를 들어서는 안 될 때 들어요."

- 후기 -

알몸의 염소 여자가 나에게 덤벼든 지 1년 후에 나는 다시 연구지로 돌아왔다. 나는 곧 로다를 만나게 되었고 그 여자가 어떻게 되었는지 물었다.

"그들이 그녀를 가두어놓았고 얼마 후에 그녀는 죽었어요. 마사이 족은 그런 식으로 안에 갇혀 있는 것을 별로 좋아하지 않아요. 그래서 죽었어요."

그녀는 따분한 주제를 그렇게 일축했다.

14

수단

수단에서의 첫날 저녁에 나는 어느 곳에서도 화장실을 찾을 수가 없었다. 그때까지는 운이 좋았다. 그날 아침에 수단의 수도인 하르툼으로 날아갔다. ─ 그 주에는 수단 항공이 비행기를 운행할 연료가 충분했다. 나는 즉시 차를 타고 공항을 빠져나갔다. 나는 인적이 드물고 황폐한 아주 작은 마을에서 차를 세웠다. 외길에 있는 오두막 몇 채 뒤쪽은 사막이나 다름없었다. 나는 보고하라는 대로 보고했다. '경찰'은 누더기 유니폼을 입은 한 남자였다. 그는 친절하게 내 성을 물었고 즐거워 보였다. "여기 출신이 아니군요." 그는 말했고 나는 그렇다고 대답했다. 그는 경찰서 뜰에 텐트를 치면 된다고 했다. 그곳에는 거의 죽어가고 있는 옥수수들과 닭들, 그리고 이런저런 잡동사니들이 있었다. 그때까지는 하루 종일 만사형통이었다. 볼일을 봐야 하는 것만 제외하면 말이다. 그날 저녁이 결정적이었다. 아무리 둘러봐도 화장실로 보이는 곳이 없었다. 나는 그의 뜰에 함부로 대변을 봐서는 안 된다고 생각했다. 첫날 저녁에 참혹한 실례를 무릅쓰고 그 일을 하고 싶지 않았다. 나는 결국 그에게 갔고 그는 생각에 빠져 있었다.

"화장실(bathroom) 있어요?"

그의 영어는 괜찮았지만 그 단어에는 익숙하지 못했다.

"변기 있어요?"

그는 무슨 말인지 확실히 알아들었다는 듯이 고개를 끄덕이고는 뒤뜰로 사라지더니 차를 더 가지고 왔다. 내가 요구한 것이 차라고 생각한 모양이었다. 나는 안절부절못했고 필사적이었다.

"뒷간 있어요?"

"측간 있어요?"

"수세식 변기 있어요?"

나는 바닥에 쪼그리고 앉아 미친 듯이 무언극을 했다. 그는 갑자기 알아들었다는 듯이 탄성을 질렀다.

"오호, 변소(latrine) 말이지요? 여기 수단에서는 변소라고 해요. 변소라는 말을 알아요?"

"예, 예, 변소라는 말을 알죠. 제일 가까운 데가 어디예요?"

"아니요, 여기 수단에는 변소가 없어요. 여기서는 알아서 해결하면 돼요. 우린 자유로운 사람들이에요."

그 말과 함께 그는 내 손목을 잡고 작은 마을의 큰 거리로 데려갔다. 어둠 속에서 손전등으로 길을 인도했다. 그는 거리 한가운데서 걸음을 멈추고 한 지점을 집중적으로 비추었다.

"여기서 누면 돼요! 여기 수단에는 변소가 없어요. 그냥 자유롭게 해결하면 돼요."

'젠장, 빌어먹을.' 나는 바지를 내리고 쪼그리고 앉았고 주머니에 휴지가 좀 들어 있기를 간절히 빌었다. 그는 여전히 나에게 불빛을 들이대고 있었다.

"괜찮아요. 이제 비출 필요가 없어요. 알아서 해결하고 돌아갈게요."

내가 말했다.

"아니요, 나는 여기 있어야 해요. 무사한지 지켜봐야 해요! 여기는 수단이에요! 당신은 자유롭지만 우리 손님이에요!"

그가 소리쳤다.

"우리?"

나는 작은 마을 인구 전체가 다가오는 것을 공포스럽게 깨달았다. 그들 중에 누가 호기심을 억누를 수 있으랴? 내 귀에 여기저기 낄낄거리는 소리가, 여성들이 내는 고음이 분명한 낄낄거리는 웃음소리가 들렸다. 그의 손전등 불빛이 내 엉덩이에 고정되어 있었다. 나는 체념하고 손에 뺨을 묻었다. 나를 지지하는 듯한 속삭임 속에서 나는 마을에 흔적을 남겼다. 무엇보다도 서커스단의 피에로가 된 것 같았다.

"여긴 수단이에요. 당신은 우리 친구예요! 여기는 자유로운 나라예요! 당신은 자유로워요!"

나는 사울이 6인조 갱단에게 전복된 후에 수단으로 휴가를 떠났다. 수단은 아프리카에서 가장 큰 나라이자 가장 가난한 나라 중 하나로 사하라의 건조한 불모지와 나일 강을 끼고 있다. 혼란과 기근이 지배하는 나라였고 절반은 북부 아라비아 이슬람교도들이고 절반은 남부 흑인 정령 신앙자들로 수십 년간 내전 상태에 있었다. 더위는 혹독했고 열대 폭우라도 내리면 물이 순식간에 불어나 나일 강 다리 사이로 강을 만들기도 했다. 또 남부에는 4킬로미터의 포장된 도로가 있었지만 연중 6개월만 통행이 가능했다. 반란, 쿠데타, 인근 나라로부터의 난민, 메뚜기 떼의 공습, 부족 간의 반목이 지배하는 나라였다. 내가 지금까지 여행을 하면서 최악의 읽을거리를 가지고 간 곳이 수단이었다.

나는 여행을 할 때 음식을 잘못 선택하는 실수를 자주 했다. 나는 첫 번째 배낭여행에서 음식 실수 때문에 재앙을 겪었다. 도회지인 브룩클린에 있는 고등학교에 다니던 우리는 부활절 휴가를 맞아 야외 히피족이 될 때라는 결정을 내렸고 맨해튼에서 60킬로미터 뻗어 있는 애팔래치아 자연 산책로로 하이킹을 갈 계획을 세웠다. 우리는 무엇을 해야 하는지 알지 못했다. 말이 퍼졌고 스물네 명이 여행을 계획하는 일에 관여하고 있었다. 그것은 유월절(유대교의 축제일 – 옮긴이)에 하기로 예정되었다. 우리는 음식 그룹을 나누었다. 유대 인이면서 채식주의자로 유월절 음식을 지키는 이들이 있었다. 채식주의자도 아니고 유월절 음식을 지키지 않는 이들도 있었다. 그리고 다른 이들도 있었다. 우리는 산의 사자와 독뱀을 경계하기 위해 밤에 누가 깨어 있어야 하는지 교대조를 짰다. 우리는 다양한 사람들이 다른 누군가에게 가지는 연정을 고려하여 누가 누구 근처에 자야 하는지 결정하고 침낭의 배치에 대해 논의했다. 우리는 일박 여행을 계획하느라 몇 주간 방과 후 매일 모였다. 마지막으로 우리는 다음과 같은 멍청한 행동을 했다. 우리는 어떤 공동의 행위가 우리를 완전히 유토피아적인 배낭여행 공동체로 묶어 주기를 원했다. 그래서 서로를 위해 물자를 들고 가기로 했다. 즉, 4~5명이 우리 모두가 먹을 물을 들고 가고, 다른 누군가는 모두의 크래커를, 또 다른 누군가는 모두의 치즈를 들고 가기로 한 것이다. 우리는 강하고 단결되고 상호의존적이 될 것이다. 우리는 다른 이들이 모닥불 주변에서 포크송을 부르는 동안 사회주의자 – 현실주의자 작업 포즈로 일격을 가할 것이다.

하이킹을 시작한 지 1킬로미터쯤 지나자 8명이 지쳐서 그만두었다. 2킬로미터가 지나자 공간의 논리에 저항하는 불특정한 방식으로 남은 사람들은 이미 상당한 간격으로 흩어졌다. 나는 결국 케니 프리드먼이라는 친구와 단둘이 남게 되었고 다른 사람들이 어디에 있는지 알 수 없었다. 불운하게도 음식이라고는 초콜릿과 샐러리뿐이었고 물조차 없었다. 우리는 초콜릿으로 배를 채우고 살아남았지만 완전히 잠들지 못하고 마실 것들에 대한 이야기로 서로를 고문하며 엘레나 골드파브와 함께 오지 못한 것을 안타까워했다. 그녀는 우리가 함께 여행을 가자고 설득하려고 애썼지만 성공하지 못했던 플루트 연주자였다.

나의 음식 운은 사막 여행에서 더 나빴다. 케냐에서의 첫 사막 여행은 우연한 기회에 이루어졌다. 케냐와 우간다 국경을 가로지르는 엘곤 산으로 히치하이크를 떠난 것이 시작이었다. 그곳은 눈이 쌓인 곳이었고 동굴에 코끼리들이 사는 약 4000미터 높이의 산지였다. 나는 보온 내의와 양모, 그리고 여행 음식을 좋은 것으로 준비했다. ─ 오렌지, 치즈, 초콜릿이었다. 그런데 그곳은 이디 아민의 병사들이 외국인 등반객을 납치하는 곳으로 드러났고 백인들에게 왕래가 금지되어 있었다. 실망한 나는 다시 차를 얻어타고 가장 가까운 소도시로 나와 사막이 있는 북쪽으로 가는 탱크로리를 발견했다. 나는 그것을 얻어타고 사막으로 갔고 에티오피아 국경선 부근의 사막에서 반쯤 열사병에 걸려 울 양말과 털 벙어리장갑, 그리고 물이 된 치즈로 한 주를 유랑하면서 보냈다. 오렌지는 날이 더우면 안으로 수축해 쪼글쪼글해져 까면 툭 터지는 먹을 수 없는 화석이 되었다.

다음 사막 여행을 할 때에는 계획을 더 잘 세웠다. 나이로비에 있는 번듯한 슈퍼마켓 중 한 곳으로 가서 정제염과 크래커 그리고 플루이드를 구입했다. 건조 과일을 사고 싶었다. —사막에서는 건조 과일이 딱이라는 결론을 내렸다. 성서의 건조 과일을 먹으면서 사막 여행을 하는 내 모습을 언제나 그려왔다. 그런데 그것이 빌어먹을 정도로 비쌌다. 건조 파인애플과 건조 코코넛 그리고 건조 바나나를 사면 재정이 파탄날 것 같았다. 분명 그것은 생계형이 아니었다. 그때 내 눈에 들어온 것이 건조 타마린드였다. 나는 타마린드가 무엇인지 몰랐지만 눈에 띄게 값이 쌌다. 그래서 2킬로그램을 샀다.

첫날 저녁에 투르카나 사막의 작은 소도시에서 하이킹을 시작하여 땅거미가 질 무렵 황량한 분석구를 올랐고 그 아래 광경에 어지러움을 느끼며 텐트를 쳤다. 나는 타마린드를 꺼내 한입 깨물었다. 그 순간 입안을 마비시키는 강한 맛 때문에 날카로운 비명이 터져나왔다. 소금통을 입안에 들이부었다는 상상을 해보라. 삼키기 직전에는 겨자 한 병을 들이부은 것 같았다. 잠깐 있으면 마마이트(효소 추출물로 만든 잼 - 옮긴이) 한입, 악취가 진동하는 프랑스 치즈, 그리고 오래된 생선 같은 맛이라고 해야 하나? 아무튼 그것 곱하기 십만 배였다. 맛이 얼마나 강한지 대략 근사치가 그 정도였다. '맛'이란 용어로 이해되지 않는 수준이었고 맛을 초월했다. 내 머릿속의 모든 신경 세포가 미각으로 이루어져 있고 그 세포 하나하나를 타마린드로 만들어진 사포로 문지르는 것 같았다. 나는 그 맛을 뱉어내느라고 날밤을 새웠다. 그렇게 여행을 망쳤다.

하지만 이번 수단 여행에서의 최악의 선택은 책이었다. 수단 경찰서에서 밤을 보낸 다음 날 아침에 나는 운 좋게 재빨리 차를 얻어타고 나일 강으로 갔고 곧 남쪽으로 가는 바지선을 탔다. 나는 바지선을 타고 약 1,300킬로미터 떨어진, 수단 남부의 주바를 향해 강을 따라가면서 열흘 정도를 보낼 예정이었다. 그 길은 그해 대부분 그 나라의 두 절반을 연결해주는 유일한 길이었다.

우리는 올라탔다. 내가 탄 바지선은 예인선 같은 것에 묶여 있었다. 바지선 위에는 차양이 있는 중앙 벽이 있었고 승객들은 그 벽에 기대어 앉아 있었다. 나는 미소를 짓고 곧 외면하는 거구의 두 아랍 인 옆에 자리 잡았다. 아랍 감독의 지시에 따라 흑인 일꾼들이 염소, 닭, 석탄을 차곡차곡 쌓았다. 바지선이 수면에서 30센티미터 정도 남겨두고 잠겼다. 그래도 그들은 더 많은 상자와 드럼통을 쌓았다. 차양이 있었음에도 햇볕이 따가웠다. 알다가도 모를 일이 배가 여전히 정지 상태에 있는 동안에도 나는 지독한 구역감과 어지러움을 느꼈다. '그래, 이곳은 사막이야. 괜찮아.'

마침내 배가 항해를 시작했다. 나는 먼저 주변을 열심히 살폈다. 승객들이 북부 아랍 상인들에서 점점 남부 흑인 농경주의자들로 바뀌는 것을 지켜볼 계획이었다. 나는 누군가에게 아랍 어를 배우고 오선지 위에 부족 노래를 받아적고 리코더로 그것들을 연주하게 되기를 바랐다. 나는 어부들과 코뿔소들, 악어들, 그리고 낙타에게 강물을 먹이는 유목민들을 지켜볼 것이다. 나는 이것이 천년 동안 바뀌지 않았을 것이라고 생각한다. 영국인, 이집트 인, 터키 인, 에티오피아 인, 그리고 멀리 로마인들에게 이르기까지 모두 지배하기 위해 여기로 왔다가 사라졌지만 이것은 계속되었고 이 강은 세상을 탄생시켰다. 우리는 수드 갈대 늪지대의 거대한 미로 속을 배회할 것이고 유랑하는 딩카 족의 땅을 통과할 것이고 더 이상 시간이 존재하지 않고 열기와 빛과 물의 움직임만 있을 때까지 세기를 가로지를 것이다. 이런 터무니없는 생각으로 두어 시간을 보내고나니 너무 지루해졌다.

나는 가져간 책을 꺼냈다. 여행 때마다 나는 두꺼운 책 한 권을 가져간다. 이번에는 매우 긴 여행이 될 것이었기 때문에 매우 두꺼운 책을 준비했다. 나이로비에서 무게로 책을 샀고 돈이 허락하는 데까지 가장 두꺼운 책을 샀다. 토마스 만의 「요셉과 그의 형제들」이라는, 성경을 재해석한 1,000쪽에 육박하는 책이었다. 얼마 지나지 않아 그 책을 선택한 것이 비극이라는 것을 깨달았다. 나는 수단에서 한 달을 보낼 예정이었다. 황량한 환경에 처할 때마다 틈틈이 읽을 생각으로 이 책을 가져왔는데 이 책에는 황량한 사막에 대한 토마스 만의 끝없이 이어지는 장황하고 지루한 서술뿐이었다. 무화과나무와 낙타 카라반에 대한 이야기가 수백 장에 걸쳐 교대로 등장했다. 내 기억이 잘못된 것이 아니라면 타마린드 건조에 대한 장이 계속 이어졌다. 이것은 아프리카를 육로로 통과하는 여행 중에 보잘것없는 영어 실력을 향상시키겠다는 열성적인 독일 학생의 경우를 제외하면 최악의 선택이었다. 나는 차라리 「요셉과 그의 형제들」의 독일어 원본을 샀다면 하는 생각이 절망스럽게 들었다. 독일어는 잘 모르지만 적어도 이해하지 않고 읽는 것은 계속해나갈 수 있었을 것이다. 그 대신 나는 다음 10일간 열기 속에서 반 혼수상태로 사막을 응시하는 일과 정신을 차려 토마스 만의 딱딱한 독일식의 비비 꼬인 스토리 속에서 사막에 관한 것을 읽는 일을 번갈아 했다. 나는 영국의 풍속 희극(상류 사회의 풍습을 풍자한 재치 있는 희극. 재치 있는 대사가 특징적이다. - 옮긴이)을 읽거나 전략 공군 사령부 내부를 배경으로 한 최첨단 스파이 스릴러물을 읽고 싶어 죽을 지경이었다. 아니면 전화번호부라도. 어떤 것이라도 괜찮았다.

며칠이 지났다. 우리는 갑판에서 잤고 갑판에서 먹었고 갑판에 앉아 있었고 갑판에서 쌌다. 처음에 나는 바지선 옆쪽에서 대변을 보려고 애썼지만 열기와 탈수로 어지럼증이 생겨 일어서는 순간 나일 강 악어들 속으로 내던져질 뻔한 경험을 한 이후로 로마에 가면 로마법을 따르랬다고 다른 사람들처럼 바지선 위에서 쌌다. 하지만 곧 그 문제는 해결되었다. 너무 탈수 상태가 심해 며칠에 한 번씩밖에 나오지 않았기 때문이었다. 다른 사람들은 열심히 들락거렸다. 그리고 아침마다 갑판원들이 나일 강 물을 퍼서 갑판에 부었다. 표면적으로는 옆쪽에 있는 이것저것을 씻어내는 듯했지만 대개 인간과 염소의 배설물이 섞인 물을 만들 뿐이었다.

근처에 자리 잡은 아랍 상인들이 나에게 점차 호감을 드러냈고 소리 내어 웃었고 내 등을 두드리며 내 발 근처에 침을 뱉고 남부 흑인 수단인들을 조심하라고 당부했다. 이후에 여행 중에 만난 남부 흑인 수단인들은 하나같이 아랍 인들을 조심하라고 했다. 마흐무드라는 한 아랍 상인이 특히 나한테 호감을 나타내며 몇 해 전에 영국을 방문했던 이야기를 했다. 상황이 상황이니만큼 그가 이야기를 반복하는 것도 반가웠다. 그는 여왕인가 여왕 엄마인가에 반한 것처럼 보였다. 서서히 내 뇌는 혹독한 더위와 반복적 생활에 적응되었다. 말하자면 그것은 멍하니 공간만 차지하고 있을 뿐 아무런 기능을 하지 않았다.

나흘째인가 닷새째인가 내 주요 일과는 초등학교 선생님들 이름을 모두 기억해내는 것이었다. 잠에서 깨면 오늘은 초등학교 선생님들 이름을 기억해낼 것이라고 생각하곤 했다. 그런 다음에는 갑판 주변을 산책하고 불운한 경우에는 고통스러운 배설을 하고 영국을 방문한 마흐무드의 유쾌한 이야기를 듣고 좀 먹고 뜨거운 열기에 짧은 낮잠을 자는 것을 반복하곤 했다. 그런 다음 나는 다시 준비를 하곤 했다. 즉, 나는 유치원과 초등학교 1학년 때 선생님 이름을 기억해내기 위해 노력하곤 했다. 잠시 낮잠을 자곤 했다. 잠에서 깨면 칼처럼 예리하게 유치원 선생님 이름이 쉽게 기억났고 그 이후에 시간의 흔적을 잃어버렸다. 오전 늦게 4학년까지 올라갔지만 진정한 열기가 시작되었고 나는 선생님들 이름은 고사하고 내가 속한 것이 무슨 문(생물의 계 문 강 목 과 속 종 중의 문 - 옮긴이)인지를 기억하는 데 상당한 애를 먹었다. 낮잠을 한숨 더 잤다. 오후에 조금 시원해지면 4학년까지 대규모 공격을 할 준비가 되어 있었고 연속적인 것을 자신 있게 반복할 수 있게 되었고 최고 지점에 대한 마지막 공격을 할 준비가 되었다. 그때 갑자기 아랍 인 두 명이 근처에서 싸움을 시작하거나 염소 한 마리가 경련을 일으키는 등 그날 최고조에 이르는 흥미를 끄는, 주목할 만한 일들이 일어나곤 했다. 모든 생각이 달아났다. 곧 잘 시간이다. — 프로젝트는 내일 완료될 것이다.

강을 따라 가던 중 어딘가에서 배는 예상대로 나일 강을 미로로 바꾸어놓는 끝없는 갈대 늪지대인 수드로 들어섰다. 나는 열기와 모기, 그리고 길을 잃을지도 모른다는 끔찍한 피해망상증으로 무릎을 꽉 붙들고 있었던 것밖에 기억이 나지 않는다. 희한하게도 그곳을 지날 때면 갈대를 부분적으로 알아볼 수 있을 것 같은 확신이 든다. 그리고 이전에 본 적이 있는 것과 똑같다는 생각이 든다. 그리고 그 순간 배가 방향을 잃고 끝없이 원을 그리며 돌고 있다는 결론을 내린다. 사람들은 그것을 인정하지 않는 선장을 잡아 죽이고 싶다는 생각을 하며 몇 시간을 보낸다. 그러고나면 그가 그것을 인정해 최악의 두려운 상태를 확인해줄까봐 겁에 질린다. 분노한 마흐무드와 일당들이 언월도를 꺼내 의식을 치르듯이 불쌍한 선장을 참수하고 배를 접수할 것이고 방향에 대한 혼란스럽고 파벌적인 논쟁을 벌일 것이다. 사람들이 늪지에서 길을 잃고 끔찍하게 죽을 때 폭력, 기아, 혼란 상태가 난무할 것이다.

당연히 우리는 별 탈 없이 수드를 벗어났다.

이제 목적지 주바까지는 마지막 짧은 구간만 남아 있었다. 주바는 남부 흑인 수단 인들의 집단 감정 속에 중요한 자리를 차지하고 있었다. 합리적으로 생각하면 수단은 두 나라로 나누어져야 했다. 북부 아랍 인의 나라와 남부 흑인의 나라로 말이다(수단은 2011년 결국 수단과 남수단으로 나누어졌다. – 옮긴이). 만약 두 나라로 나누어지면 주바는 남부 수단의 수도가 될 것이다. 수십 년간 지속된 내전이 마침내 협정으로 마무리되었다. 미래의 남부 수단의 이름이 뭐든 간에 그것의 우아한 수도가 될 주바는 오두막과 난민 텐트가 집결해 있었고 타맥으로 포장된 4킬로미터의 순환 도로를 갖추고 있었다. 나는 주바에서 10,000킬로미터 내에 있는 어느 누구도 이해하기 힘든 극심한 불안감을 느꼈으며, 아프리카에 있는 기간 중 이방인인 듯한 느낌을 가장 강하게 받았다.

주바에서의 첫날은 미국 남부 침례교 선교사들의 도움을 받았다. 선교사들은 물자를 기다리며 부두에 나와 있었다. 그들은 나를 보자마자 그들의 센터에 묵을 수 있도록 초대했다. 오해는 없길 바란다. — 개종하고는 전혀 상관없이 그곳에 묵었다. 그들은 지난 몇 주간 함께 있던 반쯤 벗고 사는 부족민들보다 훨씬 더 이방인처럼 느껴졌다. 그들은 수십 년 동안 미국에서 농사를 짓거나 학교 구내식당에서 수프 요리를 하거나 쉐보레 자동차 공장에서 일했던 노부부들이었는데 어느 날 주바의 합숙소에 가서 깡통에 든 치즈 음식을 먹어야 한다는 하나님의 계시를 받고 이곳에 들어오게 되었다. 나는 그들이 시간이 날 때 무엇을 하는지 파악할 수가 없었지만 이교도들과 악수하는 것은 당연히 아니었다. 적어도 수단 인 이교도들과는 말이다. 지도자로 보이는, 주바에 온 지 4년이 된 버드와 샬린을 포함하여 그들 중 아무도 소도시 시장이 어디 있는지 모르고 있었다. 그들은 자이르 국경으로 가는 도로가 어디에 있는지, 주바에서 다른 어떤 곳으로 가는 버스가 있는지 전혀 모르고 있었다. 그들은 그곳에 대해 아는 것이 없었다. 그들은 합숙소 밖으로 나간 적이 없는 것 같았다. 공급 물자를 받으러 부두로 갈 때나 매주 나이로비에서 비행기로 배송되는 통조림 음식을 받으러 공항으로 갈 때를 제외하고는 말이다. 오 하나님. 음식! 그들은 집에서 직접 튀겨먹는 즉석 팝콘인 지피 팝콘과 코코 마시의 세계에서 자란 나도 마음이 뺏길 정도로 잘 먹고 있었다. 벨비타 치즈 캔, 스팸 캔, 초콜릿 시럽 캔, 수입산 대추야자 캔 등등……. 나는 주위를 한번 둘러보고 샤워하고 내 방으로 물러나 잡지를 읽었다. 저녁에는 또 다른 새로운 경험을 했다. 처음으로 비디오 영화를 보았다. 우리는 모기장 속에 앉아 클린트 이스트우드가 나오는 어떤 영화를 보았다. 앞뒤가 왔다 갔다 하는 내용이라 줄거리를 따라가기가 쉽지 않았다. 우리는 자주 길을 잃고 영화를 중단시킨 후에 안경 낀 남자가 정말 러시아를 위해 일하는지 아니면 그런 척하는 것일 뿐인지 논쟁해야 했다.

동이 텄다. 에드나가 엄청 큰 대형 휴대용 카세트 라디오를 들고 나타나 크게 틀었다. 밴조 연주와 함께 남성 합창단이 「오 수재너」, 「당신은 올드 스무디」 등을 큰 소리로 불렀다. 우리는 활기찬 목소리로 「스와니」를 부르면서 가루 달걀 통조림으로 아침상을 차렸고 그 직후에 나는 그곳을 빠져나오기 위해 바쁘게 움직였다.

주바를 이리저리 돌아다니다가 어딘지 주변과 어울리지 않는, 부조화를 이루는 대학을 우연히 발견했다. 갑자기 극심한 불안감을 느꼈다. 그 대학은 북부의 아랍 인 정부가 체계적으로 발달하지 못한 남부의 흑인 지역을 달래기 위해 세운 것이었는데 기이하게 대부분의 학생들이 북부 아랍 인들이었다. 최근에 소요 사태 비슷한 것이 일어났다고 했다. 그래서 텅 비어 있었다. 제복을 입은 누군가에게 머리를 얻어맞은 학생들은 집으로 돌려보내지고 있었다. 그곳에 남은 학생들은 가까스로 궁지에서 벗어난 반혁명주의자로 추정되는 몇몇 사람들이었다. 나는 도서관으로 갔다. 사서가 책상 위에 잠들어 있었다. 나는 둘러보았다. 벽은 초록색 페인트칠이 벗겨져 있었고 벽돌은 금이 갈라져 있었다. 오래된 아틀랜틱 시티(미국 뉴저지 주에 있는 휴양 도시 - 옮긴이)의 대중목욕탕처럼 보였다. 창문에는 유리나 가리개가 부족해 밖에서 들어온 모래가 3센티미터나 쌓여 있었다. 여기저기 있는 책들은 거의 영어로 된 것들이었다. 기술 서적이 일부 있었고 몇몇은 때 지난 정기 간행물이었다. ― 인도의 식물학 잡지인 『이탈리아의 실험 식물학 기록 보관소』와 다른 몇몇 잡지가 있었다. 나는 뜻밖에도 영국에서 발행된 최초의 과학 잡지인 『네이처』를 발견했다. 발행된 지 3주밖에 안 된 것이었다. 믿어지지 않았다. 표지에는 '영국 대사관과 수단 항공의 선물'이라는 도장이 찍혀 있었다. '아하, 영국 대사관에서 돈을 지불하고 수단 항공에서 이 잡지를 배송했구나.' 따라서 비교적 최근 것이었다.

나는 그것을 대강 훑어보았다. 아프리카 깊은 곳에서 바깥세상과 접촉하니 흥분을 금할 수가 없었다. 사막용 옷을 입고 모래투성이의 발로 그곳에 서서 미국의 뉴 헤이븐에 있는 한 그룹이 내가 미국에 돌아가서 하려고 했던 실험 결과를 실어놓은 것을 발견했다. 뇌에서 분비되는 새로운 특징의 스트레스 호르몬에 관한 것이었다. 특종! 특종이라니! 그 말이 내 머릿속에서 줄달음쳤다. 나는 수단에서 특종을 빼앗긴 셈이었다. 나는 숨이 가빠지기 시작했다. 난 여기서 뭘 하고 있지? 먼 어딘가에서 과학은 빠르게 소용돌이치고 있었고 실험복을 입은 사람들이 버트런드 러셀과 퀴리 부인에 관한 재담과 일화 속에서 서로 축배를 들고 샴페인을 터뜨리고 있었다. 바로 이 순간에 말이다. 그런데 나는 수단 깊은 곳에 들어와 발에 성가신 곰팡이나 키우고 있었다. 나는 즉시 뭔가를 해야 했다.

나는 주변에 공중전화가 있는지 살펴보았다. 가장 가까운 것이 수백 킬로미터 떨어진 곳에 있었다. 나는 어디에 전화를 하려는지 알 수 없었지만 어디든 전화를 하지 않고는 견딜 수가 없었다. 나는 마음을 진정시키지 못하고 주변을 서성거리며 사막쥐를 잡아 실험용으로 키울까 맥가이버 칼로 시험관을 깎아 만들까 생각했다. 교정을 거닐다가 가장자리에서 몇몇 어린 학생들과 마주쳤다. 그 아이들은 나에게 진지하게 인사를 하며 이렇게 말했다. "안녕하세요, 방문객 아저씨." 그리고 내게 꽃을 주고 웃으며 달아나버렸다. 이것이 내 기분을 바꾸어주었고 뉴 헤이븐의 주요 경쟁자를 잊게 만들었다.

나는 주바에서 이틀 정도 보내며 수단의 남부 지역에 대한 정보를 얻었다. 그곳이 어떤 상태에 있는지, 실제로 어떤 도로가 존재하는지, 그중에서 어떤 것이 반란군이나 정부군으로부터 안전한지, 어느 도로로 로리가 다니는지 등등을 말이다. 한 외국 개발 근로자가 내전에 관한 가장 최근 뉴스를 들려주었다. 수단 공군 제트기가 엔진 문제가 생겨 사막에 불시착했는데 알고보니 반란군 기지 부근이었다. 반란군이 그들을 붙잡으려고 했지만 정부군 비행기가 일보 직전에 이륙했다. 반란군은 그 대신 열 명 정도의 프랑스 보조 근로자를 인질로 붙잡았다.

그들은 정부에 영국 돈으로 3만 파운드, 운동화, 바지 그리고 전파(무선 시보)를 요구했다. 영웅적인 캐나다 조종사 한 명이 전달자이자 자발적인 인질로 날아갔다. 그는 포로들에게 군대가 며칠날 밤에 공격할지에 대한 비밀 정보를 가져갔다. 그들은 준비했고 그날 밤 반란군들의 물에 수면제를 탔다. 군대는 이틀 늦게 들어갔고 반란군들은 숲으로 도망갔다. 그 지역 전쟁에 대해서는 이 정도로 해두자.

주바는 곧 무너질 듯한 모습이었고 온갖 난민들로 아수라장이었다. 아민의 우간다, 차드 내전, 멩기스투의 에티오피아, 중앙아프리카 공화국 보카사의 식인주의 등 폭력을 당한 사람들로 가득 차 있었다.

가장 큰 뉴스는 처벌에 관한 것이었다. 최근에 이슬람 법률인 샤리아가 북부 정부에 의해 시행되었고 그것 때문에 남부 흑인들과의 내전이 다시 불붙고 있었다. 그날 오후에 도둑의 손을 자르는 최초의 공개 재판이 있을 예정이었다. 대부분 정령 신앙자와 기독교도인 남부 흑인들은 샤리아의 시행에 분노하며 모여들었고 폭동을 예고했다. 나는 공개 재판을 보는 것을 포기하기로 결정했다.

하지만 주바에서 가장 눈부신 것은 4킬로미터의 타맥 도로였다. 그곳은 오직 에어컨이 달린 다양한 외국 기관의 큰 차량들만이 다니고 있었다. U.S. 구조대, 영국 구호 단체, 유엔 난민 고등 법원, 선교사들, 노르웨이의 구호 단체, 성경 번역자들이 4킬로미터를 끝없이 달려와 서로를 방문하고 마시고 캔에 든 치즈 음식을 먹고 서로 용기를 북돋워 주었다. 나는 주바에서 수단 인의 것으로 보이는 차량은 한 대도 보지 못했다.

불운하게도 내가 가고자 하는 방향으로 가는 차는 없었다. 내가 원했던 곳은 침팬지들이 사는 자이르 국경 부근이었다. 숲과 침팬지에 대해 모르는 사람은 없었지만 그곳에 가는 사람이 있다는 말은 들어 보지 못했다. 나는 두 번째 선택지로 결정했다.—우간다 국경선 부근에 있는 이마통 산맥이었다. 그곳에 수단에서 가장 높은 봉우리가 있고 80~100킬로미터의 긴 열대 우림 고원이 사막 위에 떠 있다. 그 숲의 가장자리에 있는 벌목 타운에는 남부 수단에서 가장 성공적인 기업의 작은 진지가 있었다. 그곳은 도로가 있을 뿐만 아니라 물자를 공급하기 위해 주바에서 그곳으로 가는 로리가 있었다.

나는 로리 뒷자리에 공간을 얻었고 흡족한 마음으로 자리 잡았다. 나는 옥수수 자루 위에 편안하게 앉았다. 다시 토마스 만의 요셉과 형제들에 대한 기술로 돌아갔다. 책을 보다 문득 고개를 드니 로리는 사람들과 짐으로 꽉 차 있었고 땅거미가 깔렸음에도 여전히 뜰에 있었다. 알고보니 주유받기 위해 줄을 서 있는 상태였다. 우리 차례는 일곱 번째였다. 그날 기름을 실은 트럭 한 대가 왔지만 트럭 세 대에 기름을 넣고나니 끝이었다. 그날 저녁에 모두 차에서 내렸고 로리 주변의 모래밭에서 자고 동이 틀 무렵 다시 이마통으로 떠날 준비를 했다. 그런데 우리 차례는 아직 오지 않았다. 또 하루가 갔다. 우리는 이제 두 번째였다. 다음 날 마침내 로리는 기름을 채우고 출발했다. 로리는 대만원이었고 다들 간신히 비좁은 틈에 끼어 손가락 끝으로 금속 대를 잡고 있었다. 로리는 나일 강 다리에 가까워지면서 100미터 앞에서 멈추었다. 아랍 병사들이 검문을 위해 사람들과 자루를 내리게 했다. 그들은 창으로 포대와 자루를 여기저기 찔러보았다. 몰래 숨어서 들어오는 사람들이 있지 않은지 확인하기 위해서였다. 중년 여자가 반발하자 아랍 병사들은 그녀를 마구 때렸다. 내게는 떠나온 도시 이름을 대라고 했다. 나는 시험에 통과했고 아랍 인들은 내 옆에 있는 남자 쪽으로 갔다.

우리는 다시 출발했다. 모두 원래 있던 자리로 감쪽같이 돌아갔다. 우리는 다음 12시간 동안 43도의 먼지 속에서 지축을 흔들며 200킬로미터를 달렸다. 찌는 듯한 무더위에 도로가 울퉁불퉁해서 차가 심하게 요동쳤고 사람들은 간신히 자리에 앉아 있었다. 차양은 없었고 아이들은 토했다. 금속 대가 너무 뜨거워 잠시도 붙잡고 있을 수 없을 정도였지만 차가 심하게 요동쳐 살아남으려면 붙잡고 있어야 했다. 나는 사막 숄을 머리 위로 두른 채 물병을 조심스럽게 바라보았다. 예상보다 훨씬 빠르게 동이 나고 있었다. 나는 머리가 아파오기 시작했고 주기적으로 지끈거리기 시작했다. 호흡도 가빠졌다. 우물처럼 파놓은 웅덩이 같은 곳에 차가 멈추었을 때 나는 사막에서 물을 마실 때의 기본적인 원칙을 무시했다. 물이 안 좋아 병에 걸릴 수 있기 때문에 목을 축이는 이상으로 마셔서는 안 된다는 것이었다. 나는 벌컥벌컥 들이켰는데 몇 분 지나지 않아 속이 매스꺼워졌다. 눈이 욱신거리기 시작했고 사타구니에 심한 통증이 오기 시작했다. 다음 여섯 시간 동안 나는 매스꺼움을 가라앉히고 시간을 보내려고 별짓을 다했다. 토마스 만의 책을 읽는 것은 불가능했다. 사람들 속에 너무 꽉 끼여 있어 팔을 들 수조차 없었다. 나는 다시 한 번 초등학교 때 선생님들의 이름을 떠올리려고 애썼다. 다가오는 해에 계획된 논문 논제의 첫 두 구절을 반복적으로 외우기도 했다. 나는 개코원숭이 사회 조직에 관한 강의의 개요를 따라잡으려고 했지만 집중할 수가 없었다. 내 지도 교수 실험실에서 일하는, 한때 내가 반했던 하계 아르바이트생에 대한 공상에 빠져보았지만 그것역시 집중할 수가 없었다.

나는 결국 가장 가까이 앉아 있는 부족민의 뺨을 응시했다. 주바에서 멀어지자 차에는 더 많은 사람들이 탔다. 그들은 주로 카크와 부족이었다. 그들은 털이 많고 오커를 바른 머리에, 입술 장식을 하고 케냐에서는 본 적이 없는 무늬의 문신을 하고 알몸이나 다름이 없었다. 많은 사람들이 콧대가 부족했다. 처음에는 통과 의례처럼 베어낸 것이라고 생각했지만 알고보니 나병이었다. 어떤 사람은 귀가 톱니 모양으로 변해 있었다. 또 다른 사람은 갑상샘종을 가지고 있었다. 또 대부분이 다리가 7개인 불가사리 모양의 화려한 문신을 가지고 있었다. ― 피부를 칼로 벤 후에 그곳에 모래를 넣어 만든 것이었다. 나는 그 문신을 응시하고 또 응시했고 다리를 반복해서 세었다. 문신의 무늬는 생동감이 넘쳤고 기복이 있는 것처럼 보였는데 아마도 내가 어지러운 상태였기 때문이었을 것이다. ― 이 모든 것 때문에 나는 정확하게 세지 못했고 더 많은 시간을 세는 데 보냈다. 시간이 지나면서 나는 매스꺼움, 갈증 그리고 위경련으로 점점 인사불성이 되어갔다. 차가 덜커덩 부딪치고 멈출 때마다 나는 운전사를 죽이고 싶었다.

나는 헛구역질을 하면서도 남쪽에 거대한 산의 벽이 나타난 것을 알아차렸다. 이마통 산맥이었다. 처절함 속에서도 흥분이 되었다. 5시경에 우리는 토리트의 소도시에 도착했다. 흉터를 가진 남자와 오후 대부분 내 발을 밟았던 젊은 남자 한 명을 포함하여 대부분이 그곳에서 내렸다. 이제 차에는 십여 명 정도밖에 남지 않았다. 우리는 서로 떨어져 마대 자루 위에 몸을 뻗고 누웠다. 그때 마법 같은 일이 일어났다. 로리가 토리트를 벗어나 남쪽 산으로 올라가기 시작했다. 날씨가 서늘해졌다. 풀과 덤불숲이 나타나고 듬성듬성 나무도 보였다. 지는 해 속에서 어딘가에서 미풍 한 자락이 불어왔다. 미풍! 우리는 서로를 바라보며 웃었다. 사람들은 자연스럽게 서로 악수를 하기 시작했다. 동이 틀 무렵부터 서로 붙어 있었는데 이제서야 서로를 인지하기 시작했다. 일몰경

233

에 차가 산을 반 정도 올라갔을 때 양파 자루 위에 앉아 있던 여자들 몇몇이 노래를 부르기 시작했다. 나는 등을 바닥에 대고 누워 별과 나무를 바라보았다. 마치 마법이 일어난 것 같았다. 사람들이 흘리는 땀, 몸을 숙여 피해야 하는 나뭇가지, 염소 배설물 냄새, 갑자기 이 모든 것이 합쳐져 여름 캠프가 되었다. 우리는 흔들렸고 졸았고 노래를 불렀고 악수했고 잊혀진 곳에서 물을 발견했다. 나는 그곳에 있는 여자들이 매우 좋았다. 우리는 깊은 숲 속으로, 산의 한복판에 둥지를 틀고 있는 카티레의 벌목 타운으로 들어섰다. 나는 탈수와 즐거움으로 의식이 반쯤 혼미해져 있었다.

나는 사람들과 작별 인사를 하고 차에서 내려 비틀거리며 걸었다. 나는 나무를 보고 미소를 지었다. 나는 마을로 걸어가기 시작했고 첫 카티레 인과 마주쳤다. 그는 창을 든, 쭈글쭈글한 얼굴의 늙은 남자였다. 그는 리드벅(영양의 일종 - 옮긴이) 뿔로 만든 플루트가 달린 줄을 목에 걸고 있었다. 그는 의기양양하게 다가왔다. 우리는 악수를 했다. 내가 플루트를 가리키자 그는 연주할 기회를 얻은 것에 즐거워했다. 그는 간단한 곡을 연주하고 노래를 불렀는데 '덩 드 덩'이 되풀이되는 것이었다.

덩 드 덩…… 토리트!
덩 드 덩…… 주바!
덩 드 덩…… 하르툼!
덩 드 덩…… 수단!

활기를 되찾은 나는 그가 노래를 부르는 동안에 가만히 있을 수가 없었다. 그가 두 번째 불렀을 때 나는 따라 불렀다. 우리 둘 다 젊은 시절 배운 노래인 것처럼 함께 불렀다. 우리는 다시 인사했다. 그는 멀어져갔다. 시작이 나쁘지 않았다. 나는 위치 보고를 하기 위해 경찰 초소로 갔다. 경찰은 초록색과 검은색 줄무늬로 이루어진 어떻게 보면 파자마 같고, 어떻게 보면 운동복이나 훔친 죄수복 같은 제복을 입고 있었다. 밖에 늙은 여인 한 명이 있는 것을 제외하면 아무도 없었다. 나는 안으로 들어가 여권과 주바에서 발행받은 여행 허가증을 내밀었다. 그는 뭐라고 투덜대며 눈을 가늘게 뜨고 여권을 보았다. 옆으로도 보고 뒤집어서도 보았다. 그는 그것을 어떻게 해야 할지 모르는 사람처럼 보였다. 마침내 그가 말했다.

"여권 있소?"

그냥 지나갈 수 없는 기분 좋은 순간이었다.

"아뇨, 없는데요."

나는 진지하게 대답했다.

"그럼 안 되는데. 안 되는데. 여권이 어디 있소?"

'오! 완벽해.'

나는 그를 바라보았다.

"내 여권은 경관님 손에 있잖아요."

'공은 넘어갔어요, 경관님. 그가 공을 잘 받아넘길까?'

그는 세련된 전문가임이 드러났다. ─ 그는 여권을 진지하게 훑어보고 페이지를 넘겨보고 내 얼굴과 사진을 대조해보았다. 마침내 그는 제 역할을 제대로 해냈다.

"맞소. 이것이 당신 여권이지. 머물러도 좋소."

일이 끝나자 우리는 긴장을 풀었다. 갑자기 그는 나에게 말했다.

"이제 나갑시다."

저녁 식사 시간이었다. 밖에 있던 늙은 여인은 그의 아내였다. 그녀는 콩과 양배추로 한 상 차려왔다. 그리고 꿈에 그리던 물이 있었다. 나는 그에게 감사함을 표했고 그는 말했다. "당신은 우리 손님이오. 고마워 할 필요 없소."

그때 경관의 아들인 스무 살의 조지프가 나타났다. 그는 주바에서 고등학교를 나와 이곳에서 학교 선생님을 하고 있는 자질 있는 청년이었다. 그는 매우 좋은 하얀 셔츠를 입고 있었다. 나는 불빛에 비치는 길을 보았는데 역시 하얀 셔츠를 입은 젊은 남자들과 하얀 블라우스를 입은 여자들이 가고 있었다.

"당신은 운이 좋아요. 오늘 밤 우리 춤춰요."

"무슨 특별한 날이에요?"

"아뇨. 우리는 그냥 매일 밤 춤을 춰요. 그러니 당신은 여기에 오면 항상 운이 좋아요."

갑자기 나는 마을로 걸어 들어오면서 북소리를 들었던 것을 깨달았다.

식사를 하고 물을 더 마신 후 나는 조지프를 따라 춤추는 곳으로 갔다. 우리는 숲길을 걸었다. 하얀 셔츠를 입은 사람들이 점점 더 많이 나타났고 중심지로 가까워지면서 음악 소리가 점점 더 커졌다. 나는 즉시 이해가 되었다. ─사막 높은 곳에 존재하는 행복의 원천이었다. 미친 듯이 찌는 케냐 북부의 사막에 이런 산과 고원이 드문드문 있다. 산꼭대기는 시원하고 관목이 있을 뿐만 아니라 언제나 물이 있다. ─일종의 샘이다. 그곳에 터전을 잡은 사람들은 예외 없이 과거의 한순간에는 절망적인 삶을 살았다. ─그들은 전쟁, 기근 그리고 전염병을 피해 도망쳤다. 산 위에서 사는 것이 어떤 것인지 오직 신만이 알았지만 그들은 달리 갈 곳이 없었다. 그들은 산으로 올라갔고 그곳이 천국임을 알았다. 시원하고 그늘이 있고 물이 있고! 내가 사막의 고원 지대에서 만난 사람들은 하나같이 행복해했고 그 행운에 도취되어 있었다. 내가 가본 에티오피아 국경 근처의 한 고원에서는 차가운 샘물이 고원을 통과해 아래 투르카나 호수로 흘렀다. 그곳 사람들은 모두 물속에서 사는 것처럼 보였다. 강을 따라 걸어가면 약 40미터마다 수영하는 사람들이 있다. "우리와 함께 수영해요." 그들은 소리치곤 했다. 천국이 따로 없었다. 이곳 카티레 역시 시원하고 그늘이 있고 물이 있었다. 무엇보다도 안정적인 현금이 들어오는 몇몇 일자리가 있었다. 그래서 매일 밤 모두 나와서 마음껏 춤을 추었다.

몇몇 사람들이 북을 쳤고 떡 벌어진 가슴을 가진 남자 한 명이 속이 빈 통나무를 불어서 깊게 울리는 낮은 음을 냈다. 춤 그 자체는 일종의 짝짓기 의식 같았다. 젊은 남자들이 안쪽에서 정지된 원을 이루고는 춤을 추었다. 젊은 여자들이 그들을 둘러싸고 빙글빙글 돌았다. 예측할 수 없는 한순간에 한쪽에 있는 나이 든 남자들이 소리쳤다. "오-레-오! 오-레-오!" 그러면 재빨리 여자들이 자신의 마음에 드는 남자를 붙잡곤 했다. 그다음에는 놀라울 정도로 순수하게 주일 학교 춤이 이어지곤 했다. 남자와 여자가 빙글빙글 돌았고 여자가 스텝을 밟으면 남자는 그것에 맞추어 추었다.

조지프는 흥분해서 이성을 잃었다. 그는 내 손전등을 빌려 정지된 원에서 내 옆에 서서 자신의 팔과 가슴 그리고 다리 사이로 불빛을 비추며 여성들의 관심을 끌려고 애썼다. "예, 예, 오-레-오, 가자, 오-레-오." 그는 나이 든 남자들이 신호를 외치게 되어 있는 규칙을 무시하고 소리쳤다. 터무니없게도 나는 선택받지 못할까봐 불안감을 느꼈다. 그런데 일단 춤이 시작되자 나는 키득거리는 여자들의 선택을 자주 받았다. 단지 낯설고 재미있는 화성인이었기 때문에 선택된 것 같아 초조하고 짜증이 났다.

"오늘 밤 한 여자와 같이 자면 돼요. 아내를 찾을 수도 있어요."

조지프가 내 귀에 대고 소리쳤다. 물과 그늘이 있는 한 어떤 것도 가능한데 왜 아니겠는가? 오-레-오 오-레-오 춤은 몇 시간 동안 이어졌다. 조지프가 내 등을 탁탁 두드리고 사람들이 내게 인사하고 악수를 청하는 가운데 말이다. 춤추는 도중에 물그릇이 사방으로 돌아다녔고 율동적인 낮은 음이 북소리 속에서 반복적으로 울려퍼졌다. 깨끗한 흰 옷을 입은 사람들이 아래 사막에서는 보낼 수 없는 하루의 끝을 축하하고 있었다.

정적이 감도는 새벽이었다. 사방의 숲에는 연무가 깔려 있었고 영양들과 새들이 기척을 냈다. 사람들이 오두막에서 나타났다. 산봉우리들이 곳곳에 보였다. 나는 카티레에서 나가는 벌목 차량을 잡아타고 최근에 만들어진 흙길을 따라 벌목 중인 숲의 더 위쪽으로 올라갔다. 남자들이 도구를 들고 나무를 베어 넘어뜨리고 있었다. 개간지 가장자리였고 흙길 막다른 곳이었다. 그 위로는 사방 80킬로미터가 숲이었다. 위로 계속 고원이 있었고 안개에 덮인 열대 우림 숲이 있었으며 3,000미터 높이의 화강암 봉우리가 있었다. 원숭이도, 울어대는 새도, 사슴도, 사냥꾼도 있었고 간간히 좁은 오솔길도 있었고 가끔씩 2,000미터 아래 사막이 내려다보일 때도 있었다. 지옥 같은 사막의 바다 위에 떠 있는 거대하고 멋진 신록의 배였다.

나는 개간지 끝자락이자 숲의 시작 지점에 텐트를 쳤다. 일단 연속적인 탐사를 할 생각이었다. 나의 주요 목표는 숲의 가장 높은 봉우리에 올라가는 것이었다. 위협적으로 치솟은 암석이 보였다.

나는 지도가 없었다. 아니 원래 그곳은 지도가 없는 곳이었다. 방향이 존재하지 않았다. 그곳을 가본 사람도 없었다. 그냥 사냥꾼들이 만들어놓은 오솔길이 있을 뿐이었다. 사냥꾼들은 가끔씩 벌목꾼들과 교역을 하기 위해 이곳으로 내려왔다가 다시 숲으로 들어가곤 했다. 그들은 허리에 천 하나만 걸친 채 숲에서 사는 작고 조용한 남자들이었다. 나는 숲 속에서 길을 잃고 사라질지도 모른다는 불안감을 해소해주는 하이킹 유형을 발전시켰다. 첫날 주요 갈림길이 나올 때까지 약한 시간 동안 첫 번째 길을 따라 걸었다. 갈림길에서 내가 선택한 길(봉우리 쪽으로 통한다고 판단한 길)의 주변 나무들을 완벽하게 인지했다는 느낌이 들 때까지, 또 길을 알아볼 수 있을 때까지 그곳에 있었다. 그곳에 앉아 갈림길 지도를 그리고 나무를 그렸다. 그리고 첫째 날이라고 기록한 후 더 올라가지 않고 원래 장소로 복귀했다.

다음 날은 그 갈림길을 지나 거침없이 올라갔고 갈림길 두 개를 더 지났고 길을 잃을지도 모른다는 걱정이 들 때 다시 복귀했다. 나는 선택한 길 중에 가장 멀리 있는 것을 제외하면 비교적 친숙한 느낌이 들었고 그걸 알면 마음이 차분해졌다. 매일 산꼭대기로 조금씩 가까이 가고 있었고 점점 더 숲을 잘 파악하고 있었다.

숲은 과도하게 성장한 나무들로 울창했고 어지러웠다. ─ 누구라도 그 복잡함에 비명을 지를 것이다. 5일째 되던 날 숲으로 11~12킬로미터쯤 더 올라갔을 때 숲 속에 있는 첫 번째 마을에 다다랐다. 작은 개간지였다. 4제곱미터 정도의 옥수수밭이, 화강암 벽이 아직 시작되지 않은 가장자리 쪽 비탈에 있었다. 지극히 소박해보이는 오두막 4가구가 있었고 대략 10여 명 정도 되는 사람들이 살고 있었다. 몇 명은 입술 장식을 하고 있었다. 여자들은 긴 담뱃대로 담배를 피우고 있었다. 그들은 몸을 숙여 인사했지만 말은 하지 않았다. 나는 불편함을 느끼면서도 잠시 앉아 있었고 무언극으로 높은 산에 가려 한다고 표현했다. 그들은 적절한 오솔길을 알려주었다. 내가 막 떠나려던 찰나에 그들은 열 살쯤 되는 아이 한 명을 데려왔다. 그 아이는 결막염을 앓고 있었다. 그들은 아이 눈을 가리켰다. 내가 해줄 수 있는 것이 있을까? 그들이 내가 해줄 수 있는 것이 있다고 여긴 이유는, 아마도 내가 백인 혹은 외지인 혹은 옷을 입고 있기 때문이었을 것이다. 나는 조금은 알고 있었다. 나는 항생제 연고와 테트라사이클린(먹는 항생제 - 옮긴이)을 가지고 있었다. 나는 그들에게 물을 길어오게 하여 아이에게 손을 씻게 했고 아이 아버지에게 손을 씻은 다음 아이를 만지게 했다. 연고를 발라주었다. 그리고 무언극으로 내일 더 많이 가지고 와서 발라주겠다고 했다.

그렇게 해서 나는 나의 마을을 얻었다. 산에 점점 가까이 다가가는 동안 매일 지나다닐 것이다. 나는 매일 들러 아이에게 연고를 발라주었고 테트라사이클린을 주었다. 그들은 내게 허벅지가 심하게 찢어진 남자를 데려왔고 나는 치료해주었다. 그러자 그들은 끔찍한 결핵성 기침을 하는 여자를 데려왔다. 그것은 나도 방법이 없음을 알려주어야 했다.—그들은 체념한 듯이 보였다. 그들은 점점 말이 많아졌고 내게 옥수수를 갖다주었다. 누군가가 대여섯 개의 길이가 다른 금속 주석이 붙어 있는 나무 상자 악기인 플링커로 연주를 했다. 나는 녹음기를 틀어주었다. 어느 날 나는 그들과 원숭이 사냥을 나갔다. 우리는 숲으로 올라갔다. 나무 위에 콜로부스 원숭이들이 있었다. 나는 당연히 원숭이들을 응원하고 싶었지만 가끔씩 기대감으로 감정이 바뀌기도 했다. 남자들 중 한 명이 활을 쏘았고 한 마리를 떨어뜨렸다. 우리는 그것을 들고 돌아왔다. 성인기 전의 수놈이었는데 그들은 가죽을 벗기고 냄비에 요리했다. 그때 나는 그들이 입고 있는 옷이나 깔개 모두 원숭이 가죽으로 되어 있는 것을 알아차렸다. 나는 고기를 거절했지만 그들이 먹는 것을 지켜보는 동안 메스꺼움과 흥분을 느꼈다.

날이 지나면서 산꼭대기는 더 가까워지고 있었고 아이의 눈은 점점 나아졌다. 내가 그들의 아버지가 된 것 같았고 항생제의 신이 된 것 같았다. 약 10일 정도 되었을 때 나는 다음 마을에 도착했다. 정글의 마지막 골짜기에 있는 산기슭에 위치한 마을이었다. 그것은 내가 지금까지 본 산 중에서 가장 불길한 모양 중 하나였다. 거대하고 무시무시하고 적막하고 험준하고 웅장하게 복잡한 바위 형성물이 마치 진잔트로푸스(1959년에 아프리카의 탄자니아에서 발견된 화석 인류. 약 160만 년 전에 살았던 것으로 추정된다. - 옮긴이)의 몰락한 정글 제국 성채처럼 정글에서 곧게 솟아 있었다. 그리고 정글의 마지막 계곡 끝 산기슭에 붙어 있는 또 다른 작은 마을이 있었다. 마치 이들이 천년 전에 마지막 통치자들에게 봉사했던 조상들의 전통적인 일을 이어받아 여전히 산길을 수호하는 것 같았다.

내가 마침내 그 마을에 도달했을 때 그 마을 사람들은 내게 친숙한 사람들이었다. 내가 슈바이처 노릇을 했던 첫 마을은 처음부터 끝까지 그곳에서 거주한 사람들이었고 나에게 민족적으로 완전히 새로운 토착민 산 사냥꾼들이었다. 하지만 다음 마을은 알고보니 난민이었다.—그들은 수십 년 전에 사막에 살다가 내전 중에 피난 온 사람들이었다. 그들은 케냐 국경선 부근에 사는 사막 부족인 투르카나 족과 매우 가까운 투카 족이었다. 두 부족 사이에는 정말 친숙한 어떤 점이 있었다. ─ 입술 장식과 목걸이가 그랬다. 또한 올챙이배 아이들, 기침, 화 농성 병변 등이 그랬다. 나는 그들의 말 대여섯 가지를 배웠다. 우리는 처음부터 정말 좋은 시간을 보냈다. 나는 이틀 후에 돌아와서 카시아 노라는 남자를 따라 산 위에 있는, 도저히 오르지 못할 것처럼 보이는 바위에 올라가기로 했다.

나는 이틀 후 늦은 오후에 그곳으로 돌아왔다. 하룻밤을 묵고 출발 해야 했다. 카시아노는 내게 텐트에서 자지 말고 자신의 오두막에서 자라고 했다. 자신은 옆집에 있는 남동생에게 가서 자면 된다는 것이 었다.

나는 십 년 전까지 몇 세기 동안 사막 민족이었던 두 번째 마을 사 람들이 여전히 새로운 환경에 적응하지 못하고 있음을 알게 되었다. 산 이 추워 오두막 안에 불을 피우는 것은 불가피했다. 하지만 건축은 사 막에서 살던 때와 다르지 않았고 전혀 개조되어 있지 않았다. ─ 여전 히 닫힌 공간이었다. 따라서 연기가 끔찍할 정도로 빠져나가지 않았다. 마을 사람들은 온통 연기에 눈이 충혈되었고 기침을 했다. 카시아노가 나가자마자 나는 그가 지펴놓은 불을 껐다. ─ 침낭이 충분히 따뜻했고 연기에 속이 거북해서였다. 나는 잠이 들었다.

자정쯤에 나는 그들이 밤새도록 불을 피워놓는 또 다른 이유를 알 게 되었다. 잠결에 난생처음 듣는 오싹한 소리에 잠을 깼다. 순간적으 로 비가 내린다고 생각했다. 이런, 내 위에 비가 떨어지는구나. ─ 뭔가 내 얼굴과 내 침낭에 후두둑 떨어지는 것이 느껴졌다. 그런데 한순간 내가 오두막 안에서 자고 있다는 사실을 깨달았다. 갑자기 오싹해졌고 잠이 확 달아났다. 뭔가 내 위에서 움직였다. 내 머리에서도 움직였다. 나는 얼른 손전등을 켜고 주변을 비추었다. 온통 바퀴벌레였다. 불을 피워놓으면 연기가 짚으로 된 지붕 사이로 스며들어 바퀴벌레들이 활동하지 못한다. 연기가 없으니 바퀴벌레들이 짚 지붕에서 옥수수 자루 위로 비 오듯이 떨어졌다. 하지만 이것이 문제가 아니었다. 바퀴벌레를 따라 군대개미 떼가 나타났기 때문이었다.

나는 군대개미가 아프리카에서 가장 역겹고 가장 공황을 일으키며 유일하게 역겨운 생물체라고 주장한다. 그것들이 가까이 오기만 해도 나는 온몸이 뒤틀리고 신음하고 몸서리치고 무도병에 걸린 사람이 된다. 그것들은 떼를 지어 땅을 뒤덮으며 몰려온다. 그것들은 일반 개미보다 훨씬 크고 피부 조직을 떼어갈 수 있는 큰 집게발이 있다. 그것들은 처음에 조용히 기어올라온다. 그리고 하나가 문다. 그 후에 유인 물질로 비상경보를 울리면 즉시 떼 지어 공격한다. 눈꺼풀도 먹고 콧구멍도 먹고 부드러운 부분을 먹는다. 그것들은 어떤 것이든 가차 없이 공격하고 병약한 것들을 죽인다. 일단 그것들의 집게발이 피부를 파고들면 딱 달라붙어 아무리 흔들어 떼어내려 해도 잘 떨어지지 않는다. 설사 떨어지더라도 집게발을 그대로 두고 몸통만 떨어져나간다. 마사이족들은 심하게 베인 상처를 봉합할 때 그것을 사용한다. ― 베인 상처를 벌리고 군대개미 집게발을 넣은 다음 딱 붙인다. 그리고 재빨리 몸통을 떼어낸다.

하지만 최악은 그것들이 공격할 때 내는 소리이다. '쉬이익' 하는 소리인데 어둠 속에서 악몽이 따로 없다. 그 소리는 그것들이 주변 바닥에 쫙 깔려 있다는 의미이기 때문이다.

그곳은 군대개미의 소굴이었다. 그것들은 짚 지붕에서 비처럼 떨어져 내렸다. 그것들은 나를 건드리지 않고 바퀴벌레들 죽은 것들을 분해했다. 옥수수 자루 위에 온통 바퀴벌레였다. 공포스럽게도 군대개미들은 바닥에 서로 달라붙어 삼차원 다리를 만들어 자신들보다 열 배나 더 큰 바퀴벌레를 분해했다. 내 몸에도 온통 그것들이 붙어 있었다. 나는 잠시 동안 붙박이 가구처럼 죽은 듯이 있었다.

나는 그곳을 나가야 했다. 개미를 밟으면 그것들이 자극을 받아 총 공격을 할 수도 있었지만 달리 선택의 여지가 없었다. 유일한 의문은 오두막 앞에도 개미들이 있을까 하는 것이었다. 만약 그렇다면 그것들이 없는 곳까지 정글 속으로 달려야 했다.

나는 숫자를 세며 잠시 미적이다 몸을 날렸다. 두 번째 걸음을 내딛는 순간 온몸에 불이 확 붙는 것 같았다. 불덩이. 작은 불덩이였다. 여기저기 따끔거리며 비명이 절로 나왔다. 눈꺼풀에 하나, 입술에 하나, 사타구니에 여러 마리가 있었다. 나는 후다닥 나가 비명을 지르고 옷을 벗어던지고 바닥 위에 몸을 굴렸다. 이런 세상에…… 맞은편 끝에서 또 한 무리가 몰려오고 있었다. 나는 온몸을 마구 흔들고 소리치고 개미를 짓이기려고 몸의 일부를 땅에 대고 쾅쾅 박고 경련이 이는 것처럼 날뛰었다. 카시아노와 마을 사람들이 나타나 그 모습을 보고 재미있어했다. 나는 마지막 남은 개미 한 마리를 떼어내고 다시 옷을 입었고 그에게 내가 겪은 일을 소심하게 말했다. 카시아노는 별일 아니라는 듯이 오두막으로 달려들어가 불을 피웠고 곧 개미와 바퀴벌레 남은 것들은 다시 어딘가로 사라졌다.

동이 틀 무렵에 우리는 산꼭대기를 향해 떠났다. 카시아노는 맨발로 앞장서서 칼을 휘두르며 숲을 헤치고 길을 만들며 나아갔다. 바위 벽에 도달했고 바위 벽에서 우리는 다시 수직으로 올라가기 시작했다. 아슬아슬한 발판을 딛고 작은 바위 조각들이 떨어지는 둥근 바위 사이를 가로질러 기어올랐다. 그는 무엇을 해야 하는지 아는 것처럼 보였다. 한 시간, 두 시간, 지치고 땀이 비 오듯 쏟아졌고……. 마침내 우리는 산꼭대기를 밟았다. 수단에서 가장 높은 곳이었다. 그 아래로 아찔한 광경이 펼쳐졌다. 그 아래 숲 속에서 안개가 피어올랐다. 멀리 사막이 보였다.

산꼭대기 가장 높은 지점에 돌무덤이 있었다. 그것은 중심 핵이 있는 피라미드였다. 카시아노는 재빨리 나를 뒤로 물러서게 했다. 그는 조용하고 경건하게 무릎을 꿇었다. 그는 귀 뒤쪽 머리에서 작은 새 깃털을 꺼냈다. 그는 그것을 돌무덤 심장부에 놓았다. 그 순간 나는 정령 신앙자들이 부러웠다.

돌아갈 때가 되었다. 아니, 출발해야 했다. 수송 수단이 불확실했기 때문에 미리 출발해야 했다. 나는 대로로 돌아가서 케냐로 직행하거나, 아니면 우간다를 우회해서 케냐로 들어가는 로리를 얻어타고 귀환할 예정이었다.

나는 천국을 떠났고 산에서 토리트로 내려가는 벌목 트럭을 탔다. 마침내 웜피 회사의 트럭 마당에 무사히 도착했다. 웜피 회사는 영국의 도로 건설 회사로 영국 정부와의 계약을 통해 주바-케냐 사이에 도로를 놓는 작업을 하고 있었다. 그들은 몇 년 동안 그곳에서 사막과 부족 약탈과 우기와 싸우며 작업을 하고 있었다. 웜피 회사의 트럭 마당에 많은 것들이 있었다.

예상 밖의 소란이 있었다. ─영국인 매니저들이 아랍 인 감독들에게 소리를 질렀고 아랍 인 감독들은 흑인 일꾼들, 지게차 기사, 착암기 기사에게 고함을 질렀다. 나는 마당 맞은편에서 로리 운행자로 보이는 한 무리의 사람들을 발견했다. ─여섯 명의 소말리 족이었다. 그들은 케냐

번호판이 달린 두 대의 로리 사이에 원을 그리고 앉아 낡은 기름통으로 만든 잔에 커피를 마시고 있었다. 동아프리카와 중앙아프리카에 있는 모든 장거리 운전사들은 인도양에 있는 케냐의 몸바사 항에서 유조차를 몰고 전쟁과 혁명을 뚫고 3개월을 운전해 콩고 강에 석유를 내려주고 돌아가는 독한 사람들로, 모두 소말리 족이었다. 그것은 전통적인 사막 유목주의를 현대 직업에 적용시킨 것이었다. 그들은 거칠고 회복력이 좋고 대륙을 가로질러 왕복 6개월간의 수송 여행을 개의치 않았다. 탑승자는 둘 아니면 셋으로 이루어져 있는데 운전사와 몇몇 조수로 이루어져 있었다. 조용한 소말리 족들은 유조차 앞머리 캡에 낙타 우유와 스파게티 상자를 가득 쌓아두었고 향정신성 식물을 한 더미 가지고 있었다. 기도할 때 쓰는 매트, 총, 밀수한 것이 틀림없는 이런저런 것들이 있었다. 소말리 족 트럭 운전사들이었다.

나는 이 무리에게 다가갔고 염소수염과 올챙이배의 한 중년 남자에게 갔다. 케냐로 가는 차를 찾고 있다고 하며, 케냐로 가지 않는지 스와힐리 어로 물어보았다. 그는 커피에서 얼굴조차 들지 않았다. "꺼져." 그가 말했다. 나는 마당의 다른 쪽 끝으로 물러나 모래 위에 앉아 약 37쪽에 걸쳐 쓰여 있는 요셉의 경이로운 코트의 자수 패턴에 관한 것을 읽었다.

네다섯 시간 후에 그들은 주변으로 모이는 다른 트럭들을 무시하며 여전히 커피를 마시고 앉아 있었다. 이제는 카드놀이를 했다. 나는 한번 더 다가갔다. "적어도 이 주변에서 케냐로 가는 차를 가진 사람을 혹시 알지 않나요?", "꺼지라고 했지." 그가 다시 말했다. 나는 다시 책으로 돌아왔다. 약 두 시간 후에 그 남자는 내게 다가와 마치 마지막 경고인 것처럼 "좋아, 케냐로 태워다주지. 하지만 돈을 내야 해."라고 말했다. 우리는 값을 흥정했고 곧 합리적인 액수에 동의했다. "언제 떠나나요?", "오늘 밤에." 그는 뒤뚝거리며 돌아갔고 나는 다시 독서에 빠져들었다. 몇 분 후에 어려 보이는 남자 한 명이 내게 다가와 커피와 스파게티 그릇을 말없이 내밀었다. "저곳은 햇빛이 별로 강하지 않아요." 그는 내게 무리 쪽으로 오라는 듯이 말했다.

그래서 나는 소말리 족들 무리에 합류했다. 그들은 여섯이었다. ─압둘, 압둘, 압둘라, 에메트, 아크메트 그리고 알리였다. 큰 압둘과 에메트는 각각 트럭 두 대의 운전사였다. 아크메트와 알리는 두 번째 운전사였고 작은 압둘과 압둘라는 잔일을 하는 조수였다. 그들은 3개월 전에 팀을 이루어 몸바사에서 석유를 싣고와서 주바에 내려놓고 이제 출발지로 돌아가기 일보 직전이었다. 그들은 모두 소말리아의 같은 마을 출신들이었다(아마도 유일한 생존자일 것이다). ─마을은 내전으로 쑥대밭이 되었다. 그들 여섯 명은 걸어서 케냐의 몸바사로 피신했다. 자신들을 받아준 케냐에 대해 고마워해도 모자랄 판에 그들은 내 지도를 가져다 케냐 북동쪽 모퉁이 전체를 소말리아의 것으로 표시했다. 같은 주장을 하는 소말리아 정부 때문에 두 나라 간에 전쟁이 한 번 이상 일어났었다.

그들은 음흉해 보였고 말이 없었다. ─어린 조수 두 명을 빼고 말이다. 조수 압둘은 심술궂고 수다스러웠다. ─시끄럽고 말이 많고 허풍이 심했다. 그는 큰 사기꾼을 따라다니는 하찮은 사기꾼 같은 느낌을 주었다. 제일 막내인 압둘라는 아마 열대여섯 정도 되어 보였는데 별다른 특징이 없었다. ─그는 조용하고 온순하고 호기심과 두려움, 그리고 어쩔 줄 모르는 듯한 분위기를 풍겼다. 그는 내 옆에 가만히 앉아 내가 동족으로부터 자신을 구해주기를 바라는 듯한 미소를 짓고 있었다.

늦은 오후가 되었고 카드놀이가 계속되었다. 우리는 커피를 더 마셨다. 나는 평소에 커피를 잘 마시지 않는다. 게다가 이것은 구역질이 날 정도로 진했다. 하지만 내가 마시지 않으면 그들이 나를 때릴지도 모른다는 생각이 들었다. 저녁이 되었고 더 많은 커피와 더 많은 카드놀이, 더 많은 스파게티가 나왔다. 땅거미가 깔릴 무렵에도 트럭 주위의 소란이 정오 때와 별로 다르지 않았다. 모두 잘 준비를 했다. "오늘 떠나는 것이 아니었나요?" 내가 물었다. 에메트가 위협적으로 말했다. "무슨 바쁜 일 있소?" "아니요, 아니에요." "좋소. 내일 케냐, 내일 나이로비요." 그가 말했다. — 믿을 수 없는 환상적인 목표였다. 그는 나에게 잘 자라고 인사를 했다. 운전사 압둘과 아크메트는 운전석에 딸린 침대로 가서 잠자리에 들었다. 에메트와 알리는 트럭 밑에 가서 잤다. 조수 압둘과 제일 막내인 압둘라 그리고 나는 트럭이 주차된 마당의 모래 위에 요를 깔고 잤다.

다음 날 우리는 일찍 일어났고 소말리 족들은 빠르게 원으로 둘러앉아 카드놀이를 하고 커피를 마셨다. 나는 지루함과 짜증으로 요셉과 그의 형제들의 모험으로 다시 돌아갔다. 그 형제들은 점점 더 이 소말리 족들을 떠오르게 했다. 오후 중반 즈음에 막내 압둘라가 커피와 카드놀이에 넌덜머리를 내며 주변을 배회하다 내 옆에 앉았다. 곧 나는 카세트를 틀어주었고 압둘라는 내가 따라 하기에 불가능한 소말리 족 노래를 가르쳐주려고 했다. 나는 그에게 발음하기 힘든 어구인 "암말들이 오트밀을 먹고 오트밀을 먹는다(Mares Eat Oats And Does Eat Oats.)."를 정말 빠르게 말할 수 있도록 가르쳐주려고 했다. 그는 감명을 받은 모양이었다. 조수 압둘은 겉으로는 바보 같은 음악이라고 압둘라를 놀렸다. 하지만 그는 곧 소말리 족 노래를 불렀고 영화「토요일 밤의 열기」에 나오는 음악 중 자신이 좋아하는 가락을 흥얼거렸다.

커피가 더 나오고 스파게티가 더 나오고 또 하루가 갔다. 우리는 다시 매트 위에서 잤다. 전날 밤처럼 밤새도록 트럭이 우리 머리 위에서 지축을 흔들어댔고 사정없이 우리 옆을 지나갔고 노란 클리그 등을 비추며 수백 킬로미터 앞의 물구덩이에서 묻혀온 흙탕물을 우리에게 뿌렸다. 동이 틀 무렵 그들은 카드놀이를 하기 위해 다시 모였다. 그들은 지독한 3개월간의 트럭 여행을 다시 시작하고 싶은 마음이 없고 그냥 그곳에 영원히 머물러 있고 싶은 것처럼 보였다. 하지만 다행히도 그날 영국 매니저들 중 한 명이 그들에게 고함을 질렀다. "이 빌어먹을 소말리 족 자식들, 빨리 꺼지지 못해. 지금 당장 출발하지 않으면 가만두지 않을 줄 알아." 무시무시한 불평을 뒤로 하고 우리는 출발했다.

모험…… 사막을 질주하여 케냐로 가는 모험이 시작되었다. 나는 엔진 케이스 위에 앉아 마음이 넉넉한 사람처럼 미소를 지었다. 차가 움직이기 시작했다. 우리는 토리트의 동부 끝자락으로 가서 소도시의 마지막 상점으로 갔다. 모두 그곳으로 우르르 몰려가 샌들과 빗 같은 것을 샀다. 연장자인 운전사 압둘은 어떤 의식인지 기이한 향수병을 사서 그 내용물을 나를 포함한 모두에게 묻혔다. 성수였다. 이를테면 긴 여행을 시작하는 축하 의식이었다. 그런 후에 그들은 가게 옆에 있는 나무 밑에 앉아 또 카드놀이를 시작했다. 나는 절망했다. 20분 후에 영국인 매니저들이 다시 나타나 우리를 쫓아냈다. 우리는 다시 출발했다. 주위 전망을 보니 앞으로 긴 시간 동안 나무 덤불을 다시 보기는 어려울 것 같았다. 그래서 이제는 머물기보다는 운전하는 것이 더 나았다.

로리는 사막의 모래 속으로 지축을 흔들며 달렸고 각 캡(대형 트럭의 운전석이 있는 앞부분 - 옮긴이)이 텅 빈 석유 탱크 두 개씩을 달고 달렸다. 사막은 황량하기 짝이 없었다. ― 때로 도로는 형태가 확실치 않고 짐작만 될 뿐이었다. 오후 중반 무렵에 뙤약볕이 참을 수 없을 정도로 강해졌을 때 우리는 차량 밑으로 기어들어가 낮잠을 잤다. 오후 늦게 커피와 스파게티를 먹기 위해 멈추었다. 나는 카페인과 탄수화물 식사에 넌덜머리가 났지만 다들 아랑곳하지 않고 잘 먹었다. 하지만 오늘 밤은 출발을 축하하기 위해 특별식이 마련되었다. 운전사 압둘이 설탕과 낙타 젖을 스파게티에 섞었다. 파라핀 난로 열로 한입만 먹어도 구역질 나는 설탕-우유 피막이 형성되었다. 우리는 소말리 족 식으로 원으로 둘러앉아 서로 허벅지에 무릎을 기댔다. 모두 중앙에 있는 냄비에서 오른손으로 집어먹었다. 그리고 잠자리에 들었다.

겨우 두어 시간 잔 것 같은 느낌이었다. 사실 두어 시간 잤다. ― 저녁 10시였다. 아크메트가 나를 흔들어 깨웠다. "서둘러요. 지금 떠나요." 트럭에는 이미 시동이 켜져 있었다. 나는 서둘러 침낭을 둘둘 말고 짐을 꾸려 차에 올라탔다. "왜 이렇게 급하죠?", "운전하기에 좋은 시간이에요." 압둘이 설명했다. 이들의 체내 시계에 어떤 끔찍한 일이 일어난 것 같았는데 시간이 가면서 더 분명해졌다. 밤낮이 따로 없었다. 우리는 자정까지 달렸고 또 멈추고 잠을 잤다. 우리는 동이 트기 한 시간 전에 출발했고 낮잠을 자기 위해 다시 두 번 멈추었다. 밤중에도 반쯤 가다가 멈추고 두 시간 정도 눈을 붙였다. 규칙적으로 하는 것은 하루에 다섯 번 기도하기 위해 멈추는 것뿐이었다. 그럴 때면 모두 차 밖으로 내려가 매트를 깔고 그 위에서 메카를 향해 기도를 했다. 이런 미친 것 같은 일정이 이해되지 않았다. 게다가 압둘은 매일 운전을 시작할 때마다 "오늘, 케냐요."라고 하고는 매일 사막을 가로질러 10킬로미터 더 가는 것으로 그쳤다. 이 때문에 나는 머리가 돌아버릴 지경이 되었다.

또한 이들은 매일 눈에 띄게 공격적이고 야만스러운 인간이 되어갔다. 우리는 도중에 어떤 작은 마을로 들어서게 되었다. 그들은 어떤 집으로 들어갔고 절망스러울 정도로 가난한 거주자들에게서 이것저것을 갈취했다. 다섯 명이 다 무너져가는 오두막으로 들어가 겁에 질린 거주자를 발견하고 양파 세 개를 빼앗았다. 오렌지와 양배추일 때도 있었다. 세 번째 날에는 염소를 빼앗았다. ─누더기 반바지만 걸친 거주자가 겁에 질리고 분노한 채 하나밖에 없는 염소를 빼앗기지 않으려고 발버둥을 쳤지만 알리와 아크메트가 그를 때렸다. 거주자들은 매우 가난했다. 하지만 그들은 그냥 떼로 몰려가 위협하고 원하는 것을 빼앗아왔다. 나는 역겨움을 느꼈고 그들이 주는 음식을 입에 대기 싫었지만 그들이 모욕감을 느낄까봐 두려웠다. 막내 압둘라는 마음이 나만큼 편치 않아 보였다. 알리와 아크메트가 염소 주인을 때리는 동안 압둘라가 시선을 돌리며 마치 해명을 하기라도 하는 것처럼 작은 소리로 말했다. "몸바사를 떠날 때 식량을 별로 받지 못했어요."

이 모든 폭력은 아랍 인과 아프리카 인 사이에 존재하는 끝없는 증오를 반영하는 것처럼 보였다. 어쩌면 소말리 족 조상은 수단 인 조상을 노예로 삼은 약탈자들이었을지도 모른다. 아랍 인의 잔지바르 노예 시장은 20세기에 들어서까지도 있었고 소말리 족들은 마음 깊은 곳에 내륙 흑인들에 대한 뜨거운 경멸을 가지고 있었다. "수단 인들은 짐승 새끼나 다름없어." 아무것도 없는 오두막에서 양배추 두 개를 빼앗아 온 후에 아크메트가 웃으며 말했다.

그리고 이 소말리 족들은 서로에게도 난폭하게 굴었다. 그들은 내가 알고 있는 어떤 면에서 서로에게 애정이 없지 않았다. 이를테면 강조할 말이 있을 때 상대방의 손을 잡거나 앉을 때 허벅지에 서로 무릎을 걸쳐놓았다. 하지만 매우 공격적이었다. 매일 식사 후에는 불가피하게 싸움이 벌어지곤 했다. 아크메트는 트럭 아래에 파라핀 난로를 계속 켜두려고 했고 다른 누군가는 그것을 비판하곤 했다. 그것은 싸움으로 번졌다. 또 다른 경우에 에메트가 차를 모래 깊숙이 빠뜨려서 우리는 운전석 캡과 탱크를 분리해야만 했다. 압둘은 그가 길을 잘못 선택했다고 비판했고 그러면 싸움이 또 일어났다. 나는 이제 싸움의 패턴을 알아차렸다. 트럭 두 대가 나란히 주차되면 다들 음식과 커피와 카드를 가지러 들락거린다. 그러다가 긴장된 순간이 발생하면 서로 맞붙어 싸운다. 서로 멱살을 잡고 발로 차고 야만스럽게 싸운다. 진 사람은 언제나 체면을 살리려는 듯이 다른 사람을 걸고 넘어진다. ─신경이 날카로워진 아크메트는 조수 압둘에게 시비를 걸며 그를 차고 때리고 땅으로 내동댕이치고는 의기양양함을 과시한다. 그러면 조수 압둘은 펄쩍 뛰며 부츠 나이프를 꺼내든다. 의식은 이어진다. 그 순간 모두 달려들어 몸싸움으로 그를 쓰러뜨린 후에 칼을 빼앗는다. ─조수 압둘이 아크메트를 제압하지만 그는 다른 이들이 가세한 수적 우세로 체면을 유지한다. 조수 압둘은 조금 토라진 표정으로 조금 떨어진 나무 밑에 혼자 있는다. 조용히 식사가 준비되고 사람들은 또 먹기 시작한다. 조수 압둘은 여전히 뚱해 있다. 연장자인 압둘이나 에메트가 농담 비슷한 말로 소리쳐 그를 부르면 그는 그들 속으로 다시 돌아온다.

이런 일이 식사 때, 트럭을 멈출 때 시시때때로 일어났다. 싸움의 의식이었다. ─전통 의식은 아니었다. 막내 압둘라만이 예외였다. 그리고 나도 예외였다. 나는 너무 상냥하고 정중한 대접을 받고 있었는데, 문득문득 심한 일을 당할지도 모른다는 생각이 들곤 했다. 어느 날 우리가 운전을 멈추었을 때 모두 기분이 좋고 평소답지 않게 힘이 솟아오르자 아크메트가 웃으면서 뒤에서 나를 껴안고 자빠트리려고 했다. 나 또한 그래봐야 소용이 없다는 듯이 웃었다. 그런데 속으로는 덜컥 겁이 났다. 하지만 예상과 달리 그들은 나를 무심하고 초연하게 대했다. 몇 번 그들이 뭔가를 훔치는 대신에 물건을 샀을 때 내가 돈을 지불하려고 했다. 그들은 내게 화를 내며 돈을 쓰지 못하게 했다. 식사 때는 내가 먼저 먹어야 한다고 주장했다. 그것이 너무 배려 있고 보란 듯이 하는 행동이라 소말리 족의 오랜 관습 중에 먹이고 살찌워서 예정된 보름달이 뜨면 목을 자르는 관습이 있지 않을까 하는 생각이 들 정도였다. 그 두려움은 보통 수준을 넘어서 있었다. 나는 그들의 마음을 읽을 수가 없었다. 인적이 없는 사막으로 들어갔을 때 나는 매일 점점 더 편치 않았고 그들이 점점 더 두려워졌다. 그들은 한편으로는 수단 인을 약탈하고 구타하고 공포감을 조성하고 또 다른 한편으로는 끔찍한 분노의 순간에 자기들끼리 서로 칼을 꺼내들고 싸우면서, 내 앞에는 상냥하게 스타게티 냄비를 내놓고 있었다.

며칠 후에 국경선 서쪽 어느 지점에서 압둘의 트럭이 뒤집어졌다. 그곳은 연중 우기 중에 이틀 정도 깊은 강이 되었다가 나머지 기간에는 지금처럼 움푹 패여 계곡이 되어버리는 6미터 정도 길이의 다리 근처였다. 포장된 도로 바로 옆의 왼쪽이 심하게 유실되어 있었는데, 압둘이 유실된 곳으로 너무 들어가버렸다. 우리는 서서히 왼쪽으로 미끄러졌다. "아!" 우리는 소리쳤다. 압둘은 핸들을 오른쪽으로 꺾었지만 소용이 없었다. 우리는 왼쪽으로 더 미끄러졌다. 그리고 차가 서서히 기울어졌다. 대비할 시간도 생각할 시간도 없었다. '창문으로 뛰어내릴까? 아니야, 뛰어내려봐야 목만 부러질 가야.' 차는 감지될 듯 말 듯 서서히 기울어지더니 마침내 눕고 말았다.

우리는 힘겹게 차에서 빠져나와 상태를 조사했다. 일단 캡이 완전히 뒤집혀 있었다. 첫 번째 탱크는 누워 있었고 두 번째 탱크는 서 있었다. 캡의 바닥쪽이 사막의 뜨거운 뙤약볕에 완전히 드러나 있는 것을 보고 있자니 속이 심하게 거북했다. 우리는 다리를 건너간 에메트의 캡에서 탱크를 분리했다. 일곱 명이 모두 달려들었다. 에메트는 자신의 캡으로 압둘의 캡을 끌어내리려고 안간힘을 썼지만 미끄러져 같이 전복되었다.

소말리 족들은 또 치고받았다. 에메트가 압둘의 운전을 비판했고, 그들은 싸우기 시작했다. 알리, 아크메트, 조수 압둘이 싸우기 시작했다. 막내 압둘라와 나는 몸을 움츠렸다. 얼마 후에 그들은 진정했다. 우리는 자리에 앉았고 무더위 속에서 어지러움을 느꼈다. 탱크는 위태롭고 앉을 그늘이 충분치 않았다. 모두 매우 긴장했다. 가끔씩 우리는 삽으로 타이어 아래를 파보는 헛된 노력을 했다. 집단 위기라는 암묵적인 결론을 내린 탓인지 아무도 먹지 않았다. 모두 점점 더 분노하고 있었다. 우리는 갈증이 났지만 물이 거의 없었다. 알리가 바닥에서 한번 물리면 5분간 발에 감각이 없고 1시간 동안 욱신거리는 독개미를 발견했다. 전갈도 나타났다. 압둘과 에메트는 또다시 싸움을 했다. 모두 알 수 없는 뭔가를 두려워하는 것처럼 보였다.

다음 날 아침까지 그렇게 앉아 있었을 때 막내 압둘라가 나에게 왜 싸우는지 알려주었다. 토포사 족 때문이었다. 토포사 족은 국경선을 따라 소말리 족 트럭을 약탈하며 생계를 유지하는 거친 부족이었다. 군대가 그들을 거의 통제할 뻔한 적도 있었지만 훨씬 더 북쪽에서 일어난 내전 때문에 군대가 철수하게 되자 토포사 족은 더욱 미친 듯이 날뛰었다. 그들은 군대로부터 탈취한 총을 소지하고 있었고 수적으로 많았고 모든 것을 빼앗았고 대형 트럭을 모는 사람에게 총질을 했고 기름 탱크를 불태웠다. 기이하게도 그들은 20세기의 소형 화기에 친숙해졌음에도 불구하고 여전히 움직이는 차량에 위협을 느꼈다. 그들은 오도 가도 못하는 트럭과 밤을 보내려고 정지해 있는 트럭만을 공격 대상으로 삼았다. ― 이제야 소말리 족들의 운행 패턴이 불규칙적인 이유를 알 것 같았다. 소말리 족들은 잠을 자다가도 순식간에 운전대에 올라갔는데, 그것이 주변에 토포사 족이 있다는 무언의 직감 때문인지 아니면 자신들끼리 서로 주고받은 의견인지 아니면 일반적인 불안 초조감 때문인지는 분명하지 않았다. 나는 소말리 족들과 대결을 하는 또 다른 존재가 있다는 것을 알고 기절할 듯 놀랐다. 카우보이와 인디언이 싸우는 서부극도 아니고 무슨 이런 일이 있나 싶었다. 하지만 이들이 토포사 족에게 겁을 집어먹고 있다면 나 또한 그럴 수밖에 없었다.

모두 지독하게 긴장했다. 모두 소리를 지르다가 마침내 지쳐 맥없이 자리에 앉았다가 독개미를 피해 이리저리 자리를 옮겼다. 아크메트가 총을 가지고 나왔는데 소용없을 것 같아 보였다. 압둘라는 나만큼 속이 거북해 보였다.

이른 오후에 가장 전망이 좋은 에메트의 탱크 꼭대기에 앉아 있던 알리가 주변을 둘러보다가 누군가가 먼 곳에서 우리를 발견하고 재빨리 멀리 언덕 쪽으로 가고 있다고 알려주었다. 우리가 오도 가도 못하고 있음을 마을에 알리러 가는 토포사 족이 분명했다.

우리는 거의 공황 상태에 빠졌다. 알리와 아크메트는 총을 가지고 자리를 잡았다. 에메트는 다시 한 번 캡을 빼내려고 했다. 조금만 더 노력하면 캡을 구렁에서 빼낼 수 있기라도 한 것처럼 말이다. 막내 압둘라는 탱크 아래에 몸을 웅크렸다. 모두 씩씩거렸다. 뭔가 준비해야 하는데 할 수 있는 것이 아무것도 없다는 것을 느낀 것 같았다. 내 머릿속에는 읽고 있던 토마스 만의 마지막 구절밖에 떠오르지 않았다. —"형제들이 요셉을 공격해 그를 노예로 팔아넘기고는 그의 피 묻은 코트를 아버지 야곱에게 가져갔다. 야곱은 자신의 아들에게 무슨 일이 일어났는지 모른다는 사실에 상심했다." 갑자기 나는 내가 죽을지도 모른다는 사실 때문에 공황 상태에 빠진 것이 아님을 알았다. 무슨 일이 생긴다면 내가 결코 발견되지 않으리라는 것에, 내 부모님이 나에게 무슨 일이 생겼는지도 모르리라는 것에 상심했다. —나는 흔적 하나 남기지 않은 채 행방불명된 존재가 될 것이다.

나는 앉아서 무릎을 꽉 끌어안았다. 늙은 아버지를 생각하니 눈물이 날 것 같았다. 막내 압둘라는 다리 아래에 숨었다. 다른 사람들은 싸웠다. 아크메트는 조수 압둘을 때렸고 에메트와 알리는 운전사 압둘과 붙었는데 알리가 총으로 그를 쳤다. 혼란이었다. 정말 끔찍한 혼란이었다. 곧 토포사 족이 올 것이다. 엔진 소리가 들려온 것이 바로 그때였다.

멀리서 뭔가가 보였다. 그것은 케냐 쪽에서 우리 쪽으로 느릿느릿 다가오고 있었다. 그것은 거대한 견인차였다. "베이커야." 에메트는 여전히 운전사 압둘의 목에 손을 댄 채 소리쳤다. "베이커야." 소말리 족들이 좋아서 펄쩍펄쩍 뛰며 소리쳤다. "베이커야!" 나는 막내 압둘라와 얼싸안고 소리쳤다.

베이커는 윔피 회사 소속으로 가장 큰 견인차를 운행하는 사람이었다. 그가 하는 일은 초창기에 놓인 어설픈 도로를 따라 느릿느릿 다니면서 회사 소속의 차량을 구조하는 것이었다. 당연히 곤경에 처해 있는 경우에 말이다. 그것은 방탄유리까지 갖춘 거대한 차량이었다. 우간다 난민 한 명이 조수로 동승하고 있었다. 그들은 정지된 차량이나 전복된 차량을 빼내는 일을 하면서 국경에서 토리트까지 뻗은 구간을 순회하고 있었다.

베이커는 우리 차의 상태를 유심히 살핀 후에 말했다. "별문제 없어야 하는데." 그는 체격이 다부지고 키가 크고 수염이 무성하고 피부색이 새까만 수단 인이었다. 나는 그가 첫눈에 좋아졌다. 그는 에메트의 캡에 갈고리 체인을 걸고 도로로 끌어올렸다. 이어서 압둘의 캡과 탱크를 끌어올리고 바로 세웠다. 15분 정도가 걸렸다.

일을 마치고 우간다 인이 체인을 감았을 때 나는 이런 것 저런 것 아무것도 생각하지 않고 무작정 결심했다. 나는 전전긍긍하며 베이커에게 다가가 물었다. "견인차에 동승하여 토리트로 돌아가고 싶은데 괜찮을까요?" 나는 두려움에 지쳐 있었다. 나는 베이커에게 깊은 인상을 받았고 그가 지상에서 가장 안전하고 나를 가장 잘 보호해줄 수 있는 사람이라고 판단했다. 구해달라고 요청하는 내가 이상해 보일지도 모른다고 생각했다. 그에게는 평범한 날이었을 테니까 말이다. "알았소." 라고 그가 영어로 말했다. 나는 짐을 챙겼고 소말리 족들에게 말하려니 두려움이 밀려왔다. 그들이 배은망덕하거나 어떻다고 날 공격하기라도 하면 베이커가 날 보호해줄지 의아했다. 그런데 소말리 족들은 예상과 달리 실망하는 것처럼 보였고 내가 애초에 주기로 한 돈을 내밀었을 때 사양했다. 나는 그들이 나를 공격하지 않는 것을 알고 따뜻함을 느꼈다.

소말리 족들은 다시 사라졌고 우리는 다시 서쪽을 향해 갔다. 차량은 꾸준한 속도로 갔다. 나는 베이커에게 오늘 밤 도착 예정지가 어디인지 물어보았다. 그는 말했다. "나도 몰라요. 시속 15킬로미터 정도로 가는데 앞쪽에 있는 강 상태가 어떤지, 그리고 다른 정지된 차량이 없는지 여부에 달려 있어요." 그런 대답은 너무 신선했다. 그는 "오늘 밤 토리트요."라고 단언하지 않았다. 그는 거짓이 될 만한 것은 말하지 않았고 혼란스러운 것은 말하지 않았다. 잘 모른다고 말한 것은 만일의 사태에 대비한 것이었다. 나는 그가 훨씬 더 좋아졌다.

몇 킬로미터 가는 동안 내 마음이 가라앉기 시작했을 때 뒤쪽 체인이 느슨해졌다. 베이커와 우간다 인이 몇 분만 손보면 되는 사소한 문제였다. 베이커는 운전석에서 나가면서 좌석 아래에 손을 뻗더니 날 보고 "봐요, 깜짝 선물이오."라고 말하며 망고 하나를 던졌다. 하나는 우간다 인에게 던졌고 하나는 자신이 먹었다. 그들은 체인을 감기 위해 뒤로 갔고 나는 견인차 캡의 그늘에 몸을 기댔다.

'나는 한평생 생각과 감정과 느낌으로 가득 찬 삶을 살 것이며, 매우 오래 살지도 모른다. 하지만 아무리 많은 경험을 쌓더라도 이 순간을 언제나 믿을 수 없는 즐거움과 감사하는 마음으로 뒤돌아볼 것이다.'

나는 망고를 한입 베어물고 그 즙을 음미했다. 여러 날 만에 처음으로 안전하다는 생각에 눈물이 왈칵 솟았다.

- 후기 -

이로부터 몇 년 내에 북부 수단과 남부 수단 사이에 불붙은 전쟁은 전면전으로 바뀌었다. 그 결과 200만 명에 이르는 사망자가 발생했는데 주로 기아 때문이었다. 게다가 수백만 명의 난민과 고아가 발생했다. ─이것은 완전히 서구의 외면을 받았다. 윔피 회사가 부분적으로 놓은 도로는 파괴되었고 그들과 서구 회사는 실제로 남부 수단에서 쫓겨났다. 주바와 토리트는 정부군과 반란군이 교대로 점거해 서로 봉쇄와 기아의 대상으로 삼았다. 토포사 족은 수단과 케냐의 국경 지대에서 제일 큰 약탈군이 되어 주로 난민 캠프를 공격했다. 그리고 다양한 구호 단체의 기록에 남겨진 것처럼 북부 아랍 인들이 남부 흑인들을 노예로 파는 일이 다시 성행했다.

　전쟁이 일어나고 있다는 기사나 보도를 읽을 때마다 나는 언제나 이 마통 고원 가장자리에 있던 작은 벌목 마을 카티레에 대한 언급이나 나쁜 뉴스가 없는지 먼저 찾아본다. 그런 뉴스가 없으면 나는 그곳 사람들이 여전히 흰 셔츠와 블라우스를 입고 저녁마다 춤을 춘다는 결론을 내린다. 그리고 그들 위로 수천 미터 높이에 있는 나의 마을은 여전히 안전하고 거주자들은 외부 세계와 차단된 채 여전히 원숭이를 사냥하고 옥수수를 재배하며 아래 행성으로부터 자유롭다고 믿는다. 나는 이 가능성에 위안을 얻는다.

관광 캠프 주변의 덤불과 숲을 벗어나 광활한 사바나로 들어설 때까지 아무도 말
하지 않았다. 매니저가 가까이 있는 곳에서 말하는 것이 내키지 않는 것처럼 말
이다. 결국 누군가는 우리 모두가 무슨 생각을 하고 있는지에 대해 이야기를 시
작해야 했다. 리처드가 그 역할을 했다. "저 남자가 개코원숭이들이 아프다고 한
것은 지어낸 이야기 같아요. 저 남자는 단지 개코원숭이를 쏘는 걸 좋아하고 관
리인이 허가해주기를 바란 것뿐이에요." 나는 리처드의 말에 동의했다. 그리고
매니저가 인간쓰레기라고 말하려다가 멈칫했다. 그는 개코원숭이를 여러 번 쏘
았겠지만 이번에 쏠 때 그렇게 하라고 한 사람이 나였기 때문이었다.

Chapter

03

어른기 초기

15

서열이 불안정한 시기

개코원숭이 수컷들은 자제력이 별로 없는 것으로 알려져 있다. 기쁨을 조금 미루어두는 것도 그렇고, 공동체 의식도 그렇다. 신뢰성도 마찬가지다. 사울을 전복시킨 탁월한 연합 군사 정권은 오전 내내 계속되다가 곧 파벌 싸움으로 와해되었다. 이것은 비유이기도 하고 말 그대로 흉이기도 하다.

그 후 몇 개월 동안은 아수라장이었다. 연합해서 사울을 무너뜨렸던 여호수아, 므나쎄, 레위, 네부카드네자르, 다니엘 그리고 베냐민은 분명히 상위 서열 집단이었다. 예를 들어 사회적 상호 작용에서 그들 각각은 모두 다니엘의 오랜 동료인 다윗보다 우세했다. 하지만 자기들끼리는 서로 어떻게 대해야 하는지 실마리를 찾지 못했다. 서열이 매일같이 변했다. 레위는 다니엘과의 싸움에서 이겨 이어지는 오후 동안 우두머리 자리를 차지했지만 다음 날이면 역전되었다. 몇 개월이 지나면서 므나쎄는 네부카드네자르보다 우세함을 입증했지만 상호 대결에서 안정

263

된 시기에는 95%였던 승률이 51%로 내려갔다. 혼란스런 상황이었다. 모두 책략을 꾸몄고 동맹군을 찾는 데 몇 시간을 보냈다. 하지만, 그 동맹은 첫 번째 전투가 시작된 지 몇 분 만에 붕괴되었다. 그리고 이 시기에는 동맹이 붕괴되었을 때 그중 거의 40% 가까이가 서로 적이 되곤 했다. 대결 횟수가 치솟았고 그에 따른 부상도 마찬가지였다. 먹이 활동도 별로 없었고 털고르기를 하는 일도 없었고 짝짓기는 잊혀진 기술이 되었다. 공공사업 프로젝트는 중단되었고 우편 업무는 신뢰할 수 없었다.

그해 후반기에 이 모든 혼란이 조금 수습되고 지배 계급이 안정을 되찾아가는 듯했지만 다음 3년간은 한 수컷이 우두머리 자리를 잠시 차지했다가 다음 타자로 계속 바뀌는 일련의 상황이 일어났다. 어떤 식인지 궁금할 것이다. 예를 들면 이런 식이었다. 어느 순간에는 베냐민이 실제로 지배 계급 꼭대기 자리를 차지하게 되었다. 일종의 요행이었다. 그는 짧은 기간 지배했고 성피가 최고로 부풀어오른 드보라와 짝짓기를 했고 므나쎄와 한 번 싸워 우연히 이겼다. 하지만 그는 치열한 경쟁 세계에서 살아남는 데 별로 소질이 없는 것으로 드러났다. 그는 지속적으로 신경이 예민한 상태에 있었고 만신창이가 되었다. 그는 누군가를 위협하고는 달아났다. 위기의 순간에 드보라 뒤에 숨었다. 한번은 그가 므나쎄의 위협을 받을 때 암컷 우두머리의 딸인 드보라를 납치하려고 함으로써 진화론에 얼마나 무지한지를 보여주었다. 드보라는 그를 때렸다. 어느 날 그는 므나쎄에게 다가가고 있었다. 므나쎄는 다른 방향을 보고 낮잠을 자고 있었다. 그는 므나쎄의 등 바로 뒤에서 험상궂은 표정을 지었다. 그런데 므나쎄가 자세를 바꾸며 돌아눕는 순간 그는 질겁을 하고 달아났다.

베냐민은 자신이 무리의 우두머리라는 자긍심을 거의 느끼지 못했다. 어느 오후에 무리는 두 잡목숲 사이의 좁은 길을 따라 이동하고 있었다. 베냐민이 선두에 있었다. 이런 경우 대개 서열이 어떻든 수컷이 선두에 서지 않는다. 아니, 좀 더 정확하게 말하면 아무도 수컷을 따라가지 않는다. 수컷들은 무엇을 어떻게 해야 하는지 모른다. 다른 무리에 있다가 합류해 무리 속에서 보낸 기간이 길지 않기 때문이다. 대개 무리가 따라가는 존재는 무리에서 오래 산 늙은 암컷들이다. 베냐민은 한 번도 뒤돌아보지 않고 두 잡목숲 사이의 길을 갔다. 가는 도중에 늙은 암컷 우두머리인 레아와 나오미가 잡목숲으로 방향을 선회했고 다른 것들은 그 둘을 따라갔다. 베냐민은 아무것도 모른 채 내 지프차 옆을 지나 걸어갔다. 그러다 그는 마침내 뒤를 돌아보았다. '엥! 도대체 다들 어디 갔지?' 그는 깜짝 놀라 사방을 살펴보았다. 그는 인지 혼란의 순간에 내 차로 걸어와 60여 마리를 찾으려고 내 지프차 아래를 살펴보았다.

서열의 강화 작업으로 베냐민은 여호수아와 동맹을 맺었다. 여호수아는 그가 우두머리 지위를 유지하는 것을 도왔다. 베냐민의 기백 부족은 전염성이 있었다. 곧 그들 둘 다 신경이 예민한 상태에서 털이 부스스한 모습으로 인근을 돌아다녔다. 주요 도전자인 므나쎄가 그들의 목을 노리고 있었다. 므나쎄에게는 불운하게도 이런 혼란기에 혼자서 안정적인 연합체와 대결하는 것은 매우 어려운 일이었다. 전형적인 대립 속에서 베냐민은 암컷과 짝짓기를 했다. 그동안 말없이 계산 중이던 므나쎄가 그 커플 주변을 맴돌며 점점 반경을 좁혀갔다. 그는 압박해 들어가다가 어느 순간 여호수아와 맞닥뜨렸고 여호수아는 므나쎄를 막는 역할을 충실히 해냈다. 결국 므나쎄의 압박은 훨씬 더 거세졌다. 베냐민과 여호수아는 상황을 피해 도망가 별 볼 것 없는 암컷과 어울려다니며 숲 속의 다른 곳에서 재기를 시도했다.

그들의 동맹은 매력적이었지만 오래가지는 못했다. 3주 만에 베냐민과 여호수아의 동맹은 신경과민 증세에 빠졌고, 공공연한 패배로 인해 서라기보다는 기진맥진한 기권으로 자리를 내놓았다. 므나쎄가 우두머리 수컷이 되었다. 그 직후에 완전히 조기 성숙한 다니엘이 뒤를 이었다. 그 후에 모든 것이 두루뭉수리하게 변했다. 이것은 나다니엘이 이 무리에 합류한 직후에 순식간에 상승 가도를 달리도록 길을 열어주었다. 나다니엘은 거대한 괴물 개코원숭이였다. 그는 내가 지금까지 다텅한 것들 중에서 가장 크고 가장 무거운 녀석이었다. —그의 영혼에는 공격성이나 야심이 없었지만 말이다. 거구의 몸집만으로 모두 그를 무서워했고 그에게 우두머리 자리를 넘겨주었다. 실제로 그는 자고 있는 아기를 팔로 감싸안거나 아이들에게 줄 사탕 바구니를 들고가기에 최적으로 디자인된 거구의 털북숭이 곰이었다. 여러 가지 면에서 그는 라헬의 친구인 이삭의 정신적 친구였다. 그는 암컷들과 일련의 성공적인 짝짓기를 했고 그 직후에 수컷들과의 경쟁을 포기했다. 그는 자발적으로 우두머리 수컷 자리에서 벗어났고 은퇴해서 아이들과 놀면서 시간을 보냈다. 나는 그가 아이들에게 사탕을 나누어주는 모습을 본 적은 없었지만 그가 매우 능숙하게 아이들을 공중으로 던졌다 받는 모습과 기어오르는 아이들 무게에 눌려 거구의 몸집이 꼼짝도 못하는 모습을 보곤 했다.

서열이 불안정한 시기는 그렇게 이어졌다. 요령이 있는 암컷이라면 잘 활용할 수 있는 기간이었다. 개코원숭이들의 짝짓기를 지켜볼 때면 암컷이 누구와 짝짓기를 할 것인지 결정할 선택권이 있을까 하는 의문이 들곤 한다. 영장류학 초기의 추측은 '아니요'였다. 1960년대의 엄격한 선형 모델을 통해 보면 무리에 발정 난 암컷 한 마리가 있으면 우두머리 수컷이 짝짓기를 할 것이다. 어떤 날 두 마리가 발정 나면 우두머리 수컷과 이인자가 할 것이다. 세 마리가 발정나면…… 등. 누구와 시간을 함께 보낼 것인가? ─ 적당히 높은 서열이지만 바보 같은 네부카드네자르인가, 아니면 낮은 서열의 이삭인가? 질문할 필요조차 없다. 암컷 개코원숭이들은 수컷에 대해 더없이 이성적인 선호도를 가진 것처럼 보인다. 예를 들면 때리는 것들과는 어울리고 싶어 하지 않는다. 하지만 수컷의 몸집이 두 배라면 암컷이 할 수 있는 일에는 한계가 있다. 만약 우두머리 수컷이 우세하고 든든한 개체라면, 그리고 암컷에게 관심을 보이면, 암컷은 그가 마음에 들거나 들지 않거나 간에 그와 있을 것이다. 하지만 구타하거나 착취하는 단점이 있으면 암컷은 탈출구를 찾을 것이다. 예를 들면 수컷이 올라타려고 애쓸 때 가만히 서 있지 않을 것이다. 또는 수컷이 지속적인 짝짓기 행위에 지쳐 쉬거나 먹으러 갈 때 도망갈 것이다. 또는 수컷들 사이에 소모전이 일어나게 할 것이다. ─ 어느 날 라헬이 성피가 부풀어 여호수아와 함께 있는 동안 므나쎄가 치근덕거렸고 베냐민이 사이에 끼어들려고 했다. 그녀는 이들 중 어느 누구에게도 관심이 없었다. 그래서 몇 시간 동안 그녀는 므나쎄에게 가서 여호수아가 자신과 므나쎄 사이에 끼어들게 만들고, 베냐민이 므나쎄와 여호수아 사이에 끼어들게 만들었다. 여호수아가 그녀에게서 멀어지거나 므나쎄가 긴장을 줄이기 위해 뒷걸음질을 칠 때까지 말이다. 그러고나서 그녀는 다시 므나쎄에게로 갔다. 불가피하게 이 셋은 짜증이 폭발하여 자기들끼리 들판에 나가 한판 붙었다. 그리고 라헬은 결국 이삭과 행복한 시간을 보냈다.

이렇게 서열이 불안정한 시기는 이웃 무리가 공격하기에 좋은 시기였다. 내 무리의 수컷 중 절반이 아침의 결전으로 상처를 입었고 짜증을 냈다. 인근 무리는 앙심을 품었다고밖에 생각할 수 없는 이유로 가끔씩 쳐들어와 그들을 숲 밖으로 몰아냈다. 그것은 놀라운 광경이었다. 내 무리의 편에서 보자면 낙담스러운 것이었다. 개코원숭이 150마리가 비명을 지르고 쫓고 속이고 방어하는 동작으로 온통 난장판을 만들었다. 내 무리는 이런 난투극에 잘 대처하지 못했다. 네부카드네자르와 므나쎄는 서로 한판 붙자는 결론을 내리면 침입자 수컷 두세 마리를 숲 밖으로 사납게 몰아내는 모습을 보여줄 수 있었을지도 모른다. 하지만 공동체 의식의 증거는 거의 찾아볼 수 없었다. 어느 날 아침 8시 30분경 이 무리는 사냥감을 찾아 돌아다니는 인근 무리에 의해 단호히 숲 밖으로 쫓겨났다. 그들은 하루 종일 주변에서 서성거리다가 결국 들판에서 깨지락거리며 먹이를 찾았다. 그리고 그날 밤 내가 알기로는 난생처음으로 다른 어딘가에서 잠을 잤는데 1~2킬로미터 정도 떨어진, 아카시아 나무가 듬성듬성 있는 곳이었다. 며칠 후에 그들은 숲을 다시 되찾았다. 하지만 그 후 여러 시즌 동안 인근 무리는 그들을 무자비하게 숲 밖으로 쫓아냈다.

이 기간 중에 주목할 만한 몇 가지 사건이 있었다. 늙은 아론과 젊은 우리아와 레위가 모두 흔적을 감추었다. 레위는 2년 후에 30킬로미터 정도 떨어진 무리에서 모습을 드러냈고 꽤 잘 지내고 있었다. 어쩌면 다른 둘도 새로운 곳에 정착했을지도 모른다. 애처로운 욥 또한 사라졌는데 하이에나의 먹이가 되었을 것으로 추정된다. 므나쎄는 이 무리와 인근 무리 사이를 옮겨다녔지만 어느 곳에서도 두각을 드러내지 못했다. 새로운 얼굴의 유입도 있었다. 르우벤이 합류했는데 크고 건장한 수컷이었지만 서열에서는 별로 성적이 좋지 않았다. 이후 몇 년 동안 그는 정확히 전략적으로 필요한 대결만 교묘하게 했고 결정적인 순간에 질겁하여 꼬리를 올리고 냅다 도망가곤 했다. 한번은 하이에나 몇 마리가 무리 옆을 지나갔는데 실망스럽게도 그는 들키지 않으려고 죽은 듯이 풀밭에 몸을 웅크리고 있었다. 그의 엉덩이와 꼬리만 도드라질 뿐이었다. 그가 겁쟁이라는 사실은 누구라도 인정하지 않을 수 없었다. 뒷다리를 절어서 절름발이라는 뜻의 '림프(Limp)'라는 이름이 붙은 고령의 노쇠한 수컷 역시 무리에 합류했다. 그의 삶은 무리 속의 못된 것들의 괴롭힘 때문에 더 비참해졌다. 그 직후에 무리에 들어온 또 다른 수컷이 있었는데 검즈(Gums)였다. 그는 림프보다 더 고령이고 몸이 더 망가져 있었으며 게다가 이빨조차 없었다(이빨이 없어서 '잇몸'이라는 뜻의 검즈라는 이름을 붙였다.). 그걸 보면 그의 생존은 거의 기적에 가까운 것이었다. 검즈는 림프보다 더 서열이 낮았다. 림프는 기회가 생길 때마다 검즈를 때렸는데, 그런 모습을 보니 림프에 대한 나의 동정심이 싹 사라져버렸다. 여전히 경쟁을 하고 신중하고 비록 절반의 속도라고 해도 달릴 수는 있는 이 두 고령의 동물을 보고 있노라면 다음과 같은 궁금증이 일곤 했다. '이들은 누구였고 어떤 이야기를 가지고 있을까? 림프는 몇 년 전에 세렝게티의 어떤 곳에서 남들을 공포에 떨게 했을까? 더 늙고 더 약한 상대인 검즈는 여지껏 싸움에서 한 번이라도 상대방을 죽여본 적이 있었을까? 이들 둘은 서로가 과거에 일어난 어떤 특이한 사건의 마지막 생존자임을 알고 있을까? 이들이 그것을 기억하고 있을까?'

이 기간 중에 꽤 이례적인 유입자가 둘 있었다. 그 둘은 놀랍게도 암컷이었다. 대개 암컷은 자신이 태어난 무리에서 친구와 혈육 그리고 적들과 서로 복잡한 관계를 맺으며 죽을 때까지 산다. 장담컨대 암컷이 무리를 바꾸었다면 도저히 말 못할 사정이 있다는 것이다. 이 둘은 정치적 난민 아니면 매 맞는 아내 같은 기색을 풍겼다. 어느 날 그 둘은 무리와 함께 먹이를 찾아 강바닥을 따라가다가 인근 무리와 우연히 마주쳤다. 모두 놀라 비명을 지르고 짖고 위협하고 한바탕 난리를 쳤다. 인근 무리의 반응도 다르지 않았다. 그 순간 다른 무리에서 들어온 암컷 중 하나가 강바닥을 질주해 덤불 속으로 들어가 숨는 것이 내 눈에 얼핏 보였다.

잠시 후에 그녀는 다른 덤불로 이동하며 무리에 좀 더 가까이 다가왔다. 그녀의 원래 무리는 그곳을 벗어나 언덕으로 돌아가기 시작했다. ─더 이상 숲을 다투지 않는 기간이었다. 다시 10분이 흘렀고 그녀의 원래 무리는 언덕 꼭대기 위로 완전히 사라졌다. 갑자기 그녀는 전력 질주해서 동료들이 가장 빽빽하게 몰려 있는 곳 속으로 몸을 숨겼다.

그녀의 성피는 최대로 부풀어 있었고 어쩌면 배란기일 수도 있었다. 그녀에게는 송곳니에 물린 지 얼마 안 되는 자국이 두 군데 있었다. ─한 곳은 엉덩이였고 다른 한 곳은 얼굴이었다. 어떤 이유에서 탈출했는지 몰라도 어쩌면 부풀어 있는 성피의 크기와 관련이 있고 수컷에게 물린 것과 관련이 있을지도 모른다.

모두 예측 가능한 반응을 보였다. 무리 속의 암컷들은 그녀를 괴롭혔고 수컷들은 그녀에게 치근덕거렸다. 롯과 드보라는 그녀를 따라다니며 못살게 굴었고 붑시는 그녀가 먹을거리를 찾을 때마다 빼앗았다. 요나단은 리브가에게 반했던 것을 잊고 그녀에게 수작을 걸다가 르우벤에게 쫓겼고 르우벤은 나다나엘에게 밀려났다. 그녀는 이런 말도 안 되는 상황 속에서 며칠 동안 꼼짝하지 않고 머물렀다. 그녀가 왜 고향 무리에서 도망쳤는지는 몰라도 이 무리에 있는 것이 훨씬 더 나은 것처럼 보였다. 3일째 되는 날 아침에 그녀의 부풀어오른 성피가 가라앉았다. 어쩌면 그녀는 고향 무리로 돌아가 한동안 평화롭게 살 수 있을지도 모른다. 그녀는 나타났던 곳에서 사라졌고 그 이후로 보이지 않았다.

두 번째 암컷의 출현은 훨씬 더 전통에서 벗어난 것이었다. 그녀는 계속 이 무리에 머물렀다. 그녀가 무엇으로부터 도망쳤는지 모르지만 그곳에서의 서열, 가족 관계 그리고 친구를 포기했을 정도라면 정말 최악의 경험을 했음이 분명했다. 그녀 역시 성피가 부풀어 있었다. 어깨에 물린 자국이 있었고 꼬리 끝이 잘려 있었다(그래서 그녀의 이름은 '숏테일(Short Tail)'이다.). 아마 이것이 그녀가 태어나고 자란 무리에 진저리를 친 이유였을지도 모른다. 꼬리가 짧은 데다 가족도 없고 혈통도 없어 암컷 서열에서 꼴찌일 수밖에 없었다. 그녀는 몇 년간 맨 하층 계급이었는데 그것에 별로 개의치 않았다. 그녀가 살아온 파란만장하고 특이한 삶을 고려해보면 매우 억센 모습을 보여주는 것이 그리 놀랍지 않았다. 그녀는 규칙적으로 토끼를 잡았다. 암컷이 그렇게 하는 경우는 드물다. 그리고 그녀는 고기 조각을 두고 거센 수컷들과 싸우기도 했다. 같은 시기에 들어온 온순한 아담을 제외하면 대개 모두 그녀를 괴짜로 생각하는 것처럼 보였다. 아담은 이후 몇 년 동안 소용없는 헌신으로 숏 테일을 따라다니며 시간을 보냈다.

서열이 불안정한 시기는 쿠데타와 반쿠데타 그리고 혼란 속에서 그렇게 흘렀다. 나는 「침팬지 정치학」이라는 영화를 본 후에 개코원숭이를 관찰하는 한 동료가 침팬지들이 서로를 골탕 먹이려고 구사하는 권모술수적인 영리함에 대해 다음과 같이 말했던 것이 계속 떠올랐다.

"개코원숭이들이 자제력이 조금이라도 있다면 침팬지처럼 되고 싶어 할 거야."

이 기간을 생각하면 마음속에 떠오르는 대표적인 이미지가 하나 있다. 베냐민과 여호수아의 잠깐 동안의 동맹이 깨어진 직후였다. 그들은 사이가 안 좋았다. 아니 적어도 서로에게 예민했다. 나는 어느 날 숲에 갔다가 베냐민이 나무 뒤에서 두 앞발을 꽉 잡고 쪼그리고 앉아 있는 것을 발견했다. 그는 초조해하고 바싹 경계하며 뭔가에 집중하고 있었다. 가끔씩 그는 나무 뒤에서 천천히 신중하게 상체를 내밀어 숲의 공터를 가로질러 뭔가를 빼꼼히 내다보았다. 그러고는 다시 나무 뒤의 안전한 곳으로 날렵하게 몸을 숨겼다.

'무슨 일이지?' 나는 그가 내다보는 곳으로 가보았다. 그런데 뜻밖에도 그곳에는 여호수아가 있었다. 그 역시 다른 나무 뒤에 숨어 몸을 웅크리고 있었다. 그들이 어떻게 하다가 이런 사이가 되었는지 모르지만 각자 서로에게 벗어나지 못하고 조심스럽게 숨어 가끔씩 나무 뒤에서 빼꼼히 내다보며 상대방이 무엇을 하는지 염탐하고 확인했다. 각자 상대를 그곳에 가두어둔 것처럼 보였다. 하지만 왜 그리고 어떻게 그렇게 되었는지는 아무도 모른다. 그들은 피해망상증 환자처럼 보였다. 여호수아가 나무에 기대 잠이 들었고 안도한 베냐민이 발끝을 들고 살금살금 걸어나올 때까지 그들은 그렇게 30분 동안 앉아 있었다.

16

구부러진 발톱과
누비아 – 유대의 왕

서열이 불안정한 시기가 끝날 무렵에 나의 과학적 연구는 상당한 진척이 있었다. 서열을 선택할 수 있다면 아무도 서열이 낮은 수컷이 되고 싶어 하지 않음이 분명했다. 서열이 낮은 수컷들은 언제나 핵심 스트레스 호르몬의 수치가 높았는데 이는 일상적 삶이 그만큼 비참함을 나타낸다. 그들의 면역 체계는 서열이 높은 수컷들의 면역 체계보다 기능이 떨어지는 것처럼 보였다. 그리고 그들의 혈액에 있는 좋은 콜레스테롤 수치는 낮았다. 나는 이것이 혈압을 상승시킨다는 간접적인 증거를 얻었다. 나는 서열과 관련하여 왜 이런 차이가 발생하는지 어느 정도 알게 되었다. 예를 들면 서열이 낮은 동물들의 혈액 속에 좋은 콜레스테롤이 더 적다면 이것은 그들이 애초에 덜 분비했거나 정상적인 양을 분비했지만 순환 과정에서 서열이 높은 것들보다 더 빨리 소진했기 때문이다. 내게는 전자로 보였다. 또 다른 한 예로 우울증이 심한 사람들은 흔히 스트레스 호르몬의 증가를 보여주는데 서열이 낮은 수컷들도 마찬가지이다. 나는 서열이 낮은 개코원숭이에게서 스트레스 호르몬이 과분비되는 것은 우울한 인간의 뇌에서 과분비를 일으키는 것과 같은 변화로 인한 것임을 알게 되었다. 관찰을 통해 또 알게 된 것은 서열이 안정되어 있을 때 최고의 테스토스테론(남성 호르몬-옮긴이) 수치를 보여주는 것은 서열이 높은 수컷들이 아니라 기분 내키는 대로 싸움을 거는 청년기 수컷이라는 것이다. 나는 이것을 발견하고 매우 기분이 좋았다. 이것은 내 분야 한쪽에서 우세한 도그마, 즉 "테스토스테론 + 공격성 = 사회적 지배"라는 등식에 역행하는 것이었기 때문이었다.

과학적인 진전 속에서 나는 나 자신이 더 이상 청춘이 아님을 인정해야 했다. 이제는 예전과 달리 허리가 좋지 않았고 혼수상태의 개코원숭이가 매우 무겁게 느껴졌고 한낮의 열기에 기력이 많이 달렸다. 가장 최근에 비행기를 탔을 때 이것에 대해 잘 아는 관광객들과 귀리 시리얼이 콜레스테롤 수치에 미치는 유익한 효과에 대해 진지하고 주의 깊은 대화를 한 적이 있었다. 그리고 점점 나이가 들어가는 표시인지 해가 지나면 지날수록 점점 더 쌀과 콩 그리고 대만산 고등어 통조림만으로는 견딜 수 없게 되었다. 우연한 행운으로 규칙적인 연구 자금을 지원받아 조금 더 질이 좋고 충분히 다양한 음식을 섭취해도 될 정도가 되었다. 하지만 실제 내 입맛은 시간이 지나도 별로 나아지는 기미가 없어서 쌀과 콩, 고등어 통조림의 대안으로 형태만 조금 다른 정어리 통조림과 스파게티를 사는 것으로 만족해야 했다.

조금씩 성장하고 있다는 가장 분명한 표시로 나는 이제 박사 학위를 받고 1~2년간의 박사 후 과정을 시작했다. 이것은 학문의 세계에서 어중간한 존재라는 말과 같다. 영화를 볼 때 더 이상 학생 할인을 받지 못하고 학자금 대출을 갚기 시작해야 한다. 다른 한편으로 이것은 아직 정식 직업이 없다는 말이다.

당연히 내가 아는 숲 속 사람들에게 이런 학위는 아무 의미가 없었다. 이전의 학생 지위는 그곳 사람들에게 언제나 어렴풋한 혼란을 주었다. 한편으로 아프리카에서는 나이 든 사람들만 수염을 기를 수 있는데 내가 수염을 깎지 않고 있다 보니 무의식적으로 나를 꽤 나이 든 사람으로(20대였는데 적어도 40대로) 보았다. 다른 한편으로 이곳에서 '학생'이란 존재는 학비를 벌기 위해 염소를 돌보는 등 철든 일을 해야 하는 열 살 이전의 아이를 의미했다. 사정이 이렇다보니 20대 후반의 학생인 나는 생긴 것은 중늙은이이고 하는 일은 아이들과 같은 부류에 속하는 이상한 부조화 속에 있었다.

친구가 된 소이로와를 포함하여 많은 마사이 족 남자들은 내가 더 이상 학생이 아니라는 걸 알게 되자 브룩클린에 있는 내 아버지가 언제 유산으로 '소'를 물려줄 건지 알고 싶어 했다. 로다와 그녀의 친구들은 한술 더 떴다. "언제 아내를 얻어 아이를 낳을 거예요?" 이런 질문을 하는 그녀들의 태도가 너무 결연해서 마치 내 어머니의 부추김을 받은 게 아닐까 하는 생각이 들 정도였다.

이런 질문을 한다는 것은 그들과 유대감이 깊어진 결과로도 볼 수 있었다. 사실 이렇게 된 데에는 최근에 내 캠프를 옮긴 것이 어느 정도 작용했다. 그 전해에 내 캠프는 강 상류 지역의 강가 덤불숲 옆에 있었다. 그 덤불숲이 보호 구역을 오가는 마사이 족들로부터 내 캠프를 차단해주는 장벽 역할을 했다. 나쁘지 않은 곳이었지만 공원 내에서 눈에 잘 띈다는 것이 문제였다. 그곳으로 오는 관광객들이 많아지면서 일본 관광객을 실은 미니밴이 수시로 캠프에 들이닥쳤다(내가 마취에서 깨어나고 있는 개코원숭이와 씨름하고 있을 때에도, 내가 강에서 목욕하고 있을 때에도, 내가 덤불숲에서 똥을 누고 있을 때에도). 그들은 카메라를 들고 코뿔소와 사진 찍을 거라며 어디로 가면 되는지 연거푸 물었다.

그래서 어쩔 수 없이 마을과 훨씬 더 가까운 강 하류 쪽으로 캠프를 옮겼다. 사생활 보장의 차원에서 보면 더 별로였지만 그럼에도 이점이 없지는 않았다. 강가의 막다른 구석에 있는 내 캠프와 공원의 주요 평원 사이에 맘모스만 한 덤불숲과 나무가 병풍처럼 둘러져 있어서 차량이 그곳으로 들어오려면 꼬불꼬불한 길을 힘겹게 지나와야 했다. 나처럼 숲에 노련한 사람이 아니고는 절대로 뚫고 들어올 수 없다는 데 내심 흡족한 나는 그곳에 캠프를 설치했다. 그런데 웬걸 하루 만에 일본 관광객을 태운 미니밴이 뚜렷한 내 차의 타이어 자국을 따라 들어와 또 코뿔소 타령을 했다.

그래서 마취에서 풀리지 않은 개코원숭이들과 함께 관광객들을 위한 사진용 포즈에 여전히 시시때때로 응해야 했다. 그것뿐만이 아니었다. 이제 로다와 소이로와의 마을과는 엎어지면 코 닿을 거리에 있다보니 매일같이 장작을 구하러 나온 여자들이 오다 가다 들러 하루 온종일 수다를 떨다가 갔다. 신기하게도 나는 그들이 쓰는 마아 어를 몇 마디 하지 못했고 그들은 스와힐리 어를 몇 마디 하지 못했고 영어는 서로 전혀 통하지 않았는데도 말이다. 아이들은 염소를 몰고와서 내버려두고 내가 이전에 준 적이 있는 풍선과 거품 방울을 주지 않을까 기대하며 내 캠프에서 노닥거렸다. 마을의 올드맨들은 수시로 내 캠프로 바람 쐬러 와서 먼 곳에 있는 내 부모님 안부까지 물어가며 몇 번째인지도 모를 만큼 계속 시계를 달라고 했다.

이 근접성 때문에 나는 마을에서 일어나는 온갖 시시콜콜한 일들을 알게 되었다. 근처 캠프에 영국인 남자 관광 안내원이 있었는데 그는 영국에 죽어가는 부모님과 아내를 두고 어떤 여자 관광객과 바람이 났다고 했다. 사실 이런 것은 별로 놀랍지도 흥미롭지도 않았다. 흥미로운 것은 그의 행동에 대해 그곳의 모든 사람들이 보여주는 어렴풋한 동조였다. 그들은 백인 남자들이 두 번째 아내를 찾는 관례적인 일을 하는 것을 좋게 보았다.

더 흥미로운 것은 한 아이에 대한 매우 양면적인 소문이었다. 그 아이는 관광 숙소 중 한 곳에서 춤추는 일을 했었는데 탐욕스러운 한 미국인 여자 관광객이 유혹해서 미국으로 데리고 가버렸다는 것이다. 한편으로 그가 그 여자의 성적 대상이라는 것이 그들의 역겨움을 불러일으켰다. 인종은 전혀 문제가 되지 않았다. 그녀는 얼굴 피부가 벗겨진다고 알려져 있었다(알고보면 뙤약볕에 많이 탔을 것이다.). 그녀는 늙은 여우였다(알고보면 아마 40살 정도 되었을 것이다.). 다른 한편으로 그는 미국에서 무한정 나오는 물과 우유와 소 피로 사치스러운 생활을 하는 것으로 알려졌다. (이 이야기는 몇 년 동안 마사이 족 마을에서 떠돌았는데 공원 내에 있는 연구 공동체에도 예외가 아니었다. 그 여자는 엄청난 재산가였고 괴짜라기보다는 광녀였다. 그녀는 이 숲 속의 아이를 목장에서 애완동물처럼 키웠고 그에게 비행 수업을 시켰다. 그녀가 싫증이 나서 버릴 때가 되었을 때 그는 더 부유하고 더 젊고 더 미친 사회주의자와 어울리며 그녀를 먼저 차버리는, 전형적으로 마사이 족에게 실익이 되는 행동을 했다. 그는 결국 부유하고 뚱뚱한 모습으로 마사이 족 땅으로 돌아왔고 그것은 엄청난 경탄의 주제가 되어 그를 공포 속에서 생존한 마사이 족의 전사 중의 전사로 만들었다.)

그리고 이웃 마을에서 있었던 일과 관련된 소문이 있었다. 로다와 그녀의 친구들 두어 명이 관련되어 있었다. 두 노인이 각각 새로운 아내를 얻으려고 중매 시장에 나왔다. 평생 친구 사이였던 두 사람은 자신들의 가장 어린 딸을 서로에게 주는 새로운 계획을 구상했다. 당연히 딸의 생각을 떠본 것도 자신의 아내들(딸들의 어머니)과 상의한 것도 아니었지만 통곡의 눈물과 매질이 있은 후에 고분고분한 상태로 결혼식이 이루어졌다. 여기서 흥미로운 것은 이런 식의 결혼이 아니었다. 이것은 마사이 족 사회에서 일상적이었다. 그보다 매혹적인 것은 로다와 그녀 친구들의 의식화였다. 그녀들은 이 이야기의 끝에 끔찍하다는 듯이 이렇게 말하며 코웃음을 쳤다. "역겨운 올드맨들."

그중에 최고였던 것은 마을의 치부에 해당되는 것을 듣게 된 것이었다. 우두머리 수컷 자리가 여호수아에서 므나쎄로 서서히 이동하고 있을 즈음의 저녁이었다. 삼웰리, 소이로아 그리고 나는 모닥불 주변에 둘러앉아 있었다. 근래에 드라이아이스를 배송받았는데 그것이 비닐봉지에 담겨 왔다. 삼웰리는 그 비닐봉지들을 나뭇잎으로 꽉꽉 채워 쿠션을 만들었고 우리는 그 쿠션에 느긋하게 기대어 저녁을 먹고 있었다. 정확한 기억으로 그날 저녁도 밥과 콩 그리고 고등어 통조림이었다. 우리는 칠리소스를 곁들였다.

"칠리소스 좋아."

"정말 좋아."

"매워."

"정말 매워."

숲에서 하이에나 울음소리가 들렸다.

"하이에나."

"맞아, 하이에나야. 괜찮아."

"밥과 콩은 맛있어. 칠리소스는 매워."

그냥 그런 평범한 저녁이었다.

내가 보름달이라고 떠들썩하게 좋아하자 소이로와가 미국에도 보름 달이 있는지 물었다. 나는 있긴 있지만 이렇게 좋지는 않다고 말했다. 우리는 특식으로 건조 과일을 조금 먹었다. 최근에 미국 관광객이 이 곳에 왔다 가면서 주고 간 것이었다. 삼웰리와 소이로와는 그것을 매우 좋아했지만 숲이나 들판에 나가면 언제라도 구할 수 있는 과일을 말 린다는 개념을 이해하지 못했다. 나는 미국의 겨울은 매우 춥고 눈이 안 오는 곳이 없어서 1년 중에 식량을 재배할 수 없는 나머지 기간에 도 먹을 수 있도록 과일을 말린다고 설명했다. 나는 스와힐리 어로 더 듬더듬 설명했는데, 그들에게 미국인들이 매년 겨울 6개월간을 동굴에 서 살면서 열처리한 파인애플 잎사귀로 근근이 연명한다는 인상을 남 겼다.

우리는 서로 이야기를 해주는 데 열중했다. 나는 다른 행성에서 태 어난 매우 힘이 세고 하늘을 날아다니는 영화 속 미국인에 대한 이야 기를 했다. 그는 자신의 신분을 감추기 위해 신문 기자로 일하는 척하 며 자유와 정의를 위해 싸우고 사랑하는 여인도 있다고 했다. 삼웰리 는 선교사들에게 들은 적이 있는 것 같다고 했다. 삼웰리와 소이로와 는, 주변에 살면서 사냥과 채집 생활을 하는 은도로보 족에 대한 이야 기를 했다. 그들은 신비에 싸인 부족이라고 했다. 은도로보 족은 키쿠 유 족, 마사이 족, 킵시기 족에게서 아이들을 훔쳐가 그들을 사냥개로 키운다고 알려져 있다고 했다.—그들이 자라지 못하도록 먹이지도 않 고 네 발로 기어다니게 하며 리드벅을 사냥해오게 한다고 했다. 그리고 은도로보 족 추장은 콜로부스 원숭이로 변신하여 숲 속으로 아이들을 따라다니고 나무 꼭대기에서 아이들을 지켜보면서 확인한다고 했다. "그럼 추장은 마음대로 콜로부스 원숭이에서 다시 인간으로 돌아오는 거야?" 내가 물었다. 그렇다고 했다. "잡혀간 아이들이 정말 사냥개가 되는 거야? 아니면 단지 사냥개처럼 구는 거야?" 그들은 그것은 아무도 모른다고 했다. 왜냐하면 그것을 보는 날에는 그들이 쫓아와 죽이기 때문이라고 했다. "그렇다면 이 이야기가 어떻게 나온 거지?" 내가 물었다. 은도로보 족이 숲에서 물물 교환 시장에 나올 때면 이렇게 호언장담한다는 것이었다. ─ "여기 리드벅 보이지? 키쿠유 족 아이들 사냥개들이 잡아온 거야. 사가는 게 어때?"

우리는 무서운 이야기로 나아갔다. 캐츠킬의 야만인 크롭시(영화에 등장하는 살인마 ─ 옮긴이) 이야기를 해주었다. 늙은 크롭시는 원래 딸과 함께 숲 속에 살았는데 브루클린의 보이 스카우트들이 근처에서 장작을 패다가 도끼를 잘못 놀려 크롭시의 딸이 그것에 맞아 죽었다. 크롭시는 미쳐서 숲 속으로 들어갔고 영원히 그 주변을 돌아다니며 바로 그 도끼로 보이 스카우트를 살해하기 위해 그들이 오기를 기다리고 있다. 어쩌면 오늘 밤에도 이 주위 어딘가에서 점점 가까이 오고 있을지도 모른다. 그리고 듣고 있는 사람 얼굴에 손전등을 갑자기 비추며 소리쳤다. "널 찾았다!" 삼웰리가 인상적으로 들었는지 손전등으로 다른 사람들의 얼굴을 비추며 "널 찾았다!"를 반복했다. "크롭시는 몇 살이죠?" 그가 물었다. "120살. 그는 철로 된 치아와 빛나는 눈을 가지고 있어.", "캐츠킬이 어디에 있죠? 여기서 가까운가요?", "아니, 뉴욕 위쪽에 있어."

그러고나자 소이로와가 정신 이상으로 하이에나와 살려고 그들 속으로 들어간 마사이 족 이야기를 했다. 그는 옷도 입지 않고 인간 언어는 잊어버리고 사람들만 보면 도망을 쳤다. 그리고 동틀 무렵 멀리서 보면 하이에나들과 죽은 고기를 뜯고 있었다.

이때 우리는 정말 등골이 오싹했다. 이것은 실화였기 때문이었다. 소이로와는 대부분의 마사이들이 혼란과 수치심으로 마을 밖의 사람들에게 말하고 싶어 하지 않는다는, 충분히 짐작이 가고도 남는 말을 하면서 최근 소식을 말했다. ―그 남자는 최근에 밤에 마사이 족 마을에 살금살금 들어갔고 개들이 하이에나 무리 속에서 인간 냄새를 맡고 짖었다고 했다. 사람들이 그를 발견했을 때 그는 이빨로 염소 한 마리를 죽여 배 부분을 뜯어먹고 있었다고 했다. 그는 하이에나 배설물 속에 굴렀다가 나온 것처럼 온몸에 하이에나 배설물이 묻어 있었고 너무 길어서 구부러진 발톱을 가지고 있었다고 했다. 하워드 휴즈(갑부였지만 은둔 생활을 했으며 최악의 상태로 시신이 발견된 사람 - 옮긴이)가 은자였을 때와 같은 모습이었다.

자신을 누비아 - 유대의 왕이라고 생각하는 한 남자의 이야기를 들었던 것은 자신을 하이에나라고 생각하는 한 남자가 강에 출몰한다는 이야기를 들었을 바로 그즈음이었다. 알고보면 이 이야기는 몇 년 전 불발로 끝난 케냐 쿠데타 시도의 결과와 관련이 있었다. 내가 자주 들르던 나이로비 R 부인의 게스트하우스 현관에 앉아 있던 한 유쾌한 스코틀랜드 인이 해준 이야기였다.

그 스코틀랜드 인에게는 사막 가장자리에서 이루어지는 프로젝트의 보조 일을 하는 동향 출신의 동료가 있었다. 그들은 어떤 기계를 사막의 시작을 나타내는 검문소에서 약 40킬로미터 정도 떨어진 북쪽으로 지옥 같은 길을 통해 동료에게 전달해야 했다.

그들은 인적이 끊기고, 비어 있고, 황량하고, 찌는 듯한 더위와 가끔씩 동물들과 돌아다니는 유목민 외에는 아무것도 없는 곳을 지나 검문소로 다가갔다. 검문소가 있는 아주 작은 마을 한쪽에는 정부 조직의 마지막 지방 지부가 있다. 그 나라의 다른 절반인 북부 국경 지역이 앞에 있는데, 그곳에는 안전한 여행을 위한 호송대와 가끔씩 있는 정부 전초 기지를 제외하면 극악무도한 노상강도들과 유목민들로 가득 찬 텅 빈 사막이 있다. 그들은 국경선을 잠시 넘어가 짧은 거리를 갔다가 재빨리 돌아올 계획이었으므로 호송대를 기다리지 않고 그냥 통과하기를 원했다.

검문소가 있고 몇몇 진흙 오두막이 있었다. 삼부루 족들이 여기저기 흩어진 그늘에서 꾸부정하게 앉아 정신을 반쯤 놓고 있었다. 야자나무, 모래, 자갈, 주석 지붕에 깃발이 있는 옅은 색 페인트가 칠해진 오두막, 이것이 바로 정부 관청이었다. 내가 본 바로는, 대개 외딴곳의 이런 전초 기지안에 있는 직원은 반쯤 벗은 상태로 있었고 굶주리고 쇠약해 있었다. 그리고 그들은 삼부루 족만 아니면 누구하고라도 이야기하고 싶어 했고 불평을 털어놓고 바깥 세계 소식을 묻고 싶어 했고 남루한 제복에도 용기를 잃지 않고 침착하려고 애썼다. 그런데 두 스코틀랜드 인이 사무실 안으로 들어가 마주한 사람은 50년대 미국의 '흑인들'처럼 포마드를 발라 뒤로 빗어넘긴 머리에 빳빳한 흰 셔츠, 타이, 가는 세로줄 무늬 정장 차림을 하고 있었고 지팡이를 들고 있었다. 그는 정부에서 파견된 직원이었다. 그는 대단한 격식을 갖추어 그들을 자신의 책상 앞 자리로 안내했고 자신도 책상 뒤에 앉았다. 그의 머리 위에는 대통령의 사진이 걸려 있었다. 그것은 공식 사진이었다. ─ 대통령이 책상에 앉아 펜을 들고 집무를 보는 모습이었다. 우리의 정부 직원은 펜을 들고 바로 그 자세로 시선을 잠시 위로 향하며 탁월한 영어로 그들의 청원을 들을 준비가 되어 있다고 알렸다.

스코틀랜드 인들은 자신들이 어디로 가는 중이며 호송대를 기다리지 않고 그냥 가도 되는 허가증이 필요하다고 설명했다. 우리의 정부 직원은 그들이 오늘 어디에서 출발했으며 이 나라에 얼마나 오래 머물 것인지, 그리고 이곳 날씨를 어떻게 생각하는지 몇 가지 형식적인 질문을 했다. 그들은 대답했다. 우리의 정부 직원은 그들이 스코틀랜드 남부 출신 같다고 말했다. 그의 말이 맞았다. 그는 그들을 날카롭게 쳐다보고 그들이 스코틀랜드 어디 출신인지 정확하게 알아맞혔다. 그가 말했다. "알겠지만 나는 영국 공군에서 훈련받던 시절에 스코틀랜드 출신들을 많이 알게 되었소." 이것은 많은 것을 설명했다. ─ 정부 직원이 이런 최악의 외딴곳으로 발령을 받았다면 뭔가 크게 잘못했다는 말이었다. ─ 북부 국경 지역에는 근무 중에 술에 취해 있었다거나 부패나 무분별한 행동으로 경고를 받아 벌을 받는 사람이 근무하는 국경 전초 기지가 많이 있었다. 몇 년 전에 공군이 주도했던 쿠데타 시도에 가담했던 사람들 중에 처형되지 않은 사람은 모두 추방당했다. 따라서 우리의 정부 직원은 전직 공군이었다.

그는 갑자기 자리에서 일어나 시선을 위로 향한 채 팔로 과장된 몸짓을 하며 완전히 옳지는 않지만 거의 진짜인 것 같은 오래된 게일 어(스코틀랜드 언어 ─ 옮긴이) 전투 구호를 외쳤다. 이것은 그의 조사가 시작되었음을 알리는 선언 같았다. 그는 그들에게 머리를 올리고 이마를 드러내라고 공격적으로 요구했다. ─ 구체적으로 그는 그들이 범죄자의 사고방식을 가지고 있는지 판단할 수 있도록 해달라는 것이라고 말했다. 그가 혼자서 흥얼거리며 그들의 이마에 대해 곰곰이 생각하는 동안 그들은 초조감과 불합리하게 죄를 진 것 같은 느낌으로 그의 말에 따랐다. 그들은 자리에서 일어나 온 힘을 다해 그의 손목을 꽉 잡아야 했다. 그것은 그가 설명을 거부한 어떤 심사의 일부였다. 그들은 더위와 모순 속에서 어떤 것도 반대할 생각을 하지 못했다. 그들은 심사에서 떨어질지도 모른다는 불안감을 느꼈을 뿐이다.

그는 완벽한 심문을 위해 편안하게 자리 잡았다. 그는 그들의 여권을 보았고(사실 여권은 이 일과 별로 관련이 없었다.) 그들 중 한 명이 이집트에 갔다온 사실에 흥분했다. 그는 이집트 항공의 나이로비-카이로 항공편의 비행기 번호를 말했는데 숫자 두어 개가 빠져 있었다. 그리고 그는 그곳에서 발견된 물고기 유형인, 알렉산드리아의 민족적 종에 대해 짧고 활기찬 강의를 했다. 그리고 그는 그곳 아이들의 두개골 봉합선이 비정상적으로 늦게 닫히는데 그것이 그 민족이 피라미드를 세울 정도로 큰 뇌를 가지는 것을 가능하게 한다고 주장했다.

그는 바로 그 스코틀랜드 인이 그리스에도 갔다온 흔적이 있는 것을 발견하고는 자신이 여권에 찍힌 도장의 그리스 어를 읽을 것이고 그것이 발행된 소도시를 알아맞힐 것이고 그곳 사람들에 대해 말해줄 것이라고 말하며 점점 더 흥분했다. 그들은 그가 하는 것을 기다렸다. 그가 여권에 찍힌 도장의 글자를 읽었는데 그의 발음은 분명히 정확했다. 그는 그것이 섬에 있는 작은 소도시 이름이라고 주장했다.―사실 그것은 '입국'이라는 그리스 어였다. 그는 그 소도시에 많은 폐허와 건강한 염소들이 있지만 두개골이 작은 사람들이 있다고 하며 자신이 지중해에 대해 많이 안다고 말했다. 왜냐하면 자신이 전생에 티베리우스의 총독이었기 때문이라고 했다.

아하! 마침내 그는 자신의 패를 모두 드러냈다.―우리는 그가 미쳤다는 핵심에 도달했다. 그는 그 소도시에 이탈리아 선교사 두 명이 있는데 자신이 티베리우스의 총독일 리가 없다고 말했기 때문에 자신이 그들을 가택 연금을 시켰다고 말했다(이후에 그곳을 떠난 두 스코틀랜드 인들은 선교사 동료들에게 카뷰레터를 가져다주기 위해 북쪽으로 가고 있던 두 이탈리아 인을 우연히 만났다. 그들은 티베리우스와 관련된 그의 주장에 대해 전혀 아는 바가 없다고 했다.).

스코틀랜드 인들이 어안이 벙벙해진 채 자신을 바라보는 것을 보고 대담해진 우리의 정부 직원은 갑자기 책상 뒤에서 당당하게 일어나 사실은 자신이 여전히 티베리우스의 총독이며 여기 사막에서 충실한 군대를 양성하고 있고 곧 그들이 나이로비로 진격할 것이고 대통령은 달아나 세렝게티 평원에서 얼룩말처럼 풀을 뜯어먹을 것이라고 알렸다. 그리고 나이로비가 완전히 불에 타고 파괴되어 야생 동물조차도 감히 그곳으로 가지 못할 것이고 그는 자신의 전초 기지로 돌아올 것이고 제국의 부활을 선언하고 누비아-유대의 왕이 될 것이라고 했다.

그때 그는 밴시처럼 힘겹게 호흡을 하고 먼 곳으로 시선을 돌렸다. 그는 자리에 앉아 책상 서랍에서 통행증을 꺼내고 그들이 호송대 없이 여행하는 것을 허가했다. 그는 다시 힘을 불러모아 과장된 동작으로 그리스 어로 사인하며 자신의 사인은 유명하고 북부 사막의 노상강도들이 두려워하는 것이라고 말했다. 스코틀랜드 인들은 떠났다. 그는 한 번 더 대통령의 자세로 누비아-유대에 관한 잡무를 보았다. 그들이 그날 이후에 검문소를 통해 돌아갈 때 그는 산만하고 그들을 알아보지 못하는 표정으로 손을 흔들었다.

17

아프리카가 백인 연구가를 다루는 법

　정말 불쾌한 날이었다. 하루의 시작은 나쁘지 않았다. 서열이 불안정한 시기에 시기상조로 우두머리 자리를 차지한 어린 다니엘이 거구의 나다니엘에게 심하게 몰리고 있었다. 서열이 바뀔 것이라는 예감이 들었다. 나다니엘은 결정적인 일격을 앞두고 있었다. 실제로 우두머리 수컷이 바뀌는 과정을 지켜보는 것은 영장류학자에게 평범한 사건이 아니다.─역사적 순간의 목격자가 되는 것이다. 오전 내내 나다니엘이 불시에 공격하려는 작전을 썼고 다니엘은 아무렇지도 않은 듯이 위치를 수시로 바꾸는 전략을 썼다. 나다니엘은 다니엘이 어느 위치에 있든 송곳니를 드러내는 험악한 표정으로 점점 더 다가갔다. 곧 최후의 결전이 있을 것 같은 기운이 감돌았다. 나는 다니엘이 싸움을 중단하고 우두머리가 바뀌었다는 복종의 신호를 할지, 아니면 결전을 치르고 만신창이가 될지 보려고 마지막 순간을 열렬하게 기다렸다.

　흥미진진해지는 순간 나는 그곳을 떠나야 했다. 나이로비에서 오는 물자 배송 로리를 만나기 위해 관광 숙소에 가야 할 시간이 가까워졌기 때문이었다. 혈액 샘플을 냉동 보관하는 데 필요한 드라이아이스를 받아야 했다. 그래서 그 흥미로운 광경을 놓칠 수밖에 없었다.

관광 숙소에 도착한 나는 나이로비에서 드라이아이스를 보내지 않았음을 알게 되었다. ─1시간 만에 무전으로 나이로비 청년과 통화를 했다. "미안한데 잊어버렸어요." 그가 말했다. '뭐라구, 잊어버렸다구? 몇 개월 동안 매주 한 번씩 보내왔는데 그 일을 잊어버린다는 것이 말이 되나?' 얼음이 거의 동이 나서 샘플이 해동되고 있는 상황이었다. 내일은 반드시 도착할 것이라는 납득하기 힘든 약속을 받고 나는 그곳을 떠났다.

관광 숙소를 나와 덤불숲으로 차를 몰고 들어가던 중에 타이어에 펑크가 났는데 그 주에만 세 번째였다. 이런 일은 언제나 참담하다. 먼저 펑크를 때우는 수리공에게 가야 한다. 대개 그는 주유소에 자리를 지키고 있지 않고 직원 구역 뒤쪽 어딘가에서 퍼질러 자고 있다. 그곳으로 가는 과정에서 20명 남짓한 사람들과 마주치는데 반복적인 내용으로 안부를 주고받는 과정을 거친다. 처음에는 부모님의 건강에 대한 안부를 주고받고 그다음에 반복적으로 하는 말이 있다. "안 돼. 내 등산화는 줄 수가 없어. 나한테 꼭 필요한 거야." 타이어 수리공이 제자리에 있다. 그는 90분간 노닥거린 끝에 펑크를 수리한다. 그는 나에게 쪽지 같은 것을 준다. 그러면 나는 그것을 가지고 관광 숙소 다른 쪽 끝에 있는 출납원에게 간다. 그는 이렇게 말하며 기입해 넣는다. "한 곳 펑크 수리, 40실링" 그 쪽지에 다른 남자 직원이 사인하면 출납원에게 돈을 지불하면 된다. ─이 모든 절차는 수리공이 수리해주고 받은 돈을 자기 호주머니에 넣는 것을 막기 위한 것이다. 출납원은 내가 50실링짜리 지폐를 내고 10실링을 받았다고 기록한다. 그러고나면 다음 단계로 넘어간다. 관광 숙소의 다른 쪽 끝에 타이어를 가지고 가서 압축 공기 호스를 작동시키는 남자를 찾아야 한다. 당연히 그는 오전 11시에 술집에서 한잔하고 술에 취해 있다. 그는 기분 좋게 타이어에 바람을 넣어주고 싶지만 자기 형이 압축 공기 호스가 들어 있는 광의 열쇠를 가지고 있는데 이번 주에 휴가라고 설명한다. 불운이다. 나는 그가 돌아올 때까지 숙소 주유소에서 머무르게 되어서 난감하다고 말한다. 그러면 그 남자는 어찌어찌하면…… 자신이…… 다른 열쇠를 찾아볼 수도 있다는 암시를 한다. 그리고 내 시계를 저렴한 가격에 파는 것이 어떠냐고 한다. 나는 '할리우드 원형 극장'이라고 적힌 배지 하나를 주는 것으로 타협을 본다. 그러면 만족한 그는 굉장한 힘으로 30분 만에 내 타이어에 공기를 채운다. 타이어가 공기가 다 들어갔는지 말해주는 압력계를 가진 남자는 어디에서나 쉽게 찾을 수 있어서 약간의 희망을 가져본다. 하지만 공기가 덜 채워졌다고 한다. 이 모든 것이 넌더리가 난 나는 압축 공기 호스 사장님에게 다시 가지 않고 그냥 가져가기로 결정한다. 그 인간은 틀림없이 다시 술집에 가서 할리우드 원형 극장 배지를 술로 바꿔먹고 있을 것이다.

일이 끝났을 때 나는 침울한 표정의 리처드와 마주친다.—어제가 월급날이었는데, 이것은 무장한 순찰대가 거드름을 피우며 술 한잔 걸치고 나타나 보호해준다는 명목으로 돈을 갈취했음을 의미했다. 리처드는 내가 미국에서 가져온, 재주넘기로 세관을 통과한 위궤양 약까지 보태서 보통 때보다 더 많이 빼앗겼다. 도대체 그 인간들은 이름도 모르는 약으로 무얼 하겠다는 걸까? 리처드는 잠을 좀 잘 것이라고 말한다.

이런 총체적인 엉망진창에 넌더리가 난 나는 뜬금없는 짓을 한다. 차를 몰고 멀리 있는 다른 관광 숙소로 간다. 다행히 그곳에는 나를 아는 사람이 없다. 나는 가당찮은 돈을 들여 점심을 배불리 먹는다. 아무 생각 없이 고기를 먹는다.

나는 그곳에 앉아 관광객들에게 미소를 지으며 영어만 하는 사람이 없는지 둘러본다. 함께 이야기를 나눌 미국인을 찾는다. 양키에 대해, 최근의 영화에 대해, 아니면 지금 빅맥을 먹을 수 있다면 얼마나 기가 막히게 맛있을지에 대해서 이야기를 나눈다(사실 빅맥은 태어나서 아직 한 번도 먹어보지 못했다.).

그러고나면 속이 좀 풀린다. 나는 죄책감을 느끼며 다시 운전해 돌아온다. 돌아오는 중 문득 아프리카 인들은 나와 나의 재미없는 문화에 넌더리가 나면 어떻게 기분을 푸는지 궁금해진다.

우리는 서로에게 배우고 세계를 탐험하고 문화적 상대주의자가 되려고 노력하지만 이곳 전체는 내게 꽤 낯설다. 나 역시 틀림없이 그들에게 꽤 낯선 존재일 것이다. 그리고 낯섦의 매력은 시간이 지나면 사라지게 되어 있다. 내가 지속적으로 놀라움을 금치 못하는 것은 이곳에 있는 다른 문화와 부족, 인종 간의 적대감이 공공연하게 존재한다는 것이다. 그러한 적대감이 가장 적나라하게 표출되는 것이 사기이다. 나는 수년간 이곳 사람들이 다른 문화권 출신의 사람들에게 사기를 치는 것을 수없이 목격했다. 그 속에는 그들을 향한 강렬한 적대감이 깔려 있다. 예를 들면 다음과 같다.

특히 잘 연마된 사기 중 한 가지는 아프리카 관리들이 공항에서 자신들이 싫어하는 부유한 인도인들을 상대로 반복적으로 써먹는 수법이다. 나이로비의 인도인 가족이 런던이나 토론토에 있는 친척들을 방문하고 돌아온다. 그들은 언제나 많은 상자를 가지고 세관에 도착한다.

대개 그것들은 케냐에서 구입하는 것보다 더 저렴하게 구입한 꽤 좋은 전자 제품들이다. 엄격한 세관 검사관은 난데없이 그들에게 출국하기 전에 가상의 세관 신고 항목을 작성했는지 묻는다. 그들이 하지 않았다고 하면 그는 모든 소유물을 무기한 압류하는 조치를 취한다. 당혹스러워진 인도인 가족은 이 불운한 난국을 해결할 수 있는 길이 없는지 꼬치꼬치 캐묻는다. 알게 모르게 적절한 뇌물이 건네지고 어쩌면 전자 제품 중에 별로 크지 않은 것이 감사와 호의의 표시로 세관 검사관에게 주어질 것이다. 마침내 가족은 세관을 통과한다…….

……하지만 세관을 나오자마자 이번에는 경찰에게 체포된다. 그는 세관 공무원들의 부패를 조사하는 특별한 임무를 수행 중이다. 그리고 그는 충격적이게도 그들이 공무원에게 뇌물을 주는 것을 목격했다. 다시 전자 제품의 무기한 압류와 함께 벌금, 감옥, 매질의 위협이 주어진다. 또 공황 상태에 빠진 가족은 이 불운한 오해를 풀기 위해 또 할 수 있는 일이 없는지 알아본다. 또 다른 뇌물이 제공되고 또 다른 조그마한 전자 제품이 상호 간의 존중과 호의의 표시로 주어진다. 마침내 가족은 대기실을 벗어난다…….

……하지만 로비에서 경찰들의 부패를 조사하는 군경관에게 체포된다…….

당연히 나도 이런 수법에 한 번 당했다. 숙소에 있는 경비 중 한 명이 물건을 받을 때 돈을 주겠다면서 미국에 갔다 오는 길에 시계 하나만 사다달라고 사정했다. 그를 특히 잘 알거나 좋아하는 유형이 아니라서 내키지 않았지만 좋은 사람이 되기로 결정했다. 시계는 몇 배에 해당되는 수입 관세를 피하기 위해 무신고로 반입했다. 시계를 넘겨주자 즉시 형제애가 선언되었다. 시곗값은 다음 날 지불하겠다고 했다.

그런데 그다음 날 대단히 당혹스러운 일이 일어났다. ─ 불운이었다. 그가 말하기를 공원 순찰대가 그가 새 시계를 찬 것을 알아차리고 시계가 적법한 절차를 밟아 이 나라로 들어온 것인지 입증하는 IV-7b 혹은 그런 비슷한 것을 내놓으라고 요구한다는 것이었다. 그것이 없는 경우에 이 애물단지를 누가 공원으로 반입했는지 알아내면 감옥이나 매질, 세렝게티 개코원숭이 전부를 무기한 몰수하겠다고 할 수 있다고 했다. 하지만 희소식은 자신이 내 이름을 대지 않았다는 것이며 다음 날 순찰대에 돈을 조금 줘야 한다면서 달라고 했다. 나는 멍청하게 주었다. 그런데 다음 날 더 당혹스럽게도 순찰대에 뇌물을 준 것이 경찰에 걸렸다고 했다. 그의 말이 만약 경찰이 이 부패한 시계를 이 땅으로 들여온 최초의 사람이 누구인지 알아내면……. 그제서야 나는 그에게 꺼지라고 했다.

또 다른 흔한 사기는 몇 해 전에 내가 나이로비에 처음 발을 들였을 때 당한 바로 그것이다. 당연히 이디 아민을 피해 도망친 난민이라면서 열정에 불타는 학생 흉내를 내는 것이다. 정부 체제가 어쩌고저쩌고하면서 관광객에게 구구절절하게 호소하며 자신이 힘을 내도록 도움을 달라고 하면서 갈취를 한다. 그들은 흔히 미국인 관광객들에게 이렇게 말한다. "아시겠지만 나는 우리 조국 우간다로 돌아가 자유를 위해 싸워야 합니다. 우리가 일당 독재가 아닌 두 개의 당과 두 개의 입법 기관을 세울 수 있도록, 우리 국민들이 자유로울 수 있도록, 실질적인 선거 전에 예비 경선을 하고 짧은 치마를 입은 치어리더들과 밀짚모자를 쓴 부유한 노인들이 승리자에게 노래를 불러주는 집회를 가질 수 있도록 말입니다. 우리는 자유로울 것입니다. 그러고나서 새로운 국가(國歌) 「오, 아름다운 우간다」를 만들 것입니다. 오, 아름다운 우간다의 넓은 하늘.'"

이 사기는 아민 정권이 전복된 이후에도 몇 년 동안 끈질기게 이어졌다. 이것은 미국 관광객들이 쿠데타는 고사하고 아민이 아프리카 지도자 중의 한 명이라는 것을 거의 모른다는 사실을 그대로 반영한 것이었다.

그 외에 '모틀레이크 부인' 수법이 있었다. 이 수법을 사용하려면 영국인들에 대한 지식이 어느 정도 있어야 했다. 만약 외국인 거주자인 어떤 사람이 영국 식민지 교외의 시장 주차장에 차를 주차해 놓았다고 가정해보자. 그는 저능아에 아첨하는 듯한 어떤 케냐 인 한 명이 그곳에 히죽 웃으며 서 있는 것을 발견한다. 그는 굽실거리듯이 머리를 조아리며 차 주인에게 분홍색 편지지를 준다. 거기엔 보라색 잉크로 다음과 같은 내용이 쓰여 있다.

치버 씨께

제가 주차장에서 당신의 차에 침입하려는 남자아이를 보았습니다. 그래서 저희 집 하인 프랜시스에게 이 차를 지키게 했습니다. 이곳에서 그런 아이들은 정말 어찌해볼 도리가 없는 것들입니다. 정말 상냥하신 분이라면 프랜시스가 카렌*으로 돌아갈 수 있도록 버스비를 좀 주실 수 없으신지요? — 저는 현금이 부족합니다. 여러 가지로 정말 감사드리고 일요일 경마장에서 뵙겠습니다.

모틀레이크 부인(테오도라)

* 백인이 거주하는 교외 주택지. 「아웃 오브 아프리카」의 저자인 카렌 블릭센의 집은 지금 박물관이 되었다.

아마 그는 생각할 것이다. '젠장, 난 치버가 아닌데.' (어쩌면 그는 치버라는 사람이 누군지는 몰라도 무릎 양말을 신고 담배를 입에 물고 검버섯이 핀 붉은 안색의 식민지 지배 국가의 늙은이 정도로 여길 것이다.) 그런데 집 지키는 개처럼 차를 지키고 있던 프랜시스가 인색한 모틀레이크 부인 때문에 버스비가 없어 오도 가도 못하고 있다. 그러면 그는 자신이 해줄 수 있는 최소한의 것이 그 녀석이 집으로 돌아갈 수 있는 차비를 주는 것이라고 생각한다. 돈을 손에 넣은 프랜시스는 그곳을 떠나지만 주변을 맴돌며 다음 희생자를 찾아다닌다.

이것은 분명히 누구나 쉽게 시도할 수 있는 것이 아니다. 분홍색 편지지와 보라색 잉크가 있어야 하고 영국 부인처럼 유려한 필체로 글을 쓸 줄 알아야 한다. 또한 영국 부인 댁 하인 흉내를 내려면 분명히 온갖 잡다한 기술이 필요하다. 초보자용이 아니다.

이것은 한동안 기승을 부리다가 마침내 현명한 어떤 사람의 깨달음 덕택에 마침내 수그러들었다. 그는 프랜시스에게 '버스비'를 주는 대신 그를 억지로 차에 태워 엄청나게 먼 카렌으로 직접 데려다주었다. 그 운전자는 모틀레이크 부인(테오도라)을 존경한 나머지, 아니 그보다 더 한 연정이 생겨 그럴 수밖에 없었다고 고백하여 이야기를 더 그럴듯해 보이게 만들었다.

하이에나 연구가 로렌스가 자신의 캠프지에서 일어나는 문제에 대해 나와 함께 해결책을 강구한 것이 바로 그즈음이었다. 그의 캠프는 내 캠프에서 몇 킬로미터 강 위쪽에 있었다. 로렌스와 특히 사이가 좋지 않은 부근 마사이 족들이 강 건너편의 넓은 곳을 놔두고 하필이면 그의 캠프 바로 옆쪽으로 소 떼를 몰고 왔다. 많은 소들이 강물에 배설을 하고 그 부근을 엉망으로 만들며 작업을 방해했다. 그가 소 떼를 모는 목동들에게 제발 그 빌어먹을 동물들을 데리고 다른 곳으로 좀 가라고 소리쳐도 소용이 없었다.

우리는 머리를 맞대고 해결책을 강구했는데 어쩌면 답은 다음과 같은 것일 수 있었다. ─ 텐트 속으로 사라졌다가 잠시 뒤에 선글라스를 끼고 미국의 유명한 여배우인 헤다 호퍼처럼 수건을 머리에 두르고 극적으로 짜잔 하고 나타나는 것이다. 우리가 가진 것들 중에서 하이에나 두개골 하나를 꺼내 베이비파우더를 속에 채우고 매직을 꺼낸다. 소떼 중에서 가장 큰 소에게 가서 그의 뿔을 움켜쥔다. 그리고 마치 위협적인 의식이라도 하듯이 두개골 속의 베이비파우더를 대후두공과 눈구멍을 통해 밖으로 흩뿌리기 시작하며 소의 머리 위에도 직접 뿌린다. 동시에 시끄럽게 합창한다. "오블라디, 오블라다." 소에게 저주를 퍼붓는 그 단계를 마치면 소의 옆구리에 매직으로 글씨를 쓴다. 나는 개인적으로 화살표가 꽂힌 하트 모양을 그리고 그 속에 "비니는 안젤라를 사랑해."라고 쓰는 것을 추천한다. 이 정도가 되면 마사이 족 목동들은 혼비백산할 것이다. ─ 그들은 우리가 자신들의 소에게 하얀 마법을 걸었다고 여길 것이다. 이 의식이 끝나자마자 순식간에 캠프 주변에서 소들이 사라질 것이라고 우리는 결론지었다.

하지만 실제로 실행에 옮기지는 못했다. 분명한 이유가 있었는데 만약 그렇게 하면 그날 저녁 무렵에 마을 노인들 한 무리가 와서 우리가 마법을 걸었기 때문에 다음 달에 소들 중에 하나라도 병에 걸리면 가만두지 않을 것이라고 엄포를 놓을 것이기 때문이었다.

리처드가 마사이 족들이 제발 자신을 좀 건드리지 않았으면 하는 간절한 바람으로 묘책을 궁리했다. 리처드는 소이와라 등 개인적으로 아는 마사이 족과는 잘 지냈지만 강변에서 일할 때 마주치는 다른 마사이 족들과는 여전히 긴장을 풀지 않았다. 마사이 족들은 리처드와 허드슨이 전통적으로 적대적이었던 농경 부족 출신이란 사실을 결코 잊지 않고 괴롭힐 것이다.

마사이 족들은 키가 큰 데다 위풍당당하고, 많은 수가 무리 지어 모이는 것을 매우 좋아하고, 창을 다루는 기량이 뛰어난 것으로 알려지면서 위협적인 평판을 얻었다. 하지만 내 생각에 모든 농경 부족이 그들 앞에서 본능적으로 불안초조해하는 가장 큰 이유는 소 피를 마시는 마사이 족의 관습 때문인 듯하다.

이것과 관련하여 조금 더 들어가보면 아프리카에서 유목 생활을 하는 목축민들은 예외 없이 다들 그렇게 한다. 소와 염소를 몰고다니는 유목민들은 언제 어디서나 그 동물들의 우유와 피에 의존해 생활한다. 매일 소들 중에서 한 마리를 붙잡고 소가 미친 듯이 울부짖는 동안 목정맥을 베고 따뜻한 피를 조롱박에 받아 마신다. 그리고 그 후에 그곳을 진흙으로 눌러준다. 그 소는 다음 주 중에 빈혈을 일으키는 정도로 그친다. 피를 신선하게 마시고 그것을 응고시키고 우유와 섞고 아침 식사용 곡물에 부어 마신다. 그것은 사냥을 하거나 식물을 재배하는 거추장스러운 일을 안 해도 되는 합리적이고 균형 잡힌 식사 방법이고 어쩌면 생태학적으로도 건강하다. 하지만 그것은 케냐 농경 민족을 역겹게 만들고 속을 거북하게 한다.

가끔씩 좀 더 대담한 사람들은 그것에 뭔가가 있는 것이 틀림없다는 결론을 내린다. 예를 들어 한번은 허드슨의 아버지가 들판에서 하루 종일 생각에 잠긴 후에 집으로 돌아와 가족들에게 소 피를 한번 마셔보자고 했다. 마사이 족이 수년간 우리를 이겼다면 그 역겨운 습관에는 분명히 뭔가가 있을 것이다. 모두 경악했다.—우스꽝스러운 배경 음악이 들리고 텔레비전 시트콤에서나 볼 수 있는 장면이 떠오른다. —「세상에! 마사이 족이 된 아빠와 모두를 위한 소 피」. 오늘 저녁 8시 『아빠는 반투 족』에서 만나요!" 예측가능한 일이 일어났다. 조롱과 경이감 속에서 허드슨의 아버지는 가족의 하나뿐인 소를 죽일 뻔했다(그는 피를 어떻게 멈추는지 몰랐다.). 그는 모든 것을 뒤죽박죽으로 만들었다. 아무도 그 끔찍한 것을 마시려고 하지 않았다. 그는 몇 번 홀짝거리며 마셔보더니 "어, 괜찮네." 하고는 두 번 다시 그 말을 꺼내지 않았다고 한다. 그리고 우스꽝스러운 주제곡이 나오면서 시트콤은 막을 내린다.

이런 특이한 시도를 제외하면, 이 나라 이 지역에 있는 거의 모든 사람들은 마사이 족들이 가끔씩 다른 부족을 침략하고 약탈하는 행위는 배척하지만 피를 마시는 것은 알아서 하라는 식이다. 마사이 족들은 자신들의 그런 관습이 다른 사람들에게 충격을 안겨준다는 사실에 어떤 만족감 같은 것을 느끼는 것처럼 보였다. 리처드가 비밀리에 꾸민 계획은 마사이 족들이 우위를 점한 피 마시는 종목에서 그들을 이겨 그런 식습관이 얼마나 역겨워 보이는지 느끼게 만드는 것이었다.

이 일은 우연한 기회에 이루어졌다. 나는 나다니엘에게 다팅을 했다. 그날 오후에 나는 관광 숙소 진료소에서 마사이 족 여자 한 명을 차에 태워 마을로 데려다주는 중이었는데 가는 도중에 잠시 차를 세워 우리에 든 개코원숭이를 풀어주었다. 어떤 사람이 차를 몰고가다가 잠시 멈추고 숲에 들어가 덤불 속에 숨겨진, 야생 원숭이 한 마리가 들어 있는 우리로 가서 그 위에 올라서서 문을 열고 온갖 소리를 지르며 원숭이를 숲으로 쫓아보내는 모습은 누구에게도 익숙하지 않을 것이다. 마사이 족 여자는 휘둥그레진 눈으로 나를 바라보았다. 게다가 나다니엘은 머리가 약간 떵한지 걸어나와 얌전한 소처럼 조금 비틀거리며 걸었다. 문득 어떤 생각이 들어 나는 차에서 막대기 하나를 꺼내 여전히 갈피를 못 잡고 있는 나다니엘을 뒤따라 걸었다. 나는 마사이 족들이 소들을 다룰 때 하듯이 그의 엉덩이를 툭툭 쳤다. 그리고 마사이 족들이 소를 몰 때 하듯이 휘파람을 불었다. 그리고 그를 무리가 있는 곳으로 인도해 준 후에 차로 돌아왔고 별다른 설명 없이 그녀를 마을에 내려주었다.

다음 날 리처드와 내가 개코원숭이들을 소처럼 몰고다니면서 잡아먹고 산다는 소문이 강을 따라 마사이 족 마을에 파다하게 퍼졌다. 다음 날 겁에 질린 마사이 족 아이들이 리처드에게 끝없는 질문 세례를 퍼부었다. "개코원숭이 우유를 짜서 마시나요?", "그렇지.", "그게 전부인가요?" 아이들이 두려움을 말로 표현하지 않으려고 애쓰면서 물었다. "더 있지." 리처드는 더 알아야 좋을 것이 없다는 듯이 그렇게 암시했다.

우리는 이때구나 싶었다. 우리는 새로 유입한 수컷인 르우벤을 다팅한 후에 캠프 주변을 이리저리 돌아다니며 작업을 하고 있었다. 마사이 족 아이들, 특히 여자아이들이 우리가 작업하는 곳을 따라 몰려다녔다. 이 여자아이들은 대개 여름 캠프의 열 살짜리 여자아이들이 구조원을 고역스럽게 하는 것처럼 리처드에게 짓궂게 굴었다. 그들은 평소와 마찬가지로 우리가 개코원숭이에게서 채혈하는 장면을 흥미롭게 지켜보았다. ―마사이 족들은 소의 혈관을 찾아 그날 마실 양만큼 빼야 해야 하기 때문에 어지간한 채혈 전문가보다 피 뽑는 것에 대해 더 많이 알고 있다. 그들은 우리 주위에 옹기종기 모여 어떤 혈관을 찔러야 하는지 조언했고 나비 모양 카테터와 혈액 응고 방지제를 보고 경탄했다. 그들은 우리가 수동 원심 분리기로 혈액을 흔들고 혈청을 뽑고 순식간에 드라이아이스로 얼리는 것을 보는 것에 익숙했다. 하지만 우리가 짜놓은 계획을 실행에 옮길 순간이 왔다.

리처드와 나는 허세를 부리며 혈청을 뽑고 남은 개코원숭이 피를 정해둔 물컵에 부었다. 우리는 마사이 족 여자아이들의 두려움에 찬 시선을 받으며 텐트로 다시 걸어왔다. 오는 길에 잠깐 몰래 몸을 돌려 미리 준비해놓은 다른 컵과 재빨리 바꾸었다. 우리는 일본에서 차 마시는 의식을 시작할 때 하는 것처럼 서로에게 점잖은 절을 하고 컵에 든 것을 나누어 마셨다. 그리고 과장해서 최고의 맛을 나타내는 감탄사를 내뱉고 입을 닦고 만족스럽게 배를 두드렸다.

게임 끝이었다. 그 후로 마사이 족들은 우리가 진짜로 개코원숭이 피를 마셨다고 믿었다. 그것은 리처드가 마사이 족들에게 짓궂은 괴롭힘을 당하지 않게 하는 데 큰 역할을 했다. 아이들은 리처드 주변에 옹기종기 모여서 물었다. "맛이 어떤데요?", "좋아, 이를테면 사람 피 맛이라고나 할까?" 아이들은 침을 뱉고 헉하고 숨을 멈추며 뒷걸음질을 쳤다. "그렇게 해야 저 사람이 돈을 주나요?" 아이들은 나를 가리키며 물었다. "아니, 그는 나의 친구야. 그냥 내가 개코원숭이 피를 좀 마셔도 되느냐고 물어보고 마시면 돼.", "집에 소 없어요?", "없어. 우리 아버지는 소가 한 마리도 없어. 그래서 개코원숭이 피를 마시기 시작한 거야."

리처드에 대한 여자아이들의 동정심이 일어났다. 아이들은 리처드의 팔을 만졌다. "아저씨는 이 세상에서 가장 가난한 사람이 틀림없어요, 소도 없고." 한 여자아이가 부드럽게 말했다. 그 아이의 친구는 동정심과 이해심에 별 관심이 없었다. "식인종들!" 그녀는 통명스럽게 내뱉었다. 그리고 그들은 가버렸다.

이런저런 일을 겪으면서 나는 케냐에 있는 사람은 누구든지 다른 사람에게서 뭔가를 뜯어내려고 한다는 결론을 내렸고 그즈음에 현장 연구 시즌이 끝나 뉴욕으로 돌아오게 되었다. 그런데 바로 그때 내가 경험한 것 중에 가장 화려한 신용 사기 피해자가 되었다. 나는 그 일로 상당히 비싼 수업료를 지불했다. 그 일이 끝나기 전에 나는 심야에 사기꾼 틈에서 문이 두 짝인 차의 뒷좌석에 앉아 있었다. 앞좌석에는 모든 것을 지켜본 사기꾼 중 한 명이 타고 있었는데, 가장 수다스러운 뉴욕 교통 노무자 같아 보였다. 뒷좌석 내 옆에는 또 다른 사기꾼 여자가 있었는데, 한 송이 백합처럼 때 묻지 않은 것 같아 보이는 가이아나(남아메리카에 있는 나라 - 옮긴이) 여자였다. 그녀는 심하게 다쳐서 병원에 입원해 있는 남동생을 만나러 플랜테이션 농장에서 여기에 왔다고 했다. 나는 무슨 일이 일어나고 있는지 낌새도 차리지 못한 채 가짜 가이아나 여자와 이런저런 이야기를 나누었다. 나는 그녀의 아름다운 고향에 있는 동식물에 대해 열정적으로 이야기하려고 시도했는데, 그녀는 그런 주제에 대해 전혀 아는 것이 없었다. 하지만 그녀에게 다행스럽게도 나는 그녀보다 더 아는 것이 없었다.

경찰에게 알리고보니 이것은 오래된 사기 수법이었다. 그들은 '가이아나 여자 / 교통 노무자'라는 라벨이 붙은 노트를 가지고 있었는데, 그 노트는 사건과 관련된 흐릿한 사진들로 가득 채워져 있었다. 그 노트 바로 옆에는 '아픈 맹도견을 데리고 있는 맹인 수녀', '복권에 당첨된 샴 쌍둥이'와 같은 라벨이 붙은 노트들이 있었다. 경찰들은 서류를 작성하면서 내게 자꾸 어디 출신인지 물었다. ─"고향이 어디라고 하셨는지 다시 한 번 말씀해 주시겠어요? 옥수수의 고장 아이오와인가요? 아니면 캔자스의 오지 마을인가요?" 그들은 반복적으로 내게 대답하게 만들었다. 내가 뉴욕 토박이라고 하자 그들은 조롱하듯이 낄낄거리며 즐거워했다.

18

개코원숭이들이
나무에서 떨어졌을 때

주위에 일어나는 다양한 사기에 대해, 심지어 뉴욕에서 일어나는 사기에 대해 이제는 배울 만큼 배우고 알 만큼 안다고 생각했을 때 나는 또 다른 사기를 당했다. 이번에는 나를 속이려는 사람을 꿰뚫어보지 못했다고 치부해 버리기에는 사안이 좀 중요했다. 왜냐하면 생사와 관련된 결정을 해야 하는 순간이 있었기 때문이었다. 내 주변에서 일어나는 어처구니없는 일에 대해 전혀 알지 못했던 탓에 나는 순간적으로 잘못된 결정을 내렸다.

나다니엘이 지배하기 시작한 바로 그 시즌의 후반기였다. — 나다니엘은 내가 타이어 펑크로 온갖 일을 겪었던 그날 오전에 다니엘과 결전을 치르고 우두머리 수컷이 되었다. 리처드와 나는 개코원숭이들 다팅에 상당한 진척을 이루었고 좋은 자료를 얻었다. 나이로비 출신 연구 수의사인 무체미가 샘플을 얻기 위해 우리 캠프에 와서 1~2주간 머물며 우리와 함께 지냈다. 무체미는 영장류의 주혈흡충증에 관심이 있었고 개코원숭이들 배설물 샘플을 원했다. 그는 우리가 모은 것을 조금 나누어달라고 했고 우리는 기꺼이 수락했다. 매우 멋진 어느 날 우리는 오전에 개코원숭이 네 마리를 다팅하고 기록했으며 카우보이들처럼 신나게 차를 몰고 캠프로 돌아왔다. 생산적인 일과가 정착되었다. ─ 우리는 매일 아침 개코원숭이들을 다팅했고 순조롭게 실험을 했고 혈액 샘플을 건네는 사이사이에 원반을 던졌고 무체미가 원숭이 똥을 작은 봉지에 담는 일을 도와주었다. 점점 멋진 시즌으로 변해가고 있었다.

그러던 어느 날 보호 구역 관리인이 우리 캠프로 왔다. 이럴 때면 또 무슨 일인가 싶어 내심 긴장한다. ─ 대개 관리인들이 방문하는 것은 허가가 철회되었거나, 아니면 부탁할 것이 있거나, 아니면 사우디아라비아 왕자들이 곧 휴가를 와서 근처에서 사냥할 예정이니 참견하기 좋아하는 연구가들은 그 기간 중에 꺼져 있으라는 통보를 하기 위해서였다. 이번에는 부탁이었다. 관리소장은 지금 휴가 중이고 온 사람은 실제로 그의 보조자였다. 그는 자신이 열정이 있고 책임감이 강한 사람이라는 것을 보여주려고 애쓰며 문제가 발생했다는 소식을 듣고 해결할 길이 없을까 해서 자청해서 왔다고 했다. 이 보호 구역의 다른 쪽 끝에 있는 구석진 곳에서 관광 캠프를 운영하는 매니저에게 연락이 왔는데 자신의 캠프 부근 개코원숭이들에게 질병이 발생해 개코원숭이들이 '나무에서 떨어져' 떼로 죽어간다는 것이었다. 그 매니저는 죽어가는 것을 쏘아죽일 수 있도록 허가를 요청했다고 했다.

그 관리인은 내게 그쪽 캠프의 개코원숭이들에게 무슨 문제가 생겼는지 가서 한번 알아봐달라고 했다. 병이 치유가 가능한 것인지, 관광객들에게 위험한 것인지 말이다. 그의 행동은 모든 면에서 칭찬을 받을 만한 것이었지만 나는 마음이 조금 복잡했다. 사실 그것은 피하기 어려운 일이었고 아이처럼 흥분하게 만드는 면이 있었다.─제복을 입은 남자가 와서 내게 임무를 맡겼다. 이것은 흥미롭고 한번 해볼 만한 일처럼 보였다. 수의사인 무체미가 있어서 기술적 도움을 얻을 수 있으니 시기 또한 더없이 적절했다. 하지만 내키지 않는 면도 있었다.─무체미의 시간이 제한적이었고 나도 마찬가지였다.

하지만 당연히 가야 했다.─관리인이 요구했다. 그를 언짢게 하면 내 캠프에 폐쇄 조치가 내려질 수도 있었다. 그래서 그의 환심을 조금 사둘 필요가 있었다. 게다가 유익한 일을 할 수 있는 기회이기도 했다. 아침에 우리는 물품 저장 텐트를 뒤져서 가지고 갈 수 있는 물품을 모조리 꺼냈다.─우리, 블로건, 다트, 마취제, 진공 채혈기, 바늘, 주사기, 원심 분리기와 예비용 수동 원심 분리기, 혈액학 현미경, 슬라이드, 착색제, 전력 공급기 그리고 장비를 작동시키는 데 사용되는 여분의 차 배터리, 텐트, 침낭, 여러 가지의 항생제, 방부제, 진통제, 탈지면(면봉), 장갑, 마스크, 수술복, 뼈째 자를 수 있는 톱, 부검 도구, 포름알데히드 통.

우리는 차를 몰고 일찍 출발했다. 무체미는 몇 년 전에 이 보호 구역의 부근에서 육식 동물의 배설물을 모아 연구를 했다고 하면서 그 시절의 향수에 젖었다. 우리는 노래를 불렀다. 정말 좋은 날이었다. 우리는 이 문제 앞에서 조금 흥분하고 조금 도취해 있었고 우리 자신과 준비한 것들에 감탄을 금치 못했다. 나는 이 일을 잘 해결해 깊은 인상을 남기고 싶었다. 내가 때로 꽤 쓸모 있다는 것을 알고 허가 문제로 더 이상 나를 괴롭히지 않았으면 했다. 우리는 어떤 수의학 특수 기동대가 된 것 같은 기분이었다. 전략을 세우고 사태가 걷잡을 수 없이 복잡하게 돌아가면 나이로비의 영장류 센터를 동원하여 오렌지색 점프 슈트를 입은 수의학 병리학자 팀을 하늘에서 투하할 것이라고 맹세했다.

들뜬 마음은 잠시 후에 일이 체계적으로 진행되려면 부검을 하기 위해 죽어가는 원숭이를 총으로 쏘아야 한다는 결론이 나오자 가라앉았다. '젠장, 그렇게 되면 원숭이를 죽이러 가는 거잖아.' 밤잠을 설치게 만든 불안감이 다시 엄습했다. —'이유를 알아내기까지 몇 마리를 죽여야 할까? 만약 내가 뒤죽박죽을 만들어버리면 어쩌지? 정말 전염병이 발생했다면 어쩌지?'

보호 구역 관리인에게 연락을 했던 매니저가 우리를 만나러 주차장으로 나왔다. 그는 나이만 젊을 뿐 '백인 노인 사냥꾼' 부류였다. 글을 이어나가기 전에 내가 이런 부류의 사람들을 어떻게 생각하는지에 대해 먼저 솔직하게 털어놓지 않을 수 없다. 이들은 당연히 아프리카가 식민지 시대를 경험한 결과 나타난 서사적 이미지 중 하나를 가지고 있었다. —헤밍웨이 같은 남자, 거칠지만 원주민에게 공정하고 동물의 심리에 대해 직관적이며 나이로비에서 동틀 때까지 혼자 인사불성이 되도록 술을 마시고도 반짝이는 눈과 맑은 정신으로 일어나 사파리 사냥을 시작하는 반백의 사냥꾼, 사냥할 때 결정적인 순간에 겁이 많은 고객을 구하기 위한 선두 척후병, 고객의 아내를 유혹하는 작업남 등의 익히 알려진 장면이 떠오른다. 대부분이 그렇지 않을 것이라고 확신하지만 그들이 그렇게 행세하려고 하는 면이 있기 때문에 나는 그들을 별로 긍정적으로 보지 않는다. 이후에 케냐에서 사냥이 축소되고 결국 금지되면서 그들은 새로운 신화의 주역이 되었다. —오랜 사냥꾼들은 사라지지 않는다. —상대할 만한 가치가 있는 적수인 동물에 대한 깊은 존중과 끝없는 사냥에 대한 부채 의식을 가진 그들은 마침내 동물을 죽이는 것에 싫증이 나서 보존하려는 마음을 품게 된다. 동물에 대한 막대한 지식을 동물 보존에 활용하면서 그들은 이후에 보호 구역 관리인이 된다. 당연히 사냥꾼 출신의 위대한 서사적 관리인 중 일부는 동아프리카 독립 전후로 은퇴하거나 이런 관광 캠프나 사파리 회사를 운영하고 있다. 사실 정확한 것은 잘 모르겠다. 그 주제에 관한 면밀한 통계 자료 같은 것은 없다. ─ 몇 명이 보존주의자가 되었는지, 몇 명이 동물들을 죽이는 것을 좋아했는지, 몇 퍼센트가 사바나에서 동틀 무렵 과묵하고 멋져 보였는지에 대한 자료 말이다. 사실 이것에 대한 관심이 그렇게 지대한 것도 아니다.

전직 사냥꾼 출신의 캠프 매니저들은 대개 나 같은 동물학자들을 혐오하는 것 같아 보인다. 그들은 우리가 자신들의 아프리카를 길들이고 자신들을 모욕한다고 여긴다. 그들은 초창기에 이곳에 와서 별다른 학교 교육을 받지 않고도 덤불숲을 헤치고 다니면서 큰 그림을 그리는 것을 배운 거칠고 늙은 영국인들이다. 반면에 우리는 대학 교육을 받고 자신에게 도전하는 젊은 미국인들이다. 우리는 그들의 덤불숲을 식물학에 관한 방정식으로 바꾸거나 생태계와 틈새 시장을 말한다. 우리는 한평생을 그곳에서 살아온 사냥꾼인 자신들과 달리 단기간만 그곳에 체류하며 그들이 보기에 아무짝에도 쓸모없는 소소한 것들을 연구한다. ─ 어떤 종류의 식물이 어떻게 가루받이를 하고 어떤 질병이 유제류(소나 말처럼 발굽이 있는 동물 ─ 옮긴이)에게 어떻게 퍼지며, 어떤 것이 생존하려면 땅이 몇 제곱미터가 있어야 하는지 등을 말이다. 덤불숲에 관한 한 쥐뿔도 모르면서 점점 더 사소한 것에 대해 점점 더 많이 아는, 아무짝에도 쓸모없는 박사 학위를 가지고 있다. 어쩌면 모든 것이 사실일지도 모른다.

따라서 나는 당연히 편견을 가지고 있을 수 있었다. 조금 더 가까이서 관찰해보니 매니저는 오랜 백인 사냥꾼처럼 법을 철저히 준수하는 사람 같아 보이지는 않았다. 그는 위험하고 공격적인 콧수염이 있었다. 그리고 20년 전에는 자신의 머리카락이 있었을 부분에 완전히 부분 가발처럼 보이는 머리카락이 있었고 카키색 반바지와 조끼를 입고 무릎 양말을 신고 있었다. 그리고 그는 거만한 영국식 악센트 영어를 사용했다. 나는 그의 이름을 정말 잊어버렸는데 그것이 못내 안타깝다. 이 글에서 사생활 보호를 위해 가명을 쓰고 싶지 않은 몇 안 되는 사람 중 하나이기 때문이다.

관리인 보조자는 우리의 도착에 대해 매니저에게 무전을 하겠다고 약속했었지만 하지 않은 상태였다. 우리는 오게 된 연유와 목적을 알렸고 공적이고 통제력이 있는 인상을 풍기려고 노력했다. 그들이 잠을 푹 잘 수 있게 하기 위해 개코원숭이를 구조하러 온 것처럼 말이다. 그는 우리가 와서 기쁘다고 말했다. 하지만 그의 표정은 하나도 기쁜 것처럼 보이지 않았다. 그는 분명히 어딘가 편치 않은 사람처럼 보였는데 이유는 알기 어려웠다. 이유가 될 만한 것들은 많았다. 어쩌면 그리운 식민지 시절이 너무 멀리 가버려 한때 철저히 무시했던 검은 피부를 가진 '수의사' 무체미를 마주해야 한다는 사실 때문일 수도 있었다. 어쩌면 우리가 미리 알리지 않고 온 데 대한 짜증일 수도 있었다. 어쩌면 나 같은 사람들이 오랜 정착자들에게 언제나 불러일으키는 일반적인 불쾌감 같은 것 때문일 수도 있었다.

우리는 관광 사업의 규모와 최근에 내린 비에 대해 잠시 이야기를 나누었다. 나는 개코원숭이의 상황을 물었다. 예상치 않게 나는 우리가 대놓고 직접적으로 묻지 못하고 있는 것을 발견했다. 그는 아픈 것들이 몇 마리 있었지만 지금은 있는지 잘 모르겠다고 대답했다.

나는 놀라움을 표시했다. "나무에서 떨어졌다고 하지 않았나요?" 내가 물었다.

"아니오. 아니오. 분명히 그건 아니오. 그냥 좀 아픈 것들이오."

"오, 미안합니다만. 관리인이 우리에게 좀 잘못 알려주었나 봅니다. 지금 우리가 그 원숭이들을 좀 볼까 하는데 한번 가보실까요?"

"찾는 데 좀 어려움을 겪을 거요. 그들을 찾는 것이 어려울 때가 많소. 때로는 며칠간 보이지 않을 때도 있으니까."

"하지만 관리인 말은 쓰레기 하치장에 사는 무리라고 하던데요."

"음, 그건 사실이오. 그곳에 가서 보면 되지 않겠소?"

내가 어느 정도 그를 화나게 했다는 생각이 들었다. 그는 자신이 충분히 알아서 할 수 있는 일인데 우리 같은 뜨내기들이 나타난 것에 짜증이 났을 수도 있었다. 아니면 그는 내가 너무 어려 보이거나 온통 털투성이라 유능해 보이지 않는다고 생각했을 수도 있었다. 바보 같게도 나는 그의 마음을 누그러뜨리고 그의 존중을 얻어내기로 결정했다.

나는 다음과 같은 계획을 설명했다. ─ 일단 우리가 개코원숭이 무리를 찾아서 한번 살펴보고 병든 것들의 수와 나이 그리고 성별 분포를 파악한다. 그리고 상태가 아주 안 좋은 것들이 있으면 그가 그것들을 사살하고 우리가 그것들을 부검해서 원인을 알아낸다.

그는 총기 운반인에게 총기를 가져오게 했다. 그리고 그는 특수 라이플총을 사용할 것이라며서 그 근거를 설명했다. 총에 대한 그의 말은 전혀 이해되지도 않았고 왜 그것이 원숭이를 죽이는 데 이상적인지 납득이 되지도 않았다. 당연한 말이지만 난 총을 별로 좋아하지 않는다. 몇 년 전에 하이에나 연구가 로렌스와 나는 덤불숲을 안전하게 돌아다니려면 2연발 권총이 있어야 한다는 데 뜻을 같이했다. 그가 총 한 자루를 구했고 우리는 사격 연습을 하러 나갔다. 우리는 인적이 없는 곳으로 차를 몰고 들어가 소음에 대비해 껌으로 귀를 막고 물소 두개골과 깡통을 과녁으로 놓았다. 로렌스는 적어도 총을 장전하고 안전하게 다루는 방법 정도는 알고 있었고, 그 방법을 내게 알려주었으며, 내가 총부리를 내 발 쪽으로 향하게 했을 때 소리를 질렀다. 나는 총에 손을 대본 정도였음에도 더럽혀진 느낌, 금지된 느낌, 교활한 느낌, 유대교 율법을 어기고 있는 느낌이 들었다. 우리는 한동안 총을 쏘았다. 로렌스가 깡통을 공중으로 던졌고 나는 깡통을 맞추었다. 나는 그의 칭찬에 관심 없는 척했지만 캠프로 돌아가는 길에 본심을 감추지 못하고 끝없이 재잘댔다. 홀가분해진 우리는 그 길로 총을 치웠고 덤불숲으로 들어갈 일이 있으면 그냥 조심하자고 말했다. 그래서 매니저가 자신의 선택을 설명했을 때 제대로 듣지 않고 잘 안다는 듯이 고개만 끄덕였다.

우리는 캠프 뒤쪽 끝을 통과해서 걸었다. 우리는 가지고 온 물품 일부를 가지고 갔다. 우리는 부엌, 물자 저장용 헛간, 직원 숙소를 지나 무성하게 자란 풀 사이로 난 좁은 길을 따라 빽빽한 관목숲 쪽으로 갔다. 쓰레기 하치장은 관광객들로부터 제법 떨어진 곳에 숨겨져 있었다. 보호 구역 내에 있는 모든 관광 숙소와 관광 캠프에는 쓰레기 하치장이 하나씩 있었다. ─비록 쓰레기를 적절히 처리하려는 의식은 없었지만 말이다. 임시 캠프를 세운 사파리 회사들은 쓰레기를 그냥 강에 내다버리곤 했다. 영구적인 숙소에서는 주위 어딘가에 구덩이를 파서 그것을 버리고는 개코원숭이나 하이에나나 독수리들이 그것을 두고 서로 싸우도록 방치했다. 모든 관광 숙소와 관광 캠프의 쓰레기 하치장 주변에는 개코원숭이들이 살고 있었다. 개코원숭이들은 더 이상 먹이를 찾아 돌아다니지 않았다. 쓰레기 하치장 근처의 나무에서 자면서 매일 그곳으로 오는 쓰레기를 기다리곤 했다. 나는 다른 숙소 주변에 사는 개코원숭이들이 인간이 먹다남긴 닭고기나, 쇠고기 조각, 간밤에 먹다 남긴 상한 커스터드푸딩 같은 쓰레기를 먹었을 때 신진대사가 어떻게 변하는지 연구한 적이 있었다. 당연한 말이겠지만 콜레스테롤, 인슐린, 트리글리세라이드의 수치가 올라가고, 인간이 그런 것을 먹을 때와 똑같이 신진대사가 나빠진다. 이와 관련된 또 다른 문제는 개코원숭이들이 쓰레기 하치장에 버려진 커스타드푸딩이나 닭다리는 먹어도 되지만 야외 뷔페 식탁에 차려진 것은 먹으면 안 된다는 것을 알 정도로 똑똑하지 못하다는 것이다. ─ 개코원숭이들이 숙소 주위에서 순식간에 위험한 존재가 될 수도 있다. 인간 쓰레기의 집약체는 인간 질병의 집약체이다. 야생 영장류들에게는 그것에 저항할 면역 체계가 없다. 이전에 어딘가에서 본 적이 있었는데 이런 쓰레기 더미 속에서 사는 무리가 병에 걸리는 것은 충분히 타당한 이유가 있었다. 그런데 미국 공원 쓰레기장 주위에 살고 있는 곰이나 너구리 등의 문제를 익히 들어본 미국인들에게 이것은 전혀 뉴스거리가 아니었다. 게다가 보호 구역 내의 어떤 숙소에서도 이것을 심각하게 받아들이지 않았다. 하지만 이것에 대한 긴 이야기는 나중에 하려고 한다.

그곳은 전형적인 관광 숙소 쓰레기 하치장이었다. 뙤약볕을 받은 쓰레기 더미에서 올라오는 악취가 너무 심해 머리가 어지러울 정도였다. 음식 찌꺼기를 태우면서 나온 자욱한 연기가 주변에 맴돌고 있었고 재가 미풍에 날아다녔다. 독수리와 대머리황새가 먹을 만한 것이 없는지 골라내고 있었고 설치류들이 돌아다니며 깡통을 건드리는지 어딘가에서 금속성 소리가 났다. 그리고 제법 떨어진 한쪽 구석의 낮은 나무에서 털고르기를 하고 있는 개코원숭이 한 무리가 있었다.

나는 새로운 개코원숭이 무리를 보거나, 다른 연구가들을 방문하여 그들이 연구하는 동물을 볼 때마다 거의 짜증에 가까운 어떤 느낌을 받는다. ─나는 그들이 누구인지 모른다. 누가 누구인지도 모르고, 어떤 싸움과 불평이 오고 가는지, 영웅적 성격을 가진 것들이 누구인지 모르면서 어떻게 그들의 진가를 알아볼 수 있을까? 대하소설의 두어 쪽에 불과한 것으로는 그들에게 몰입되지 않기 때문에 초조해진다. 나는 반사적으로 그들의 개성을 인식하려고 안간힘을 쓴다. ─저기에는 이목구비가 정말 멋지게 생기고 귀가 찢어진 것이 있다. 그리고 저기에는 다리를 저는 것이 있다. 그리고 저기에는 어린 사울처럼 생긴 것이 있다. 하지만 그의 털은 더 가볍고 팔랑거린다. 그러고나면 궁금해진다. '개코원숭이에 대한 나의 모든 생각을 바꿀 만한 일대기를 가진 것이 하나라도 있을까?', '누가 누구와 혈육 관계일까?', '무리 안에서의 서열은 어떻게 될까?', '나의 개코원숭이들에게 느끼는 감정을 이 개코원숭이들에게 느끼기까지 시간이 얼마나 걸릴까?', '이것들 중 하나를 베냐민처럼 사랑할 수 있을까?'

하지만 우리가 온 목적은 그것이 아니었다. 개코원숭이들은 캠프 주위의 인간들에게 꽤 길들여져 있었다. 그들은 쓰레기 하치장 뒤의 숲에서 하나둘씩 모습을 드러내며 새로운 쓰레기가 들어온 것이 없는지 살폈다. 사방에서 모여들었다. 그들은 우리와 꽤 가까이 있었고 우리 눈에 잘 보였다. 매니저가 그들 중 하나를 가리키며 문제를 제기했다.

"저기, 저기 있는 저놈. 털이 너무 많이 빠진 것 아니오?"

"어떤 것? 저것 말인가요? 아뇨, 저 정도는 특이한 각도에서 부는 바람 때문입니다."

"저건 어떻소? 다리를 절지 않소? 거의 걷지 못하지 않소?"

"다리가 부러진 것 같은데요. 어쩌면 나무에서 떨어졌을지도 모르죠."

그는 어쩌면 아픈 것들은 지금쯤 모두 죽었을 거라고, 그 무리의 대부분이 돌아오지 않아서 내가 그것들을 보지 못할지도 모른다고 연거푸 말했다.

더 많은 녀석들이 나타나기 시작했다. 새끼를 더 이상 안고 싶어 하지 않고 그냥 데리고다니는 암컷 한 마리도 있었고 끊임없이 징징거리다가 어미에게 얼굴을 한 대 얻어맞는 어린 녀석도 있었고 승부가 날 때까지 서로 난투극을 벌이는 청소년기 수컷 두 마리도 있었고, 겁이 많고 불안한 수컷 한 마리가 계속 따라다니지만 무슨 이유로 골이 났는지 그를 철저히 무시하는 암컷도 있었다. 그들이 덤불숲에서 하나둘씩 나타났을 때 우리는 약점을 가진 약한 놈을 공략하는 하이에나처럼 눈에 불을 켜고 그들을 샅샅이 훑어보았다. 쓰레기 하치장은 소각과 냄새 때문에 덥고 매웠다. 얼마 후에 우리는 어떤 것을 눈으로 찾아 헤매는 것만으로도 완전히 지칠 수 있음을 깨달았다.

무리 대부분이 거의 나온 것 같았다. 내가 아는 한 크게 잘못된 부분이 없어 보였다.

"글쎄, 지금까지는 별로 이상해 보이지 않는데요. 아픈 녀석들이 어떻게 생겼는지 좀 정확하게 말씀해 주시겠어요?"

갑자기 그는 불끈 화를 냈다.

"아픈 것들이 어떻게 생겼는지 정확히 어떻게 말할 수 있겠소? 빌어먹을. 내가 의사도 아니고 기술적인 용어 같은 것을 어떻게 알겠소? 나는 그냥 여기서 관광 캠프를 운영하는 사람일 뿐이오. 매우 바쁜 사람이오. 나는 그냥 관리인과 당신네들에게 도움이 될까 해서 말했을 뿐인데. 이보시오. 아픈 동물은 척 보기만 해도 아파 보이오. 그리고 나는 전문가가 아니오."

나는 미안했다. 나는 이해했다. 나는 그에게 깊은 인상을 주고 "이 사람은 M 박사이고 나는 S 박사이다."라고 자격증을 낭송하고 그의 동물과 관련하여 우리 능력을 믿어도 된다는 과도한 신뢰감을 조성하려다 보니 본의 아니게 그를 공격한 셈이 되어버렸다. 내 말이 그에게 경멸적으로 들린 것이 틀림없었고 자신이 아랫사람 취급을 당한다고 느낀 것이 틀림없었다. 아픈 원숭이들이 죽기 전에 주의 깊게 관찰을 하지 못한 데 대해 방어적이 된 것이 틀림없었다. 내가 좀 더 요령이 있게 행동해야 했다. 사실 나는 멈추고 좀 더 냉정을 되찾았어야 했다. 그런데 나는 그렇게 하지 않고 또 다른 실수를 범했다. 나는 그에게 또 그들의 모습을 물어보았다.

"좋습니다. 아픈 것 중에서 야위어 보이는 것이 있었다고 했죠? 살이 빠져 있었나요?"

"그렇소, 그렇소. 그중 몇몇은 완전히 피골이 상접한 상태였소."

"털이 군데군데 빠지고 있었다고 했죠? 그 나머지는 지저분해 보였나요?"

"그렇소. 그게 내가 아까 그놈을 가리킨 이유요. 털이 매우 안 좋아서."

"좋습니다. 아픈 녀석들이 기침을 하던가요?"

그는 상세히 설명했다.

"언제나 한 것은 아니고. 한번 기침을 하면 길게 했던 것 같소. 정말 깊은 곳에서 하는 그런 기침 말이오. 폐에서 올라오는 깊은 기침 말이오. 선생이 봤다면 정말 폐와 관련된 부분에 문제가 생겼다고 추측했을 거요."

아, 내가 왜 그걸 의심하지 않았을까? 왜 "혹시 왼쪽 털에 밝은 자주

색 피부병 같은 것이 있고 찰스턴(한때 유행했던 빠른 춤 - 옮긴이)을 추듯이 근육 경련이 일어나는 경우는 없었나요?"라고 물은 다음 그가 동의하는 것을 지켜보지 않았을까? 그 대신 나는 그에게 계속 증상에 대해 말하게 했다.

나는 좌절감을 느꼈다. 결핵이 떠올랐지만 질병의 첫 번째 파장을 일으킨 것들은 이미 죽은 것처럼 보였다. 그것은 놀라웠다. 대개 결핵은 그처럼 분명한 파장으로 오지 않는다. 하지만 누가 알랴? 부검할 진행 중인 개체가 없다면 의심하는 것을 확인하고, 어떤 유형의 결핵인지, 원인이 무엇인지, 최고의 치료법은 무엇인지 파악하기 어려울 것이다. 우리는 다음 발병을 기다려야 할 것이다. 아니면 모두를 다팅해서 검사해야 한다. 그리고 그렇게 하려면 여러 주가 걸릴 것이다. 만약 우리가 제때에 도착해서 진행 중인 개체를 하나만 확보할 수만 있었다면 시작해볼 수 있었을 텐데…….

문제의 녀석을 제일 먼저 발견한 사람은 리처드였다. 또 다른 개코원숭이들이 나타났는데 아마 무리의 마지막 생존자들 같았다. 리처드는 우리의 관심을 끌기 위해 낮은 목소리로 속삭이며 말없이 뒤쪽에 숨어 있는 한 녀석을 가리켰다. 리처드는 개코원숭이를 흉내 내며 몸을 앞으로 숙이고 등을 구부려 아치 모양을 만들었다. 그 녀석은 청소년기 수컷으로 야위고 털이 얇고 고른 편이었다. 그의 걸음걸이는 높고 섬세했는데 걸을 때 머리가 조금 흔들거렸다. 문제는 등이 굽어 있다는 것이었다. 많이 굽은 것은 아니고 걸을 때 불편해보일 정도로 굽어 있었다. 심하지는 않았지만 이례적이었다. 영장류에게 이것은 결핵의 초기 신호 같은 것이다. — 내가 아는 바에 의하면, 폐가 지치기 시작하여 산소 교환 기능이 제대로 이루어지지 않는 경우에 개코원숭이는 더 많은 산소를 받아들이기 위해 등을 구부려 가슴통을 확장시킨다.

그는 기본적으로 괜찮아 보였다. 조금 말랐을 뿐 그렇게 비정상적으로 보이지는 않았다. 하지만 분명히 등은 휘어 있었다.

그는 앞으로 나와서 우리 옆에 앉아서 우리, 쓰레기 하치장 그리고 다른 것들을 번갈아가며 보았다. 우리는 그의 모습을 온전히 볼 수 있었다. 우리는 정신을 집중했고 흥분했다.

"바로 저런 모습이었소."

"질병이 시작될 때 저런 모습이었다는 건가요?"

"그렇소."

나는 우리가 속삭이고 있다는 것을 깨달았다. 나는 리처드에게 어떻게 생각하는지 물었다.

"분명히 등이 굽어 있어요."

"하지만 심하게 굽은 것 같지는 않고. 조금 그런 것 같은데."

"야위었지만 그렇다고 많이 야위진 않았어."

우리는 그 녀석을 바라보았다. 나는 확신이 들지 않았다. 그는 등이 휘고 말라 있었다. 하지만 그는 마른 정도였다. 그것이 잘못은 아니지 않은가? 열이 있어 보이지도 않았고 그렇다고 없어 보이지도 않았다. 하지만 나는 그를 처음 보았고 그가 평상시에 어떻게 행동하는지 몰랐다.

갑자기 매니저가 말했다.

"우리 이놈을 한번 잡아서 확인해봐야 하지 않겠소?"

그는 쪼그리고 앉았고 즉시 총을 준비했다.

"좀 더 지켜보도록 하죠."

나는 지켜보면서 결핵에 걸린 원숭이의 모습이 어떤지에 대해 배웠던 것을 정확히 기억해내려고 애썼다. 나는 매니저가 말해준 증상을 되새겨보았다. 나는 나무를, 그리고 황새를 보았고 내 뺨으로 불어오는 쓰레기 하치장 그을음을 털어냈다. 나는 관광 숙소에서 점심 식사로 어떤 음식을 제공하는지 궁금했다. 나는 다시 그를 보았다. 그는 우리를 보고 있었다.

"총을 쏠까요?"

만약 이것이 결핵의 시작이라면 어떤 것이든 우리는 그것이 어떤 종류인지, 어떻게 걸리게 된 것인지 알아내야 한다. 그렇지 않으면 곧 보호 구역에 있는 다른 개코원숭이들에게까지 번져 그들을 죽일 것이다. 하지만 그는 단지 홀쭉한 것일 뿐일 수도 있다. 보호 구역 관리인에게 내가 뭔가를 했음을 알게 하려면 실제로 도움이 되는 일을 해야 할 것이다. 어쩌면 일주일 후에 다시 와서 저 녀석의 병세가 심해졌는지 봐야 할지도 모른다. 하지만 매니저는 참지 못할 것이다. 나는 그를 이미 충분히 짜증 나게 했다. 그는 가급적 빨리 자신의 역할을 끝내고 캠프로 돌아가고 싶어 한다. 하지만 저 녀석은 단지 야위었을 뿐이고 기이한 자세를 하고 있을 뿐일 수도 있다. 해부를 하는 것은 언제나 흥미롭다. 오, 신이시여. 제발 결핵이 아니기를. 하지만 저 녀석은 단지 야위어 있을 뿐일지도 모른다.

나는 저 녀석이 내 무리에 있었다면 어떤 이름을 지어주었을까 생각하고 있었다.

"저놈이 지금 자리를 뜨려고 하는 것 같소만."

매니저가 약간 날이 서 있는 목소리로 말했다. 그 녀석이 다른 쪽을 보았다. 그러고는 기침을 했다.

"좋아요. 쏘세요."

그는 쪼그리고 앉아 숨을 들이쉰 다음 그 녀석에게 근접 사격을 했다. 한순간 마치 장난감에서 나는 것 같은 픽! 하는 소리가 났다. 그 개코원숭이는 순식간에 덤불 속으로 말없이 사라졌다. 다른 모든 개코원숭이들이 비명을 지르며 자리를 벗어났다. 매니저가 놓친 것이다. 그는 그 녀석이 총에 맞은 경우를 대비해 우리가 서로 갈라져서 추적해야 한다고 했다. 그와 내가 한 길로 가고, 리처드와 총기 운반인이 다른 길로, 무체미가 또 다른 길로 갔다. 하지만 우리는 그의 총알이 빗나갔음을 알았다. 우리가 가는 길 앞쪽에 있던 개코원숭이들이 우리를 보고 달아났다. 길에는 핏자국도 신음 소리도 없었다. 다만 우리가 다가갈 때마다 개코원숭이들이 내는 비명 소리만 있었다. 그들은 겁에 질려 빠르게 달아났다. 매니저는 동요된 상태로 다른 길로 방향을 바꾸고 땅 위에 쪼그리고 앉아 핏자국이 없는지 살펴보다가 고개를 들어 목을 길게 빼고 나무 위에 있는 개코원숭이들을 바라보았다. 개코원숭이들이 우리보다 200~300미터나 앞질러 가고 있음에도 그는 사방을 두리번거리고 조심스럽게 발걸음을 늦추는 등 예민한 모습을 보였다. 그러면서 거의 화가 난 사람처럼 곳곳에서 내게 제자리에 그대로 있으라는 손짓을 했다. 그러다가 그는 다시 부리나케 달렸다. 나는 한순간 내 심장이 심하게 뛰고 숨이 가쁜 것을 깨달았다.―그 수컷을 지켜보는 내내 숨을 쉬지 않았던 것 같았다.

개코원숭이들은 무성한 숲 속으로 사라져 버렸다.―길에 핏자국도, 신음 소리도 없었다. 총알이 빗나간 것이 분명했다. 그는 마침내 놓친 것을 인정했다.

"빗나갔소. 바람이 불어서 그런 것 같소."

그는 땀을 흘렸다. 나도 마찬가지였다. 결국 우리는 다시 한자리에 모였다. 모두 기진맥진해 보였고 상당히 조용했다. 다시 쓰레기 하치장으로 돌아가는 동안 매니저는 까다로운 사람으로 변해 있었다. 그는 이제 우리에게 짜증이 나는 것처럼 보였다.

"에휴, 젠장 이제 저놈들은 사라졌소. 한동안 안 나타날 거요."

그의 어조는 그것이 모두 우리 잘못이라고 말하는 것 같았다.

"여기 머물러도 좋고 할 수 있는 것을 해도 좋소. 하지만 여기서 있어 봐야 더 이상 한 마리도 못 볼 거요. 나는 지금 내 캠프로 돌아가겠소."

나는 우리가 숲 속에서 조금 더 추적해보고 그들에게 다가갈 방법이 없는지, 우리가 놓친 것이 더 있는지 한 번 더 살펴볼 것이라고 말했다. 그는 알아서 하라는 식으로 어깨를 으쓱하고는 총기 운반인과 함께 가버렸다.

리처드와 무체미 그리고 나는 다시 숲으로 들어갔다. 우리 모두는 숨을 죽였고 다시 조용해졌고 우리는 생각하기 시작했다. 우리는 마침내 무슨 일이 일어나고 있는 건지 사태를 파악하기 시작했다. 우리가 다시 한자리에 모이자마자 리처드가 내게 뭔가를 말하고 싶어 했다. 그가 총기 운반인과 같이 숲으로 들어갔을 때 총기 운반인이 아픈 원숭이를 한 번도 본 적이 없다고 말했다고 했다. 리처드는 두 가지 얼굴 표정을 지었다. 마치 내가 그중 하나를 선택해야 한다고 말하는 것처럼 말이다. ― 상충하는 정보 때문에 정말 혼란스럽고 당혹스럽다는 표정이 순간적으로 나타났다가, 말 안 해도 알 것 같다는 쓸쓸한 표정이 나타났다. 우리는 후자가 진실이라는 결론을 내렸다. 그것이 분명해 보였기 때문이었다.

우리는 숲에서 천천히 걸어나와 다시 지프차에 모든 짐을 실었다. 우리가 차에 올라탔을 때 매니저가 다시 나타났다. 나는 말했다. 당신 말이 맞다고, 오늘 우리가 여기서 할 수 있는 일이 없다고, 우리는 다른 할 일이 있다고, 여기 머물며 문제를 해결하고 싶지만 떠나야 한다고 말이다. 그는 동의했고 여기까지 와줘서 고맙다고 말하며 일단 우리가 시동을 켜고 떠날 것처럼 하자 식사를 하고 가라고 했다. 우리는 거절했다. 그냥 감사하다고 말하고 악수하고 떠났다.

관광 캠프 주변의 덤불과 숲을 벗어나 광활한 사바나로 들어설 때까지 아무도 말하지 않았다. 매니저가 가까이 있는 곳에서 말하는 것이 내키지 않는 것처럼 말이다.

결국 누군가는 우리 모두가 무슨 생각을 하고 있는지에 대해 이야기를 시작해야 했다. 리처드가 그 역할을 했다.

"저 남자가 개코원숭이들이 아프다고 한 것은 지어낸 이야기 같아요. 저 남자는 단지 개코원숭이를 쏘는 걸 좋아하고 관리인이 허가해주기를 바란 것뿐이에요."

나는 리처드의 말에 동의했다. 그리고 매니저가 인간쓰레기라고 말하려다가 멈칫했다. 그는 개코원숭이를 여러 번 쏘았겠지만 이번에 쏠 때 그렇게 하라고 한 사람이 나였기 때문이었다.

19

그 백인 노인은
인조인간이었을까?

　관광 캠프에서 시간을 보내며 미국 관광객 한 무리가 체크인하는 것을 지켜보았다. 사람들이 서로 소리쳐 부르고 직원들에게 인사하는 목소리들 속에서 기이한 금속성 목소리가 들렸다. 무성하고 투박한 수염을 기르고 있고 키가 크고 어색하게 움직이는 백인 노인 한 명이 눈에 들어왔다. 그는 면도기만 한 어떤 기계 하나를 손에 들고 있었다. 그는 말을 할 때마다 그 기계를 목구멍에 갖다댔다. 신기하게도 그가 입술을 움직일 때마다 그 기계에서 단조로운 금속성 소리가 흘러나왔다. 추정컨대 그 노인은 어떤 의학적인 이유로 기관지나 후두를 제거한 것 같았다. 그리고 그 기계는 음성 증폭기였다. 그것은 그에게 도움이 되는 유쾌한 발명품처럼 보였다. 인간 감정이 실리지 않은 기계음인데도 불구하고 풍부한 남부 악센트가 그대로 묻어난다는 사실이 흥미로웠다.

　이른 오후에 캠프 직원들 사이에서 그 노인에 대한 열띤 토론이 있었다. 모두 그 남자의 목구멍 전체가 기계라는 데 의견을 같이했다. 한때 나이로비의 호텔에서 일했고 세상 물정을 좀 안다고 하는 말로이가 토론을 이끌어갔다.

"저 백인 노인은 목구멍이 없어. 그것은 그냥 기계일 뿐이야. 교통사고를 당했거나 누군가가 그의 목을 벤 것이 틀림없어. 목구멍이 없어. 그래서 의사들이 그 속에 기계를 넣은 거야."

"그는 말할 것이 있으면 손에 들고 있는 기계를 목구멍에 대. 목구멍 기계가 작동되도록 말이지."

"그가 저렇게 수염을 기른 이유는 바로 그거야. 기계를 수염 속에 감추려는 거지. 그래야 그의 아내가 그를 보고 짜증을 내지 않거든."

점심 식사 시간에 바텐더이자 마실 것을 접대하는 일을 하는 존이 그것을 뒷받침하는 중요한 증거를 내놓았다.

"점심 식사 시간에 그는 아무것도 마시지 않았어. 그에게 마실 것을 팔려고 했지만 소용없었어. 심지어 물도 안 마셨어. 기계가 젖을까봐 그렇게 하지 못하는 거야. 라디오처럼 말이야. 불똥이 튀거나 녹이 슬 테니까."

모든 사람이 동의했고 동정을 보냈다.

"저 백인 노인은 물조차 못 마시는구나. 그럼 목이 마를 땐 어떻게 할까?"

"틀림없이 아래로 내려가는 다른 구멍이 있을 거야. 그 속으로 물을 붓는 거지. 저 사람의 수염이 저렇게 긴 이유가 있어. 어쩌면 아무도 없는 빈방에서 해야 할 거야."

모두 기대감으로 객실 담당 종업원인 시몬을 바라보았다. 증거를 찾아내는 일이 그에게 맡겨졌다.

"하지만 저 노인은 음식은 많이 먹었어."

"기계에 에너지를 공급하는 거야."

"음식으로?"

"그래. 음식이 우리에게도 에너지를 주잖아. 그래야 배터리가 오래 유지되거든."

그래도 학교를 좀 다녀본 카수라가 말했다.

평소에 농담을 잘하고 다른 사람들 말에 귀를 잘 기울이지 않는 카마우가 갑자기 논리적인 비약을 했다.

"내가 보기에 저 백인 노인은 절대 인간이 아냐. 그의 모든 것이 기계야."

"우린 지금 진지하게 이야기하고 있어. 농담 따먹기나 하는 게 아냐."

"나도 진지하게 말하는 거야. 내 생각에, 그는 사고로 한번 죽었어. 백인 의사들이 그를 완전히 기계로 다시 살려놓은 거지."

사람들이 그의 생각이 터무니없다며 묵살했다. 카마우가 열성적인 방어를 하려는 순간 경비 중 한 명이 흥분해서 달려와 백인 노인이 주유소로 걸어가고 있다고 했다.

모두들 몰려나가 멀리서 그를 보았다. 그는 다리를 절며 느린 걸음으로 걸어가다가 가끔씩 멈추었다.

"저걸 봐. 그의 다리는 기계야. 그가 걸어가는 모양새를 봐."

이 말을 한 사람은 자신의 의견을 내놓았다가 묵살당한 카마우였다.

"주유소는 왜 가지?"

"기름이 필요해서야."

"농담 그만해."

"저기 봐. 주유소에 있는 가게로 가고 있어."

시몬이 자기가 생각하는 답을 말했다.

"그는 모터오일을 구하려는 거야. 기계가 제대로 작동되도록 목구멍에 부어야 하니까 말이야."

"사실이야. 기계는 기름칠을 해야 하잖아."

운전사이고 그런 일에 대해 잘 아는 술레만이 말했다.

우리는 그가 가게로 들어간 지 몇 분 후에 다시 다리를 절며 나타나는 것을 지켜보았다. 그가 시야에서 사라졌을 때 주유소에 있는 가게에서 오이암보가 달려왔다. 그는 흥분했다.

"그가 모터오일을 샀지? 그가 그것을 마시는 것을 봤어?"

"아니, 아니. 모타오일을 산 게 아냐."

"그럼 그가 뭘 샀는데?"

"음, 처음에 나는 백인 노인이 목소리 기계로 말해서 못 알아들었어. 하지만 그다음엔 알아들었지. 그는 카메라 배터리 두 개를 샀어."

'카메라 배터리 두 개?'

모두들 충격이 가시지 않는다는 표정으로 카마우를 바라보았다. 그는 두려움으로 눈이 휘둥그레졌다.

"오, 맙소사. 그건 눈을 위한 거야!"

"카마우, 카마우의 말이 옳아. 그는 기계야."

"세상에, 저 백인 노인이 정말 기계였던 거야!"

갑자기 존이 그 이론을 뒷받침하는 끔찍한 사실 하나를 기억해냈다. 내가 숲에서 본 아프리카 인들은 누구 할 것 없이 오랫동안 야외에서 불을 지피고 뜨거운 것을 요리하던 습관 때문에 손가락을 데이지 않고도 상상하기 힘든 뜨거운 것을 집어들 수 있었다.—차 유리잔, 장작개비, 요리 중인 냄비 등을 말이다. 하지만 신기하게도 그들은 매우 차가운 것을 견디지 못했다.

"내가 그와 같은 식탁에 있는 다른 백인들에게 마실 것을 가져다준 적이 있었는데 내가 그들의 컵에 얼음을 넣으려고 숟갈로 얼음을 푸다가 식탁 위에 한 조각을 떨어뜨렸어. 그런데 저 백인 노인이 손으로 얼음을 집었어."

"손으로 그것을 집었다면 그의 손도 기계로구나."

"그는 기계야."

"어쩌다가 그렇게 되었을까?"

"그와 함께 있는 늙은 여자가 남편이 죽은 것이 분명해지자 그렇게 한 거야. 그 여자는 틀림없이 매우 부자일 거야. 그래서 남편의 모습을 한 기계를 만든 거야. 사진을 보고 말이야."

"백인 여자들이 언제나 사진을 찍는 데는 그만한 이유가 있다니까. 자기 남편들이 죽을 때를 대비한 거야. 자신의 남편과 똑같아보이는 기계를 만들 수 있도록 하는 거야. 백인들이라면 충분히 그렇게 하고도 남아."

"그리고 카세트를 목구멍에 넣은 거야."

"하지만 카세트랑은 다르지 않아? 우리가 그에게 이야기하면 그는 대답을 할 수 있어."

라고 회의론자인 오이암보가 말했다.

"그것은 특별한 카세트야. 그런 것에 대해 읽어본 적이 있어. 나이로비에도 그런 것이 있어."

라고 카수라가 말했다.

"숫자를 더하는 것을 도와주기도 하는 거야."

"그러니까 저 백인 노인은 정말 기계로구나."

사람들은 거의 공황 상태에 빠졌다.—그들은 더 이상 즐겁지 않았다. 술레만이 말했다.

"다들 알겠지만 난 심각해. 정말 짜증 나. 오늘 오후에 내가 저 사람들을 데리고 사파리를 가야 해. 내가 기계를 데려가는 거잖아. 정말 위험할 수도 있어. 정말 내키지 않아. 정말 짜증 나 죽겠어. 매니저와 이야기해 봐야겠어."

그리고 그는 사파리를 떠나기 전에 용기를 내기 위해 술을 한잔 마시러 갔다.

공황 상태가 사방으로 퍼져나갔다. 늦은 오후가 되자 모두 백인 노인이 기계라고 확신했다. 시몬은 그가 통나무집의 현관에서 여행 가방을 들고 아내에게 가는 것을 보았다고 알렸다. 그런데 그 짐의 무게가 과도하게 추정되었다. "저 기계 팔이 얼마나 센지 좀 봐."

그는 술집으로 들어갔고 카세트 녹음기 목소리로 자신의 아내가 마실 것을 주문했다. 술수에 능한 존이 의도적으로 얼음 하나를 그의 앞에 떨어뜨렸다. 그런데 그 백인 노인은 다른 사람들이 보는 앞에서 그것을 집었다. 존은 맹세컨대 두 눈으로 똑똑히 보았다고 했다. 과잉 흥분 상태가 수그러드는 걸 원하지 않았던 나는 인공 팔다리와 유리 눈, 그리고 중요한 신경 세포 이식, 그리고 의치에 대해 즉석에서 강의했다.

모두 멀찌감치 떨어진 곳에 모여서 불쌍한 술레만이 그 기계와 그의 아내와 다른 백인 관광객들과 함께 사파리를 떠나는 것을 지켜보았다. 따라서 술레만이 돌아오기를 기다리는 사람들 사이에 팽팽한 긴장감이 감돌았다. "그가 무사히 돌아올까?", "아니면 기계가 느닷없이 오작동을 해서 술레만의 얼굴을 짓이겨버리지 않을까?", "아니면 혹시 술레만이 기계가 되어 돌아오는 것이 아닐까?" 다양한 이론이 나왔고 직원 구역에서 알 수 없는 술렁임이 감돌았다. 아무도 투숙객들에게 저녁 식사를 제공하는 일에 신경을 쓰지 않는 것처럼 보였다.

차량이 돌아왔다. 부부들이 흥분한 상태로 미소를 짓고 웃음을 터뜨렸다. 사진도 찍었다! 심지어 백인 노인도 웃고 있었다. 관광객들이 각자의 텐트로 사라졌다. 술레만이 왔는데, 멀쩡해 보였다. 모두 주위에 모여들었다.

"무슨 일 없었어? 무슨 일 없었어?"

"저 백인 노인이……."

"그래, 그래. 그가 어쨌는데?"

"저 백인 노인이, 나한테 팁으로 100실링이나 줬어."

팁으로는 놀라운 액수였다. 모두 이것의 의미를 음미해보고는 즉시 차분한 결론에 도달했다.

"저 백인 노인은 좋은 기계로군."

공황 상태가 진정되었다. 그는 남은 체류 기간 동안 최상의 서비스를 받았다.

20

엘리베이터

　사람들이 모두 무릎 반사에 대해 모른다는 것을 알게 된 날이었다. 관광 숙소에 있는 직원 구역에서 리처드와 함께 앉아 있을 때였다. 나는 그의 농담을 듣고 웃으면서 그의 무릎을 탁 쳤다. 무릎 반사로 그의 다리가 올라갔다. 그는 즉시 물었다. "내 다리를 어떻게 한 거예요?" 나는 실례를 보여주며 설명해주었고 그는 얼떨떨해했다. 주변에 있는 사람들이 우리를 둘러쌌다. 이전에는 아무도 그것에 주목한 사람이 없었다. 한 사람이 직원 구역에서 오래된 탄산수 병 몇 개를 가져왔고 모두 둘러앉아 병으로 무릎 아래를 탁 쳤다. "이것 봐. 내 다리가 올라갔어. 내가 일부러 올린 게 아냐."

　모두 아파하면서도 즐거워했다. 나는 갑자기 다른 새로운 것을 생각해냈다. ─눈 아지랑이. "하늘을 볼 때 눈 속에서 뭔가 움직이는 것을 본 적이 있죠? 그냥 어떤 것이 떠다니는 것 같은 것 말이에요." 많은 남자들이 '헉' 했다. ─ 그들은 눈 속에서 떠다니는 아지랑이를 본 적이 있었는데 감히 용기가 없어 말하지 못했다고 했다. 리처드는 내 팔을 꽉 잡았다. "세상에, 나도 봤어요. 나는 눈 속에 현미경이 있다고 생각했어요." '오호, 이런 놀라운 비유라니! 내 옆에서 너무 오래 있었나?' 어떤 사람은 자신의 눈 속에서 떠다니는 것을 보고 자신이 특별한 일을 하라는 예수님의 계시를 받은 것이라고 생각했다고 했다. 나는 떠다니는 것을 과학적으로 설명함으로써 그를 세속적인 현실주의로 돌려놓았다.

누구나 한 번 정도 경험하지만 용기가 없어 선뜻 다른 사람에게 말하지 못하는 것 중에 기시감(旣視感)이 있다. "한번은 내가 숲을 거닐고 있었어요. 내가 알기로는 처음이었는데 내 머릿속에서는 그 덤불을 어딘가에서 본 것 같았어요." 이전에 본 적이 있는 모든 덤불숲을 기억하는 것처럼 보이는 한 마사이 족이 말했다. 나는 또 잠결에 갑자기 떨어지는 느낌이 들어서 잠이 번쩍 깬 것에 대한 이야기로 히트를 쳤다("세상에, 나는 내가 죽는다고 생각했어요." 한 남자가 말했다.).

굉장히 멋진 시간이었다. ―지구 상의 완전히 다른 모퉁이에 있는 사람들과 어울려 시간을 보내는 것이 정말 운이 좋다는 것을 깨달은 날 중 하나였다. 하지만 그것은 내가 엘리베이터를 타는 곳으로 리처드를 처음 데려간 날과는 비할 바가 아니었다.

개코원숭이 무리는 나다니엘의 지배 아래 있었다. 곧 그는 우두머리로 만족하기보다 더 나은 일을 할 모양이었다. 우리는 공원에서 다팅을 마치고 다른 곳으로 이동하는 중에 짬을 내어 물자 재공급을 위해 나이로비로 갔다. 리처드의 첫 도시 나들이였다. 나는 그를 이곳저곳에 데리고다녔고 그에게 교통 신호를 가르쳤다. 나는 그에게 도시사회학 강의를 했다. 그는 첫 슈퍼마켓, 첫 극장, 첫 교통 체증 시간을 보았다.

그는 많은 차들에 진저리를 쳤다. ―"이렇게 많은 차들이 있을 수 있는 것은 물소가 없어서예요." 충분히 일리 있는 말이었다. 키쿠유 족들(케냐의 전형적인 도시인 부족)이 리처드를 키쿠유 족으로 잘못 알고 그에게 자신들 언어로 말을 걸었다. 리처드는 은연중에 기쁨으로 상기되었다. 훨씬 더 기분 좋았던 것은 리처드의 첫 서점 나들이였다. 그는 감탄을 금치 못했다. 어찌된 일인지 리처드는 학교 교육에 상관없이 내가 만난 어떤 케냐 인과도 비교가 되지 않을 정도로 책에 대한 열정을 가지고 있었다. 그는 어설프게 배운 영어(그가 배운 네 번째 언어였다.)로 책을 읽곤 했고 진도를 나가며 즐거워했다. 비록 내가 읽어보라고 건네준 도스토옙스키의 「카라마조프가의 형제들」에는 결국 두 손을 들고 말았지만 말이다. 그런데 온통 책으로 가득한 서점이라니!

나는 그에게 얼마간의 돈을 주고 원하는 것은 뭐든지 사라고 했다. 그리고 내 마음은 간접적인 즐거움으로 같이 부풀어올랐다. 그가 제일 처음 산 것은 아이스크림이었다. 그는 처음 맛보는 아이스크림 맛에 황홀하여 내 팔을 꼭 붙잡았다. 그리고 케냐의 도심지에 세워진 멋진 새 건물로 들어가 에스컬레이터를 처음 탔다. 그곳은 지역 명소로 젊은 나이로비 멋쟁이들이 데이트 상대를 데리고 가는 곳이었다. 에스컬레이터 옆에는 다음과 같은 지시 사항, 경고, 권리를 인정받을 수 없는 경우 등이 적힌 큰 벽보가 붙어 있었다. ―앞만 보고 가야 함, 한 방향만 가능함, 염소 탑승 불가, 임신한 여성 책임 못 짐. 우리는 차례를 기다렸다가 올라탔고 소중한 생명을 지키기 위해 난간을 꼭 붙잡았고 살아남았다.

늦은 오후에는 깜짝 선물이 있었다. 나는 보조금 회계를 최대한 활용해 도심지 호텔 중 한 곳에 들어가 돈을 물 쓰듯 펑펑 썼다. 나는 체크인을 했고 리처드를 그의 방에 데리고갔다. 우리 방은 5층에 있었다. 나는 엘리베이터를 타기 전에 리처드에게 준비를 시켰다. 그것을 타면 속이 울렁거릴 수도 있다고 경고해주고 건축가의 아들이라는 본성을 어쩌지 못하고 수직 통로와 건물의 다양한 층의 단면도까지 그렸다.

준비가 되었고 우리는 올라탔다. 리처드는 처음에는 에스컬레이터에서 흘러나오는 음악에 귀를 기울였지만 배 속이 울렁거리기 시작하자 그 음악은 귀에 들어오지 않았다. 그는 나를 꽉 붙잡았는데 안색이 창백해 보였다. 5층에서 내리자 그는 비로소 안도의 한숨을 쉬었다. 1분이 지났고 그는 반짝이는 눈으로 나를 바라보았다. ―"와, 좋으네요." 다시 한 번. 우리는 반복해서 오르고 내렸다. 그는 나에게 엘리베이터에 다른 사람이 동승하면 절대로 엘리베이터에 대한 말을 하지 말라고 했다. ―"그들이 날 부시맨으로 생각할 거예요." 그는 버튼 2와 3을 누르면 5층에 갈 수가 없다는 것을 알게 되었다. 나는 그를 혼자서 타보게 했고 세 살짜리 아이를 둔 부모 같은 심정으로 지켜보았다.

나는 그를 녹초로 만들었고 그가 난생처음으로 뜨거운 물에 목욕을 할 수 있도록 준비된 그의 방에 데리고갔다. 그리고 그가 욕조 속에서 행복하게 뒹굴며 킵시기 노래를 흥얼거리는 것을 보고 나왔다.

1시간 후에 나는 그가 어떻게 지내고 있는지 확인하러 그의 방에 들어가보았다. 그는 창문 밖을 내려다보며 5층 아래의 차들을 보고 큰 소리로 충고하고 있었다. ―"조심해! 더 천천히! 로리를 잘 봐!" 그는 차들을 가리키며 누 떼 같다고 말했다. 나는 나이로비에 물소가 없기 때문이라고 말했다. 내가 처음에 그를 방으로 데리고 들어와 창문 아래의 정경을 보여주었을 때 그는 어지러워했다. 이제는 약간 밖으로 몸을 내밀고 있었다. 오른팔로 벽을 꽉 붙잡고 있긴 했지만 말이다.

"그런데 리처드, 오늘 가장 흥미로웠던 건 뭐야?" 내가 물었다. 어쩌면 서점일 수도 있고 아이스크림일 수도 있었다. "설마 엘리베이터는 아니겠지?", "아뇨, 아뇨, 엘리베이터는 아니에요." 리처드는 내 눈치를 슬쩍 살폈다. "비밀을 말해줄까요?" 그가 물었다. "예전에 한번 엘리베이터를 탄 적이 있었는데 그때는 그게 뭔지도 몰랐어요." 그는 고백했다.

연초에 리처드는 카프카(실존주의 문학의 선구자 – 옮긴이)에 맞먹는 중대한 임무를 수행하러 난생처음으로 나이로비로 갔었다. ─ 아이 이름을 바꾸기 위해서였다. '현대인'인 리처드의 주장에 따라, 그의 아내는 진통이 시작되자 집에서 분만하지 않고 그 지역의 작은 병원으로 갔다. 그곳은 사파리 공원에서 90킬로미터 떨어져 있어 리처드가 달려갔을 때는 이미 아이가 태어난 뒤였다. 그는 아이의 이름을 '제시 잭슨'의 이름을 따서 '제시'라고 짓기로 결정했다. 그런데 그가 병원에 도착해보니 의사가 그를 기다리다 지쳐 출생증명서에 '힐러리'라는 이름을 써넣었다(리처드의 말에 따르면 아이 엄마의 의견과 상관없이 그랬다고 하는데 내 생각엔 리처드의 아내와 상의했을 것이고 이 이름이 아내가 원하는 이름이었을지도 모른다.). 출생증명서는 이미 정식으로 등록되었고 아이 이름은 이제 힐러리였다. 리처드가 이의를 제기하자 의사는 경찰 운운하며 위협했다. 그래서 리처드는 아이 이름을 정정하기 위해 나이로비로 가기로 결정했다.

리처드가 속해 있는 관광 숙소의 매니저가 그의 이야기를 듣고 리처드를 좋게 보았는지 나이로비에 있는, 관광 캠프를 소유한 가족 소유의 호텔에 묵도록 배려해주었다.

리처드는 나이로비에 도착하여 매니저가 알려준 호텔을 찾아갔다. 호텔 매니저는 리처드를 기다리고 있다가 그에게 인사한 다음 그날 밤에 욕실이 있는 방에서 묵고 그곳에 있는 동안 식사는 무료로 하라고 말했다.

"그러고난 후에 그는 나를 창문이 없는 작은 방으로 안내했어요. 처음에 나는 그곳이 내가 묵을 방인 줄 알았어요. 하지만 아니었어요. 문이 닫히더니 갑자기 기계 소리가 나는 거예요. 나는 배 속이 거북해지고 덜컥 겁이 나면서 이제 나이로비에서 죽는구나 하고 생각했어요. 그런데 한순간 갑자기 문이 열렸는데 밖의 모습이 모두 바뀌어 있는 거예요. 완전히 말이죠! ─ 모든 것을 통째로 다 바꾸어놓은 것 있죠. 사람도 의자도 사라지고 안내대도 없어졌어요. 대신 긴 통로와 방문만 줄지어 있는 거예요. 그 당시만 해도 나는 어찌 된 영문인지 몰랐어요. 하지만 이제는 그게 엘리베이터였다는 걸 알아요."

아무튼 그는 엘리베이터에서 나와 그의 방으로 갔다. 방에는 커튼이 이미 드리워져 있었고 그는 그걸 건드릴 생각도 하지 않았다. 그래서 그는 자신이 1층에 있는 것이 아니라는 걸 눈곱만큼도 알지 못했다. 그는 욕조가 소 한 마리가 들어가도 될 정도로 너무 커서 개수대에서 씻었다. 침대의 호사스러움에 흥분했지만 매니저의 세심한 배려가 담긴 전화가 왔을 때에는 공황 상태에 빠졌다. 그는 영화에서 전화기와 사람들이 전화기를 들고 있는 모습을 본 적이 있을 뿐이었다.

배가 고플 때까지는 모든 것이 신기하고 놀랍기만 했다. 그는 식당으로 가기 위해 방을 나갔고 복도를 따라 걸었다. 운이 지지리도 없었다. 그는 자신이 처음에 탔던 그 작은 방이 식당으로 연결되어 있을 것이라고 생각했지만 그 작은 방의 문이 어디에 있는지, 그 문을 어떻게 열어야 하는지, 어떻게 해야 그 문 밖이 식당으로 바뀌어 있는 곳으로 갈 수 있는지 알 수가 없었다. 그는 계속 복도를 따라 왔다 갔다 했지만 창피해서 누구에게 물어볼 엄두가 나지 않았고 결국 주린 배를 부여잡고 다시 방으로 돌아갔다. 한밤중에 그는 아침 식사는 고사하고 여기서 빠져나갈 일이 걱정되었고 두려움에 사로잡혔다.

동틀 무렵 그는 묘책이 떠올라 자리에서 일어났다. 짐을 싸서 나가 복도를 거닐다가 처음으로 어떤 사람들이 자신과 비슷한 짐을 꾸려 방을 나오는 걸 목격했다. 그는 아무렇지도 않은 듯이 그들을 따라갔고 곧 엘리베이터를 타게 되었다. 그는 배 속이 다시 요란하게 요동치는 것을 느끼며 1층 로비로 나가게 되었다. 그는 안도감을 느꼈고 한시바삐 그곳을 탈출하고 싶은 나머지 매니저에게 인사를 하는 둥 마는 둥하고는 급히 빠져나왔다.

"아이참, 그게 엘리베이터라는 것을 알았더라면 좋았을 텐데……. 그 호텔 음식들은 맛이 기가 막혔을 거예요. 매우 크고 화려한 호텔이었거든요. 그곳 매니저가 마음껏 먹어도 된다고 했었는데……."

그날 저녁에 우리는 그의 기억을 치유하기 위해 좀 더 많은 아이스크림을 사먹으러 나갔다.

21

다이앤 포시와
마운틴 고릴라

동물들의 고통에 관한 한 나는 꽤 무감각하다. 실용적이라거나 감상적이지 않다는 등의 좀 더 완곡한 표현을 쓸 수도 있다. 하지만 나는 무감각하다. 한때는 마음이 매우 아팠는데 지금은 그렇지 않다. 어릴 때부터 대학을 졸업할 때까지 오직 내 소원은 숲에서 혼자 동물들과 함께 살면서 그들의 행동을 연구하는 것이었다. 지적인 면에서 그들의 행동에 대한 연구 그 자체만큼 만족스럽고 순수한 것이 없었고 그들과 같이 있는 것만큼 신성한 일도 없어 보였다. 동물들이 고통을 당하는 것은 참을 수 없었다.

하지만 내 관심은 바뀌었고 행동 그것만으로는 부족해 보이기 시작했다. "이 행동은 놀랄 만하지 않나?"가 "이 행동이 놀랄 만하지 않나? 어떻게 이렇게 행동할까?"로 바뀌었다. 그래서 나는 행동과 뇌에 관심을 가지게 되었다. 그리고 곧 뇌 그 자체에 대한 관심으로 옮겨갔고 연이어 뇌가 기능을 하지 못하는 것에 대한 관심을 가지기 시작했다. 무리에서 서열이 불안정한 시기의 후반기에 실험실 작업은 오직 뇌 질환에 대한 연구로 바뀌었다. 매년 아홉 달을 실험실에서 실험을 하며 보내곤 했는데 그곳 동물들이 당하는 고통은 끔찍했다. 그들은 뇌졸중이나 반복적인 간질 발작, 혹은 신경 퇴행성 질환을 겪곤 했다. 이것은 뇌 세포가 어떻게 죽어가고 그것을 막으려면 어떤 조치를 취해야 하는지에 대한 답을 찾기 위한 것이었다. — 이 모든 것은 오직 매년 뇌졸중, 간질, 혹은 알츠하이머병을 앓는 몇백만 명의 인간을 위한 것이었다. 내 아버지는 나보다 반세기를 더 살았을 만큼 나이가 많았다. 한때 아버지는 예술가이자 건축가였으며 건축 학교 학장을 역임하기도 한 열정적이고 복잡 미묘하고 까다로운 남자였다. 하지만 아버지는 신경 퇴행성 질환 중 하나를 앓았다. 때로 아버지는 가족들조차 알아보지 못했고 자신이 어디에 있는지 알지 못했으며 적극성과 활력과 탐구심을 요하는 삶의 즐거움을 누리지 못했다. 내가 실험실에 앉아 있었을 때 신경이 어떻게 죽는지 알아내어 아버지를 회복시킬 수만 있다면 주저하거나 못할 일이 없다고 생각하던 때가 있었다.

나는 내 연구에 대한 보상을 하려고 노력했지만 아마도 충분하지 않았을 것이다. 그 일환으로 나는 미국에 머물 때 채식주의를 지켰고 연구를 하는 동안 동물들의 수와 고통의 양을 최소화하기 위해 노력했다. 하지만 그래도 여전히 가혹한 부분이 있었을 것이다. 학생 시절 수업 첫날에 쥐의 뇌 수술을 배우고 토했다. 그 이후로 박사 후 과정을 거치면서 학생들을 훈련시키기 시작했고 이제는 그들이 나와 같은 과정을 시작할 수 있도록 지원하는 단계에 있었다. 내 연구에서 다음 단계에 대한 내 직관이 잘못되어 백여 마리의 동물을 희생시키는 결과를 초래한다면 나는 끔찍하게 두려울 것이다. 나는 멩겔레 박사(유대 인들을 대상으로 생체 실험을 한 의사 – 옮긴이)를 꿈꿀 수도 있었다. — 새로운 실험실 가운을 입고 동물들의 '호텔'에서 동물들을 환영할 것이다. 하지만 나는 나치들과 달리 명령에 따르는 일만 하지 않았고 명령을 내리기도 했다. — 나는 아버지의 뇌 속에서 일어나는 경색, 허혈 세포 변화, 저산소혈성 광범 괴사와 전쟁 중에 있었고 아버지를 병들게 하는 것에 복수하기 위해서라면 못할 것이 없었다. 그러다보니 동물들에 대한 감각이 점점 무디어지고 있었다.

그래서 나는 매년 개코원숭이들에게 돌아가야 할 필요성을 점점 더 많이 느끼게 되었다. 그곳에 가야 할 수십 가지 이유 중 다음과 같은 것들이 있었다. 그곳에 가면 동물들에게 손상을 입히지 않고 그들을 죽이지 않는다는 것이 좋았다. 그들이 우리 속에 갇혀 살지 않는다는 것이 좋았다. 삐딱하게 말해 오히려 그들이 나를 죽일 가능성이 더 높다는 것이 좋았다. 그에 덧붙여서 내 연구가 그들에게 간접적인 도움이 될 수 있다는 것이 좋았다. — 어떤 종류의 환경적 스트레스 요인이 그들의 생식 능력에 지장을 주는지, 또 그들을 감염성 질환에 더 취약하게 만드는지 알아내는 것 말이다.

개코원숭이 한 마리가 다팅 중에 죽었다. 누구인지 혹은 어떻게 그런 일이 일어났는지는 여기서 말하지 않을 것이다. — 그 이야기는 마지막 장에 나올 것이다. 그는 죽었다. 그는 내가 정말 애정을 쏟았던 녀석 중 하나였다. 다른 것들보다 더 애정을 쏟았다고 죄책감이 덜어질까? 다른 녀석이었다면 하고 바라는 것이 허락될까? 그는 죽었다. 무엇보다도 마취 중에 문제가 생겨 내 품에서 죽었다. 나는 그를 살리려고 안간힘을 썼다. 심폐 소생술을 실시했다. 그의 목구멍으로 기관 내관을 넣었다. 심장 마사지를 했고 에피네프린을 주입했다. 그래도 그는 숨을 쉬지 않았다. 그는 실제로 죽는 순간에 내는 특유의 소리를 냈다. 내가 그의 가슴을 누를 때마다 그는 그르렁거리는 소리를 반복했고 그럴 때마다 나는 희망과 전율을 느꼈다. 마침내 지쳐서 나가떨어질 때까지 나는 끝없이 치고 밀고 가슴 마사지를 하며 때로 저주를 퍼부었다. 누군가를 잃지 않으려고 하다가 정서적으로 완전히 녹초가 되었다. ― 나는 그것이 그토록 육체적인 전투가 될 수 있다는 것을 그때 처음 알았다.

마침내 나는 포기하고 등을 바닥에 대고 누웠다. 나는 땀을 흘리고 심호흡을 했다. 나는 그의 배에 머리를 기댄 채 그의 옆에 누워 있었다. 마치 다시 아버지의 어린아이가 된 것처럼 말이다. 그에게 진드기가 있다면 옮을 것이라는 생각이 들었지만 몸이 말을 듣지 않았다. 나는 그를 해부해야 한다고, 그리고 그의 두개골을 내 수집품 속에 넣어야 한다고 생각했지만 역시 몸이 말을 듣지 않았다. 대신 나는 그의 굳어버린 손을 잡고 잠깐 잠이 든 듯하다. 깨어보니 다른 마사이 족 마을의 여자들이 눈에 띄었다. 땔감을 주우러 가던 그들은 내 얼굴을 가리키고 무언극으로 내 뺨에 있는 눈물을 표현했다. 나는 스와힐리 어로 말했다. "그가 죽었어요." 그런데 그들은 그 말을 듣고도 궁금증이나 두려움이 수그러들지 않은 것처럼 보였다. 그들은 이해가 되지 않는다는 듯이 그냥 가버렸다.

잠시 눈을 붙였을 때 나는 한 가지 결정을 했다. 나는 좋아하는 나무 아래로 그를 안고 갔다. 그리고 그 아래에 땅을 팠다. 하이에나 때문에 그냥 둘 수가 없었다. 마사이 족들은 사람이 죽으면 땅에 묻지 않고 그냥 둔다. 한동안 미국 아이들에게 어떤 문화권에서는 이것이 가능한 일이고, 한편으로는 이해할 수 있는 것이라고 가르치면 남부 상원 의원은 그를 문화적 상대주의자 혹은 세속적 인간주의자로 분류하며 혹독한 비판을 가하는 분위기였다. 그것이 어떤 문화권에서는 이해된다고 해도 여전히 슬프고 오싹한 느낌이 든다. 하이에나 연구가 로렌스는 두 살 정도 된 죽은 마사이 족 아기가 하이에나들이 있는 곳 근처에 버려져 있는 것을 발견했다. 그 아이는 낡은 망토에 싸여 있었고 물을 마시는 조롱박 위에 아이의 머리가 놓여 있었다. 아이가 죽어서도 목이 마를까봐 그렇게 해놓은 것일까? 그보다는 조롱박이 그 아이의 죽음을 유발한 질병에 감염되어 있다는 사실에 대한 두려움이 더 크지 않았을까?

하이에나 때문에 그를 그냥 둘 수 없었다. 그래서 땅을 팠다. 무덤을 만들기 위해 땅을 파는 사람들이 존경스러운 느낌이 들 만큼 그 일은 고된 작업이었다. 나는 그 노동이 내 죄책감을 씻어줄 것이라고 생각했지만 그냥 지쳤을 따름이었다. 마사이 족 여자들이 땔감을 주워서 들고 오다가 개코원숭이 무덤을 파고 있는 내 모습을 보고 무슨 일인가 싶어 걸음을 멈추었다. 그들이 더 가까이 다가오기 시작했지만 나는 미친 사람처럼 저리 가라고 소리 지르며 손을 내저었다. 그들은 달아나버렸다.

구멍을 팠고 그를 안아 그 안에 내려놓았다. 나는 그가 주로 먹었던 올리브와 무화과를 둘레에 넣었다. 사후의 생을 믿어서가 아니라 그를 파낸 고생물학자들에게 혼란을 주기 위해서였다. 그런 다음 나는 젊은 시절에 배운 러시아 민요와 말러의 가곡인 「죽은 아이를 그리는 노래」를 불렀다. 그리고 그를 흙으로 덮었고 하이에나들이 접근하지 못하도록 아카시아 가시로 그 위를 덮었다. 그리고 나는 텐트로 내려와 다음 날까지 잤다.

첫 번째 개코원숭이는 내 품에서 그렇게 죽었다. 아직 그 이야기의 전모를 말할 준비가 되어 있지 않지만 그다음 몇 달 동안 나는 그 나무 밑에 더 많은 수를 파묻어야 했다. 하지만 그것은 시작이었다. 영장류학자가 되어 숲에서 살고 싶었던 어린 시절의 바람에도 불구하고 이어지는 재앙이 나를 덮쳤을 때 나는 본능적으로 그것에서 물러나 내 시간의 1/4만 그곳에서 보냈다. 정말 너무 힘들고 우울했다. 개체의 뇌세포가 죽어가는 것을 막는 일 역시 잘 되지 않았다. 모든 종과 생태계를 구하는 것은 어지간한 노력으로 되는 일이 아니었다. 내가 아는 모든 영장류학자들이 그 전투에서 지고 있다. 종의 개체 수 감소가 서식지 파괴에 의해서인지, 농부들과의 갈등에 의해서인지, 밀렵이나 새로운 인간 질병에 의해서인지, 멍청하기 짝이 없는 정부 관료들의 괴롭힘과 악의에 의해서인지는 모르지만 말이다. 내가 아는 영장류학자들을 보고 있노라면 모국어가 사장된 한 인디언 부족의 마지막 일원인 이시 (Ishi)에 대한 이야기가 떠오른다. 혹은 눈송이를 모아 따뜻한 방으로 가지고 가서 녹아서 사라지기 직전에 현미경 아래에서 독특한 패턴을 관찰하는, 가능하지 않을 듯한 일을 하는 사람이 떠오른다. 전투에서 지는 것은 언제나 매우 슬프고 매우 힘들다.

그래서 서열이 불안정한 시기가 끝날 무렵에, 나다니엘이 우두머리 수컷 자리를 버린 직후에 나는 눈이 가장 잘 녹지 않는 곳으로 갔다. 나는 다이앤 포시의 고릴라들과 그녀의 무덤을 방문했다.

아, 내가 다이앤 포시에 대해 무슨 새로운 말을 할 수 있을까? 그녀의 삶은 영화와 책 속에 고이 간직되어 있다. 그녀는 분명히 전설적인 존재였다. 그녀는 영화 속의 시고니 위버(다이앤 포시에 대한 영화 「정글 속의 고릴라」에서 다이앤 포시 역을 맡았던 미국 영화배우 - 옮긴이)와는 달리 몸집이 크고 눈길을 끌고 사교성이 없는 여성이었다. 우연히 알게 된 것인데 내 실험실 일원 중 한 명의 어머니가 포시와 같은 고등학교를 나왔다. 그의 어머니의 말에 따르면 그녀는 그 시절부터 까다롭고 내성적이고 남들과 달랐다. 그 실험실 일원이 언젠가 앨범을 한번 가지고 온 적이 있었는데 그 속에 있는 열일곱 살의 포시는 쫓기는 듯하고 배척당하고 불행해 보이는 괴짜의 모습을 하고 있었다. 훗날 은둔한 현지 생물학자 또는 연쇄 살인마들이 학창 시절에 보여주는 그런 모습 말이다. 비교적 늦은 나이에 그녀는 아프리카 그리고 마운틴 고릴라와 사랑에 빠졌다.—마운틴 고릴라는 지구 상에서 가장 덩치가 크고 가장 늦게 발견된 유인원 중 하나로 당시에 현지에서 연구된 적은 한 번 뿐이었으며 전설과 오해 속에 묻혀 있었다. 그녀는 정규 훈련을 받지 않는 상태로 아프리카로 갔고 그들과 함께 살기로 결정했다. 그녀는 유명한 고생물학자이자 여성 영장류학자의 후원자였던 루이스 리키를 만나게 되었고 고릴라를 연구할 수 있도록 자신을 달의 산(아프리카에 있는 루웬조리 산 - 옮긴이)에 보내달라고 그를 설득해서 그곳에서 수십 년간 체류했다. 그녀는 고릴라들 속에 섞여 스스럼없이 어울렸다. 그리고 연구 대상과 접촉하지도 상호 작용을 하지도 않는다는 모든 객관적인 규칙을 깨고 그들의 행동에 대한 놀라운 것을 관찰했다. 그 과정에서 그녀는 더 은둔적이 되었고 더 까다로워졌고 가능한 한 모든 협조자들과 동료들을 배척했고 동시에 자신을 고립시켰다. 오직 고집스럽게 놀라운 것을 관찰했을 뿐 그 이상의 과학적 기록은 남기지 않았다. 그리고 현지 연구를 하는 대부분의 과학자를 공공연하게 멸시했고 고릴라들과 함께 있고 싶어 했다.

나는 1970년대 중반 하버드 대학의 대학원 과정에 있을 때 그녀를 한 번 만난 적이 있었다. 나의 과학적인 관심사가 고릴라에서 개코원 숭이로 아직 옮겨가지 않았을 때였다. 그때만 해도 고릴라가 여전히 내게 정서적으로 많은 위안을 주었다. ─종종 우울증 때문에 고통받을 때 나는 인간에 대한 꿈보다 고릴라에 대한 꿈을 더 많이 꾸었다. 따라서 포시가 내가 가장 존경하는 사람 중 한 명이 된 것이 전혀 이상할 것도 없었고 전혀 의외라고 할 수도 없었다. 나는 에이드리언 리치가 그녀에 대해 쓴 시를 내 방의 벽에 걸어놓기까지 했다. 나는 그녀를 만나면 너무 좋아서 까무러칠 것이라고 생각했다.

포시가 자신의 의지와 달리 대학에 머물렀던 때가 있었다. 과학을 경멸하고 대부분의 영장류학자들이 연구하는 방식을 거부했음에도 그녀는 누구보다 고릴라에 대해 많이 알고 있었다. 다른 영장류학자들도 그것에 관심을 보였다. 그녀의 연구 자금줄은 그녀로 하여금 과학 공동체의 적절한 일원으로 행동하지 않을 수 없게 만들었다. ─그녀는 논문을 완성하고 과학 잡지에 정보를 싣고 강의를 해야 했다.

그녀는 이런 강요된 행사 중 하나를 케임브리지에서 해야 했다. 그녀는 분개하고 침울했다. 영장류학 노교수의 거실에서 그녀의 저녁 세미나가 열렸다. 그곳은 사람들로 가득 찼다. 그곳에 온 사람들은 곧 중세 서커스에서 묘기를 부리는 곰을 지켜볼 때의 역겨움, 죄의식, 관음증을 느꼈다. 그녀는 무릎을 가슴 쪽으로 당기고 앉아 있다가 벌떡 일어나 강의실 앞을 왔다 갔다 했다. 그리고 단조로운 톤으로 거의 독백하다시피 말했다. 사람들이 질문을 하면 그녀는 거의 고함을 지르듯이 대답했다. 한번은 진짜 고함을 질렀다. 한 교수가 꼬마를 무릎에 안고 있었다. 아이는 가끔씩 다섯 살짜리 아이답게 칭얼거리는 소리를 냈다. 갑자기 포시는 모든 것을 멈추고 아이를 가리키며 이렇게 말했다. "꼬마야, 입 다물어. 안 그러면 내가 입을 다물게 해줄 거야." 그녀는 고릴라에 대해 횡설수설했고 그 분야의 주요 문제에 대해 알지도 못하고 관심도 없음을 보여주었다. 그리고 그녀의 말은 약간 비논리적이었다.

그 당시에 나는 그녀에게 마음을 사로잡혔고 조금 무섭기도 했다. 나는 그녀에게 열 살 때 이후로 생각해왔던 것을 물어보았다. —"당신의 연구 보조원으로 르완다에 따라가 고릴라를 위해 내 삶을 바칠 수 있을까요?" 하고 말이다. 그녀는 나를 쏘아보며 "좋아요."라고 말하고 글로 적어 보내달라고 했다. 그녀는 그 직후에 학교 일에서 해방되었다. 나는 주체할 수 없는 행복감에 사로잡혀 기숙사로 돌아왔고 자정에 편지를 써서 보냈다. 답장은 오지 않았다. 이후에 알게 되었는데 그것은 그녀가 대중들 속에서 자신을 에워싸는 보조자들이나 신청인들을 처리하는 그녀의 표준 방식이었다. —누가 어떤 요청을 해도 일단 "좋아요."라고 말하고 그들에게 글로 적어 보내달라고 하고는 답장을 보내지 않는 것이다.

이것이 내가 포시와 만났던 유일한 기억이다. 그 직후에 그녀에게 곤란하고 힘든 일이 닥치기 시작했다. 현지에는 태고 이래로 르완다의 열대 우림 속에서 수렵 채집 생활을 해온 바트와 족들이 있었다. 그들은 숲에 올가미를 놓고 그것에 걸린 사슴을 먹고살았다. 그런데 불가피하게 고릴라 한 마리가 그 위를 걷다가 올가미에 걸렸고 괴저로 죽었다. 모든 증거로 보아 이 첫 죽음은 우연한 사고였다. 포시는 광분했다. 그녀는 부족민들의 생존의 원천인 올가미를 제거하기 시작했고 부족민들과 맞서싸우기 시작했다. 부족민들도 그녀에게 맞서기 시작했다. 점점 수위가 높아졌다. 곧 그들은 그녀의 고릴라를 일부러 죽였고 목을 자른 몸통을 화산 높은 곳에 있는 그녀의 오두막 입구에 놓아두었다. 그녀는 그 보복으로 부족민들의 아이들을 납치했다.

궁극적으로 고릴라를 살해한 인간들을 보면 일부는 기념품으로 팔기 위해 죽이는 악질적인 밀렵꾼이었고 또 다른 일부는 이전부터 살던 방식대로 살아온 부족민들이었다. 고릴라의 죽음 중 몇몇이 야만적이고 의도적이었다면 다른 몇몇은 우연한 사고였다. 만약 좀 더 차분하고 이성적인 사람이었다면 강한 분노를 유발하지 않는 방식으로 상황을 처리했을 것이다. 하지만 좀 더 차분하고 이성적인 사람은 결코 무슨 일이 일어나는지 목격하기 위해 그곳에 가지 않았을 것이다.

포시는 성격이 180도 바뀌어 외향적이 되었다. 그녀는 세계를 돌아다니며 동물의 죽음에 대한 강의를 하고 도움을 요청했다. 지구 상에서 얼마 남지 않은 고릴라는 멸종 위기에 처한 종이었다. ─마운틴 고릴라는 지구 상에서 가장 희귀할 뿐만 아니라 멸종 위기에 처해 있는 동물 중 하나였다. 그녀가 거주하던 곳 주변에 살던 몇백 마리가 최후의 생존자들 중 일부였다. 그녀는 학생들과 협조자들에게 현지를 공개했다.─고릴라를 죽이는 것들과 싸울 수 있는 한 그녀는 대상을 가리지 않았다. 곧 보존을 위한 공동체가 설립되었지만 둘로 나누어졌다. 한쪽에서는 이렇게 말했다. "그곳에 기금을 사용해야 하는 것은 맞지만 그녀에게 기금을 주어서는 안 된다. 그녀가 너무 강한 분노를 유발시키고 너무 도발적이기 때문이다. 그녀가 그곳에 있는 한 계속 복수극이 이어질 것이다. 일단 그녀를 그곳에서 내보낸 후에 가난한 르완다의 사파리 공원에 기금을 투입해 무장한 공원 관리인을 주둔시키고 그곳을 진짜 야생 동물 보호 구역으로 만들어야 한다." 그런데 다른 한쪽에서는 이렇게 말했다. "차라리 그녀에게 돈을 주고 총을 주자. 고릴라가 멸종 위기에서 벗어나 살아남는다면 그건 그녀의 공이라는 데 이의를 제기할 사람이 있을까?" 그런데 전자가 우세했다. 디지트 기금(그녀가 사랑했던 고릴라의 이름을 딴 기금)에 돈이 쏟아져 들어왔다. 실제적이고 기능적이고 보호할 수 있는 공원 서비스가 이루어졌고 이 공원과 지역 경제를 위한 기금이 지속적으로 조성될 수 있도록 고릴라 관광에 대한 관심이 조성되었다. 고릴라의 개체 수는 다시 증가했고 조건이 좋아지기 시작했다. 그리고 포시는 그곳을 떠나게 되었다. 코넬 대학에 외래 교수직이 급히 만들어졌다. 대부분의 보고에 따르면 포시는 그곳에 있게 되면서 우울증과 알코올 중독에 빠져들었다.

마지막 장은 다음과 같다. 그녀는 모든 이들의 간청을 물리치고 다시 르완다의 고릴라들에게 돌아갔다. 그녀는 밀렵꾼들과 부족민들과 싸웠고 자신이 싫어하는 관광객들을 인솔한 관리인들과 싸웠고 열대 우림의 남겨진 부분에 화전을 일구어 먹고사는 농경 부족과 싸웠고 심지어 르완다 정부와 싸웠다. 그녀의 건강은 술과 줄담배, 공기증(허파가 지나치게 팽창하고 허파 꽈리가 파괴되는 허파 질환의 하나 - 옮긴이), 습한 고산 지대의 환경으로 인해 점점 악화되었다. 그녀는 거의 걷지 못했고 오두막으로 실려다녀야 했다. 어느 날 밤 그녀는 그곳에서 살해당했다. 르완다 정부는 그녀의 연구 보조원으로 있었던 한 미국 대학원생에게 책임을 물었고 재판 당시에 그가 르완다를 떠나고 없었음에도 그에게 그녀의 죽음에 대한 유죄 판결을 내렸다. 대다수 사람들은 밀렵꾼들이나 공원 관리인들이 한 짓이라고 확신했다. 그녀의 장례식은 크리스마스 일주일 후 그녀의 오두막 근처에서 거행되었다. 장례식을 주도한 선교사는 이렇게 말했다.

"지난주 세계는 역사를 바꾼 오래전의 일에 경의를 표했습니다. — 예수님이 지상으로 오신 일 말입니다. 우리는 여기 발밑에서 참으로 감명 깊은 겸손의 예화를 봅니다. ─ 다이앤 포시입니다. 그녀는 편안하고 특권을 누릴 수 있는 집에서 태어났지만 멸종 위기에 처한 종들과 함께 살기 위해 스스로 그 집을 떠났습니다. (……) 그리고 만약 그리스도께서 인간의 모습을 하고 오셔야 했던 거리보다 인간에서 고릴라까지의 거리가 더 멀다고 생각한다면 우리는 인간을, 혹은 고릴라를, 혹은 하나님을 모르는 것입니다."

그리고 그녀는 살아생전에 소원한 대로 살해당한 고릴라들의 묘지에, 디지트 옆에 묻혔다.

내가 고릴라를 찾아간 것은 그녀가 살해당한 지 6개월 정도 지났을 때였다. 나는 몇 년 전에 차를 얻어타고 르완다로 가보려고 했지만 결국 하지 못했다. 지금은 엄청난 거리를 차를 얻어타고 갈 정도의 시간적 여유가 없었고 더 빠른 수단을 이용하기에는 금전적으로 썩 여유롭지 못했다. 나는 두 친구와 르완다의 수도인 키갈리로 날아갔고 그곳에서 고릴라가 있는 곳으로 갔다. 그곳은 여러 가지 면에서 케냐와 느낌이 달랐다. 우선, 누구나 프랑스 어를 사용했고 '장-도미니끄', '보니파스' 등 묘하게 당혹스러운 느낌이 드는 이름을 가지고 있었다. 또 다른 차이점은 양분된 민족 간에 흐르는 사나운 긴장이었는데, 이는 케냐의 혼란스럽고 변덕스러운 부족 동맹과는 대조적이었다. 여기 사람들은 거의 후투 족 아니면 투치 족이었다. 이들 사이에 사나운 적대감이 흘렀는데 몇 년 후에 학살 규모(50만 명에서 100만 명 ─ 옮긴이)만으로도 전 세계가 깜짝 놀랄 만큼 끔찍한 후투 족의 투치 족 집단 대학살이 있었다. 그리고 또 다른 중요한 차이점은 믿기 어려운, 지구 상에서 가장 높은 인구 밀도였다. 가난한 나라를 먹여살리는 끝없는 계단식 논과 농장이 들어서 있는 언덕들, 거기에 목을 매고 사는 사람들, 국경선의 가장 마지막 가장자리인 서쪽으로 1인치까지 경작이 되고 있었다. 서쪽의 자이르, 동쪽의 르완다와 우간다 사이에 경계를 이루는 유명한 달의 산인 루웬조리 산지가 자리 잡고 있다. 그것은 남쪽의 비룽가 산맥으로 이어지고 4,500미터 이상의 높은 산지 꼭대기의 눈이 녹아 콩고 강으로 흘러들며 그 아래에 야생 열대 우림이 있다. 그곳은 너무 가파른 지형이라 사활을 걸고 경작하는 농부들마저도 감히 엄두를 내지 못하고 있었다. 바로 그곳에 지구 상의 마지막 마운틴 고릴라들이 생존해 있었다.

우리는 공원 관리인들과 흔한 언쟁을 벌였다. 결국 고릴라를 보려고 일여 년 전에 예약해놓은 것을 못 찾겠다고 해서 돈을 주고 찾았다. 우리는 돈을 진탕 썼고 공원 입구에 있는 마을인 루헹게리의 유명한 호텔에 묵었다. 그곳은 금방이라도 무너질 듯한 낡은 건물로 식민지 시절의 향수가 물씬 풍겼다. — 나무판으로 시공한 바닥, 노트르담의 곳곳에 있는 오래된 문양, 아스파라거스 그라탱과 같은 음식으로 이루어진 5코스 식사까지. 우리는 화산 기운을 느끼며 잠이 들었고 동이 틀 무렵 들뜬 마음으로 고릴라를 보러 떠날 채비를 했다.

우리는 공원 관리인들과 걸어서 산을 올라가기 시작했다. 그들은 고릴라를 보기 위해 입장이 허가된 세 그룹, 열여덟 명의 관광객을 데리고 매일 고릴라 무리가 사는 곳을 오르내렸다. 관리인들은 몸놀림이 매끄럽고 부드러웠으며 조용조용한 남자들이었다. 나는 그 주 내내 그곳에서 머물렀는데 고릴라 주변에서 시간을 보내는 관리인들은 하나같이 이런 면들이 있었다. — 고릴라 주변에서는 조용하고 느리게 움직일 필요가 있기 때문이리라.

우리는 농장 들판을 가로질러 가는 것으로 시작했다. 계단식 논이 없는 곳에는 가파른 비탈이 있었다. 우리는 오두막과 가지런히 늘어선 옥수수밭과 우리를 쳐다보는 아이들 사이를 빠져나갔다. 그 끝에 대나무 방벽이 있었고 그 속에 작은 숲길이 나 있었다. 그 길은 구불구불했고 가파른 비탈을 따라 불안정한 오르막을 이루고 있었다. 사방이 대나무였고 안개 속에 가려져 있지 않다면 언제나 둔해 보이는 이끼가 덮인 아프리카 삼나무들이 있었다. 더 높이 올라가자 화산 중 하나의 안부(두 봉우리 사이 - 옮긴이)에 숲이, 작은 호수가, 덤불숲의 들판이 보였다. 관리인들은 선두에 서서 가시 돋친 쐐기풀을 칼로 쳐내며 들판을 헤치고 길을 만들었다. 구름과 안개와 습기와 열기, 어느 정도는 이 모든 것이 같이 존재해 있었다. 땀이 흘렀고 오한이 났다. 우리는 깊은 계곡으로 미끄러지듯이 내려갔고 다른 쪽으로 다시 기어올라 갔는데 쐐기풀와 대나무가 더 많이 나타났다. 두어 시간이 지났다. 하지만 관리인들은 여전히 조용하고 서로 체계를 갖추어 움직였다. 한 사람이 부러진 죽순을 살폈고 다른 사람이 그 주변의 눌려 있는 풀에 코를 갖다 댔다. "고릴라야. 어제 왔었군." 그들은 그렇게 결론지었다.

또 한 시간이 지났다. 안개비가 내렸고 좀 더 따뜻해졌다. 쐐기풀이 더 많았다. 길처럼 보이는 것이 있었고 그 왼쪽으로 납작하게 눌린 수풀이 있었다. 그 중앙에 섬유질로 된, 채를 썬 듯한, 큼직한 똥 덩어리들이 있었다. 채식주의자 프로 풋볼 선수의 똥이 저럴 거라는 생각이 들었다. 고릴라들의 똥이었다. 눈 지 얼마 되지 않은 것으로 보아 간밤에 고릴라들이 그곳에서 잔 모양이었다.

지치고 흥분되고 초조해하며 수풀 속을 헤치고 나아갔다. 또 다른 협곡으로 내려갔다. 관리인들 중 한 명이 다른 쪽에서 웅얼거리는 소리를 들었다. 우리는 걸음을 멈추고 침묵을 지켰고 고릴라들이 가까운 곳에 있음을 확신했다. 갑자기 뭔가 웅얼거리는 듯하고, 깊고 목이 쉰 듯하고, 느린 동작이 이어지는 것 같은 소리가 들렸다. 우리는 그쪽을 향해 부리나케 발끝으로 살금살금 올라갔다. 그리고 산등성이 꼭대기에서 처음으로 야생 마운틴 고릴라를 보았다.

대략 열두 마리 정도로 이루어진 무리였다. 장년의 수컷인 실버백(등에 은백색 털이 있는 고릴라 수컷 - 옮긴이)이 있었다. 암컷 몇 마리가 새끼와 같이 있었고 젊은 수컷 두어 마리, 청소년기 수컷 몇 마리가 있었다. 암컷들은 새끼를 등에 태우고 어슬렁거리고 있었다. 어린 수컷 두 마리는 한 시간가량을 서로 붙잡고 레슬링을 하고 바닥에 구르고 서로 무는 시늉을 하면서 시간을 보냈다. 그들은 바닥을 구르기도 했고 서로 간지럼을 태우며 숨을 헐떡였고 흥분으로 녹초가 되기도 했다. 그들은 숨을 고르기 위해 서로 다른 구석으로 물러나야 했다. 기운을 회복한 한 마리가 가슴을 쿵쿵 때리자 다시 싸움이 붙었다. 그러다 어느 순간 둘 다 어슬렁거리며 내 옆에 와서 앉아서 나를 응시했다. 한 마리가 내 쪽으로 너무 가까이 몸을 기울이자 관리인이 내게 몸을 뒤로 젖히라고 조언했다. 그들에게서 사람을 편안하게 만드는 눅눅하고 퀴퀴한 냄새가 났다. 마치 포도주 창고 구석에 박혀 있는, 한때 귀중했던 것들을 넣어놓은 곰팡이 핀 오래된 트렁크를 열 때 나는 그런 냄새 같았다.

생각이 밀려오고 감정이 북받쳤다. 처음엔 울컥 눈물이 날 뻔했다. 하지만 그들을 지켜보는 데 너무 집중해서 눈물이 나지는 않았다. 내가 마운틴 고릴라가 되면 사회적 서열이 어떻게 될지 궁금했다. 나는 그들의 눈을 보자 최면에 걸렸다. ― 그들의 얼굴은 침팬지나 개코원숭이보다 무표정했지만 그들의 눈은 그 속에 빠져 수영하고 싶다는 생각이 들게 만들었다. 나는 가급적 눈을 마주치지 않으려고 애썼다. 그 것은 좋은 현지 연구 방법이 아니고 영장류를 불편하게 할 뿐만이 아 니라 그렇게 하면 짓지도 않은 죄를 고백하고 싶은 마음이 들 것 같아 서였다. 나는 소리를 지르고 그들 속에 위험하게 뛰어들어 한 녀석에 게 거칠게 키스하고 싶은 충동을 거의 주체할 수가 없었다. 그들이 나 를 짓밟아 죽여 내 긴장감을 멈춰버리도록 말이다. 그들은 개코원숭이 무리보다 사회적 상호 작용이 훨씬 약했다. 사실 그들은 약간 심심했 다. ― 그때까지 14년째 대학원생이었던 나는 내가 그들을 연구하러 오 지 않은 것을 신에게 감사드렸다. 그리고 동시에 나는 그 자리에서 꼼 짝도 하고 싶지 않았다.

그날 밤 산비탈에 텐트를 치고 잘 때, 깨어 있을 때보다 감정이 훨씬 잘 요약된 꿈을 꾸었다. 그 꿈은 너무 부드럽고, 감상적이고, 깨어 있 을 때는 없는 신념으로 가득 차 있어서 지금 생각해봐도 여전히 놀랍 다. ― 신학의 어떤 유파가 사실이라는 꿈이었다. 하나님과 천사들과 악 마들이 존재하며, 그들이 문자 그대로 우리와 똑같은 잠재적 강점과 약점을 가지고 있다는 꿈이었다. 달의 산에 있는 열대 우림이 하나님이 다운 증후군을 가지고 태어난 예비 천사들을 내려놓은 곳이라는 꿈이 었다.

내 친구들은 다음 날 떠났다. 나는 일주일 더 머물며 반복적으로 고 릴라를 보러 다녔다. 그곳은 천국이었다. 하지만 나는 매일 점점 더 우 울해졌다. 고릴라들은 경이로웠지만 사라지고, 죽고, 언급되지 않고, 답 이 얻어지지 않고, 되돌이킬 수 없는 것이 되어가는 것이 마음을 무겁 게 했다. 공원 본부에서도 그런 기운이 느껴졌다. 그곳에 붙어 있는 공 원 역사에 관한 벽보에는 포시에 대한 것보다, 그곳이 벨기에의 식민지였다는 언급이 훨씬 더 많았다. 그곳 관리인들의 경우, 그들에게 물어보면 "예, 우리도 포시를 알아요."라고 말하고는 이내 화제를 돌렸다. 고릴라의 경우, 한 암컷이 아이를 안고 대나무를 야금야금 먹는 것이 보인다. 그리고 산비탈 200미터 아래에서는 농부들, 그들의 닭들, 어린 학생들의 소리가 들리고 그곳의 화전 농업은 마침내 중단되었다. 텅 빈 열대 우림을 몇 킬로미터 더 들어가면 고릴라들은 더 이상 보이지 않는다. 그리고 나는 마침내 산맥의 가장 높은 지점인 거의 4,500미터 높이의 카리심비 산 꼭대기에 올라갔다. 아래를 내려다보자 거대하고 끝이 없고 위엄 있고 신화 속에 나오는 비룽가 산맥이 거의 사라지고 좁은 띠 같은 숲만 남아 르완다에서 우간다까지 끝없이 펼쳐진 계단식 논에 완전히 둘러싸여 있는 것이 눈에 들어왔다. 마치 아이오와 주 어떤 농장에 세븐-일레븐 편의점 바로 뒤에 있는 언덕 정상에 모든 인간의 탄생과 죽음의 날짜를 작성해놓은 책이 있고 아무도 그것의 존재를 알아차리지 못하는 것처럼 보이는, 안개의 장막에 가려진 4,500미터 언덕이 있는 것 같았다.

나는 바로 그 산 꼭대기에서 피해망상증 환자가 되어 밤을 보냈다. 그 산맥은 혼자 다니는 것이 허락되지 않았다. 대신 관리인을 안내원으로 고용하면 가능했다. 관리인들 중 아무도 가장 높은 화산 꼭대기에 힘겹게 올라가는 것을 좋아하지 않았다. 그렇다보니 그 일은 언제나 관리인 중 가장 어린 사람에게 맡겨졌다. 관리인들과 어울려 지낸 며칠 동안 나는 가장 어린 관리인을 눈여겨보았는데 별로 마음에 들지 않았다. ―다른 관리인들도 그를 배척하는 것처럼 보였다. 그는 마치 가면을 쓴 것 같은 얼굴을 하고 있었다. 음침하고 눈꼬리가 치켜올라갔을 뿐만 아니라 날카로운 폭력성의 기운이 감돌았다. 그는 주로 캠프 옆쪽에 말없이 앉아 있다가 관련이 있는 일에만 끼어드는 것처럼 보였다. 그렇다고 그를 저지하고 싶은 마음도 없었다. 내가 그로부터 읽어낼 수 있는 것은 거의 없었다. 감정은 상호적인 것이니 그 역시 나와 마찬가지였을 것이다.

산에 오르기 시작하면서부터 안내원에 대한 반감이 생기기 시작했다. 나는 스와힐리 어로, 영어로, 프랑스 어로, 그리고 스무 단어 정도만 아는 키르완다 어로 소통하려고 애썼지만 그의 입에서 나온 말은 언제나 불평불만뿐이었다. 한번은 내가 젖은 바위에서 미끄러져 떨어졌는데 그는 그런 나를 보고 웃었다.—그 웃음 속에는 냉소적이고 무시하는 징징거림이 묻어 있었다. 한번은 그가 풀을 뜯고 있는 사슴들에게 돌을 던졌다.—아마도 그렇게 한 이유 중 하나는 사슴을 맞추기 위한 것이었고 다른 하나는 내가 사슴을 보지 못하게 하기 위한 것인 듯했다.

그에 대한 반감이 뭉근하게 끓어올랐다. 나에 대한 그의 감정도 마찬가지였을 것이다. 어쨌든 우리는 서로 말없이 감정적인 경쟁을 했고 유치함의 극치를 달렸다. 우리는 누가 먼저 쉬자고 하는지 지켜보며 산 위에 오를 때까지 가차 없이 발을 빠르게 놀렸다. 우리는 열대 우림, 산간 지대의 숲, 드문드문한 산림 지대, 툭 트인 황야 지대를 점점 힘겹게 밀고 나아갔다. 무릎까지 오는 진흙 속에 빠지기도 했고 군데군데 성에가 덮인 삭막한 바위를 오르기도 했다. 2,000미터에서 4,000미터까지 몇 시간 만에 올랐다. 산소는 더 희박해졌다. 나는 고산병의 위기를 느꼈다. 시야가 흐릿해졌고 심장이 두근거렸다. 그는 산에 오르는 것을 생계 수단으로 삼고 사는 사람이었다. 나는 그보다 더 무거운 짐을 지고 있었지만 순전히 그에 대한 반감으로 그를 따라붙었다. "힘들어요?" 그가 나에게 프랑스 어로 물었다. 나는 가쁜 숨을 몰아쉬며 "아뇨."라고 답했다. 한번은 그가 프랑스 어로 좀 더 길게 말했다. "힘들어 보이네요. 올드맨이군요." 나는 그를 죽이고 싶은 마음으로 악착같이 따라붙었다. 한곳에서는 1분간 그를 앞지르기도 했다. 그리고 똑같이 그에게 프랑스 어로 물었다. "피곤해요?" 그는 가쁜 숨을 몰아쉬며 말했다. "아뇨."

혹독한 전투에서는 적들끼리도 서로 동지애를 느낀다고 하는데 그런 것은 눈을 씻고 찾아봐도 없었다. 그는 르완다의 마지막 열대 우림에서 동물에게 돌을 던지는 멍청하고 잔인한 녀석이었고 나는 뭔지 확실히 알 수 없었지만 그에게 뭔가를 입증하고 싶었다.

마침내 우리는 목적지에 도달했다. 분화구 가까운 곳에 있는, 물결 모양의 철판으로 지은 대피소였다. 바로 그 순간 얼음 폭풍이 몰아치기 시작했다. 폭풍이 점점 심해져서 철판을 사정없이 내리쳤고 우리는 대피소 안에 죽은 듯이 누워 있었다. 우리는 오후 중반 무렵부터 다음 날 오전까지 갇혀 있어야 했다. 우리는 쌀로 만든 밥과 프랑스 빵을 조금 먹었지만 그 고도에서는 어떤 것을 먹어도 역겨운 맛이 난다. 눈이 욱신거리고 눈동자가 욱신거리고 머리가 지속적으로 지끈거리고 숨을 쉴 때마다 가슴에 통증이 느껴지고 중압감이 든다. 이 고도에서는 편히 쉬고 있어도 심장 박동 수가 약 110이다. 그것은 마치 이제 막 편안한 잠에서 깨어났는데 계단을 오르고 있는 듯이 숨이 차는 것을 의미한다.

우리는 작은 대피소 안에서 가능한 한 서로 멀찌감치 떨어져 누웠다. 나는 리코더를 불려고 했지만 숨 쉬기가 힘들었다. ─ 대신 주로 고릴라 생각을 했다. 그는 혼잣말로 중얼거리며 철판에 칼로 '보나벤트르'라는 자신의 이름을 새겼다. 그리고 내내 4,000미터의 밀폐된 공간에서 줄담배를 피웠다. 내가 제발 그만 피우라고 해도 아무 소용이 없었다.

그렇게 몇 시간이 흘러 밤이 되었다. 내 눈동자는 여전히 1분에 110번 욱신거렸고 나는 그런 상태로 누워 있었다. 문득 처음으로 두려운 생각이 들었다. 포시가 겨우 6개월 전에 이 산에서 살해되었다. 그 일을 저지른 사람은 미국 대학원생이 아닐 가능성이 높았다. 어쩌면 정부 쪽 사람일 수도 있고 관리인일 수도 있다. 아니 어쩌면 지금 칼을 들고 있는 바로 저 아이일 수도 있다. 오늘 밤은 내가 당할 차례임이 거의 확실하다. 경박스럽고 과장되고 웃기고 피해망상증 환자의 소리처럼 들릴지 모르겠지만 나는 갑자기 끔찍한 두려움을 느꼈다. 나는 아는 사람이 한 명도 없는 중앙아프리카의 화산 지대에서 혈혈단신 혼자였다. 그것도 얼음 폭풍으로 관리인과 단둘이 대피소에 갇힌 채로 말이다. 그리고 그때 나는 포시를 죽인 사람이 관리인이라는 확신이 들었다. 내가 하루를, 한 주를 돌이켜보았을 때 내 말과 행동 하나하나가 내 운명을 결정지은 것처럼 보였고 관리인들에게 나는 죽어야 하는 사람이라는 확신을 준 것처럼 느꼈다.

나는 정말 두려움에 휩싸였고 거의 공황 상태에 빠졌다. 나는 필사적으로 도망치고 싶었다. 나는 호흡을 조절하려고 안간힘을 썼고 도와달라고 소리치고 싶었다. 나는 주머니칼을 펼친 채 옆에 놓고 거의 뜬 눈으로 밤을 지새웠다. 그리고 내가 죽을 것이라고 확신했다. 그러는 동안 관리인은 웅얼웅얼 귀에 거슬리는 잠꼬대를 하면서 자고 있었다.

동이 틀 무렵 내가 바보 같다는 생각에 화도 났고 안도감도 들었다. 그리고 이번에는 운이 좋다고 느꼈다. 나는 있는 힘을 다해 얼음이 덮인 바위를 기어 올라갔고 7시경에 정상에 도달했다. 그는 짜증이 나는 것처럼 앉아 바위를 툭툭 걷어찼다. 나는 르완다, 우간다 그리고 자이르를 내려다보며 한때 그 모든 열대 우림에 고릴라가 있었다는 걸 상상해보려고 노력했다. 관리인은 즉시 내려가고 싶어 했다.―나는 영원히 그곳에 있고 싶었다. 구름이 밀려오며 모든 경관이 흐릿해져 내려가지 않을 수 없었을 때 그는 그 운명에서 구제되었다.

어제 경주의 목표가 상대방이 심장 마비를 일으키게 하는 것이었다면 오늘 목표는 상대방의 다리가 부러지게 하는 것이었다. 우리는 말없이 달려 내려갔다.―바위를 훌쩍훌쩍 건너뛰기도 하고 젖은 비탈길에서 방향을 획 바꾸기도 하면서 말이다. 그가 그렇게 서두른 이유는 아마도 가능한 한 빨리 이 일을 끝내고 직원 구역으로 돌아가 침울한 표정으로 앉아 있고 싶어서였을 것이다. 내가 그렇게 서두른 이유는 가능한 한 빨리 이 산에서, 잠을 제대로 못 잔 밤에서, 이 살인자에게서 벗어나고 싶었기 때문이었다.

우리는 얼음이 덮인 바위 아래로 달렸다. 우리는 황야의 거의 얼어붙은 진흙 들판을 달려 관목숲과 열대 우림을 지났고 대나무 숲을 지났다. 그리고 어제 올라왔던 길과 다른 길로 내려가며 산의 안부로 왔을 때 관리인이 속도를 늦추었다. 지쳐서 그런 것 같지는 않았다. 내가 걱정되어 속도를 늦추었다는 것은 상상하기 힘들었다. 그는 갑자기 신중해 보였고 심지어 편치 않아 보이기까지 했다. 내가 그의 얼굴에 나타난 감정을 파악할 수 있을 만큼 가까운 거리였다.

숲이 열리며 더 멀리까지 광경이 펼쳐졌고 우리가 가는 길 옆에 아름다운 개울이 흐르고 있었다. 이제 거의 평지 수준이었기에 우리는 걸음을 늦추었다. 우리는 통나무다리 위로 개울을 건넜다. 다시 몇 분 걸어가자 우리 근처의 관목숲이 갈라졌다. 그러자 느닷없이 우리 앞에 포시의 오두막이 나타났다.

그 집은 널빤지로 만들어진 작고 소박한 집이었다. 르완다 국기가 그 위로 휘날리고 있었다. 내가 그쪽으로 걸어가자 관리인이 내게 물러나라고 손짓을 했다. 내가 더 가까이 다가가자 이 조용한 아이는 내게 프랑스 어로, 스와힐리 어로, 심지어 엉터리이긴 하지만 내가 알아들을 수 있을 만한 영어로 그곳은 접근이 허락되지 않는 곳이라고 말했다. 나는 오두막을 지나서 걸어갔고, 그가 날 억지로 물러나게 하기 전에 잠시 동안 포시와 다른 영장류들 무덤 앞에 섰다.

포시, 포시, 당신은 괴팍스럽고 까다롭고 강압적이고 자기 파괴적이고 사람을 싫어하는 사람, 그저 그런 과학자, 가장 열정적인 대학생들을 속인 사람, 당신이 르완다에 발을 들여놓지 않았을 때보다 더 많은 고릴라들이 죽임을 당하게 된 상당한 원인. 포시, 당신은 눈엣가시였던 성인……. 나는 영혼과 기도를 믿지 않지만 당신의 영혼을 위해 기도할 것입니다. 그리고 내가 살아 있는 동안 당신을 기억할 것입니다. 무덤 옆에서의 이 순간에 감사하며 말입니다. 이 순간 나는 집으로 돌아가는 것과 혼령 외에 아무것도 찾을 수 없는 것에 대한 순수하고 정화된 슬픔을 느낍니다.

리사와 나는 조금 전문가답지 않은 일을 했지만 개의치 않았다. 우리는 여호수아 옆에 앉아 그에게 과자를 조금 주었다. 영국제 다이제스티브 비스킷이었다. 우리 역시 조금 먹었다. 그는 부러진 늙은 손가락으로 과자의 끝 부분을 조심스럽게 쥐고 이빨 없는 입을 안달하듯이 움직여 천천히 먹기 시작했고 가끔씩 방귀를 뀌 었다. 우리는 나란히 햇볕 아래에 앉아 몸을 따뜻하게 하고 과자를 먹으며 기린 과 구름을 바라보았다.

Chapter

04

어른기

22

개코원숭이들
심술궂은 우두머리 수컷 닉

닉은 오랜 기간 동안 알고 지낸 개코원숭이들 중에서 가장 매력 없는 성격을 가지고 있었다. 그래서 나는 닉을 별로 좋아하지 않았고 무리의 다른 개코원숭이들도 마찬가지였다. 내가 공식적으로 성격에 관심을 갖기 시작한 것이 바로 그즈음이었다. 그전에는 서열이 모두의 건강을 결정하는 데 일조한다는 생각, 서열이 더 낮은 수컷들이 다양한 스트레스 관련 질환에 훨씬 더 취약하다는 생각에 연구의 초점이 맞추어져 있었다. 말하자면 서열이 운명이었다. 하지만 나는 최근의 더 많은 연구를 통해 개코원숭이의 삶을 결정하는 데 서열 이상의 것이 있음을 알게 되었다. 생리학적 프로필이 서열의 영향을 받았지만 그것보다 더 중요한 것은 서열이 발생하는 사회의 유형임이 판명되었다.— 예를 들어 서열이 안정되어 있을 때 서열이 높은 수컷의 호르몬 프로필은 서열이 불안정한 시기의 프로필과 매우 달랐다. 그리고 생리학에서 서열이 중요한 요인이긴 하지만 그보다 훨씬 더 중요한 요인은 힘든 일에 부딪혔을 때 대처 수단이 있는지, 사회적으로 친화력이 있는지 여부처럼 보였다. 따라서 서열과 상관없이 사회적 털고르기를 하는 수컷들과 서로 빈번하게 접촉하는 수컷들이 스트레스의 호르몬 수치가 낮았다. 수컷이지만 친화력을 중시하는 이삭이나 나다니엘이 우위를 보이는 영역이었다. 그리고 가장 중요한 것은, 성격이 결정적인 요인임이 판명되었다는 것이었다. 예를 들어 어떻게 A 타입이 될까? ─ 무리의 최대 경쟁자가 나타나 50미터 떨어진 곳에서 낮잠을 잘 경우 아무 일 없다는 듯이 하던 일을 계속 할 수도 있고, 아니면 마음이 동요되어 경쟁자의 수면을 노골적인 도발이며 심리학적 공격으로 간주할 수도 있다. 경쟁자의 수면을 개인적 모욕으로 받아들이는 수컷의 스트레스 호르몬 수치가 그것을 대수롭지 않게 받아들이는 수컷의 스트레스 호르몬 수치의 평균 두 배가 되었다.

그래서 나는 성격에 대해 많은 생각을 하게 되었다. 닉은 성격이 아주 심술궂었다. 기본적으로 그는 네부카드네자르 이후에 가장 비열한 개코원숭이였다. 하지만 네부카드네자르와 달리 그는 똑똑한 면이 있었고 자제력이 있었고 두려움이 없었다. 그는 작고 여윈 편이어서 나는 그를 응원하고 싶었지만 그의 냉혹한 비열함 때문에 그런 마음이 싹 가셨다. 그를 보면 인간 사회에서 팔에 문신이 있고 핏줄이 도드라진, 작지만 강한 사람이 떠올랐다. 이를테면 술집 같은 곳에서 크고 무겁지만 술배가 튀어나온 엉성한 남자들을 일거에 쓸어버리는 그런 유형 말이다. 그는 문신은 없었지만 한쪽으로 처진 얼굴에 도드라지게 베인 상처가 있었다.

닉은 서열이 불안정한 시기에 이 무리에 합류했다. 그는 아직 청소년기였고 연장자들의 약점을 발견할 때면 경멸의 표정을 지었다. '나한테

1~2년만 시간을 줘보시지.'라고 말하는 것처럼 보였다. 그동안 그는 또래 무리를 지배했다. 상위 서열을 향해 움직이기 시작했을 때 그는 자신만만했고 위축되지 않았고 비열한 행동을 서슴없이 했다. 어느 날 결전에서 그는 겁에 질린 르우벤을 쉽게 때려눕혔고 르우벤은 복종의 몸짓으로 엉덩이를 공중으로 들어올렸다. 지구 상의 모든 개코원숭이가 그런 몸짓의 의미를 안다. 그것은 포기하고 물러난다는 의미이다. 그리고 지구 상의 모든 개코원숭이가 그 시점에서 승자는 패자의 엉덩이를 살펴보거나 패자에 올라타는 등 패자를 비하하는 행동을 한다는 것을 안다. 그러면 싸움이 완전히 끝나는 것이다. 이것은 만방에 공인된 규칙이다. 르우벤이 엉덩이를 공중으로 들어올렸을 때 닉은 르우벤의 엉덩이를 살펴보려는 듯 그에게 다가갔다. 그런데 마지막 순간에 몸을 숙여 송곳니로 르우벤의 엉덩이를 꽉 물었다. 이와 같은 격렬한 방법으로 서열이 불안정한 시기는 막을 내렸다.

그 녀석은 품행이 별로 좋지 않았다. 암컷 중 누구도 그를 좋아하지 않는 것 같았다. 며칠간 그와 짝짓기하는 상황에 처했을 때조차도 말이다. 그는 암컷들을 희롱했고 아이들을 때렸고 검즈와 림프를 괴롭혔다. 한 가지 일이 기억나는데 어느 날 그는 불쌍하고 불안해하는 룻의 어떤 행동으로 기분이 상했는지 나무 위로 그녀를 추격했다. 흔히 이런 경우에 암컷은 수컷보다 몸집이 더 작다는 점을 적극 활용한다. ─암컷은 앙상한 나뭇가지 끝으로 가서 목숨을 걸고 나뭇가지를 꽉 붙잡는다. 더 무거운 수컷이 자신이 있는 곳으로 기어와 자신을 무는 것이 불가능하다는 사실을 알기 때문이다. 흔히 이런 경우 수컷은 지겨워질 때까지 위태로운 나뭇가지에 붙어 있는 암컷에게 계속 소리를 지르며 적어도 암컷을 가두어두는 전략을 쓴다. 룻이 나무 위로 줄달음치자 닉은 그녀를 뒤쫓았다. 그녀는 나뭇가지의 안전한 가장자리로 건너갔다. 닉은 즉시 그녀 위에 있는 더 튼튼한 나뭇가지로 올라가서 그녀의 머리 위로 오줌을 쌌다.

설상가상으로 네부카드네자르는 이제 한창때였고 해가 여러 번 바뀌어도 온화해지지 않았다. 그는 우두머리 수컷 자리를 두고 닉에게 도전장을 내밀지는 않았지만 많은 다른 개코원숭이들을 비참하게 만들었다. 구세주가 보이지 않았다. 르우벤이 닉에게 필적할 만한 상대였을지 모르지만 결정적인 싸움에서 꽁무니를 뺐고 심지어 네부카드네자르를 만나면 살금살금 지나갈 뿐이었다. 새로 들어온 근육질의 셈은 한창때가 되려면 아직 몇 년 더 있어야 했다. 또 다른 전입자인 이새와 사무엘도 마찬가지였다. 아담은 무기력했고 서열에 관심이 없었다. 다윗, 다니엘, 요나단은 각각 네부카드네자르와 싸워 무승부를 기록해 닉에게 맞설 기회를 얻지 못했다. 이삭과 나다니엘은 무관심했고 베냐민과 여호수아는 대결하지 않았고 사울은 오래전에 불구가 된 구경꾼이었다.

무리를 위한 유일한 희망은 기드온이었다. 하지만 실패를 면하려면 그를 위한 꽤 진부한 시나리오가 필요했다. 기드온은 나다니엘의 남동생이었고 최근에 무리에 합류했다. 나는 몇 년 전부터 인근 무리에 있는 그를 유심히 살폈다.ㅡ그는 큰형인 사춘기의 나다니엘과 자주 시간을 보낸 근육질의 아이였다. 나다니엘은 몇 년 전 이 무리로 들어왔고 짧은 통치 기간을 거쳐 은퇴한 뒤 아이들과 노는 '아빠가 제일 잘 알아' 스타가 되었다. 그 뒤에 닉이 집권을 했고 공포 정치가 시작되었다. 그즈음에 기드온이 무리에 합류했다. 시나리오가 쓰여졌다. 기드온과 나다니엘 형제가 동맹을 결성하고 닉을 무너뜨림으로써 진실과 정의가 승리하는 것이다.

유일한 문제는 나다니엘이 그럴 생각이 없다는 것이었다. 기드온은 시나리오를 완벽하게 읽고 닉에게 도전하고 전략적 순간에 나다니엘에게 달려와 동맹을 간청했다. 그런데 나다니엘은 기드온이 그렇게 하든 말든 관심을 보이지 않았고 자신의 남동생이 가족 여행을 추억할 것이라고 여기며 심드렁하게 기드온의 털고르기를 해주었다. 어느 날 기드온은 네부카드네자르와 결전을 벌였다. 결과는 막상막하였고 우리의 어린 영웅은 결정적인 순간에 형에게 도움의 손길을 바랐다. 기드온은 형에게 달려가 연합군이 되어줄 것을 요청했다. 하지만 나다니엘은 그가 무리를 평정하기를 바라는 마음으로 그에게 열렬한 함성을 보내는 아이 중 하나처럼 굴었을 뿐이었다. 무엇보다도 기드온은 형에게 환멸을 느끼는 것처럼 보였다. '내 이상형이었던 형에게 무슨 일이 일어난 거지?' 그가 아는 모든 것을 가르쳐준 형인 나다니엘이 새로운 무리로 와서 이제 자신만 바라보고 있었다. ─고기를 먹지 않고 반전 집회에 참석하고 브래지어를 하지 않은 여자애들과 어울려다니고 있었다. 그가 당혹해하는 기색이 뚜렷했다.

기드온이 우두머리 자리를 접수할 것 같아 보이지 않았다. 비록 그해 최고의 신예 우승 후보자처럼 보이긴 했지만 말이다. 무리에는 길조라고 하기에는 부족한 압살롬이라는 또 다른 신예의 등장이 있었다. 그는 너무 어려서 아직 사춘기로의 이동이 이루어지지 않은 것처럼 보였다. 그는 온순하지만 한순간도 가만히 있지 못하는 녀석이었다. 나는 인근 무리 속에서 그를 본 적이 없었다. 그것은 그가 이 무리에 들어오기 전에 혼자 긴 시간을 보내고 긴 길을 배회했다는 것을 의미했다. 그는 친근한 편이었고 눈썹을 찡긋하거나 얼굴을 찡그리는 데 많은 시간을 보냈다. 베냐민과 라헬 가족 말고는 아무도 그의 인사를 받아주지 않았다. 한번은 그가 나에게 얼굴을 찡그렸다. 나는 그의 표정을 그대로 따라했다. 그는 내가 개코원숭이들 행위를 친숙하게 하는 것에 놀라는 것 같았다. 그는 다시 한 번 나에게 얼굴을 찡그렸다. 나는 또 화답했다. 우리는 거의 매일 이종 간 의식을 했다.

최근에 압살롬은 여자 친구들을 발견했고 사춘기 관음증이 더 심해졌다. 무리는 최근에 그의 집요한 관음증에 어느 정도 익숙해졌다. 요나단은 여전히 리브가(그녀는 어리석게도 그가 인상적인 젊은 개코원숭이로 성장하고 있는데도 여전히 그를 무시했다.)에게 일방적인 연정을 품고 있었고 아담은 숏 테일을 여전히 따라다녔지만 두 암컷은 그들에게 관심이 없었고 다른 수컷들과 붙어다녔다. 요나단이나 아담은 일정하게 떨어진 거리에서 그림자처럼 그들을 따라다니곤 했다. 하지만 압살롬은 요나단이나 아담보다 한술 더 떴다. 무리에서 누군가 짝짓기를 하면 그는 언제나 근처의 덤불숲에 몸을 숨기고 좋은 장면을 보려고 애쓰곤 했다. 다니엘이 미리암(그녀는 한 번도 수컷들 중 어느 누구의 피도 뜨겁게 끓게 만들어본 적이 없었다.)과 짝짓기를 하곤 했는데 3미터 정도 떨어진 곳에서 압살롬이 목을 길게 빼고 그들의 행위를 지켜보곤 했다. 드보라나 붐시같이 무리에서 매우 섹시한 암컷이 발정기에 접어들면 압살롬은 이성을 잃었다. 어느 오후에 닉이 발정기의 드보라와 조용히 앉아 서로 털고르기를 해주고 있었다. 그들은 한적한 곳에서 둘이서만 좀 더 결정적인 순간의 친밀감을 만끽하고자 밀회를 즐기고 있었다. 그때 잘 보이는 곳에서 그것을 보겠다고 그들 위에 있는 나뭇가지로 조용히 올라간 압살롬이 자신의 무게를 이기지 못하고 아래로 추락해 그들 위에 떨어졌다. 물론 그의 집요한 관음증에도 불구하고 압살롬은 무리에 들어온 이후 더 흥미로운 짝짓기는 고사하고 암컷에게 털고르기조차도 받아보지 못했다. 내가 그를 다팅했을 때 그는 피부 기생충 투성이였다.

압살롬은 두어 해가 쏜살같이 흘러가서 위협적인 한창때에 좀 더 가까워지기를 바랐을지 모르지만 다른 몇몇은 그림자가 더 길어짐을 느끼는 것이 틀림없었다. 한때 우두머리였던 사울은 이제 나이가 들어 다리를 절며 약 400미터 정도 떨어진 관광 숙소에 가서 쓰레기통과 쓰레기 하치장에 버려진 음식을 두고 그곳 토박이 개코원숭이들과 경쟁했다. ─하루에 몇 시간씩 먹이를 찾아헤매는 것보다 더 쉽게 먹고사는 방법이었다. 아론은 훨씬 더 나이가 들고 건강이 안 좋아져 쓰레기 하치장 무리로 완전히 은퇴했다. 상상할 수 없을 정도로 음란하고 팔팔하던 아프간은 나이를 먹어가며 초췌해 보이기 시작했고 미리암도 마찬가지였다. 미리암은 너무 많은 새끼들에게 동시에 시달리다보니 빠르게 나이가 들어가는 것처럼 보였다. 그리고 룻은 해가 갈수록 심해지는 지속적인 불안으로 몹시 지쳐 보였다. 노령의 나오미는 그 어느 때보다도 더 늙었고, 심지어 중년의 라헬조차도 자신의 어머니만큼이나 초췌해 보였다. 내가 현장 기록을 하면서 한 번 이상 그녀를 나오미로 칭하는 실수를 저질렀을 정도였다. 그리고 그 시즌에 나는 이삭, 그리고 심지어 여호수아와 베냐민까지도 혈관이 노화되기 시작한 것을 알고 충격을 받았다. ─그들의 피부는 늘어지고 있었고 채혈을 할 때 그들의 혈관에 바늘을 찌르기가 어려웠다. 그리고 그들은 이 모든 짜증스러운 일들을 겪으며 검버섯이 생기기 시작했다.

이 기간 중에 노년층 한 쌍이 가장 주목할 만한 행동 중의 하나를 했다. 그중 수컷은 이 무리에 들어온 지 몇 년 안 된 검즈였는데 매우 노쇠한 것 외에는 별로 두드러진 특징이 없었다. 그의 상대는 늙어도 한참 늙은 레아였다. 그녀는 무리 중에서 암컷 서열 1위로 드보라의 엄마였고 허튼짓을 하는 일도 없었고 애교도 없었다. 내가 아는 바로는, 그 시즌 전에 레아와 검즈는 서로 쳐다보지도 않았다. 그럼에도 불구하고 나는 그 둘이 사랑에 빠졌거나, 서로의 털북숭이 팔에 빠졌거나, 적어도 그 이전 혹은 그 이후에 내가 본 적이 있는 것과는 다른 어떤 행동에 빠졌다고 믿는다. 첫째, 그들은 그냥 사라져버렸다. 무리는 몇 제곱미터 되는 관목숲에서 잠을 잤다. 그들이 덤불숲 속에 있거나 잡목숲의 가장자리에서 먹이를 찾고 있을 때에는 그들 중 몇몇의 흔적을 놓치기 일쑤였다. 그러나 건조한 시즌이 되어 무리가 그루터기밖에 자라지 않는 맞은편 광활한 들판에 있을 때에는 절대로 놓치는 일이 없었다. 그러던 어느 날 레아와 검즈가 증발해버렸다. 사춘기나 한창때 수컷이 사라지는 일은 별로 놀라운 일이 아니다.—다른 무리로 이동했거나 적어도 자신이 다른 어떤 무리에서 살 수 있는 가능성을 확인하고 있는 중일 것이다. 노쇠한 동물 한 마리가 사라졌다면 당연히 하이에나나 사자를 의심하게 된다. 하지만 노쇠한 동물 두 마리가 같은 날 동시에 사라졌다면?

혹시 인근 무리에 있지 않을까 하고 찾아보았지만 그들의 흔적은 없었다. 관광 숙소의 쓰레기통을 뒤지고 있는 무리 속에 있지 않을까 하고 찾아보았지만 역시 없었다. 혹시 뼈라도 찾을 수 있지 않을까 하고 하이에나 소굴까지 확인해보았다. 그러나 아무것도 발견되지 않았다. 아무도 검즈를 그리워하는 것 같지 않았다(대부분의 수컷들의 운명이다.). 하지만 드보라는 엄마의 부재에 심란해 보였다. 여러 날이 가고 일주일이 지났다. 나는 둘 다 같은 날 잡아먹혔을 것이라고 추정하고 포기해야 했다.

며칠 후 어느 날 정오경에 나는 개코원숭이 무리가 머무는 곳을 떠나 우회로를 통해 캠프로 돌아가고 있었다. 그 우회로는 개코원숭이들이 자주 가는 잡목숲 뒤쪽의 외진 곳에 있었다. 그런데 개코원숭이들이 5년에 한 번 정도 가곤 하는 들판 저 멀리 끝자락에 그 두 마리가 함께 있는 것을 발견했다. 그들은 먹이를 찾거나 털고르기를 하지 않고 그냥 가만히 앉아 있을 뿐이었다. 내가 그들에게 다가갔을 때 거의 20년간 인간 관찰자들에게 익숙해진 레아가 휘둥그레진 눈으로 나를 바라보고는 근처 잡목숲으로 달아나버렸고 검즈가 똑같이 휘둥그레진 눈으로 뒤따랐다.

　다음 날 오후 무리가 반대 방향으로 15킬로미터 정도 가서 머물 때 나는 어제 그들이 사라진 잡목숲으로 가서 뒤쪽 끝 부분까지 그들의 흔적을 찾아보았다. 그들이 들꽃들과 사자들이 득실거리는 지역의 한 등성이 위에 몸을 드러낸 채 앉아 있는 것이 멀리서 어렴풋하게 보였다. 그 이후로는 두 번 다시 보지 못했다.

　그 기간 중에 일어난 또 다른 놀라운 일은 베냐민이 영웅적인 행동을 한 것이었다. 개코원숭이들이 이런 영웅적인 행동을 하는 건 매우 보기 드문 일인 데다 전혀 그럴 것 같지 않은 베냐민이 그런 행동을 했기에 더욱 놀라웠다. 한낮에 개코원숭이들이 빈둥거리고 있었다. 날이 끔찍하게 더웠고 포식자들이 거의 자는 시간대였다. 모두 경계가 느슨했다. 무리가 강바닥을 가로질러 가다가 반쯤 잠이 든 사자와 마주쳤다. 그들의 소란에 사자는 벌떡 일어났다. 모두 혼비백산해 비명을 지르며 사방으로 흩어졌다. 큰 수컷들은 당연히 제일 잘하는 짓을 했다. 가장 가까이 있는 안전한 나무 위로 급히 도망간 것이다. 이와는 대조적으로 암컷들은 나무로 향하기 전에 아이들을 먼저 붙잡았다. 그런데 사자가 사탕 가게 앞에서 마음의 결정을 내리지 못하는 아이 같은 행동을 했다. 마치 선택의 압박 앞에서 이것을 고를까 저것을 고를까 하는 식으로 한 마리를 쫓아 이쪽 방향으로 질주하다 마음을 바꾸고 다른 한 마리를 쫓아 저쪽 방향으로 질주했다. 결국 사자는 한 마리도 잡지 못하고, 비명을 지르며 나무로 올라간 개코원숭이들에 둘러싸인 채 낙담의 한숨을 내쉬며 들판 한가운데에 우두커니 서 있었다.

그때 우리 모두는(사자와 개코원숭이들과 나는) 새끼 두 마리를 발견했다. 그들은 들판 가장자리에 있는 작고 어린 나무 위에 올라가 있었다. 나뭇가지가 구부러져 땅바닥에서 1.5미터 정도밖에 안 떨어져 있었기 때문에 임시방편밖에 되지 않는 곳이었다. 그들은 아프간과 미리암이었다. 두 녀석의 엄마들은 맞은편 끝에 있었다. 엄마들과 새끼들 사이에 사자가 있었다. 사자가 어린 나무 쪽으로 다가가자 무리는 공황과 흥분 상태에 빠졌다. 구식 영장류 교과서에는 이런 경우 우두머리 수컷이 어떻게 새끼들을 구조하는지에 대해 기술되어 있을 것이다. 하지만 이미 앞에서 언급한 것처럼 실제로 이런 경우에는 이기적인 유전자의 지배를 받는다. ─유전적으로 가까운 핏줄이어야만, 즉 많은 유전자를 공유하고 있다는 확신이 들어야만 누군가가 자기희생적 행동을 할 것이다. 정말 운이 없게도 그들을 자신의 새끼로 확신하는 아버지는 없었다. 큰 수컷들 대부분은 무슨 일이 벌어질지 좋은 구경거리가 생겼다는 듯이 고개를 쭉 뺐고 암컷들은 울부짖었고 아프간과 미리암은 미친 듯이 어린 나무를 오르내렸다. 그때 느닷없이 베냐민이 공세를 취했다. 자신의 짧은 통치 기간 중에 므나쎄가 자신을 위협하자 성인인 드보라를 납치하려는 행동을 하여 현대의 진화론에 얼마나 무지한지를 보여주었던 베냐민은 이번에도 비슷한 학식의 부족을 보여주었다.—두 녀석이 그의 새끼일 가능성은 거의 없었다. 하지만 그는 으르렁거리며 위협적인 표정으로 사자 앞에 있는 어린 나무 앞에 버티고 섰다. 사자가 다가오자 베냐민이 송곳니를 드러내며 험악한 표정을 짓고는 사자에게 돌진하기 시작했다. 나는 섬뜩했고 정신이 멍했으며 전율했다.—다른 존재들처럼 말이다. 사자가 다가오자 그는 다시 나무 쪽으로 물러나기 시작했다. 그러다 한순간 그는 다시 앞으로 나가기 시작했다. 그는 순식간에 대피할 수 있었지만 그렇게 하지 않고 미친 듯이 으르렁거리며 앞으로 돌진했다. 그것은 효과가 있었다. 사자는 걸음을 멈추었고 1.5미터 정도 떨어진 곳에서 베냐민이 돌진할 때마다 움찔했다. 사자는 뛰어오르기 위해 근육을 긴장시켰고 앞발을 들었다. 하지만 곧 그는 앞발을 내리고는 다른 방향으로 가버렸다. '네깟 놈의 미친 원숭이가 내 얼굴에……' 사자는 낮잠 자던 곳으로 다시 돌아가버렸다. 두 아이는 나무에서 내려와 엄마에게 쪼르르 달려갔다.

나는 그다음에 다음과 같은 일이 일어날 거라고 기대했다. '미리암과 아프간이 베냐민의 털고르기를 해줄 것이다. 아니 적어도 그를 위해 퍼레이드를 할 것이다. 모든 수컷들이 그의 등을 두드려줄 것이다.'라고 말이다. 모두들 잠깐 동안 사자를 향해 소리를 지르다가 갑자기 먹이를 찾는 일로 돌아갔다. 그동안 베냐민은 나무 위로 올라가 자신의 동요된 심경을 표출하듯이 무자비하게 나뭇가지를 꺾어댔다. 그날의 나머지 시간은 별다른 사건이 없이 지나갔다.

닉의 통치 중에 무리의 구성원 변화는 대부분 더 어린 것들에게서 나타났다. 성년이 된 오바댜는 알려지지 않은 곳으로 가서 두 번 다시 모습을 보이지 않았다. 코에 있는 깊은 상처 때문에 '스크래치(Scratch)'

라는 이름이 붙은 녀석은 무리에 들어와 서열을 올리는 데 성적을 내지 못하고 성장기가 끝났다. 그는 불운한 아담에게조차 괴롭힘을 당했고 압살롬과 립프를 지배하는 것으로 만족했다. 또 다른 사춘기 유입자인 이새는 영장류에서 같은 종의 다른 개체들 사이에 '문화 차이'가 있음을 보여주는 새로운 행동을 선보였다. 그는 남쪽 무리 출신으로 탄자니아와 케냐의 경계선을 이루는 강을 따라 생활하면서 많은 시간을 보냈다. 그래서 그런지 그는 물을 건너갈 때 두 발로 걸어가는 습관을 보여주었다. 그것이 그가 창안한 방식인지 아니면 원래 속한 무리의 구성원들 모두의 습관인지, 그것이 물에 사는 기생충의 접촉을 줄이는 것과 같은 어떤 목적에 도움이 되는지, 단지 앞발이 물에 젖는 불쾌함을 피하기 위한 것인지 잘 모르겠지만 곧 어린 개코원숭이들이 모두 개울을 건널 때 그를 따라 두 발로 걸어서 건넜다.

이때는 리브가가 처음 새끼를 낳은 시즌이기도 했다(안타깝게도 그녀를 짝사랑하는 요나단의 새끼가 아닌 것은 거의 분명했다. 나는 그가 발정기의 그녀에게 다가가는 것을 본 적이 없었다.). 초산을 한 엄마들은 누구나 아이를 돌보는 데 서툴지만 리브가는 특히 더 심했다. 그녀는 다른 암컷들과 함께 있다가 무리를 떠날 때 걸핏하면 아이를 두고 갔고 아이를 자주 툭툭 때렸으며 아이를 등에 업는 법을 익히지 못한 것처럼 보였다. 그래서 그녀의 아이는 언제나 위태롭게 그녀의 꼬리 근처를 붙잡고 다녔다. 어느 날 그녀가 그런 위태로운 자세로 한 가지에서 다른 가지로 건너뛰었을 때 아이가 엄마를 놓치고 3미터 아래로 떨어졌다. 그 순간 나무 위에 있던 다섯 암컷과 그들을 지켜보던 한 인간이 동시에 숨을 딱 멈추었다. 그러고는 말을 잃고 일제히 아이를 쳐다보았다. 그런데 아이는 아무렇지도 않은 듯이 벌떡 일어나 나무에 있는 자신의 엄마를 바라보더니 가까이 있는 친구들을 따라 날렵하게 움직였다. 우리 모두는 안도감으로 합창하듯이 서로 혀를 차기 시작했다.

그 시즌은 그렇게 지나갔다. 리브가는 엄마가 되는 방법을 천천히 배우고 압살롬은 덤불에서 훔쳐보고 닉은 모두를 괴롭히면서 말이다. 한 번은 닉이 기가 막히게 나를 한 방 먹였다. 매우 짜증나는 방식으로 말이다. 이른 아침 숲에서 나는 기분 좋게 르우벤을 다팅한 참이었다. 그는 갓 잠에서 깨어 졸음에 겨운 듯한 걸음걸이로 걸어가고 있었다. 나는 그가 잠깐 멈추는 순간에 다팅을 했다.ㅡ주사기는 그의 엉덩이에 정통으로 꽂혔고 그의 상체 절반이 숲 뒤로 사라졌다. 나는 그가 친절하게 몇 걸음 걸어가 호젓한 곳에 편안하게 앉아 잠이 들기를 바랐다. 그런데 르우벤은 가까이 있는 아담에게 덤벼들었고 숲을 갈지자로 걸었고 숲 사이로 흐르는 깊은 개울을 건너 고약하게 생긴 물소 바로 옆을 지나갔다. 골칫거리였다. 나는 그가 마취 상태에 빠져 더 이상 배회하지 못할 것이라는 확신이 들 때까지 지켜보았다. 그리고 5분 동안 차를 몰아 그가 있는 개울 반대편으로 갔다. 물소 때문에 걸어서 건널 수가 없었기 때문이었다.

그의 엎드린 몸을 주시하며 모퉁이를 돌았을 때 나는 갑자기 큰 수컷 한 마리가 그가 있는 쪽으로 움직이는 것을 발견했다. 나는 긴장했다.ㅡ그것은 닉이었다. 개코원숭이에게 마취 기운이 퍼질 때에는 반드시 그를 아주 가까이에서 지켜보아야 한다. 왜냐하면 마취 기운이 퍼지는 상태에서 이리저리 숲을 배회하다가 덤불 속에서 길을 잃을 수도 있고 다칠 수도 있을 뿐만 아니라 경쟁자 수컷이 그가 취약한 순간에 타격을 가할 수도 있기 때문이다. 그런데 닉이 반쯤 의식을 잃은 르우벤에게 다가가고 있었다. 내가 제때 달려가 보호해주는 것이 현실적으로 불가능했다.

나는 닉도 다팅을 하려고 서둘러 준비했지만 거리가 너무 멀었다. 나는 차 밖으로 나가 저리 가라고 그에게 소리치며 손을 내저었다. 그리고 반복적으로 경적을 울렸다. 하지만 닉은 계속 르우벤에게 다가갔다. 르우벤은 겨우 고개를 들었고 닉에게 집중했다. 이제 겨우 몇 발 정도가 떨어진 상태에서 그는 거의 의식을 잃은 채 분노로 얼굴을 찡그렸다.

닉은 천천히, 그리고 힘차게 한 손을 르우벤의 어깨에 올렸고 다른 한 손을 그의 엉덩이에 댔다. 그리고 르우벤을 그렇게 만든 것이 자신인 양 상체를 뒤로 젖히며 숲이 쩌렁쩌렁 울리도록 "와-후"를 외쳤다. 그 소리는 여전히 나무 위에 있는 모든 개코원숭이들의 관심을 끌었다. 그런 다음 닉은 덤불숲으로 들어가버렸다.

나는 믿을 수가 없었다. 그 녀석은 내가 다팅한 공을 그렇게 가로채버렸다.

23

쿠리아 족의 습격

어떤 부족의 기준에 비추어봐도 나는 이제 어엿한 성인이었다. 미국에서는 대개 신용 카드 소지로 성인임이 입증된다. 지식인 족의 관점에서 보면 나는 교수라는 번듯한 직업을 가지게 되었다. 그리고 마사이족의 관점에서도 마찬가지였다. 나는 그들이 말하는 성인의 상징물을 데리고 닉의 지배 중에 다시 돌아갔다. —마침내 나는 함께 내 텐트로 달려들어가고 싶은 상대를 찾았다.

샌디에이고에서 박사 후 과정이 끝날 무렵에 나는 리사를 만났다. 스탠퍼드 대학으로 옮기기 직전이었다. 그녀와 처음 대화를 했을 때 나는 이미 그녀에게 베이 에어리어(샌프란시스코 만 지역 - 옮긴이)로 옮기도록 설득할 궁리를 했다. —"당신은 누구보다도 샌프란시스코의 진가를 알아볼 거예요." 나는 그녀에 대해서도 샌프란시스코에 대해서도 별로 아는 것이 없었지만 그런 선언이 효과적일지도 모른다고 생각하고 그렇게 말했다. 그리고 결국 그렇게 되었다.

우리는 부분적으로 닮은 면이 많은 재미있는 조합이었다. 우리는 둘 다 해마다 점점 더 많은 시간을 실험실에서 보내는 타락한 현지 생물학자였다. 리사는 해양생물학자로 시작하여 소라게 혹은 그런 비슷한 것을 연구했는데 나는 그것이 그녀의 삶을 걸 만한 것이 아니라는 말로 그녀를 설득했다. 이후에 그녀는 임상 신경심리학자로 진로를 바꾸었다. 우리는 둘 다 구(舊) 좌파 가족 출신이었다. 내게 그것은 이전에 브룩클린에서 트로츠키를 배신한 스탈린에 대해 이디시 어(유대 인 언어 - 옮긴이)로 서로 고함을 지르며 논쟁하는 나이 든 친척들을 보며 성장한 것을 의미했다. 반면에 로사에게는 로스앤젤레스에서 피트 시거와 조앤 바에즈(둘 다 인권을 중시하고 전쟁에 반대하는 노래를 부른 미국 가수 - 옮긴이)를 좋아하는 사람들과 어울려 지낸 것을 의미했다. 우리는 둘 다 굳건한 무신론자였다. 그리고 우리 둘 다 다문화 공동체 출신이었다. ─ 하지만 리사에게는 이것이 신코 데 마요(멕시코에서 이민 온 사람들이 로스앤젤레스에서 여는 축제 - 옮긴이) 퍼레이드에서 행진을 하는 것을 의미했다면 나에게는 조숙한 나이에 다른 민족에 대한 욕을 모두 아는 것을 의미했다.

그녀는 냉소적인 유머를 잘 구사했고 노래를 매우 잘 불렀다. 그녀는 (나와 대조적으로) 진짜 세계가 어떻게 돌아가는지 잘 알고 있었지만 그렇다고 그녀의 감상적인 면이 훼손되지는 않았다. 그녀는 알츠하이머 병이나 뇌 질환을 가진 환자들을 상대로 일했고 유능함과 품위가 있었다. 그리고 나는 그것에 감동을 받았다. 우리는 구약 성서 이름에 비슷한 애정을 가진 것으로 드러났다. 그리고 그녀는 아름다웠다. 곧 우리는 나란히 케냐로 가는 비행기에 올랐는데 리사는 결혼식 초대를 계획했고 나는 소이로와가 내게 소 몇 마리를 주고 그녀를 얻었는지 물으면 어떻게 대답해야 할지 궁리하고 있었다.

　리사를 통해 아프리카를 재경험하는 것은 정말 새로웠다. 나는 몇 년 간 아프리카에서 온갖 일을 겪고 갖은 일에 시달린 끝에 아프리카 사람이 다 된 것 같은 느낌이 들었다. 나는 리사에게 나이로비가 얼마나 교묘하고 약한 사람들을 이용해먹는 곳이며 어떻게 사기에 걸려들 수 있는지 이해시키려고 애썼다. 그런데 그녀는 단 5초 만에 꿰뚫어보았다. 군대개미 떼를 조심하라는 말을 들은 적이 있는 리사는 캠프에 도착하자 그것 때문에 매우 불안해했다. 나는 그녀를 안심시키기 위해 몇 주 동안 한 마리도 보이지 않게 해주겠다고 웃으면서 큰소리쳤다. 하지만 캠프에서의 둘째 날 밤에 군대개미 군단이 서서히 침략 신호를 보내더니 결국 밤에 해일처럼 몰려와 우리를 여러 번 텐트에서 쫓아냈다. 그리고 그녀는 온 지 2주가 지나자 나보다 다팅을 더 잘했다.

　리사의 출현은 온갖 새로운 광경을 연출했다. 캠프가 갑자기 마을에서 온 아이들 천지가 되었다. 그들은 함께 잘 어울려 놀았는데 내가 그곳에 혼자 있었을 때 얼마나 접근하기 힘든 괴짜였는지 새삼 깨닫게 해주었다. 로다와 그 친구들도 또한 매일같이 나타나 내가 이전에 한 번도 듣도 보도 못한 소문을 그녀에게 퍼날랐다. ―누가 누구와 함께 잤고 누가 누구와 함께 자지 않았고 어떤 남자가 매일 밤 아내들 중 한 명의 오두막에서 나와 또 다른 아내에게 가고 또 다른 아내에게 가고……. 그러다 언젠가 한번은 아내 중 한 명이 다른 남자와 함께 있는 것을 잡을 것이라고 했다. 이런 이야기는 내가 한 번도 접해보지 못한 이야기였다. 곧 리사는 그들의 음핵 절제 의식에 처음으로 초대받았다. 나로서는 이전에 들어보지도 못한 것이었다. 그리고 어느 날 관광 캠프의 직원 숙소에서 매춘부 두 명이 캠프에 찾아왔다. 그들 중 한 명이

성병에 대한 약을 원하는 것처럼 보였다. 곧 나는 의학책과 스와힐리어 사전을 양옆에 놓고 다음과 같은 것을 물어볼 문장을 구성하느라고 정신이 없었다. "최근에 질에서 어떤 분비물이 나온 적이 있나요?" 그때 리사가 코를 풀어 손가락으로 만지며 축축하다는 것을 표현하고는 다리 사이에서 그것이 나오는지 무언극으로 물었다. 그러자 그녀는 "예."라고 확실하게 대답했다.

기술을 밑천으로 아프리카 전문가로 보이려다 실패한 나는 좀 더 전통적인 방식으로 전문가 행세를 했다. 그것은 예전에는 좋았는데 지금은 많이 변했다고 지겨울 정도로 계속 떠들어대는 것이었다—"내가 처음에 여기에 왔을 때 제일 가까운 곳이 60킬로미터나 떨어져 있었어. 스무 걸음 갈 때마다 짐승이 쫓아왔지. 그런데 지금은 이곳 전체가 그저 디즈니월드 같아." 리사는 별로 내 말에 주의를 기울이지 않았다. 그편이 오히려 다행이었는데, 그녀가 도착한 후 몇 주 사이에 실제로 변한 것이 거의 없다는 사실을 확실히 알게 되었기 때문이었다.

그해 삼웰리는 다른 일자리를 얻었다. 내가 그곳에 있는 기간 동안 하는 3개월짜리 일보다는 더 지속적으로 할 수 있는 일을 해야 했기 때문이었다. 그는 지역 관광 캠프에서 일자리를 구하고 직원 숙소에서 리처드와 같은 방을 사용했다. 그리고 필요에 따라 캠프 경비를 서주기도 하고 정원을 설계하고 오두막을 재건축하고 강물의 흐름을 바꾸기도 했다. 그리고 내 캠프에 건축 문제가 발생하면 도움을 주려고 기회가 있을 때마다 들르곤 했다.

소이로와가 캠프에 합류하는 것이 불가피했다. 그는 윌슨이라는 먼 친척 아이 한 명을 데리고왔다. 그 아이는 원래 마사이 족 땅의 다른 쪽 끝에 살았었는데 소이로와의 가족과 오랜 기간 같이 살기 위해 왔다. 그들은 시골 쥐와 뉴욕 쥐처럼 달랐다. 소이로와는 영화 속의 로버트 레드퍼드 같은 부류의 사람들과 시간을 보냈는데 내가 만난 마사이 족들 중에서 가장 고상하고 과묵한 사람이었다. 반면에 윌슨은 적어도 마사이 족 기준으로 보면 남자답지 못했다. 그는 마사이 족의 다른 씨족 출신이었는데, 그 씨족은 오래전에 전통 방식을 버렸다. 그는 영어도 어느 정도 했고 서구식으로 옷을 입었으며 옥수수를 재배할 수 있다는 자부심을 가진 가족 출신이었다(옥수수 재배는 가장 마사이 족답지 않은 일이다.). 우리는 그가 지역 마을에서 여자애 같다는 소리를 듣지 않을까 하는 생각이 들었다. 그는 사춘기를 갓 벗어났고 호리호리했고 변덕스러웠고 감정을 표출하는 방식이 마사이 족답지 않았다. 그는 기분이 별로 좋지 않을 때 완전히 우울감에 빠졌고 내가 개코원숭이 고환 검사를 하는 것을 지켜볼 때는 예민하게 킬킬거리며 웃었다. 그는 리사가 뭔가에 대해 놀렸을 때 절망적으로 손을 내저었다. 어느 날 저녁에 소이로와는 자신이 성년이 되었을 때 사자를 잡고 전사가 되었다고 우리에게 말했다. 우리는 윌슨에게 그런 경험이 있는지 물었다. "아뇨, 나는 학교에 가야 했어요." 그는 애석하게 말했다. 우리는 윌슨이 정말로 그에게 영향을 미치는 진정한 부시 마사이 족이 되려고 면 사촌인 소이로와와 함께 살러 온 것인지 의아했다.

우리는 그렇게 시간을 보냈다. 소이로와는 매일 물소 떼가 우글거리는 잡목숲으로 들어가 장작을 해오고(그 일은 우리 중 나머지 사람들이 겁나서 엄두를 못 내는 일이었다.), 윌슨은 매일 신이 나서 차 엔진을 보며 점화 플러그를 확인하곤 하면서 말이다. 그러던 어느 날 아침에 마사이 족 마을에서 탄식 소리가 나기 시작했다.

개코원숭이들이 캠핑장 사이로 배회했기 때문에, 우리(리처드, 리사

그리고 나)는 관광객들, 텐트들 그리고 차량들 사이를 누비며 다팅 준비를 하고 있었다. 그곳은 우리가 제일 싫어하는 장소 중 하나였다. 마취 주사를 쏘려는 찰나에 캠핑장 뒤쪽의 등성이에서 탄식 소리가 시작되었다. 근원지는 그 위에 있는 마을이었다. 누구보다 마사이 족을 잘 알게 된 리처드가 즉시 긴장했다. 무슨 일이 생겼다고 그는 말했다. 탄식 소리는 계속 이어졌고 그것은 두 마을 사이를 왔다 갔다 하는 것처럼 보였다. 그것은 잠긴 목소리의 운율감이 있는 아우성이었다. 우리는 숨 죽이고 서서 무슨 일인지 파악해보려고 했다. ― 관광객들도 뭔가 심상치 않음을 알아차렸는지 근심과 경계의 눈빛으로 우리 뒤로 줄을 서기 시작했다. "어쩌면 누군가가 도움을 요청하고 있는 것이 아닌지 가봐야 하지 않을까?" 리사가 제안했다. "우리가 이곳을 떠날 준비를 해야 할지도 몰라." 내가 반박했다.

마사이 족 여자들이 한 마을에서 쏟아져나와 이웃 마을로 달려갔는데 가는 내내 탄식 소리를 내고 연극 조의 과장된 몸짓으로 손을 머리 위로 내저어서 훨씬 더 불안한 기운이 감돌았다. 마사이 족들이 이런 과장된 몸짓을 하는 일은 좀처럼 없었기 때문이었다. 우리는 마을 안에서 아주 끔찍한 일이 일어난 것이 틀림없다고 생각했다. 여자들이 우르르 몰려다니며 이리저리 달려가는 모습이 보였다. 탄식 소리가 두 마을을 뚫고 흘러나왔다. 그런데 남자들조차 정신없이 움직이는 모습이 보여 더욱 놀라웠다. 주변의 더 많은 마을이 탄식 소리에 가세했고 그것은 강을 따라 끝없이 오르내렸다. "서로 도움을 요청하고 있어요." 리처드가 말했다.

모두 이 이해할 수 없는 난리를 지켜보며 어찌할 줄 모르고 서 있었다. 『내셔널 지오그래픽』에 포착된 흥분되고 다채롭고 토착적인 진귀

한 광경 같았다. 우리는 그냥 멍하니 서 있었고 우리 뒤에 있는 관광객들도 그냥 멍하니 서 있었다. 그들 뒤에 서 있던 캠프 종사자들에게 낯설게 느껴지는 움직임이 있었다. 관광객을 이곳으로 데리고온 캠핑 회사들은 나이로비에 기반을 둔 농경 부족 출신의 남자들을 여행 인솔자와 요리사로 고용했다. 하지만 강 아래위쪽의 마사이 족 출신의 지역 남자들이 그 밖의 잡다한 일에 고용되어 있었다. ─ 캠프를 경비하거나 감자를 깎고 텐트를 설치하는 일을 했다. 이들은 비교 문화 경험의 쓰레기로 더럽혀졌다. ─ 관광객들이 버린 기성복을 주워입었고, 어느 대학 이름이 적힌 반바지를 입었고, 앨패소 빵굽기 대회 기념 티셔츠를 입었다. ─ 관광객들이 나누어주는 것에 집착해 비굴함이 습관적으로 몸에 배어 있는 전직 마사이 족 전사들이었다.

우리는 관광객들과 그곳에 서 있었다. 그런데 감자를 깎는 일을 하던 '조 블로'라는 마사이 족이 사방에서 이런 탄식이 들리는 동안 흔적도 없이 사라졌다. ─ 그에게 무슨 일이 생긴 것처럼 보였다. 그는 덤불숲 뒤로 달려가 입고 있던 옷을 잡아찢듯이 벗어던지고(그의 와이키키 티셔츠가 버려졌다.) 마사이 족 고유의 붉은 망토를 걸치고 어딘가에 두었던 창을 찾아 들고 사라졌다. 강가에 있는 모든 캠핑지에서 감자 깎던 일을 하던 조들이 덤불숲으로 달려가 전사가 되어 나타났다. 그리고 같은 식으로 탄식 소리를 내며 『내셔널 지오그래픽』 장면에 합류했다.

그것은 쿠리아 족의 습격이었다. 한때 쿠리아 족은 마사이 족의 잔인한 공격을 자주 받았던 또 다른 부족이다. 하지만 그들은 케냐와 탄자니아로 분리되는 세렝게티 평원의 임의적 경계선 남쪽에 살고 있었기 때문에 그들의 운이 바뀌었다. 탄자니아는 케냐보다 더 가난했고 군대는 월급이 제대로 나오지 않았다. 쿠리아 족들은 자신들에게 지급된 무기로 월급을 대신할 수 있음을 발견했다. 한때 군대에 몸담았던 쿠리아 족들은 제대 전에 자주 무기를 잃어버렸다. 그렇게 쿠리아 족은 마사이 족에 대항할 때 사용할 수 있는 자동 무기를 소지하게 되었다.

그들이 습격한 날은 달이 없는 밤이었다. 마사이 족 소들 대부분은 30킬로미터 서쪽에 있는 임시 울타리 안에 있었다. 쿠리아 족은 그곳을 기습했고 소를 훔치기 위해 총질을 하며 진격했다. 마사이 족 전령이 30킬로미터를 달려와 마사이 족 마을에 도착했다(바로 우리가 마취 주사를 쏘려는 찰나였다.). 탄식 소리가 시작되었고 이것은 이 마을에서 저 마을로 퍼져나갔다.

쿠리아 족은 몇 시간 전에 수백 마리 소 떼를 몰고 초지를 가로질러 가기 시작했지만 움직임이 매우 느렸다. 마사이 족 전사들은 이제 대규모 대열을 이루어 완벽하게 전통적인 공세를 펼치려는 참이었다. 그들은 쿠리아 족과 자신들의 소를 따라 탄자니아 국경선까지 50여 킬로미터를 추격할 것이다. 그리고 창으로 총의 위협에 맞서 소를 다시 찾아올 것이다.

사방에서 전사들이 창을 들고 달려나가고 있었다. 첫 번째 선두 그룹이 전력 질주했고 강을 건너 달리기 시작했다. 또 다른 그룹이 연이어 형성되고 있었다. 리처드, 리사 그리고 나는 합리적으로 대처했다. 우리는 차를 몰고 잘 보이지 않는 빽빽한 덤불숲에 들어가 숨었다. 곧 마사이 족 이웃들이 흥분하여 창을 들고 우리 앞에 나타나 최전방까지 태워달라고 요구할 것이 분명하다고 생각했기 때문이었다. 지난번에 쿠리아 족이 습격했을 때는 마사이 족 전사 두 명이 죽었다. 지지난번에는 케냐 공원 관리인들(주로 마사이 족)이 발 빠르게 대응하여 쿠리아 족 22명이 목숨을 잃었다. 내 대답은 "미안하지만 사양할래요."였다. 차의 보험 약관에 총을 가진 사람들에 맞서 전장으로 차를 몰고 들어가는 것이 명백히 금지되어 있다고 말하면 그들이 화를 낼 것이라고 생각했다. 그래서 우리는 덤불숲에 숨어 있었다.

마침내 다시 조용해졌고 우리는 서둘러 캠프로 떠났다. 캠프로 가는 도중에 우리는 소이로와를 만났다. 그의 소들 역시 사라졌고 그 역시 창을 들고 탄자니아의 국경선으로 달려가려는 참이었다. 평소에 냉정함을 잃지 않는 소이로와도 분노로 몸을 떨었다. 그는 우리를 기다리고 있었는데 그곳으로 태워다달라고 하기 위해서가 아니라 자신도 떠난다고 말하기 위해서였다(이후에 창피스럽기도 했지만 약간 안도한 부분은, 마사이 족들은 우리에게 소가 피를 흘릴 때 어떻게 처치해야 하는지 알려달라고 부탁하지 않는 것처럼 우리에게 전쟁터로 태워다달라고 부탁하지 않을 것이라는 것이다. 이것은 전적으로 마사이 족의 일이었다.). "나도 내 소를 찾으러 탄자니아로 가요." 그는 총을 든 남자들에 맞서 탄자니아로 질주하기 전에 장작을 모아놓았다고 우리를 안심시키며 말했다.*

우리는 깊은 인상과 충격과 흥분을 감추지 못하고 캠프로 갔고 윌슨이 빈둥거리며 차를 준비하고 있는 것을 발견했다. "윌슨, 이 모든 것에 대해 어떻게 생각해?" 그는 이곳 출신이 아니었고 이곳에 그의 소는 없었다. "쿠리아 족은 빌어먹을 놈들이에요." 그는 영어로 욕하는 방법을 익히는 중이었다. "그들은 총을 들고 소를 빼앗죠. 그리고 마사이 족들은 탄자니아로 달려가야 해요. 소이로와도 말이에요. 어쩌면 그는 싸우다 죽임을 당할지도 몰라요." 그는 말과 일치가 되지 않는 웃음 띤 표정으로 우리에게 차를 더 부어주었다.

---

* 마사이 족 공원 관리인들과 마사이 족 전사들은 거의 동시에 쿠리아 족을 만나 완패시켰다. ─ 그 결과는 '마사이 족 한 명 부상, 쿠리아 족 두 명 사망, 여섯 마리를 제외한 소 떼 모두 회수'였다.

그날 내내 윌슨은 평소와 다름없이 보냈다. 리사는 이 모든 광경에 상당한 충격을 받은 모양이었다. 그녀는 연이어 윌슨에게 캐물었다. "그들이 정말 탄자니아로 달려가?", "예, 아마 이틀 동안 달릴 거예요.", "어떻게 그럴 수 있어?", "그들은 강해요. 그들은 전사들이에요.", "갑자기 탄자니아로 달려가 싸워야 한다니 윌슨이 사는 곳에도 이런 일이 있어? 말하자면 사람들이 소를 빼앗아가고 전사들이 가서 싸워서 찾아오고?", "아뇨, 우리는 붉은 망토를 두르고 돌아다니는 이 마사이 족들과는 달라요. 우리는 옥수수 재배를 해요." 그는 자랑스럽게 말했다. "그럼 소는 전혀 없어? 내가 보기에 모든 마사이 족들은 소를 가지고 있고 모두 소를 정말 좋아하는 것처럼 보이는데.", "아뇨, 나는 소가 없어요. 나는 소를 좋아하지 않아요. 언제나 소 생각뿐인 지저분한 이곳의 마사이 족과는 달라요."

그녀는 더 깊이 파고들었다. "그럼 윌슨은 소와 쿠리아 족에 대해 별로 신경 안 쓰겠네? 지금 탄자니아로 달려가고 있지 않잖아?", "아니에요." 그는 갑작스럽게 강조하며 말했다. "나도 달려가고 싶어요. 나도 지금 탄자니아로 달려가고 싶어요.", "그런데 왜 가지 않지?", "누군가는 캠프를 지켜야 하잖아요." 그는 실망스럽고 심술이 난 어조로 말했다. 그는 마치 다른 아이들이 고양이를 괴롭히러 가는 동안 혼자 바이올린 연습을 하기 위해 안에 머물러 있어야 한다고 말하는 것 같았다.

"나도 탄자니아로 달려가고 싶어요. 가서 쿠리아 족과 싸우고 싶어요."

"잠깐, 그곳에서 싸우면 죽을 수도 있어. 왜 가야 하지? 그것은 윌슨 소가 아니잖아."

"나도 그들과 싸우고 싶어요. 죽는 것은 겁나지 않아요."

"하지만 윌슨은 소를 좋아하지도 않잖아."

"소를 좋아하지 않아요. 하지만 소를 구하다가 죽는 것은 두렵지 않아요."

그러고나서 그는 좀 더 시급한 관심사로 주의를 돌렸다. 리사가 오늘 프렌치토스트 만드는 법을 가르쳐 주겠다고 약속한 것을 상기시키면서 말이다.

24

드라이아이스와 얼음

아, 이 행복감이란! 리사와 나는 아프리카의 산 위에 있는 농경 마을에 갔다. 그리고 기타와 리코더를 가지고 간 우리는 모닥불 주변에 옹기종기 둘러앉은 온 마을 사람들에게 폴 로브슨의 노래를 가르쳐주며 저녁 시간을 보냈다. 이 황홀감이란! 사회주의자 여름 캠프 / 동유럽의 민속춤 / 로젠버그 부부에게 자유를 / 팔레스타인 독립을 위한 유월절 기도……. 천국이 따로 없다!! 모두 달아오른 얼굴로 모닥불을 보며 앉아 있고 아이들은 부모 무릎에서 잠들어 있다. 사람들은 서로 손을 맞잡고 어깨를 서로 기대어 「내려가라, 모세야」, 「바람에 실려서」, "나는 한 푼도 가진 게 없어요. 당신은 100마일 떨어진 곳에서 기적 소리를 들을 거예요." 등의 노래를 배운다. 아무도 '푼'이나 '마일'이 무슨 뜻인지 모르지만 무슨 상관이 있으랴? 나도 그들이 우리에게 가르쳐준 킵시기 노래를 이해하지 못한다. 아무래도 상관없다. "더 이상 전쟁을 학습하지 않을 거야."라는 가사 부분에서 모든 사람들이 몸을 흔들고 손뼉을 친다. 오, 내가 감당하기 힘든 즐거움이 나를 바로 한천 배양기 속에 담갔다 꺼내고 자연사 박물관을 위해 이 순간을 얼리고 나를 행복에 도취된 자유주의자로 진열장 속에 넣는다.

우리가 방문한 곳은 리처드와 삼웰리의 고향 마을이었다. 우리는 마사이 족 마을과 평평하고 텅 빈 초지를 통과해 100킬로미터를 차를 타고 달렸다. 마침내 언덕이 나타나고, 농장이 나타나고, 킵시기 부족 마을이 나타났다. 끝없는 산이랑, 촘촘히 개간된 논이 보였다. 마을이 무엇으로 이루어져 있는지 말하기가 쉽지 않다. 골짜기마다 교역소가 하나 있었다. ― 샘 하나, 설탕, 우유, 밀가루 파는 가게 하나, 학교 하나, 일주일에 한 번 사람이 근무하는 의료소 하나가 있었다. 그리고 산 전체에 5~6에이커 정도 되는 옥수수밭마다 진흙과 짚으로 지은 오두막이 있었다. 그런데 나는 그들이 "우리 마을"이라고 말할 때 그들의 집 각각을 말하는 것인지, 직계 가족들의 집을 말하는 것인지, 아니면 그 산 전체에 있는 모든 사람들을 말하는 것인지 구분할 수 없었다. 모두 복잡한 혈연관계로 이루어져 있었다. 산마다 마을 바보 한 명, 아내를 때리는 사람 한 명, 최초의 주석 지붕 집을 짓는 젊은 터키 인 한 명, 주술사 한 명이 있었다. 그 밖의 사람들은 옥수수와 닭들과 별 특징이 없는 개들과 오두막을 돌아다니는 소들과 물을 길어오는 당나귀들과 끝없는 아이들과 크고 흥분된 인사로 정신없었다. 우리는 몇 시간 만에 산꼭대기에 이르렀다. 자갈길을 벗어나 5킬로미터 정도 더 들어가자 소가 다니는 길로 사람들이 흥분하여 쏟아져나왔다. 그곳까지 차량이 들어오는 것을 한 번도 본 적이 없었기 때문이었다. 사람들은 함성과 환호성을 지르며 우리 차량을 뒤따라 달렸고 학교에서 쏟아져나온 아이들은 길 위에 놓인 바위를 치워주고 험난한 지점에서는 우리를 들어

올려주어 우리가 차를 타고 오래된 옥수수 들판을 넘어 산 위까지 올라가는 전투를 도와주었다. 결국 우리는 차를 포기했다. 우리는 침낭, 기타, 놀랄 만한 것들이 들어 있는 상자를 들어주고 싶어 하는 사람들 무리와 함께 걸어서 산을 오르기 시작했다. 들판에서 차를 마시러 오라는 먼 친척들을 지나 구불구불한 길로 신나게 올라간 리처드와 삼웰리는 친구들과 함께 돌아오는 아들들을 자랑스럽게 이끌었다. 사람들은 비탈길을 올라가며 노래를 부르기 시작했고 소들이 다가와 코를 비볐다. 천국이 따로 없었다!

정상에 올랐다. 옥수수와 나무가 있었고 사방이 훤히 보였고 리처드 집 바로 아래에 그늘이 있었다. 리사와 나는 서로 껴안았다. "이곳은 너무 멋져서 참을 수가 없어."—그리고 아이들이 우리를 붙잡고 낄낄거렸고 다가와 우리를 끌어안았다. 사람들은 우리에게 꽃을 주었다. 우리는 여기서 그들의 부모님, 여동생, 남동생의 아내들, 그리고 그냥 이웃집에서 온 사람들과 악수했다. 엄청난 양의 구운 옥수수가 우리가 자리를 잡고 앉기도 전에 나왔다. 어른들이 아픈 아이들을 데려왔고 우리는 비타민과 항생제 그리고 연고를 주었다. 우리는 아이들 눈을 청결하게 해주고 매일 우유를 마시게 하라고 적절히 충고했다. 풍선도 나누어주었다. 아이들은 깜짝 놀라 도망갔고 우리는 그것을 불어서 가지고 노는 법을 가르쳐주었다. 킵시기 족 아이들, 마사이 족 아이들, 브루클린 아이들을 관찰해본 결과 모든 아이들은 보편적으로 10분 이내에 풍선을 부는 원리를 이해했고 하나를 불어서 묶지 않은 채 친구에게 넘겨주고는 풍선이 바람 빠지는 방귀 소리를 내며 친구 엉덩이에서 사방으로 튀는 것을 즐겼다. 풍선을 부는 방법을 익힌 한 아이가 리코더로 풍선에 공기를 들여보내 연주했다.—마치 백파이프 같았다. 우리는 풍선을 불어 치실로 꼭지를 묶었고 모두들 그것으로 테더볼(기둥에 매단 공을 치고받는 놀이 - 옮긴이)을 했다.

풍선과 치실 말고도 우리는 쌀, 수박, 안경, 일회용 밴드, 비누 거품 등 많은 것을 산에 있는 그들에게 소개했다. 오후에는 리사가 고등학교 시험 준비를 하는 남자아이의 공부를 도와주었다. 기초 기하학, 영문법, 들판에 직선 경작을 해야 하는지, 등고선 경작을 해야 하는지 결정하는 방법. '그것에 대해 우리가 아는 것이 뭐가 있지?' 그동안 나는 지리에 관한 문제를 내고 싶어 하는 아이의 끝없는 질문 세례를 받았다. "아저씨가 사는 곳에 있는 미시시피 강은 몇 킬로미터죠? 아저씨가 사는 미네소타에는 소가 몇 마리 있죠? 아저씨가 사는 뉴저지에는 옥수수가 몇 톤이나 나오죠?" 나는 짜증이 났다. 그 아이는 그것이 궁금하다기보다 자신이 뉴잉글랜드에 대해 얼마나 많이 알고 있는지 보여주려는 것 같았기 때문이었다. 그것에 대한 복수로 나는 그 아이가 미리 배워두어야 하는 중요한 영어 단어를 가르쳐주겠다고 말하고는 1920년대에 갱들이 사용한 속어를 반복적으로 연습하게 했다. 리처드가 재빨리 눈치를 채고 배워둘 필요가 있다고 근엄하게 타일렀다. 그날 그 이후에 우리가 관심을 표시하는 사람들 앞에서 개코원숭이를 어떻게 다루는지 설명했을 때 그 아이가 말했다. "오, 그렇게 해서 개코원숭이를 골로 보내는군요.", "맞고말고." 우리는 그 아이를 칭찬했다.

오후 늦게 사진 찍는 시간이 있었다. 우리가 산을 오르내리며 사진을 찍는 동안 가족들이 쏟아져나와 함께 사진을 찍었다. 다음에 기회가 있을 때 사진을 주겠다고 약속했다.

저녁이 되었다. 감자와 양배추가 첩첩이 쌓였다. ─주요 음식과 탄산음료를 사오도록 아이 한 명과 당나귀 한 마리를 아래 가게로 내려보냈다. 그리고 그들은 염소 한 마리를 잡았고 손님에 대한 존중의 표시로 정체를 알 수 없는 내장을 우리에게 먼저 건네주었다. 내가 몇 년 전에 그랬던 것처럼 리사는 교조적인 채식주의자로 케냐에 왔다. 그녀는 고기를 먹지 않는 것과 좋은 손님이 되는 것 중의 하나를 선택해야 하는 중대한 시점에 있음을 깨닫고 염소 내장을 열정과 찬사로 받아서 입에 넣었다. 즐거움과 친밀함 속에서 모두 행복하게 돼지처럼 먹었다. 우리는 노래를 가르쳐주며 같이 부르기 시작했다. 리사가 기하에 대한 문제를 내주었던 순진한 10대인 줄리어스는 우리에게 킵시기 곡조를 가르쳐주고, 집중하느라 찌푸린 얼굴과 섬세하고 속삭이는 목소리로 선후창이 있는 노래를 선창했다. 다소 거칠고 난폭해 보이는 세 명의 먼 사촌은 내내 방 뒤쪽에 조용히 앉아 우리와 함께하지 않았다. 그런데 그들이 갑자기 자기들끼리 진지하게 이야기를 나누더니 자신들이 아는 노래, 특별한 노래를 부르고 싶다고 리처드를 통해 말했다. 그것은 「눈 먼 세 마리 쥐」라는 노래로, 그들은 거의 종교적인 열정을 가지고 놀라운 가성으로 그 노래를 불렀다. 더 많은 노래를 불렀다. 우리는 바빌론과 시온, 그리고 하나님과의 대면에 대한 종교적인 노래들을 배웠다. 문득 우익 암살단 면전에서 사상충증을 치료하거나 손으로 직접 학교를 만들거나 해방 신학을 널리 알리는 대신 그냥 몇몇 행복한 사람들과 이렇게 둘러앉아 노래를 부르는 선교사라면 꽤 느긋하고 즐거운 삶을 살 수 있겠다는 생각이 들었다.

마침내 노래가 멈추고 저녁의 주요 행사 시간이 되었다. 나는 마술을 싫어한다. 무슨 일이 일어난 것인지 도통 이해가 되지 않을 때면 언제나 부아가 치밀어오른다. 그러나 나는 한 가지 마술은 할 줄 안다. 그것은 손수건이 주먹 속에서 사라지게 하는 오래된 마술로, 실제로는 아무도 눈치채지 못하게 가짜 엄지손가락에 손수건을 쑤셔넣는 것이다.

이곳 사람들은 텔레비전 프로그램이나 영화나 잡지를 본 적이 없었고, 차, 라디오, 마을 가게에 있는 옥수수를 가는 터빈 외에는 기계 소리조차 들어본 적이 없었다. 그들은 놀라고 어리둥절해할 것이다. 파라핀 램프 불빛 아래 뭔가에 홀린 듯한 얼굴로 지켜보는 동안 나는 손수건을 손에 쑤셔넣었다. 나는 주먹을 꽉 쥐고 그 속으로 바람을 세 번 불어넣었다, ─그리고 손을 짠 하며 펼쳤다. ─손수건이 사라졌다. 헉! 사람들은 내가 할 때마다 매번 놀라움을 감추지 못하고 내게서 뒷걸음질을 쳤다. 그 재미를 억누를 수가 없었던 나는 싸구려 카니발 연극을 가미하기 시작했다. 나는 손수건이 사라질 때 신음 소리를 내고 몸을 막 흔들고 양치질할 때 나는 기이한 소리를 내고 마치 내 손이 내 것이 아닌 것 같은 시늉을 하며 끔찍하게 바보 같은 표정을 지었다. 사람들은 서로를 와락 껴안았고 첫째 아이는 식탁 밑에 숨었다. 잠시 후에 나는 손수건을 텅 빈 주먹에서 꺼내는 대신 이번에는 리처드의 귀에서 있는 힘을 다해 꺼내는 시늉을 하며 잡아당겼다(리처드는 이 속임수를 알고 있었다.). 그는 머리를 움켜쥐며 소리쳤다. "제발 꺼내주세요. 꺼내주세요." 그것은 사람들을 공포에 몰아넣었다. 다음번에는 나는 주변을 살피며 방 전체를 한 바퀴 돌고는 저녁 내내 말대꾸를 했던 한 여자아이에게 천천히 다가갔다. 그녀는 몸을 떨고 웅크렸지만 소용없었다. 나는 다가가 신음 소리와 비명을 계속 지르면서 그녀의 귀에서 손수건을 꺼내기 시작했다. 그녀는 머리를 움켜쥐고 마루에 주저앉았다. 그러고는 내게 다시 한 번 해달라고 부탁했다.

마지막으로 드라이아이스를 가지고 놀 시간이 되었다. 우리는 캠프에서 드라이아이스가 가득 든 스티로폼 상자를 가져왔다. 나는 기발한 가브리엘 가르시아 마르케스(콜롬비아 작가. 노벨상 수상자 – 옮긴이)나 강박적인 서룩스(미국 배우 – 옮긴이)가 된 것 같았다. 우리는 손을 내저어 호기심에 찬 아이들을 한 걸음 뒤로 물러서게 한 뒤 봉인된 상자를 들어올렸다. 이제 상자 속에 든 것을 보여줄 때가 되었다. 나는 드라이아이스 조각을 식탁 위에 놓았다. "뜨거워." 모두 그것에서 나오는 연기를 보고 말했다. 모두 손을 가까이 대었다. "뜨거워…… 아니 차가워?" 다들 혼란에 빠졌다. 사람들은 돌아가며 그것을 집어 잠시 만족스럽게 잡고 있다가 곧 찌르는 듯한 통증이 느껴지자 놀라서 옆으로 넘겨주었다. "내 동생 죽이지 말아요." 삼웰리의 장남이 자기 동생이 넘겨받았을 때 한 말이었다. 혼란에 빠진 사람들은 다음에 무슨 쇼가 벌어질지 목을 빼고 기다렸다. 나는 컵에 물을 가득 부었다. 나는 그것을 마루에 조금 부어 물이라는 것을 모두에게 보여주었다. "자, 물이죠?" 그리고 드라이아이스 속에 컵을 넣었다. 그리고 모두에게 백까지 세게 했다. 그러고나서 컵을 덮고 있다가 거꾸로 뒤집었다. ― 물이 흐르지 않는다. 사람들은 또 비명을 질렀고 꼬마들은 방으로 도망갔다. 모두 그것을 건네받아서 자세히 보고 서로 건네주었다. "바위가 되었어.", "차가운 바위야.", "얼음이란 거야." 학생인 줄리어스가 말했다. "얼음이 뭔데?", "사실은 나도 잘 몰라." 그는 인정했다.

그런 다음 결정적인 한 방이 있었다. 나는 드라이아이스 한 줌을 몰래 챙겼다. 컵에 물을 가득 부었다. 모든 사람들이 몸을 기울였다. 다시 한 번 나는 끔찍한 경련성 발작을 일으키는 시늉을 하며 주문을 외우며 횡설수설했다. 그리고 드라이아이스 한 줌을 물에 넣었다. 그것은 연기와 함께 보글보글 끓어올랐고 나는 그것을 식탁에 부었다. 드라이아이스와 물이 만나 일으키는 기적은 매우 지적인 과학자들까지도 잠시 일을 멈추고 가지고 놀 정도로 흥미롭다. "저건 수프야." 삼웰리의 아이가 소리쳤다. 다른 사람들은 긴가민가한 표정으로 다시 뒤로 물러났다. 그러고나서 나는 내 소매를 위로 들었다. 미리 그 속에 놀랄 만한 것을 숨겨두었다. 그것은 약 30센티미터 정도 되는 플라스틱 뱀이었다. 나는 거품이 일고 있는 컵 안에 손을 넣어 살짝 뱀을 넣었고 자폐증 아이들이 숙이는 각도로 고개를 기울이고 눈동자를 위로 굴려 흰자위를 드러내며 침을 흘렸다. 그리고 끓는 거품에서 뱀이 나오도록 발작적으로 몰았다. 그리고 목숨을 걸고 뱀과 싸우는 것처럼 뱀을 저지하고 울부짖고 뱀의 머리를 물어뜯었고 결국 입에 물고 집 밖으로 달려나갔다. 더없이 만족스러운 비명을 들으며 말이다.

우리는 평소에도 드라이아이스로 많은 즐거움을 누렸다. 그것으로 얼음을 만들었다. 얼음은 쌀, 콩, 고등어만 먹으며 사는 금욕주의자에게 제일 사치스러운 먹거리였다. 아침 일찍 구름이 걷히면 나는 리사와 리처드와 함께 이런 이야기를 나누었다. "오늘 무척 더울 것 같은걸.", "예, 그래 보여요.", "얼음이 필요할 정도로 더울 것 같은데요.", "아마 그럴 수도." 우리는 다음 배송이 올 때까지 드라이아이스가 얼음을 만드는 데 사용해도 될 정도로 충분히 남았는지 재빨리 계산해본다. "야호!" 충분하다! 우리는 개코원숭이들을 다팅하고 캠프로 쏜살같이 달려간다. 그러고는 만사를 제쳐놓고 바보처럼 혀를 내밀고 침을 흘린다―"얼음, 얼음." 컵에 물을 가득 붓고 오렌지 가루를 섞어 음료를 만든 다음 아주아주 조심스럽게 드라이아이스의 오목한 곳에 컵을 넣고 기다린다. 그리고 뚜껑을 들어올린다. "다 됐어?", "거의.", "곧.", "얼음!", "야호!" 날씨가 정말 덥고 그늘이 충분치 않은 정오경에 마침내 얼음이 완성된다. 우리는 각자 자신의 컵과 숟가락을 가져와 오렌지 맛 얼음덩어리를 숟가락으로 파먹기 시작한다. 너무나 맛있어서 먹으면 환호성이 절로 난다. 혈액 샘플을 얻고 원심 분리기를 돌리는 사이사이 얼음을 조금씩 긁어먹고 파먹는다.

우리는 실험을 했다. 리처드가 주도했다. "오렌지 음료로 얼음을 만들 수 있다면, 탄산음료는 어떨까요?" 그는 궁금해했다. 그것을 시도해보았는데 맛이 기가 막혔다. "탄산음료가 가능하다면 코코아는 어떨까요?" 우리는 코코아를 만들어 얼렸다. 우리는 서로 얼싸안고 난리를 부렸다. "코코아가 가능하다면 차도 되겠죠?" 리처드는 얼린 차를 별로 나쁘지 않다고 생각했지만 리사와 나는 별로 열광하지 않았다. 그 다음 날 리처드는 양배추, 양파, 염소 고기 스튜를 얼리는 것을 제안했다. ─하마터면 냉동 즉석 식품을 재창조할 뻔했다. 리사는 우리가 실망할 거라며 하지 말라고 설득했다.

얼음, 우리는 얼음으로 얼릴 수 있는 것들에 대해 상상했고 그중 몇몇을 만들었고 더 많은 다른 것을 만들 수 있는지 궁리했다. 우리는 저녁 시간 절반을 다음 날 무엇을 만들 수 있는지 기대하며 보냈다. 모든 사람이 열광한 것은 아니었다. "너무 차가워요." 관광 캠프의 근무 외 시간에 우리 캠프를 방문한 삼웰리는 이렇게 말하며 얼음이 녹아 미지근해질 때까지 기다렸다가 마셨다. "미쳤어? 다음번에 오면 너한테만 따뜻한 것을 줄 거야. 다음번에는 얼음을 그렇게 낭비하지 말고 우리에게 줘." 우리가 소리치곤 했다. 소이로와도 정말 괴상한 맛이라고 하며 별다른 관심을 보이지 않았다. 아니, 어느 날 우리가 캠프로 일찍 달려갔다가 소이로와가 소 피를 얼린 컵을 꺼내는 장면을 볼 때까지는 그렇게 생각했다. 얼린 용혈된 적혈구 덩어리. "맛이 끝내줘요." 그가 말했다.

25

조지프가 미쳤다?

리사는 리처드를 뮤지컬의 세계로 초대했다. 그녀는 카세트와 「레 미
제라블」 테이프를 가지고 있었고 리처드에게 줄거리와 가사를 알려주
었다. 사람들이 자주 서로를 잔인하게 대하는 것을 그는 완벽하게 이
해했다. 그는 백인 자베르가 자신의 정체를 드러냈 때 불안하고 걱정
되어 펄쩍 뛰었다. 그는 이 지역에서 전형적으로 악질적이고 부패한 사
람의 대명사인 경찰이 노래 부르는 것을 재미있어했다. 리사가 그에게
매번 새로운 노래를 들려줄 때마다 그는 그 노래에 빠져들었다. 그가
그랜드 오페라(대사까지도 노래로 하는 오페라 - 옮긴이), 심지어 코끼리가
등장하는 「아이다」에 끌리는 것을 상상하기는 어렵지 않다.

우리가 이렇게 시간을 보내고 있었을 때 우리 중 누구에게도 이해가
되지 않는 말이 캠프에 전해졌다. ―"조지프가 미쳤다!" 조지프는 관광
캠프의 마사이 족 경비원으로 평소에 말이 없고 악의가 없는 남자였
다. 그는 수년간 인근에서 조그만 말썽 한번 일으키지 않고 일만 하던

사람인데 미쳤다는 것이었다.

맨 처음 그런 말을 한 사람은 관광 캠프의 세탁 담당이며 리처드, 삼웰리와 같은 부족인 찰스였다. 찰스는 흥분을 감추지 못하고 조지프가 미쳤다는 부인할 수 없는 증거를 호들갑스럽게 떠벌렸다. 바로 그날 그가 일을 그만두는 미친 짓을 했다는 것이었다. 그리고 몇 가지 짐을 싸면서 무슨 이유인지는 몰라도 그가 자살을 결심했다고 말하고는 사라졌다는 것이었다.

곧 소이로와가 걱정을 하며 서둘러 들어왔다. 그는 어떤 면에서 조지프의 친척이었다. 우리는 다음과 같은 그의 말이 이해되지 않았다. 조지프가 정말 미쳤다고 하면서 강변을 따라 이 마을에서 저 마을로 옮겨다니며 소리를 지르고 자살할 것이라고 공언한다는 것이었다. "하지만 왜?" 우리가 물었다. "미쳤기 때문이죠." 소이로와가 말했다. 그러곤 걱정에 싸여 출발했다.

곧 마사이 족 아이들이 겁에 질려 나타났다. 아이들은 말이 없고 악의가 없는 조지프가 마을 사이에 있는 초지를 헤매고 다니는 모습을 보았다. "우리 천국에서 보자." 그가 그렇게 말했다고 하면서 아이들은 몸서리를 쳤다. 우리는 놀라 몸을 움츠리면서, 아이들을 위로하기 위해 풍선과 과일 주스를 나누어주었다.

늦은 오후에 사람들 사이에 온갖 소문이 돌기 시작했다. "그가 정말 자살할까?", "그야 물론이지. 왜냐하면 그는 미쳤거든.", "하지만 그가 미쳤다는 걸 어떻게 알아?", "일을 그만두었기 때문이지." 사람들은 다양한 이론으로 왈가왈부했다.

"조지프는 위궤양이 있어 언제나 고통스러워했어. 그것이 너무 고통스러워 자살하려는 걸 거야."

이 말을 한 사람은 역시 위궤양이 있는 리처드였다.

"하지만 그는 술을 많이 마셔서 위궤양 통증을 느끼지 못할 거야."

웨이터인 사이먼이 반박했다.

"하지만 술 마시는 것은 위궤양을 더 악화시켜."

리처드가 말했다.

"하지만 술을 마시면 통증을 좀 덜 느끼지."

사이먼이 대답했다.

찰스가 조지프가 술을 너무 많이 마셔서 미친 것 같다고 말할 때까지 우리는 풀리지 않는 논쟁의 벼랑 끝에 서 있었다.

소이로와는 그 이상의 음모가 진행 중이라고 생각했다.

"마을 의식에서 주술사가 말했어. 조지프의 조롱박에는 한 사람이 마시기에는 너무 많은 맥주가 들어 있다고 말이야. 그러고는 조지프가 그 넘치는 양을 자신에게 주어야 한다고 했어. 그런데 조지프가 거절했어. 그래서 주술사가 조지프에게 주술을 건 거야."

"맥주 때문에?"

"하지만 그 주술사는 모두에게 맥주를 달라고 했고 모두 무시했어."

"하지만 조지프는 그 주술사를 두려워하지 않는다고 했어. 그러니 그 주술사는 그에게 저주를 걸 수 없어."

"아니 걸 수 있어. 주술사는 할 수 있어. 그는 원하면 너를 하이에나로 바꿀 수도 있어. 그는 너의 성기를 떨어지게 할 수도 있어."

객실 담당 종업원인 찰스가 말했다. 어느 쪽이 더 나쁜 운명인지는 분명하지 않았다.

"그 주술사는 그렇게 세지 않아. 그는 단지 늙은 술주정뱅이에 불과해."

"그가 조지프에게 저주를 건 것은 맥주 때문이야."

그것은 그렇게 끝이 났다. 다들 즐거워했고 흥분했다. 우리는 조지프가 그날 밤 하이에나로 나타나 우리를 죽일지도 모른다고 생각하면서 몸을 떨었다.

다음 날에는 더한 소문이 돌았다. 로다가 달려와서 그가 여전히 자살할 것이라고 말하고 다닌다는 말을 전했다. 소이로와는 조지프가 희귀한 식물에서 나는 독을 사려고 돈을 빌려달라고 했다고 전했다. 살아 있을 때 돈을 빌리고 죽은 후에 갚겠다는 기이함이 이 이야기에 독특한 신빙성을 부여했다. 공원 관리인들이 총을 들고 공원을 순찰하는 모습이 보이자 사람들은 조지프가 그런 무장한 사람들의 대응이 필요할 정도로 미쳤고 위험하다고 생각했다. 하지만 나중에 알고보니 그들은 단지 밀렵꾼을 수색하고 있었던 것이었다. 관리소장이 운전하는 모습이 보이자 사람들은 최종적 권위자인 그가 미친 조지프를 추적하고 있다고 생각했다. 하지만 나중에 알고보니 그는 관광 캠프에 공짜 점심을 먹으러 가고 있었던 것이었다. 조지프를 봤다는 사람은 많았지만 그를 봤다는 장소나, 그가 했다는 말이나, 그가 했다는 수수께끼 같은 몸짓이 다 달랐다.

다음 날 가장 충격적인 뉴스가 마을 전체에 퍼졌다. ―조지프가 어느 정도 백인이 되었다는 것이다. 목격자들은 그가 "백인 비스무리하게 되었다."고 했고 피부가 "어느 정도 거칠어졌다."고 했다.

우리는 어떻게 된 일인지 꼬치꼬치 캐물었고 그가 강둑 어딘가에서 찾을 수 있는 하얀 모래에 굴렀다는 이성적 결론을 내린 다음 사람들에게 그런 생각을 말했다. 하지만 사람들은 여전히 그가 어느 정도 백인이 되었다고 공언했다. 그날 사람들은 아이들과 소들이 마을 밖으로 나가지 못하게 했다.

다음 날 모든 실마리가 풀렸다. 조지프는 어느 정도 원래 피부색으로 돌아온 상태로 나타났고 고향으로 가는 버스표를 사고 작별 인사를 했다. 다음에 천국에서 보자는 말 같은 것은 없었다. "조지프, 어때?" 모두 물었다. "괜찮아." 그가 대답했다. "이제 보니 미친 것이 아니었네." 모두 이 말에 동의했다.

관광 캠프의 매니저에게 어떻게 된 영문인지 물어보자 그는 조지프가 연차 휴가를 신청했고 고향으로 떠나기 전에 며칠간 지역 마을을 방문할 계획을 세웠었다고 대답했다.

죽어서 보자는 경고를 기억하고 있는 아이들이 가끔씩 밤에 몸서리치는 것 말고는, 이 사건은 즉시 잊혀졌다.

그 시즌에 리사가 임상심리학 박사 과정을 마치기 직전에 있었기 때문에 리사와 나는 휴가 기간 동안 케냐에 있는 모든 정신 병원을 방문했다. 우리는 우리가 만나는 모든 직원에게 다음과 같은 질문을 했다. "이곳 사람들은 누군가가 정신적으로 아프다는 것을 어떻게 알죠?", "사람들이 매우 비언어적이고 하루 종일 소들하고만 시간을 보내는 문화에는 마사이 족 정신 분열증이 있을 수 있어요. 혹은 매우 세련되고 언어적이고 도시적인 배경 출신의 해안 부족에게도 정신 분열증이 있을 수 있어요. 어떤 증상이 나타날 때 마사이 족 가족들이 문제의 아이를 권위 있는 기관에 데려오죠? 해안 지대 사람들은 어떤 증상이 나타날 때 그렇게 하죠?", "사막에서 낙타를 기르는 사람들의 과대망상증은 어떤 식으로 나타나죠? 실제로 가지고 있는 낙타보다 두 배를 가지고 있다고 떠벌리나요?", "사람들이 환청으로 어떤 소리를 듣나요?", "무엇이 이곳 사람들을 피해망상증 환자로 만들죠?"

그런데 거의 모든 사람들이 몇 년 전에 정신병에 걸린 여자가 염소를 물어죽인 사건이 일어났을 때 로다가 해준 것과 똑같은 대답을 해주었다. 하나같이 미치면 그냥 미친 사람처럼 행동할 뿐이라고 말했다. 미친 행동을 할 때는 그냥 알게 된다고 했다. 다양한 학자들이 평생에 걸쳐 이런 징후학의 문화적 차이를 연구하고 있지만 우리는 누구에게도 뚜렷한 대답을 듣지 못했다. ─아무도 그것을 흥미로운 질문으로 여기지 않았다.

환자 유형과 관련해서는 매우 흥미로운 사실이 있었다. 미국의 정신 병동을 가득 채우고 있는 한 유형인 노인 우울증 환자가 없다는 것이었다. ─이곳의 노년층은 열의가 있고 존경받고 힘이 있다. 그러니 왜 우울증에 걸리겠는가? 젊은 우울증 환자들은 많았는데 비교적 괜찮아 보였다. ─"단, 병원에서 항우울제를 처방할 수 있는 여유가 없을 때는 제외하고요. 그땐 자살을 많이 해요." 우리는 의사에게 병동을 한 바퀴 둘러봐도 되는지 물었고 그래도 좋다는 허락을 받았다. 가슴이 아팠다. 하지만 아무 죄책감 없이 힘없는 노인을 죽이는 독사눈을 가진 10대의 반사회적 인격 장애자로 보이는 환자는 없었다. 정신과 의사가 법정에서 큰 위력을 발휘하지 못하는 이 사회에서는 감옥이 그들의 마지막 종착지이다. 간질 환자들이 많았다. ─이것은 미국에서 암흑기에만 정신병으로 분류된 질환이다. 뇌 말라리아에 걸린 아이들이 많았고 망상성 분열증 환자들이 많았다.

가장 놀라운 것은 환자들이 난폭하지 않다는 점이었다. 우리가 미국 정신 병원의 가장 큰 문제점이 환자들이 서로 공격하고 직원들을 공격하는 것이라고 말했을 때 병원 직원들은 우리가 과장한다고 생각했다. 여기서는 그런 일이 없었다. 병원에 있는 문에 자물쇠도 없었다. 탈출하려는 환자도 없었다. 첫 번째 방문을 하고나서야 이해가 갔다. — 모두 자기 침대가 있고 하루 세끼 식사가 나온다. 그것은 숲에 사는 케냐인들에게는 듣도 보도 못한 사치이다. "왜 도망가고 왜 싸우죠?" 뜰에는 여자 환자들과 남자 환자들이 거의 머리를 밀고 거의 알몸 상태로 주변을 돌아다니고 있거나 자고 있었고 뭐라고 주절거리며 손짓 몸짓을 하고 있었다. 어떤 환자들은 뜰에 있는 닭을 쫓고 있었고 어떤 환자들은 닭에게 쫓기고 있었다. 눈이 반짝이고 등이 굽은 한 노인이 다리를 절며 유쾌한 비밀을 가진 거북이처럼 신나게 리사에게 다가와 그녀의 손을 잡았다. "드디어 엄마가 왔어. 드디어 엄마가 왔어." 그는 계속 중얼거렸다.

26

기계가 신기한 땅에서
기계를 보는 경이

　몸바사를 돌아다녔다. 멋진 곳이었다. 케냐 남부의 인도양 연안에 위치한 오래된 항구 도시. 검은 이슬람의 스와힐리 족, 뾰족탑, 시장, 물라(이슬람교 율법학자 - 옮긴이), 당나귀 수레, 갈대로 만들어진 다우 배(삼각형의 큰 돛을 단 아랍 배 - 옮긴이). 하얀 가운 차림의 우아하고 호리호리한 사람들이 어지러울 정도의 열기와 습기를 해소해주는 시디신 레모네이드를 팔고 있었다. 미로처럼 구불거리는 좁은 골목에는 수백 년 전에 만들어진 다층 건물이 줄지어 있었고 건물에는 60센티미터 두께의 치장 벽토 벽에 복잡하게 조각된 나무 문이 달려 있었다.

　이곳은 세계의 가장 큰 교차로 중 하나이다. 아랍 인, 인도인, 고아 족, 포르투갈 인, 스와힐리 족, 내륙 지방 아프리카 인 등 많은 인종들을 볼 수 있는 곳이다.

　무엇보다도 이 항구에는 아프리카 내륙에 있는 소도시에서 찾아보기 힘든 기품과 행복감이 있다. 내륙에 있는 소도시는 반세기 전에 식민주의자들에 의해 철도역으로 시작된 다소 인공적인 곳이다. 그곳 사람들은 모두 자신들의 농장을 떠나 그곳에 온 사람들로 자신들의 과거를 부끄러워한다. ― 절반은 현금 경제에 종사하지 못하고 소도시 변두리의 판자촌에서 붙박혀 있고 자신의 현재를 부끄러워한다. 아무도 자신이 누구인지 모르며 모두들 새로운 어떤 것이 되려고 애쓰고 있다. 그리고 방문객에게는 사람들이 물밀듯이 밀려온다. ― 시계를 달라는 사람들, 청바지를 팔라는 사람들, 미국 영어 비속어를 입에 달고 살고 이소룡의 쿵후 티셔츠를 입고 쿨하게 행동을 하면서도 그 이유를 모르는 사람들이 말이다. 그런데 몸바사에서는 사람들이 모두 자신이 누군지 알고 있는 것처럼 보인다. 그리고 당혹해하는 사람도 없고 변화를 원하는 사람도 없다. 그곳은 인공적인 도시가 아니다. ― 수백 년 동안 유지되어왔다. 단절로 인한 도시의 소외는 없다. ― 가족들이 수백 년에 걸쳐 살아온 전통이 있는 곳이다. 게다가 뉴욕 태생인 내가 인정하지 않을 수 없는 것이 있다. ― 그것은 항구 거주자들의 오만한 무관심, 우월성, 자기 충족이다. 포르투갈 인들, 오만의 아랍 인들, 대영 제국은 한동안 이곳을 지배했지만 결국은 물러갔다. 그와 마찬가지로 앞으로도 그곳에는 여전히 그들의 다우 배와 뾰족탑, 조각된 문이 있을 것이다. 그들은 방문객이 단지 디지털 시계를 차고 있다는 이유로 과대평가하지는 않을 것이며, 내륙 소도시에서와는 달리 이곳에서 방문객은 홀로 남겨질 것이다.

이런 이유로, 어느 오후에 한 여자가 거리에 있는 우리에게 다가와 말을 걸었을 때 참 이상하다는 생각이 들었다. 검은 옷에 베일을 쓴 그녀는 무섭고 낯선 종교의 일원이었고 미끄러지듯이 조용히 움직이며 신앙심이 없는 사람들을 멀리하는 사람들 중 한 명이었다. 그런 그녀가 우리에게 어설픈 영어로 물었다. "미국인이신가요?", "예.", "그러면 우리 집으로 와서 차 한잔하시겠어요?"

그녀는 무슨 목적이 있는지 우리를 골목으로 이끌었다. 리사와 나는 불안해지기 시작했다. 그 집은 오래되고 어두컴컴하고 회색이고 염소구이 냄새가 났고 영겁 동안 하루에 다섯 번 기도 소리가 흘러나온 듯한 집이었다. 우리는 안전한 거리에서 우리를 유심히 지켜보고 있는 아이들로 가득 찬 거실에 자리를 잡았다. 그녀가 베일을 벗자 코걸이와 헤나(적갈색 염료. 피부에 그림을 그리는 데 사용한다. ─ 옮긴이), 그리고 엄숙한 얼굴이 드러났다. 그녀는 설탕을 미친 듯이 넣은 차를 우리에게 내놓았고 질문을 하기 시작했다. "부모님들은 어떠세요?", "잘 지내세요.", "아이들을 곧 가질 거죠?", "아마도요.", "가족을 데리고 이곳에 한번 오실래요?", "물론, 그럴게요." 그런데 그녀는 우리 대답이나 자신의 질문에 별로 관심이 없었다. ─ 뭔가 다른 용무가 있어 용기를 불러일으키고 있는 듯했다. 그것이 우리 눈에 훤히 보여 우리를 불안하게 했다. '언월도로 우리를 토막 내라는 날강도들의 신호를 기다리고 있는 걸까?' 우리 앞에 놓인 네 번째 찻잔 위로 옆방 문에서 흘러나온 아랍 노래가 맴돌 때 이것은 더없이 그럴듯한 추리였다.

그녀는 마침내 결정을 내린 모양이었다. 그녀는 우리 손목을 잡고 말했다. "이제 뒷방으로 한번 가보시죠." 우리는 반발하지 않았다. ─ 우리는 운명에 용감하게 맞설 생각이었다.

돔형 지붕 밑의 뒷방에는 전구 하나가 켜져 방을 밝히고 있었다. 중앙에 오래된 고풍스러운 식탁이 있었는데 아마 전쟁, 폭동, 탄생, 죽음, 약혼, 잠재적인 이단, 불화, 축제, 불륜, 경제 계획과 관련하여 수많은 가족회의가 열렸던 곳이리라. 그런데 옛날 식탁 위에 어떤 기계가 놓여 있었다. 그것은 아이스크림 제조기 / 푸드 프로세서(식품을 잘게 다지거나 자르거나 으깨는 기계 - 옮긴이) / 회전구이 오븐 / 샐러드 썰고 자르는 기계 / 소시지 제조기를 결합시킨 만능 조리기였다. 독일에서 공부하고 있는 그녀의 남동생이 1년 전에 보낸 것으로 그 이후로 손 한번 대보지 않은 채 식탁 위에 놓여 있었다. 아무도 그것을 사용하는 방법을 몰랐고 심지어 어디에 쓰이는지조차 몰랐다.

"두 분은 미국인이시죠. 독일어를 좀 아시면 좋겠는데."

풍부한 설명이 들어 있는 소책자가 있었는데 움라우트(독일어에 표시되는 것 - 옮긴이)와 많은 날카로운 날과 관련된 '주의!'로 가득 차 있었고, 기구의 전기적 내부 구조를 보여주는 수많은 단면도가 있었다. 이웃집 여자들이 하나둘씩 모여들었다. 도대체 정체를 알 수 없는 이 물건이 무엇인지 알기 위해서였다.

단 하나의 콘센트에 꽂혀 있는 냉장고 플러그가 뽑히고 괴물 같은 것이 작동되었다. 독일어, 전기, 소시지 만들기에 대해 아무것도 모르는 우리는, 점점 더 감정을 강하게 드러내는 아이들과 끝없이 나오는 설탕 차에 둘러싸여 오후 내내 그것과 힘겨운 씨름을 했다. 그녀는 부드러운 아이스크림이 만들어지는 것에도, 치킨이 고르게 튀겨지는 것에도, 샐러드가 썰려 그릇에 담기는 것에도, 혹은 감자가 잘리는 것에도 별로 관심을 보이지 않았다. 어느 순간 우리가 칼날을 위험하게 돌리자 갈채가 쏟아졌고, 고깃덩어리를 넣어보라고 하기에 넣었더니 그것이 사정없이 다져졌다. 그런데 우리가 받아낼 그릇을 제 위치에 놓지 않아 다져진 고기가 사방에 뿌려졌다. 그러자 이웃들 사이에 동상처럼 서 있던 주인 여자가 마음에 들어 했다. 모두 그것에 깊은 인상을 받았다. 주인 여자는 고기로 엉망진창이 된 우리 손을 잡고 기쁜 얼굴로 고맙다고 했다. 황혼이 깃들었을 때 우리는 500여 년 전에 그곳에 던져진 잔해 너머로 조심조심 발을 디디며 고대 도시의 구불거리는 골목으로 돌아갔다.

27

한 가지 사건의 세 가지 버전
누가 하이에나를 잡았을까?

라헬에게 힘든 시기가 왔다. 무리에서 가장 늙은 암컷이자 엄마인 나오미가 사라졌다. 틀림없이 포식자들에게 사냥을 당한 것이 분명했다. 라헬은 시무룩하고 울적한 표정을 하고 있었다. 라헬의 친구 이삭이 인근 무리에서 많은 시간을 보내기 시작했는데 이동을 염두에 둔 행동처럼 보였다. 내가 리사에게 이삭이 다른 수컷들과 달리 친구 지향적인 독특한 감성을 가지고 있다고 극찬한 후였다. "지금이 라헬에게 그가 가장 필요한 순간이야. 그런데 인근 무리의 어린 여자애들이나 보러 다니다니!" 리사가 화를 냈다. "자기야, 알겠지만 그는 수컷개코원숭이야. 그렇게 행동하는 게 맞아." 나는 용기를 내어 그를 변호했다. 그는 최종적으로 이동하지 않기로 결정하고 다시 무리로 돌아왔지만 이 모든 일화는 그를 다소 얼빠진 녀석으로 보이게 만들었다.

그래서 우리는 동이 틀 무렵 개코원숭이들이 있는 곳으로 가기 전에 캠프에 앉아서 차를 마시며 이삭의 실망스러운 행동에 대한 이야기를 나누었다. 리처드가 다른 캠프에서 1.5킬로미터 정도 걸어서 우리가 있는 곳으로 왔다. "어때? 밤은 어땠어?", "오늘 아침은 그렇게 춥지 않네요. 잘 잤어요?", "우리는 잘 잤어. 코끼리 소식은 들었어? 차를 좀 줄까?" 뭐 이런 식의 언제나 하는 일상적 대화였다. "우리는 방금 차를 마시고 나갈까 하던 중이야.", "작은 문제가 생겼어요." 리처드가 갑작스럽게 말했다. "정말? 그게 뭔데?"

강 하류로 조금 더 내려가면 관광객들이 2인용 소형 텐트에서 머물 수 있는 캠프가 있었다. 몇몇 마사이 족들이 경비를 서고 요리사 두 명이 단체 급식을 만들었다. 사파리 비용치고는 저렴한 편이었고 비싼 숙소에 묵는 것보다 재미는 한층 더한 곳이었다. 며칠 전에 가장 최근에 들어온 관광객 그룹이 떠난 후 경비들과 요리사들은 다음 관광객 그룹이 들어올 때까지 자리를 지키고 있었다. 그런데 리처드의 말에 따르면, 전날 밤에 하이에나 한 마리가 그곳 요리사 텐트를 찢고 들어가 그를 식사거리로 끌고 나왔고, 요리사와 엄청난 난투극을 벌인 끝에 하이에나가 심하게 다쳐 달아났다는 것이었다.

우리는 흥분과 놀라움으로 자리에서 벌떡 일어났다. "그 사람 괜찮아? 우리가 가봐야 하지 않을까? 바로 차를 타고 약을 갖다주자." 그러자 리처드가 차분하게 말했다. "아뇨. 그러지 않아도 돼요. 그가 지금 이쪽으로 오고 있거든요."

우리는 그 말이 사실인지 확인하기 위해 강을 가로질러 달렸고 정말로 그 요리사가 다리를 절룩이며 캠프 쪽으로 걸어오는 것을 발견했다. 우리는 그에게 달려갔다. 그는 팔과 가슴과 이마를 온통 물어뜯기고 찢긴 상태였다. "세상에! 올드맨 괜찮아요?", "나는 괜찮아요. 밤은 잘 보냈어요? 잘 잤나요? 부모님은 안녕하시고요?" 기이하게도 하이에나에게 물어뜯긴 다급한 사실을 이야기하기에 앞서 다양한 인사 절차를 밟아야 했다.

우리는 그를 캠프로 데려왔다. 우리는 서둘러 움직였다.— 상황을 고려해 모든 의약품을 텐트 밖으로 꺼냈다. 우리는 즉시 그를 태우고 공원 관리 본부로 가서 비행기 왕진 서비스를 이용해 그를 비행기에 태워 병원으로 보내고 싶었다.

"아니, 됐어요. 그렇게까지 심하지는 않아요. 괜찮아질 거예요."

"그렇게 심하지는 않다뇨? 지금 최악이에요. 온통 피투성이에요. 수백 바늘은 족히 꿰매야 할 것 같은데요. 일단 모르핀을 좀 줄게요." 두 번째 차를 마시며 지켜보던 리처드가 아스피린을 좀 주는 것이 어떻겠느냐고 제안했다. "예, 아스피린이 좋을 것 같아요." 그 요리사도 동의했다.

그의 태연함에 우리는 무용지물이 된 것 같은 느낌이 들었고 그의 뜻에 따라 아스피린과 차를 조금 주었다. 차를 조금 마신 후에 그는 덧붙였다. "그런데 다른 것이 있어요. 내 손가락을 다시 붙일 수 있을까요?"

그는 찢긴 천으로 둘둘 말아놓은 것을 가지고 있었는데 추정컨대 잘린 손가락이 들어 있는 것이 분명했다. 그런데 천을 펼치자 손가락이 없었다.

"어, 당신 손가락 어디 있어요?"

그는 주머니를 여기저기 뒤졌다("좋아, 우리 마음 단단히 먹자." 리사와 내가 서로에게 말했다). 그러자 그의 손가락이 비닐봉지에서 나왔다. 비닐봉지에는 소금이 가득 들어 있었다. 고기 보관에 대해 아는 캠프 요리사가 어젯밤에 하이에나를 쫓아낸 후에 전등으로 주변 풀밭을 샅샅이 뒤져 자신의 손가락을 찾아 그렇게 소금을 쳐둔 모양이었다.

우리는 그에게 좋지 않은 소식을 전해야 했다. "미안해요. 우리도 손가락을 붙이는 법은 몰라요." 그는 그것을 담담하게 받아들이고 "괜찮아요. 차를 좀 더 마셔도 될까요?"라며 비닐봉지를 치웠다.

그가 차를 마시며 온몸에서 피를 흘리고 있는 동안 우리는 공원 관리 본부로 데려다줄 테니 비행기를 타고 병원으로 가라고 그를 압박했다. 그는 그럴 필요가 없다고 했다. 우리 캠프로 5킬로미터를 걸어오기 전에 다른 관광 캠프로 먼저 가서 오늘 나이로비로 돌아가는 운전사 친구의 차를 얻어타고 나이로비에 있는 병원으로 가기로 했다는 것이었다. 우리가 그에게 친구와 만나기로 한 캠프에 데려다주겠다고 하자 그는 받아들였다. 하지만 먼저 자신의 캠프로 가서 큰 도시로 가는 여정에 맞게 옷을 먼저 좀 갈아입겠다고 했다.

그곳으로 운전해 가는 동안 우리는 사정을 좀 더 상세히 알게 되었다. 하이에나가 그날 밤에 그가 자는 텐트를 찢고 들어왔고 그를 물었고 그를 먹을 생각으로 밖으로 끌어냈다. 그는 하이에나와 싸웠고 때마침 마사이 족 경비들이 와서 하이에나를 창으로 찔렀다는 것이었다. 우리는 그의 말을 들으면서 점점 더 두려움이 커졌다. 우리가 밤에 평안히 잘 수 있었던 이유는 오직 텐트에 들어가면 동물들에 관한 한 안전하다는 강한 믿음 때문이었다. 우리는 반복해서 우리 자신에게 말했다. "우리가 텐트에 들어가면 동물들은 우리가 없다고 생각해. 동물들은 우리가 어디로 갔는지 알 수 없어. 그들은 '내부성'을 이해하는 피아제 인지 발달 단계에 아직 도달하지 않았거든. 그러니 우리는 안전해." 그런데 지금 그는 하이에나가 텐트를 찢고 들어올 수 있다고 말하고 있는 것이다. 그러니 걱정이 되지 않을 수 없었다.

우리는 그의 캠프에 도착했다. 그가 나들이옷으로 갈아입는 동안 우리는 텐트를 살폈다. 우리는 어리둥절했다. 사실 캠프 여기저기 핏자국이 있었지만 텐트에는 아무 이상이 없었다. 찢어진 곳이 전혀 없었다. 우리는 그에게 자세히 캐묻기 시작했다. 그는 당혹스러워하다가 얼버무리다가 결국 사실을 털어놓았다. 숲에서 10년간 캠프 요리사로 일해서 해야 할 일과 하지 말아야 할 일을 잘 알고 있는데 간밤에는 딱히 설명하기 힘든 이유로 식료품 텐트의 소시지들 사이에서 잠깐 눈을 붙였다. 그리고 똑같이 설명할 수 없는 이유로 식료품 텐트 바닥 부근이 철저히 막혀 있지 않아 호기심 많은 하이에나가 그 틈을 비집고 몰래 들어와 냉장고를 습격했다는 것이었다.

'아하, 그러니까 그가 식료품 텐트에서 자고 있을 때 하이에나가 틈을 비집고 몰래 들어왔고 그를 물어뜯다가 마사이 족 경비들의 창에 도망간 거구나.' 우리는 단속만 잘하면 텐트 안은 안전하다는 믿음이 여전히 유효하다는 데 안도했고 그의 어리석음에 놀랐다.

그러니까 요리사는 제대로 된 텐트에 있지 않았던 것이었다. 하지만 곧 다른 문제가 생겼다. 그는 창을 든 마사이 족 경비들이 무신경하고 말없이 서서 자신을 지켜보는 가운데 옷을 갈아입으러 갔다. ─영웅담의 주역인 두 마사이 족 경비는 우리가 잘 모르는 사람이었다. 그리고 조금 떨어진 곳에 캠프의 또 다른 요리사, 좀 더 젊은 요리사가 있었다. 그 역시 하이에나의 공격을 받은 요리사와 같은 농경 부족 출신이었다. 그는 상당히 불안해하고 있었다. 우리가 마사이 족 경비들과 수다를 떠는 동안 리처드가 그와 이야기를 나누었다. 진실이 드러났다. ─요리사를 구한 사람은 마사이 족 경비들이 아니었다. 그들은 사건이 일어난 시각에 일을 팽개치고 술 마시러 나가 있었다. 요리사를 구하러 달려간 사람은 다름 아닌 두 번째 요리사였다. 그는 하이에나와 요리사가 난투극을 벌이는 곳으로 돌진해 돌로 하이에나의 머리를 내리쳐 그를 쫓아냈다. 마사이 족 경비들은 자신들이 무단이탈했다는 소문이 나서 일자리를 잃을까 두려운 나머지 두 번째 요리사를 위협해 입막음을 했다.

'어떡하지! 우리가 사건의 전말을 알게 되었다는 걸 저 마사이 족 경비들이 아는 게 확실해.' 그래서 우리는 창을 들고 있는 그들 앞에서 그들이 정말 용감한 영웅이고 진정한 전사라고 말하며 비위를 맞추어 주었다. 사태는 그렇게 진정되는 것처럼 보였다. ― 우리는 사실을 말하지 않겠다는 걸 확실히 했다. 다친 요리사는 나이로비로 떠났고 두 번째 요리사는 진정되었고 용감한 전사들은 다시 한잔하러 마을로 갔다. 그리고 우리는 그날 오전 강을 따라 오르내리며 사람들을 만날 때마다 사악한 하이에나를 창으로 찔러 쫓아낸 그들이 얼마나 용감한지에 대해 이야기를 했다.

그러니까 진실은 요리사는 잘못된 텐트에 있었고 마사이 족 경비들은 실제로 거기에서 근무를 서고 있지 않았다는 것이다. 모든 것이 괜찮은 것처럼 보였다. 그런데 그날 오후에 문제가 발생했다. 두 번째 요리사의 돌에 얻어맞은 하이에나가 그곳을 떠나 1.5킬로미터 떨어진 마사이 족 마을에 가서 염소를 죽이고 사람을 공격했다. 누군가가 창으로 그것을 찔러 죽였다. 사람들이 혀를 끌끌 차며 지켜보는 가운데 죽은 하이에나가 마을 한가운데에 놓여 있었는데 창에 찔린 상처가 하나밖에 없었다. '그렇다면 창으로 찔러 쫓아냈다는 이야기는 뭐지?' 늦은 오후에 술 취한 마사이 족 영웅들이 캠프에 돌아와 불쌍한 두 번째 요리사를 다시 한 번 죽이겠다고 협박했다. 이제 새로운 버전의 이야기가 나와야 했다. 그래서 다시 만들어진 이야기는 용감한 두 전사가 전날 밤에 하이에나와 싸우러 들어갔지만 미처 창을 잡지 못해 대신 돌로 하이에나의 머리를 내리쳤다는 것이었다.

우리는 그 후 새로운 버전의 이야기를 전파하며 충실한 한 쌍의 일꾼에 대해 끝없는 찬탄을 늘어놓았다. 그러니까 진실은 요리사는 잘못된 텐트에 있었고 마사이 족 경비들은 실제로 거기에서 근무를 서고 있지 않았다는 것이다. 이런 사실을 숨긴 첫 번째 버전은 효력을 상실했지만 두 번째 버전은 여전히 큰 성공을 거두었고 여전히 모든 것이 괜찮은 것처럼 보였다.

문제는 이틀 후에 발생했다. 우리와 안면이 있는 부시 파일럿이 나이로비에서 날아왔다. 그는 우리에게 가장 최근 신문을 건네주었다. 신문 3쪽에 나이로비 병원에 입원해 있는 요리사의 인터뷰가 실려 있었다. 그는 미소를 지으며 손가락이 잘려나간 손과 봉지를 보여주고 있었다. 추정컨대 병원 직원 중 한 명이 좋은 이야깃거리를 듣고는 약간의 돈을 받고 신문사에 제보했을 것이고 신문사는 기자를 보내 요리사와 인터뷰를 했을 것이다. "캠프 요리사가 야생 동물 보호 구역에서 한 손으로 하이에나와 맞서 싸우다." 이 버전에 따르면 요리사는 자신의 텐트에서 자고 있었고 하이에나가 텐트를 찢고 들어왔다. 다른 요리사와 두 경비는 아예 등장하지조차 않았다. 하이에나와 싸우다 바윗돌을 집어 하이에나를 내리친 사람은 요리사 자신이었다. 1시간도 안 되어 그곳의 모든 사람들이 신문 기사의 내용을 알게 되었다. 심지어 신문이라고는 본 적도 없는 마사이 족들조차 말이다.

그러니까 진실은 요리사는 잘못된 텐트에 있었고 마사이 족 경비들은 실제로 거기에서 근무를 서고 있지 않았다는 것이다. 첫 번째 버전을 개작한 두 번째 버전은 효력을 잃었다. 그런데 간행물 형태로 나온 세 번째 버전은 다른 사람들의 입장과 완전히 배치된 것이었다. 그날 강을 따라 그것을 전하는 사람들의 어조에는 짜증과 분노가 담겨 있었다. 지금까지의 버전은 어쨌든 경비의 체면을 세워준다는 측면에서 참아줄 만했지만 멍청한 요리사가 자신만 주목을 받으려고 모두를 나쁜 사람으로 만들어버린 것이다. 그리고 신문에 실렸기 때문에 나이로비에 있는 관광 회사는 사태를 파악할 것이고 누군가는 질책을 받을 것이다.

며칠 후에 회사는 입장을 발표했다. 놀랍게도 신문 지면을 통해서였는데 다시 보호 구역으로 날아온 부시 파일럿이 그것을 전해주었다. 신문 지면에 실린 글에 의하면 회사는 요리사가 자기네 직원임을 전적으로 부인했고 그에 대한 이야기는 들은 적이 없다고 주장했다. 그리고 그 사람은 단지 마사이 족 마을에서 술 마시고 취해서 그 지역을 지나가던 사람이 틀림없으며, 나중에 비틀거리다가 하이에나의 공격을 받았을 것이라고 주장했다. 요리사는 의료비를 청구하기 위해 자신이 직원이라고 주장했다. 그런데 회사는 그가 자신의 손가락을 일부러 자르고 회사로부터 보험금을 타내기 위해 직원이라고 주장하는 것일지도 모른다며 그런 사기에는 단호하게 대처할 것이라고 했다. 그리고 요리사는 더 이상 일을 하고 있지 않았기 때문에 역설적으로 회사는 특별한 이유 없이 그를 해고했다. 모든 문제가 처리되었고 강을 따라 무성하게 떠돌던 소문은 가라앉았다. — 요리사도 하이에나도 더 이상 존재하지 않았다.

28

마지막 전사들

   덤불숲에서 보낸 첫해에 나는 찌는 듯한 오후를 로다의 오두막에서 보낸 적이 있었다. 아이들 학비로 쓸 돈을 술 마시는 데 쓰는 것을 두고 자신의 권리라고 주장하는 올드맨들과, 로다와 그녀의 친구들이 한판 언쟁을 벌였을 때 나는 어설픈 중재자 노릇을 했었다. 그 이후로 15년이 지난 지금 나는 리사와 함께 마사이 족 의식에 참여했는데 이제는 로다의 승리라고 해도 될 정도로 마사이 족의 많은 것이 바뀌었다. 내가 처음 여기에 왔을 때 가장 가까운 학교가 약 80킬로미터 떨어져 있었다. 이제는 강을 따라가면 아이들 학교가 있었다. 한번은 사이먼 선생님이 한 해의 마지막 수업을 기념하려고 아이들을 데리고 야외 수업을 나왔다. 그는 학교에서 1.5킬로미터 정도를 걸어서 강 건너에 있는 우리 캠프로 아이들을 데리고왔다. 그들은 그날 우리가 다팅한 개코원숭이 닉을 보았다. 모든 아이들(족장의 딸을 제외하면 모두 남자아이들)이 옹기종기 모여 온갖 질문을 했고 닉의 성기와 닉이 똥을 누는 모습을 보고 깔깔거리며 웃었다. 그들은 교복 반바지와 셔츠를 입고 있었다. 나는 그들에게 어떻게 채혈하는지 시범을 보였고 리사는 원심 분리기 작동을 보여주었다. 그들은 많은 질문을 했다. ─"개코원숭이는 인간과 짝짓기를 할 수 있나요?", "그들도 언어가 있나요?", "그들은 자기 종족이 죽으면 먹나요?" 마지막으로 사이먼 선생님은 아이들에게 용기를 주는 말을 했다. ─ 열심히 공부하여 한 학년을 마치는 것을 칭찬했고 언젠가 개코원숭이를 연구하는 일에 종사할 수 있도록 학업에 매진할 것을 독려했다. 그들은 매력적이었고 예의 바르게 행동했으며 떠날 때 고마움과 감사의 뜻을 표시했다. ─ 그것은 그들이 한 해 수업을 마감하는 매우 좋은 방법이었다. 나는 그들과 함께해서 기뻤다. 그러나 그 이후에 나는 적잖이 울적했다.

로다가 술에 취한 시동생인 세레레를 때려눕히고 아이들 교육 문제로 심하게 다투었던 그 시즌에 아이들의 형들이 전사가 되는 날 나는 그들의 전사 의식에 참여했었다. 마사이 족 남자아이들은 열두 살 정도까지는 들판을 돌아다니며 소들과 염소들을 돌보고 새들을 사냥하고 벌꿀을 채취하며 보낸다. 그런 다음 수년간 준비 기간을 거쳐 전사의 시기로 들어가는데 그 기간은 대략 10년 정도이다. 그것은 공동생활 기간이다. 전사들은 별개의 거주지에서 생활하며 매일 함께 식사한다. 전사로서 몇 년간 공동체에 대한 봉사를 마쳐야만 그들은 어른이 될 수 있다. ─ 어른이 된다는 것은 스물다섯 남짓한 나이에 대개 열네 살 정도 되는 첫 아내와 결혼하여 가정을 꾸리고 아이를 낳는 것이다. 그리고 오늘날의 전사들은 옛날에 비해 형편없다고 불평하는 것이다.

따라서 전사 의식에는 전사를 마감하는 그룹과 시작하는 그룹이 같이 참여했다. 마을 사람들은 며칠 동안 먹고 마시며 향연을 벌였다. 곧 자랄 긴 전사 머리를 상징하는 새 머리 깃털 장식을 단 미래의 전사들은 무아지경으로 춤을 추었다. 그들은 동물 가죽과 황토로 치장한 연장자들이 이룬 원 안에서 함성을 지르고, 창을 던지고, 1950년대 남자 가수들이 내는 소리 같은 가성의 선창에 이어 굵은 목소리로 후렴을 합창하고, 춤추고, 구호를 외쳤다. 그것을 지켜보고 있자니 여덟 살때 유대 교회에서 열리는 유대 인 신년 기도회에 처음으로 혼자 갔을 때와 같은 불안감이 느껴졌다. 그때 나는 행사에서 무슨 일이 일어날지 알지 못했다. 노인들은 내가 영광을 누려야 한다고 했다.—그것은 노아의 방주에서 율법을 꺼낼 수 있도록 커튼을 여는 것이었다. 그런데 나는 언제 그것을 해야 하는지, 어느 쪽에 커튼을 여는 줄이 있는지 알지 못했다. 혹은 해야 할 말이 있는지, 혹은 내가 왜 이것에 대해 아무 것도 모르는지 알지 못했다. 내가 울음을 터뜨리며 도망가기 일보 직전에 한 노인이 내 손을 잡더니 나를 데리고 노아의 방주까지 걸어가 나와 함께 커튼을 여는 줄을 당기고는 내게 잘했다고 말했다. 그리고 모든 노인들이 나와 엄숙하게 악수를 했다. 나는 머리가 어지러울 정도로 기뻤다. 그런데 바로 이 순간이 그랬다. 나는 무슨 일이 일어날지, 내게 기대되는 것이 무엇인지, 허락되는 것이 무엇인지, 마사이 족들과 어울려 무엇을 해야 하는지 알지 못해 불안했다. 내가 양해를 구하고 캠프로 돌아가려고 하는 찰나에 유대 교회의 노인이 그랬던 것처럼 올드 맨 한 명이 내 손목을 잡고 원 안으로 데려갔다. 그들과 춤추는 동안 내가 어떤 것을 해도 그들이 즐거워하고 웃고 환영하고 찬사를 보낼 것이 분명했다. 우리는 하루가 끝날 때까지 춤추고 놀았다. 그 이후에 몇 주 동안 나는 마사이 족이 된 것 같았고 전사 세대가 내 아이들인 것 같은 생각이 들었다.

그런데 그 이후로 그런 의식은 더 이상 행해지지 않았다. 마사이 족 땅에 위기가 닥쳤다. 정부에서 전사를 법으로 금지한 것이다.

내 말의 의미를 오해하지 않기를 바란다. 문화 정체(停滯)와 살아 있는 박물관에 찬사를 보내는 것이 아니다. 이 논리를 확장하면 나는 과거로 돌아가 폴란드 유대 인 마을에서 닭 잡는 기술이 좋다는 이유로 선택된 여자와 중매결혼을 하고 신발을 수선하며 살아야 할 것이다. 이것은 내가 바라는 바가 아니다.

더 나아가 나는 전사의 소멸을 진심으로 애석해할 수가 없다. 왜냐하면 그들은 골칫거리이기 때문이다. 이곳에 처음 온 해에 나는 마사이 족 마을에서 좀 떨어진 산지에서 살았고 평원에 사는 마사이 족들은 가끔 내 캠프를 들르는 방문객일 뿐이었다. 첫해에 그들은 근사했다. 나는 내가 더도 덜도 말고 소 피와 우유를 마시고 소에 대한 수많은 단어를 아는 마사이 족이기를 바랐다. 소이로와가 내게 창을 주었고 나는 손에 피가 날 때까지 그것을 던지는 연습을 했다. 나는 캠프 옆에 놓인 낡은 타이어에 창을 내리꽂곤 했다. 그리고 누군가에게 들판을 가로질러 타이어를 굴리게 하고는 빠르게 굴러가는 타이어를 창으로 찌르곤 했다. 나는 매일같이 몸은 더 깡말라갔고 키가 더 커지고 피부색이 점점 더 검어졌다.

하지만 내가 국립 공원 경계선을 따라 자리 잡은 마사이 족 마을과 더 가까운 평원으로 캠프를 옮긴 뒤 그들에 대한 내 감정은 애증이 교차하는 쪽으로 바뀌었다. 로다와 소이로와는 가까운 친구가 되었고 마을과의 관계는 좋았다. 하지만 좀 더 일반적으로 나는 아프리카의 모든 농경 부족이 수백 년 동안 직면한 문제를 발견하게 되었다. —그들에게 키가 크고 호리호리한 마사이 족은 골칫덩이였다. 딩카 족, 누에

르 족, 와투시 족 그리고 줄루 족처럼 마사이 족은 소 떼를 몰고 아프리카 대륙을 휘젓고다니며 부분적으로 유랑에 성공했다. 약탈주의적 군국주의 때문이었다. 태고 이래로 칭송을 받아온 전사들이 농경 부족을 습격해 약탈하고 강탈하고 부녀자들을 납치했다. 마사이 족은 지구상에 있는 모든 소가 자신들 것이며 소가 다른 사람의 손에 있는 것은 부주의로 그렇게 된 것이라고 믿었다. — 전사들이 해야 하는 일은 바로 이런 잘못을 바로잡는 것이었다. 따라서 공동체를 위한 전사들의 봉사는 다른 존재들을 공포스럽게 하는 것이었다. 그것이 끔찍한 화로 이어질 때도 있었다. — 리처드와 삼웰리의 할아버지는 불과 10년 전에 마을에서 마사이 족의 습격을 받아 그들의 창에 찔려 죽었다. 그것만이 아니었다. 관행적으로 이루어지는 부족 간의 전투와는 별개로 때로 그들이 하는 짓이 폭력배나 깡패들이 하는 짓과 다르지 않았다. — 리처드가 나를 위해 일한 지 한 달도 안 되었을 때 그는 마사이 족 전사들에게 사소한 일로 폭행을 당했고 망원경이 박살 났다. 전사들은 내 캠프로 와서 내가 가진 물건들을 살펴보고는 선물로 요구하며 나로 하여금 창을 들고 있는 남자들에게 "싫어!"를 외치게 만들었다. 사소한 좀도둑질과 위협은 예사였다. 관광 캠프에서 그것에 대한 방지책으로 강구한 것은 이전부터 내려오는 보호 방식이었다. — 마사이 족을 야간 경비원으로 고용하는 것이었다. 그렇게 하지 않으면 마사이 족들이 캠프를 습격할지도 모르기 때문이었다.

대부분의 개발 도상국이 서구 문화의 가장 저속한 최소 공통분모를 모방하는 데 굴복했다. 반면 이 부족을 비롯한 유목 부족들이 아름다움과 위풍당당함을 유지할 수 있었던 것은 수백 년 동안 이민족의 침략을 받았으면서도 그들의 문화에 동화되지 않고 자신들의 문화를 지킬 수 있는 능력이 있었기 때문이었다. 그리고 내가 보기에 다른 문화에 대한 그런 면역성의 전제 조건은 마사이 족이 아닌 존재에 대한 경멸이다.

그러나 이들 외에 케냐의 나머지 부족, 대다수 농경 부족은 번개 같은 속도로 변화하고 있었다. — 현금, 학교, 서구식 옷, 시계, 텔레비전 수리 학교, 텔레비전 위성 중계국, 아이스크림, 충치의 위험에 대한 포스터 등을 어렵지 않게 볼 수 있었다. 나이로비의 어떤 빈틈없는 최신식 사업가가 조상 대대로 내려오는 농장에서 살고 있는 가족을 방문해 이제 마사이 족의 습격에서 해방되었다고 크게 소리치는 장면을 한번 상상해보라.

마사이 족 전사들이 창을 들고 소를 되찾기 위해 탄자니아로 달려간 지 얼마 되지 않아 케냐 의회에서 놀라운 일이 일어났다. 그곳에 있던 농경 부족 출신 정부 관료들이 경찰과 군대와 모든 기관의 엄호를 받으며 자신들의 조상들이 화살을 가지고 해내지 못한 일을 해냈다. 그 일은 문화적 제국주의가 도를 넘었던 영국인들조차 꿈꾸지 못한 일이었다. — 그들은 더 이상 전사가 없어야 한다는 문서에 서명했다. 머리를 황토로 칠하거나 창을 들고 다니면 감옥에 잡혀가거나 모차르트 가발을 쓴 농경 부족 출신 치안 판사로부터 벌금형을 받을 수 있었다.

나는 이 모든 일에 만감이 교차함을 느낀다. 나는 이제는 위협적인 실체가 아니라 점점 기억 속의 존재가 되어가고 있는 전사들에 대한 기억에 매력을 느낀다. 하지만 내 눈에는 다른 사람들이 그것의 종식을 얼마나 바라는지가 보인다. 어쩌면 그들은 전사를 유지했어야 했고 그 에너지가 자연스럽게 흘러갈 수 있도록 마사이 족 올림픽 제도를 도입했어야 했다. 나는 어느 책에선가 그런 경기가 뉴기니의 헤드헌터(자신들이 죽인 사람들의 머리를 모으는 종족 - 옮긴이)들에게 다소 성공적이었고 그들을 더 좋은 이웃으로 변화시켰다는 것을 읽은 적이 있다. 내게 가장 충격적인 것은 모두가 이 법령에 빠르게 순응한다는 것이었다. 어린 학생들이 내 캠프에 와서 닉의 성기를 보고 낄낄거릴 때 전사는 사라지고 있었다. 그때 내가 아이들에게 크면 숲으로 사자를 잡으러 갈 것인지 묻자 아이들은 냉소적으로 코웃음을 쳤다.

물론 모두가 순응한 것은 아니었다. 남자아이들을 납치해서 숲으로 데려가 비밀리에 전사로 키우는 올드맨들이 있었다. 마사이 족 땅의 당면 과제는 그들을 어떻게 해야 할 것인가 하는 것이다. 누구나 그것을 알지만 아무도 입 밖에 내지 않는다. 숲 속 남자들이 당혹스러운 존재인지 아니면 자부심의 원천인지, 마지막 발악인지 아니면 저항의 시작인지를 추측하는 것은 불가능하다.

어린 학생들의 방문이 있은 지 약 한 달이 지났을 때였다. 캠프에서 리사와 나는 다팅한 여호수아에 관한 작업을 하고 있었고 우리가 좋아하는 마사이 족 아이들 중 한 명이 옆에서 놀고 있었다. 내가 수년간 자라는 것을 보아온 아이로 약 열두 살 정도였다. 그는 머리를 빡빡 깎은 상태였고 마사이 족의 늘어진 귓불이 접혀 있었다. 마치 늘어진 것을 숨기려는 듯이 말이다. 그 아이는 마사이 족 망토 아래로 학교 반바지를 입고 있었다. 리사가 원심 분리기를 돌렸을 때 그가 스와힐리 어로 말했다. "새들이 잠에서 깨어나요." 이것은 비행기 엔진이 활기차게 움직인다는 뜻의 숙어였다. — 원심 분리기가 돌아가는 소리를 두고 한 말이었다. '비행기 엔진을 어떻게 알지?' 그는 우리가 준 비누 거품과 풍선을 가지고 놀았다. 그리고 소들을 데리고 집으로 돌아갈 때가 되

417

었다. 우리는 그가 강을 건너 캠프 너머 들판 쪽으로 가는 것을 바라보았다. 그런데 어디선가 느닷없이 전사 무리가 나타났다. 그들은 황토를 바른 긴 머리에 창을 든 무서운 녀석들이었다. 소년은 달아나기 시작했지만 그들은 쉽게 그를 쫓아갔다. 그는 몸부림을 쳤다. 그들은 그를 붙잡아 번쩍 들어올렸다. 그는 머리를 맞아 의식을 잃을 정도로 제압당할 때까지 마구 몸부림을 쳤다. 그는 그렇게 끌려갔다. 우리는 지평선 위에 있는 그들을 보았다. 아른거리는 아지랑이 때문에 그를 훈련시키려고 데려가는 그들의 대꼬챙이 같은 다리가 평소에 덤불숲에서 달릴 때보다 훨씬 더 길고 낯설어 보였다. 그 이후로 우리는 두 번 다시 그 아이를 보지 못했다.

29

전염병

올레멜레포의 비극

나는 개코원숭이들과 보내는 시즌 중 짬을 내어 다른 국립 공원에서 연구하는 연구가들을 방문했다. 나는 개코원숭이 연구가들, 생태학 연구가들, 코끼리 연구가들을 돌아가며 만났다. 나는 코끼리에 대해 잘 모르지만 코끼리는 영감을 주고 감동을 주는 존재이다. 코끼리 학자들의 헌신이 그런 것처럼 말이다. 대부분의 영장류학자들이 그렇듯이 그들도 자신이 연구하는 동물에 집착하는 것으로 유명하다. 코끼리가 어떤 존재인지를 고려해보면 이해할 만하다.―크고 영리한 동물인 코끼리는 약 80년을 살면서 복잡한 가족 관계를 맺고 가족들을 애정으로 보살핀다. 내가 코끼리 연구가들을 방문했을 때 그들은 야생 생물학자라면 즉시 공감하는 괴로운 일주일을 보내고 있었다. 그들의 최고 연구 대상이며 그들이 가장 사랑하는 코끼리 한 마리가 행방불명이 된 것이었다.―7개월짜리 새끼를 둔 암컷 우두머리였다. 그들은, 공황 상태에 빠져 쇠약해지는 새끼 때문에 며칠 동안 정신없이 사방으로 그 코끼리를 찾아다니고 있는 중이었다. 우리는 조바심을 쳤다. 나쁜 시나리오가 상상이 되었다.

며칠 후 우리는 행방불명된 코끼리의 시체를 찾았다. 수색은 그렇게 어렵지 않았다. 그 코끼리는 큰 관광 숙소에 딸린 쓰레기 하치장에서 300미터 정도 떨어진 지점에 죽어 있었다. 그 코끼리는 상당한 양의 쓰레기를 먹고 그곳을 떠났고 쓰러졌고 죽었다. ─ 과일과 채소 남은 것, 주된 유인 물질인 다양한 탄수화물 음식 덩어리를 먹은 것이 틀림없었다. 독수리들이 코끼리 연구가들이 몇 년간 알고 있던 존재의 형체를 바꾸어놓았다. ─ 두개골이 드러나 있었고 장기 대부분이 뜯어먹혀 있었다. 위와 장은 이미 뜯겨나갔고 내용물이 몸통 주변 3미터까지 여기저기 흩어져 있었다. 풀과 잎의 작은 언덕이 거의 코끼리 똥으로 변해 있었다. 그 코끼리의 죽음의 원인은 쓰레기 하치장의 깨진 유리 조각, 깨진 탄산음료 병, 병뚜껑을 포함한 금속 조각이었다. 코끼리 연구가들은 숙소 쓰레기 하치장에 울타리를 만들어 코끼리들이 접근하지 못하게 해달라고 수개월 동안 간청했지만 숙소는 아랑곳하지 않았고 관리인들에게 조치를 지시하지 않았다. 내가 공원을 떠날 때 새끼의 운명은 불분명했다.

연구가들이나 공원의 이름을 말하고 싶지는 않다. 숙소와 그 소유주의 이름을 언급한다고 해서 그들이 미래에 책임 있는 행동을 하게 될지 확신이 없다. 그런 비극이 반복되는 것을 피하기 위한 최고의 전략이 무엇인지는 코끼리 연구가들에게 맡겨둘 것이다. 하지만 이제 나의 개코원숭이들이 어떻게 종말을 맞이했는지 말할 때가 되었다고 생각한다. 나는 이 책을 쓰면서 처음부터 끝까지 글쓰기 스타일에 주의를 기울였고, 어느 정도 이야기 형태를 갖추려고 노력했다. 그러나 이제부터는 그렇게 하지 않을 것이다. 통상적이지 않고 이야기 형태를 고려하지 않는 방식으로 풀어놓을 것이다. 분명히 악인들이 있었지만 그렇다고 죽일 정도로 사악한 인간들은 아니었다. 마지막 결전은 없었다. 지금부터 시작되는 이야기는 일부러 공을 들여 균형을 잡은 일련의 사건이 아니고 이야기하는 방식에 특별한 기교가 들어 있지도 않다.

내가 주로 혼자 지내던 시즌이 있었다. ─ 그해에는 리사가 직업적인 일로 발목이 잡혀 미국에 남아 있어야 했다. 리처드는 대가족이 있는 고향으로 돌아가 있었고 허드슨은 여전히 다른 곳에서 이루어지는 개코원숭이 프로젝트에 참여하고 있었다. 소이로와, 하이에나 연구가 로렌스, 로다, 삼웰리는 주변 어딘가에 있었다. 하지만 나는 주로 혼자였다.

이전 몇 년간 나는 올레멜레포 숙소에 가는 것을 피했다. 그곳은 리처드가 묵는 숙소가 아니었다. 그가 묵는 곳은 5킬로미터 정도 떨어진 강 굽이에 외따로 세워진 작은 텐트 캠프였다. 올레멜레포는 일종의 '소도시'로 보호 구역 내에 있는 가장 큰 숙소 중의 하나였고 상당한 면적을 차지하고 있었다. 몇백 명의 관광객을 수용할 수 있었고 많은 고용인과 그와 관련된 사람들이 족히 그 3배는 되었다. ─ 직원들, 배우자들, 아이들, 아이들 선생님들, 간호사들, 매춘부들, 관리인들, 일자리를 찾아온 끝없는 사촌들과 조카들 말이다. 그곳으로 간 첫해인 1978년에 나는 그곳에서 많은 시간을 보냈다. 내 편지가 그곳으로 오다보니 그곳은 자연스럽게 내 삶의 정서적인 중심지가 되었다. 언제나 성공적인 것은 아니었지만 그곳에서 관광객들에게 식사 한끼 정도 얻어먹으면서 시간을 보낼 때도 있었다. 그리고 그곳 직원들을 모두 알아가고 그곳 단골이 되어가면서 직원 숙소에서 편안하게 차를 한잔 마시는 독특한 즐거움을 누리기도 했다. 그런데 해가 가면서 정말 단골이 되었을 때에는 이런 매력이 사라졌다. 내가 그곳에 갈 때마다 온통 돈 빌려달라는 얘기, 그들이 사달라는 물건을 미국에서 가져왔는지 알고 싶다는 얘기, 60킬로미터 떨어진 자기네 마을에서 열리는 중요한 행사에 지금 즉시 차로 데려다달라는 얘기, 내 시계와 청바지를 팔라는 얘기뿐이었다. 뿐만 아니라 운전을 가르쳐달라, 남동생 일자리를 구해달라, 내 대학교에서 장학금을 받게 해달라는 온갖 부탁이 문전성시를 이루었다. 그곳의 심각한 경제적 궁핍을 고려하면 충분히 이해할 만한 일이었지만 얼마 후에 매력이 사라져 그곳에 가는 걸 피하게 되었다.

그래서 내가 며칠간 그곳에 가지 않고 미적거리고 있었을 때 관광용 열기구 조종사가 자신의 집 뒤쪽에 아픈 개코원숭이가 한 마리 있다고 갑작스럽게 말했다. 나는 해야 할 일이 있었다. 나는 올레멜레포에서 아픈 개코원숭이를 찾아다니며 시간을 보내고 싶지 않았다. ― 어느 날 밤에 나는 그것이 개코원숭이가 아니라 재채기를 한 얼룩말인데 그가 잘못 알았을 수도 있다고 여겼다. 하지만 그가 일주일 동안 세 번 도로 위에서 내 차를 멈춰세우고 말했을 때 한번 확인해보기로 결정했다.

그날 늦게 그는 나를 자신의 집 뒤로 안내했다. 개코원숭이 한 마리가 며칠 동안 그곳의 벽과 디젤 탱크 사이에 숨어 계속 기침을 하고 있다는 것이었다. 나는 줄지어 선 탱크의 각각의 끝을 살펴보았지만 그것의 모습은 보이지 않았고 가끔씩 마르고 미약한 기침 소리만 들렸다. 마침내 나는 두 탱크 사이를 간신히 비집고 들어가 몇 걸음 앞에 있는 암컷을 발견했다.

그 암컷은 내 캠프 주변의 개코원숭이들과 가까이에 살고 그 활동 무대가 숙소 주변을 아우르는 무리 출신이었다. 나는 그 무리에 속한 몇 마리를 알고 있었지만 그 암컷은 안면이 없었다. 설사 내가 그 무리의 구성원들을 잘 알고 있었다고 해도 그 암컷은 분명하게 인지할 수 없는 상태가 되어 있었다. 외모가 완전히 변해 있었다. 거의 뼈만 앙상한 채 피골이 상접해 있었고 털이 듬성듬성 빠져 있었으며 온몸에 상당한 괴저성 병변을 가지고 있었다. 그리고 눈은 크고 벌개져 있었다. 우리는 가까운 거리에서 서로를 응시했다. 문득 그녀가 의식이 혼미한 상태인 것 같다는 생각이 들었다. 그녀는 멍한 시선으로 나를 쳐다보고 있는 듯했지만 가끔씩 내가 있는 것을 처음으로 인지한 것처럼 움찔하곤 했다. 그녀는 조금 긴장했고 깜짝 놀라 고개를 뒤로 젖혔다. 그녀는 뭔가를 할 수 있는 힘이 없어 보였다. 그리고 그녀는 기침을 하면서 다시 시선의 초점을 잃었다.

나는 그녀를 다팅하기로 결정했다. ─ 일단 검사를 하면 그런 일에 대해 내가 가지고 있는 가장 기초적인 지식으로 그녀의 병에 대해 이해할 수 있는지 알아볼 수 있을 것이다. 또한 실제로 뭔가를 알고 있을 수도 있는 야생 동물 수의사를 위해 피, 침, 점액 같은 다양한 샘플을 모을 것이다.

나는 그곳의 공간이 좁아서 블로건을 사용하는 대신에 손으로 마취 주사를 놓기로 결정했다. 하지만 그녀가 매우 경계하며 계속 움직여서 주사를 놓기가 쉽지 않았다. 내가 힘겹게 비집고 들어가 주사를 놓을 만하면 그녀가 힘겹게 내게서 도망가는 바람에 한동안 지체되었다. 사실 나는 그녀를 붙잡아 직접 주사를 놓으려 하기보다는 블로건을 사용하기 위해 그녀를 탱크 밖으로 몰고 있었다. ─ 나는 자칫 잘못하여 그녀가 날 물까봐, 그래서 그날 밤에 내가 괴사가 되고 정신이 혼미해질까봐 걱정되었던 것이다. 나는 그녀가 피를 토하는 것에 주목했다.

그녀가 열린 공간으로 나왔을 때 나는 블로건을 준비했다. 점점 더 불어나는 직원들이 멍하니 바라보고 있었다. 이것은 세상에서 내가 가장 원치 않는 것이었다. ─군중들이 그 암컷이나 나를 짓밟아버리고 싶은 열망에 사로잡힌 것 같았다. 그리고 그 암컷이 걸린 병이 무엇인지 몰라도 전염성이 있을 수도 있었다.

나는 가까운 거리에서 단조롭고 멍한 시선의 그녀를 다팅했다. 그녀는 몇 발 걸었다. 나는 그녀의 한쪽 손 역시 괴사되어 있다는 데 주목했다. 그녀는 내가 수술복을 입고 장갑을 끼고 마스크를 하는 동안 조용히 쓰러졌다. 그녀의 맥박과 숨소리는 극도로 약했고 체온은 40.5도였다. 그녀는 내가 혈액 샘플 채취를 위해 진공 채혈기를 준비하고 있었을 때 죽었다.

나는 이 일이 떠들썩하게 알려지지 않기를 원했다. 나는 "그녀가 따뜻함을 유지할 수 있도록 한다."라는 명목으로 그녀를 덮은 다음 검사를 위해 그녀를 내 캠프로 데려가겠다고 말하고는 재빨리 그곳을 떠났다.

하이에나 연구가 로렌스가 캠프에 왔다. 그는 예정된 부검에 재빨리 동참했다. 솔직히 고백하건대, 우리는 부검을 한다는 것에 대해 기쁨과 기대감을 느꼈다. 나는 죽은 동물이 역겹기는 하지만 생물학자라면 누구든지 죽은 동물에 기본적으로 흥미가 있다. 생물학자들은 죽은 동물의 가죽을 벗기고 해부하고 근육이 어떻게 작용하는지 연구한다. 두개골은 전시를 위해 깨끗이 닦아놓고 골격은 서로 맞추어놓는다. 그들은 반사적으로 할 수 있을 정도가 될 때까지 죽은 동물로 새로운 유형의 수술을 연습한다. 그리고 이번 경우처럼 미스터리인 경우에는 과학적인 수수께끼를 푼다는 점에서 더욱 흥미롭다.

우리는 신중하고 그럴듯한 과학자들처럼 행동하기로 결정했다. 부검에 앞서 기본 원칙을 정했다. 우리에겐 몇 권의 의학 서적이 있었다. 특이하지 않은 열이나 위장염의 원인을 알아낼 때 참조하기 위한 것이었다. 하지만 우리는 먼저 책을 보지 않기로 결정했다. 먼저 완전히 해부를 하고 세부적인 기술을 하고 어떤 병인지 추측하고 그 후에 의학 서적과 맞춰보기로 했다. 선입견 때문에 관찰한 것을 책에 있는 이론에 꿰맞추지 않도록 말이다.

우리는 우리가 가지고 있는 것 중 가장 알맞은 도구인 맥가이버 칼로 개복했다. 배 속이 역겨운 액체로 가득 차 있었다. 잠깐 덧붙이자면 나는 병리학자가 아니다. ─ 그렇다보니 정말 역겨워 보였다. 우리는 장기를 절개하기 시작했다. 대개 이런 작업을 할 때는 매우 모순적이고 또 공격적인 냄새가 난다. 보통 내장에서는 똥 같은 악취가 난다. 그 악취가 너무 강하고 끈적거려서 똥이 눈꺼풀에 묻어 있는 것이 틀림없다는 확신이 들 정도이다. 하지만 놀랍게도 위에서는 언제나 싱싱한 채소로 갓 만든 샐러드 냄새가 난다. ─ 위벽을 감싸고 있는 잎과 풀과 과일의 향기로운 덮개와 위산이 조화를 이루어 비네그레트 드레싱(식초에 갖가지 허브를 넣어 만든 샐러드용 드레싱 - 옮긴이)을 만들어내는 것 같다.

위는 언제나 좋은 냄새가 난다. 그런데 이번만은 예외였다. ─ 어머니인 대지의 샐러드 냄새도 없었고 내장의 심한 악취도 없었다. 그녀는 며칠 동안 먹은 것이 없었다.

내장에도 위에도 간에도 췌장에도 그 안쪽에 온통 짙은 색의 작은 혹이 달려 있었다. 우리는 사타구니까지 절개했는데 림프샘 안쪽에도 혹이 있었다. 그것들은 딱딱했고 촘촘했다. 병리학자들이 흔히 하듯이 음식에 비유를 하자면 마치 수박씨를 닮았다는 생각이 문득 들었다. 어쩌면 그녀가 수박씨를 너무 많이 먹었을지도 모른다고 우리는 씁쓸한 이론을 내놓았다. 우리는 이렇게 대화를 이어갔다. "림프샘에 씨가 있다는 데 주목하시오. 어떻게 그곳에 들어갔을까요? 헤르 박사?", "이소성(異所性) 수박씨 환자임이 분명하오('이소성'이라는 말은 잘못된 곳에 있는 것을 기술할 때 쓰는 용어이다. 만약 이마에서 여섯 개의 손가락이 자라면 그것을 처음 기술하는 학자는 '이소성 다지증'이라고 부를 것이다.).", "하지만 존경하는 박사, 수박씨가 어디서 왔죠? 이곳에서는 수박이 전혀 자라지 않는데 말이오?", "오, 나는 그녀가 특발성(特發性) 이소성 수박씨 환자라고 진단하오('특발성 이소성 수박씨'라는 말은 잘못된 곳에 수박씨가 있는 이유는 신만 알 뿐 아무도 모른다는 뜻이다.)." 이 사례는 이렇게 종결되었다. 우리는 흥미로운 시간을 보냈다.

우리는 혹을 몇 개 갈라보았다. 안쪽에 가루 같기도 한 옅은 색의 과립이 있었다. 우리는 조심스럽게 기록했고 그 이상은 생각할 수가 없었다. 나는 모든 것을 그림으로 그리기 시작했다. ─ 내장과 위 속에 있는 혹들을 그림으로 그려보면 마치 결합 조직의 면사포에 구슬 같은 스팽글이 달린 것 같았다. 우리는 내부를 샅샅이 뒤졌고 척추뼈 두 곳을 잘랐다. 척수에서도 마찬가지로 혹이 있었다. ─ 중추 신경계가 감염되어 있었다. 우리는 다른 장갑을 꼈다. 태양 아래서 마스크를 쓰고 해부를 하다보니 정말 끔찍할 정도로 더웠다. 또한 그녀에게서 악취가 풍기기 시작했는데, 특히 괴저성 손에서 나는 냄새가 심했다.

우리는 흉부를 열기 시작했다. 피부를 절개하고 로렌스의 자동 기계 도구 상자에 있는 기구로 흉곽을 자르기 시작했다. 정상적인 경우 횡경막을 자르고 흉곽을 들어올리면 마법처럼 뚝 떨어지며 그 아래에 부드러운 한 쌍의 폐와 심장이 나타난다. 그런데 우리가 횡경막을 잘랐지만 흉곽이 떨어지지 않았다. 우리는 여러 각도에서 잡아당겼지만 소용이 없었고 폐가 횡경막과 흉곽과 심장에 완전히 붙은 것을 알게 되었다.

이것은 뭔가 잘못되어도 한참 잘못된 것이었다. 우리는 흉곽 아래를 조금 더 자르고 조금 더 세게 잡아당겼다. 갑자기 그것이 퍽 하고 떨어졌는데 그 안에는 폐가 온통 엉겨붙어 있었다.

우리는 뒷걸음질을 치며 물러났다. "젠장, 빌어먹을!" 액체가 사방에서 스며나왔다. 그것은 걸죽하고 우윳빛이고 역한 냄새가 나고 섬유질로 되어 있고 얼룩이 있었고 그 속에 미세한 조각 같은 것이 있었다. 만약에 지옥에서 목이 말라 피와 체리가 들어 있는 아이스크림 소다를 주문하면 딱 이런 것이 나올 것이다. 그리고 우리는 깨달았다. ─ 이것이 폐에서 스며나온 액체가 아니라 폐 그 자체가 점점 녹아 없어지고 있는 모습이라는 것을 말이다. 폐의 아래쪽 엽은 이미 녹아 없어진 상태였다.

우리의 허세는 사라졌다. 우리는 잠시 멈칫거리다가 곧 다시 용기를 내어 남아 있는 폐를 검사했다. 혹이 없는 곳이 없었다. 흉부벽 속에도, 기관 속에도, 기관지 림프샘 속에도 있었다. 하지만 폐는 혹 그 자체였다. 또한 얼룩, 출혈, 고름이 여기저기 있었고, 안쪽이 파열되어 있었고, 폐가 계속 녹아 없어지고 있었다. 결국 우리는 그것을 만져보았다. 폐가 앙상했다. 어쩌면 앙상하다는 말조차 어울리지 않았다. 폐에는 일종의 연골로 된 상부 구조와 바위처럼 단단한 부분, 딱딱한 달걀 껍질 같은 부분이 있었다. 그때 달걀 껍질 같은 부분이 터지면서 폐의 더 많은 부분이 액체로 흘렀다. 이것은 요구르트를 먹다가 그 속에서 뼈를 골라내는 것만큼이나 잘못된 것이었다. 우리는 해부하고 절개하고 만져보고 긁어보기 시작했다. 어디에도 전혀 연결되어 있지 않은 연골 형태의 덩어리가 있었다. 하얀 부분도, 검은 부분도, 출혈성 붉은 부분도, 노르스름한 부분도 있었다. 그리고 단단한 구형도 있었다. 이것이 부풀어터지면 노랗고 걸죽한 액체가 흘러나왔고 가운데 회색 가루 같은 것이

들어 있는 작고 부드럽고 응고된 혈액 알맹이가 남았다. 내부 층이 정반대로 보이는 구형도 있었다. 남아 있는 폐는 모든 것에 달라붙어 있어 더 이상 엽이라고 정의할 수도 없는 상태였다. 기관지는 혈액과 가래 덩어리로 꽉 막혀 있었다. 그것은 엉망이었다. 우리는 기록하고 그림으로 남겼지만 우리가 무엇을 하고 있는지 몰랐다. 결국 우리는 해부를 종료하기로 결정했고 그녀를 들판 한쪽 끝에 묻어주었다. 그리고 수술복을 캠프에서 멀리 떨어져 있는 나무에 걸어놓았고, 수술에 사용한 칼을 그 나무의 구부러진 부분 안쪽에 넣어놓았다.

'결핵'이라는 말이 처음으로 로렌스의 입에서 나왔다. 일단 우리는 손을 씻은 다음 의학 서적을 펼치고 비교 검토해보았다. 결핵 말기 단계의 기술과 완벽하게 일치했다. 실험실에 구금된 영장류를 연구하는 사람은 결핵을 발견하면 소름이 돋는다. 처음에 영장류 센터에 들어가려면 반드시 결핵 검사를 거쳐야 한다. 결핵이 발생하는 것은 그만큼 두렵다. 이 질병은 우리에서 우리로 방에서 방으로 번져나가며 집단을 전멸시키는 것이다. 그것은 한스 카스토르프(토마스 만의 소설 「마의 산」의 주인공 - 옮긴이)처럼 몇 년간 요양 치료하면서 장황한 철학적 사유를 기록할 수 있는 인간 결핵의 경우와는 달랐다. 그것은 영장류 실험실을 괴멸시켜 버린다. 그런데 그것이 야생의 영장류 개체군 사이에서도 그렇게 빠르게 퍼지는 것인지에 대해 알 수 있는 단서는 없었다. 그런데 그것에 대한 답의 시작이었을까? 며칠 후에 관리인 한 명이 내 차를 멈춰세우더니 올레멜레포 숙소에 아픈 개코원숭이가 한 마리 있다고 말해주었다.

두 번째 사례도 첫 번째 사례와 흡사했다. 같은 올레멜레포 무리 출신의 장년의 수컷이었다. 그는 다팅한 후에도 죽지 않았지만 나는 그에게 치사량을 주입한 다음 부검했다. 그에게는 소화 기관과 간 곳곳에 훨씬 더 많은 혹이 있었다. 폐는 조금 덜 붕괴되어 있었다.

세 번째 사례는 며칠 후에 나타났다. 숙소의 양수 시설 뒤쪽에서 날뛰고 발광하고 울부짖고 기침하는 암컷이었다. 증상은 최악이었다.—등은 활처럼 휘어졌고 손은 악취가 풍기고 부패할 만큼 괴사되어 나를 피해 달아날 때 팔꿈치로 걸어갔다. 등이 활처럼 휘어진 이유는 폐활량을 증가시키기 위해서이고, 손이 괴사된 것은 폐 손상으로 산소 교환량이 급격히 떨어져 조직 말단부까지 전달되는 산소량이 줄어들었기 때문이다. 그녀는 다팅 1분 후에 죽었다. 한 시간 후에 그녀의 폐는 완전히 녹아 없어졌다. 그날 밤에 나는 처음으로 숨을 쉬지 못해 괴로워하는 악몽을 꾸었다.

이들은 모두 올레멜레포 숙소 무리 출신이었다. 그들은 내 연구 대상인 무리와 어느 정도 숲을 공유하고 있었다. 아침이 되면 두 무리는 각자 다른 길로 먹이를 찾으러 나섰는데 이 무리는 숙소 주변으로 모여들었다. 서열이 불안정한 시기에 내 무리가 있는 곳에 쳐들어와 내 무리를 숲 밖으로 몰아낸 것도 이들이었다. 올레멜레포가 커지면서 숙소에서 배출되는 쓰레기의 양은 증가하는 반면에 처리는 오히려 더 소홀해졌다. 숙소 무리는 곧 이 쓰레기를 먹으며 시간을 보냈다. 그리고 곧 쓰레기 하치장 근처에 있는 나무로 잠자리를 옮겼고 쓰레기를 먹으면서 하루를 보냈다. 그들의 행동은 왜곡되어 있었고 숲에서 먹이를 찾는 활동을 전혀 하지 않았다. 나는 그것이 지긋지긋해서 그들과는 접촉을 하지 않았다. 최근에 그들은 여러 가지 말썽을 피웠다. 일부 관광객들이 사진을 찍으려고 베란다에서 먹이를 던져주었다. 그것 때문인지 때때로 먹이로 준 것이 아닌데도 먹을 것을 보고 사정없이 돌진해 관광객들 사이에서 날카로운 비명이 터져나왔다. 그날 관리인은 개코원숭이 두어 마리를 총으로 쏘았다. 또 직원 구역의 여자가 남은 옥수수 요리를 버리러 쓰레기 하치장으로 걸어가기가 귀찮았는지 주변에 기다리고 있던 개코원숭이에게 던져주었다. 다음 날 바로 그 수컷이 그녀가 밖에서 식탁을 차리고 있었을 때 옥수수 요리에 돌진했다. 인간이 식사를 끝내기 전과 후를 구분하는 미묘함을 터득하지 못했기 때문이었다. 엄청난 소란이 이어졌고 관리인이 와서 또 두어 마리를 총으로 쏘았다. 이전 시즌에는 매춘부 중 한 명이 기형아를 출산한 적이 있었는데 개코원숭이에게 강간을 당했다는 소문이 파다하게 돌기도 했다. 관리인들이 두어 마리를 더 쏘았다.

그리고 바로 이 무리가 이제 결핵 발생의 근원지였다. 이미 언급한 것처럼 나는 결핵이 야생 영장류 개체군에 어떻게 전염되는지 알지 못했다. 그리고 그 전주에 논문들을 대충 훑어보고 느낀 것은 그것에 대해 정확히 아는 사람이 아무도 없다는 것이었다. 먼저 그것을 알아내야 했다. 이 결핵이 내 무리로 전염되는 데 시간이 얼마나 걸릴지 걱정되어 잠이 오지 않았다.

나는 나이로비의 영장류 연구 센터로 무전을 보냈다. 그곳은 버려진 애완 원숭이를 돌보는 동물 보호 자선 단체에서 일급 연구소로 바뀌는 과정에 있었다. 그곳 연구소장은 미국인 수의사 짐 엘스로 탁월한 조직 운영 기술을 가진 사람이었다. 나는 그를 좋아하고 존경했고 그도 나에 대해 그렇게 생각했으면 좋겠다고 생각했다. 무전이란 것이 잡음과 페이딩(전파 수신음이 커졌다 작아졌다 하는 현상 - 옮긴이)투성이고 필요에 따라 버튼을 누르고 말이 끝날 때마다 "오버."라고 말해야 해서 미칠 지경이었지만 그런 중에도 나는 이곳 상황을 설명했다. 나는 증상과 부검 결과, 출현 유형을 고함치듯이 설명했다. 잡음과 금속성의 단조로운 음성을 통해서도 짐의 우려가 전해졌다. "그래요. 결핵처럼 보여요. 하지만 그것을 확인하고 어떤 유형인지 알아내기 위해서는 폐 조직을 배양하는 것이 반드시 필요해요." '반드시 필요하다……' 나는 그의 목소리에서 과학자의 열정을 알아차릴 정도는 되는 과학자였다. ─"이것이 필요하다. 왜냐하면 이것은 정말 흥미롭고 유익하기 때문이다." 나는 임상의가 아니기 때문에 수의사의 말이 정확하게 "그것이 반드시 필요한 것은 전염병의 시작일지도 모르기 때문이다."라는 의미를 가지고 있는지는 알 수 없었다. 아무튼 그의 요청은 분명했다. 폐 조직을 배양해야 한다는 것이었다. 따라서 나는 아픈 개코원숭이 한 마리를 잡아 나이로비에 있는 그들에게 데려가야 했다.

　나이로비로 데려갈 것은 아프지만 초기 단계에 있는 것이어야 했다. 수송 중에 살아 있어야 하기 때문이었다. 나는 초기 증상을 보이는 것을 찾아내는 일은 어렵지 않을 것이라고 생각했지만 전체 과정은 여간 어렵지 않았다. 나는 사람들 때문에 어려움을 겪게 될 것이라는 생각을 전혀 하지 못했다.

　올레멜레포의 모든 사람들이 개코원숭이들에게 심상치 않은 일이 일어나고 있음을 감지하기 시작했다. 그들은 내게 개코원숭이가 위험한지, 우리가 그들을 죽이면 안 되는지 묻기 시작했다. 전령을 죽인다는 말(나쁜 일을 한 사람이 아니라 그 일을 전하는 사람에게 엉뚱한 화풀이를 한다는 말 - 옮긴이)처럼 사람들은 개코원숭이가 아픈 것이 내 탓이라고 여기는 듯했다. ─ 결국 그들은 개코원숭이들이 내 동물이고 내가 뭔가를 해야 하는데 아무것도 하지 않고 위험한 상태로 방치한다고 여겼다. 나는 개코원숭이들이 내 동물이 아닐 뿐만 아니라 모두 아픈 것이 아니며 사람들에게 위험한지 여부는 아직 분명치 않고 해결을 위해 최선을 다하고 있음을 설명하느라 많은 시간을 보냈다.

또 다른 사례가 나타났다. 그 녀석은 상태가 너무 악화되어 있어 나이로비는 고사하고 내 캠프까지도 못 가고 죽었다. 다음 날 오전에 쓰레기 하치장에서 후보자 동물을 조사하던 중 내 무리의 사울, 셈, 요나단이 그곳에서 뭔가를 먹고 있는 것을 발견했다. 나는 소름이 돋았다. —이제 내 무리에게 결핵을 옮길 매개체가 존재한다는 것을 발견한 셈이었다. 그날 오후에 나는 올레멜레포의 직원들이 개코원숭이들에게 돌을 던져 멀리 쫓아내는 것을 보았다.

다음 날 전령을 죽이는 것과 같은 행동은 한 걸음 더 나아갔다. 안면이 있는 경비가 입구에서 내게 미안하다면서 더 이상 그곳에서 다팅을 하면 안 된다고 말했다. 올레멜레포 매니저가 내가 더 이상 올레멜레포에서 작업하지 않기를 바란다고 말했다는 것이었다.

나는 차량을 바꾸었고 동이 틀 무렵과 땅거미가 질 무렵에 현장 바로 밖에 숨어서 지켜보았다. 가능성이 있을 만한 녀석이 한 마리만 포획되기를 바라면서 말이다. 3일째 되던 날 나는 한 마리를 발견했다. 등이 휘어지고 기침을 하고 털이 한 군데 빠져 있었지만 그 외에는 그리 나쁘지 않은 성인 암컷이었다.

올레멜레포로 흘러들어가는 개울가에서 나는 다팅을 했다. 그녀는 안정된 상태를 유지했고 나이로비에 도착할 때까지 살아 있을 것 같았다. 이제 그녀를 데리고 보호 구역을 나가기 위해 허가를 받는 아주 고통스러운 일이 시작되었다.

어려움은 모든 국립 공원 내에 존재하는 공무원들과 연구가들 사이의 적대감 때문이었다. 두 그룹은 꽤 다른 세계에 살고 있었다. 전자는 정부 관료들로 현지에서는 제복을, 정부 사무실에서는 정장을 입는다. 반면 후자는 찢어진 청바지 차림인 경우가 많다. 전자는 어떻게 하면 국립 공원 관광객들의 수를 증가시킬 수 있을지 궁리하는 반면, 후자는 목가적인 평화로움 속에서 개미의 한 종을 연구하기 위해 이 짜증나는 관광객들이 좀 없어졌으면 좋겠다고 생각한다. 또 전자는 현실 정치 세계에서 일정한 역할을 하는 실용적인 현실주의자들인 경향이 있는 반면, 후자는 사교성이 없는 것에 대한 자부심이 강하고 다소 신경질적인 경향이 있다. 전자는 주로 전형적인 야생 동물 관리 학위를 가지고 있는 반면, 후자는 좋은 대학의 권위 있는 학위를 가지고 있다. 그리고 후자는 물이 새는 텐트에서 신기술 반대자처럼 사는 것을 아무렇지 않게 선택하는 반면, 전자는 그런 삶의 방식을 거의 본능적으로 역겨워한다. 무엇보다, 전자는 어떻게든 제한 규정을 적용하기 위해 존재하는 것처럼 보이는 반면, 후자는 제한 규정이 뭔지 알게 뭐냐는 식으로 제한 규정에서 빠져나가기 위해 존재하는 것처럼 보인다.

따라서 대개 두 그룹은 서로를 별로 좋아하지 않고 서로 협조하려는 노력을 하지 않는다. 나는 이런 사실을 알고 있었으므로 다음에 일어날 일에 대비했어야만 했다.

이틀 연속으로 나는 아픈 암컷을 나이로비에 수송할 수 있도록 허가를 받기 위해 관리 사무실로 갔다. 그런데 이틀 모두 라이플총을 든 뚱한 관리인이 담당자가 순찰을 나가고 없다며 내일 다시 오라고 했다. 3일째 되는 날에 그 관리인은 담당자가 일주일간 집으로 휴가를 갔다고 했다. 그동안 아픈 암컷은 내 캠프의 우리 속에 갇혀 있었고, 증상이 점점 더 심해져서 밤에 우리가 잠을 잘 수 없을 정도로 기침을 해 댔으며 열이 나기 시작했다. 나는 양배추를 손으로 뜯어 우리 속에 넣어주었다. 그녀는 나를 꽤 두려워했고 배고파하지 않았다. 하지만 그녀는 점점 내가 주는 음식을 받아먹기 시작했다.

　나는 담당자가 돌아올 때까지 기다릴 수가 없었다. 나는 불법 밀렵 감시단 대장에게 연락을 했다. 그는 자신에게 선물 하나만 주면 보호 구역에서 개코원숭이를 데리고나갈 수 있는 허가증을 주겠다고 큰소리를 쳤다. 나는 할 수 없이 선물을 준비했다. 그런데 선물을 주려는 순간 그는 자신에게 그녀를 데리고나가게 할 권한이 없다는 것을 알게 되었다고 조심스럽게 말했다. 그날 오후에 다시 캠프로 돌아와보니 관리인 한 무리가 암컷의 우리 주변에 서서 우리 안으로 막대를 쿡쿡 찌르며 웃고 난리였다. 그날 저녁 그녀는 나에 대한 두려움이 조금 사라진 것처럼 보였다. 습관이 되어서인지 아니면 의식이 혼미해서인지 모르겠지만 그녀는 내가 내미는 양배추를 받아먹었고 내가 털을 어루만지는 것을 허락했다. 그녀의 왼쪽 손은 사용할 수 없을 정도로 괴사되고 있었다.

　다음 날 나는 다시 담당자를 만나러 갔고 실제로 이틀 전에 돌아왔음을 알게 되었다. 이번 주 초에 정확하지 않은 정보를 준 바로 그 관리인이 말해주었다. 이번에는 그 담당자가 실제로 그곳에 있었다. 그는 나를 한 시간이나 앉아 기다리게 하고는 나와서 하는 말이 자신이 너무 바빠 나를 볼 시간이 없다는 것이었다. ― 한 시간 내내 문이 닫힌 그의 방에서 웃음소리, 병 따는 소리가 들렸다. 그날 밤에 암컷은 더 이상 오른손을 사용하지 못했고 피를 토했다.

　다음 날 나는 다시 담당자를 만나 한없이 웃음을 짓고 굽실거리며 암컷을 나이로비로 데려갈 수 있도록 허가해달라고 간청했다. 그는 정색을 하며 말했다. "당연히 그건 안 될 말이오. 그건 케냐의 야생 자원을 고갈시키는 거요." 내가 말했다. "진심으로 하는 소리인가요? 그 개코원숭이는 며칠 안에 죽어요." 그가 말했다. "안 되오. 만약 그것을 데려가면 밀렵을 하는 것이고 그냥 두지 않을 거요." 이것이 불법 밀렵으로 이미 두 번이나 체포된 적이 있고 코뿔소 밀렵으로 1년간 강등된 사람 입에서 나온 말이었다(그런데 이 남자는 이 지역의 마사이 족 정치 지도부와 최상의 혼인 관계를 맺고 있어서 결과적으로 승진했다.). 그날 밤에 그녀는 의식이 혼미해져서 우리 벽에 기대어 주저앉았다.

마침내 짐 엘스에게서 회신이 왔다. 나는 매일 이곳 상황을 무전으로 알렸다. 그 역시 권력과 타성의 미로를 뚫으려고 필사적으로 애쓰고 있었다. 결국 그는 자신의 상관인 리처드 리키(영장류 센터가 포함되어 있는 국립 박물관 관장이었다.)를 통해 사파리 보호 구역 책임자의 승인을 얻어낸 것처럼 보였다. 이것은 결정적인 무전이었고 담당자는 그것이 쓰여지는 동안에도 계속 머뭇거렸다. 그날 오후에, 아픈 개코원숭이를 3마리까지 나이로비로 수송할 수 있는 권한을 나에게 부여한다는 내용의 공문서가 비행기 편으로 도착했다.

보호 공원 밖의 도로는 매우 위험해 밤에 운전을 할 수 없었다. 저녁 무렵에 그녀는 거의 혼수상태에 빠져 있었다. 나는 다음 날 그녀가 죽기 전에 나이로비에 도착할 수 있을지 확신이 서지 않았다. 나는 새벽에 동이 트기 전에 나섰다. 최후의 어려움이 남아 있었다. 그 지역의 경계선에 있는 야생 동물 보호 구역 검문소 관리인이 차를 세웠다. "이봐요. 그 안에 개코원숭이가 한 마리 있군요." 그가 소리쳤다. "예, 이 녀석은 아파서 죽어가고 있어요. 여기 허가증 있습니다." 그는 그것을 살펴보더니 갑자기 이렇게 말했다. "여기 보니 세 마리 데려간다고 되어 있는데 왜 하나밖에 없소? 둘은 어디 갔소?", "아니요, 아니요. 그 말은 세 마리까지 데려갈 수 있다는 겁니다." 내가 말했다. "아니오, 세 마리를 데려가게 되어 있소. 하지만 둘이 없소. 당신이 어떻게 한 것 아니오? 팔아먹었소? 이건 심각한 문제요.", '제기랄, 빌어먹을.' 그녀는 지금 아파서 죽어가고 있었다. 나는 악의적인 표정으로 나를 슬쩍 곁눈질하는 그 자식을 죽여버리고 싶었다. 마침내 그는 자신이 원하는 것을 분명히 드러냈다. "당신은 잘못된 허가증을 가지고 있소. '한 마리'라고 적혀 있어야 되는데 '세 마리'라고 적혀 있소. 그래서 잘못된 허가증을 가지고 있는 데 대해 벌금을 내야 하오." '이런 썩은 똥 덩어리 같은 자식, 진작에 말을 하지.' 나는 돈을 주고 떠나 빠른 속도로 달렸지만 나이로비의 교통 체증 시간에 붙들렸다. 가는 내내 나는 그녀의 불규칙하고 힘겨운 숨소리가 가끔씩 멈추는 걸 들었다. 나는 나이로비 영장류 센터 실험실 정문에서 또 경비와 입씨름을 벌였다. 그는 그날의 방문 약속 목록에 내 이름이 없다는 이유로 나를 들여보내주지 않으려고 했다. 그리고 마침내 병리학 건물 앞에 도착했다.

무슨 이유 때문인지 모르겠지만 나는 그녀의 입술에 남아 있는 양배추 조각을 깨끗이 닦아주고 여행의 먼지로 눈물이 글썽이는 눈을 닦아주었다. 나는 짧지만 의인화된 생각을 했다. ─'내 무리 출신이 아니고 쓰레기 하치장 무리 출신이라 이름이 없구나.' 나는 그녀를 안고 건물로 들어섰고 잠시 후 그녀의 흉곽을 제거하도록 도와주었다. 이번에도 폐가 녹아 있었다.

짐은 미생물학자가 폐 조직을 배양하여 결핵인지 여부를 확인하려면 몇 주가 걸린다고 했다. 하지만 수의사들은 폐에 대한 진단과 병변 검사와 조직 슬라이드 검사로 결핵이라는 데 만장일치로 동의했다. 미생물학자들은 그것이 어떤 종류의 결핵인지, 당장 그것이 문제가 되는지 우리에게 알려줄 것이다.

다음 날 나는 짐과 그의 수의사들과 둘러앉았다. 우리는 결핵이 틀림없다고 확신했다. 그것이 그곳에 있는 인간에게 일반적으로 위협이 되지 않는다는 데 모두 의견 일치를 보았다. 인간은 비교적 저항력이 있다. 올레멜레포 부근에 사는 사람들 중 건강 상태가 좋은 사람들이라면 괜찮을 것이다. 그렇지 않은 사람이라면 이미 결핵에 걸려 있을 것이다.—그 질병은 케냐에서 고질적인 병이었다. 짐은 보호 공원 사람들에게 그것이 인간에게 위협이 되지 않는다는 것을 알리는 데 전력을 다할 것이다.

하지만 개코원숭이들에게 그것은 재앙이었다. 우리는 몇 시간 동안 논쟁을 했다. 만약 이 질병이 영장류 실험실에서 발생했다면 절차는 분명하다. 결핵이 발견된 방에 있는 모든 원숭이들이 그날로 죽임을 당할 것이다. 군집 안에 있는 모든 동물이 검사를 받을 것이고 양성 반응을 보이는 개체가 나오면 그 공간에 있는 모든 개체가 죽임을 당할 것이다. 그렇게 하지 않으면 그것은 들불처럼 번지게 되어 있었다. 소름끼치는 말이 불쑥 불쑥 튀어나왔다. 방. 화. 선. 들불을 막으려면 방화선이 필요하다. 그것은 조금이라도 병에 걸렸다는 의심이 드는 원숭이가 있다면 그 방에 있는 모든 원숭이를 죽이는 것이다. 그들은 같은 공기를 호흡했기 때문이다. 공백을, 방화선을 만들어 질병이 주변으로 번져나가는 것을 막아야 한다.

하지만 이번 경우는 개체가 밀접하게 붙어 있는 영장류 실험실이 아니다. 내가 추측한 것처럼 야생 영장류에서 결핵이 얼마나 역동적인지 아는 사람은 아무도 없었다. "힘내자, 우린 그것을 알아낼 수 있어." 어쩌면 야생에 있는 동물들은 높은 개체 밀도로 한 공간에 몰려 있지 않기 때문에 더 천천히 번질 수도 있다. 어쩌면 그들은 실제로 접촉을 많이 할 수 있기 때문에 더 빨리 번질 수도 있다. 어쩌면 그들은 포획 스트레스를 받지 않아 면역 반응이 작동되므로 더 천천히 번질 수도 있다. 어쩌면 잘 먹지 못하기 때문에 더 빨리 번질 수도 있다.

우리는 어떻게 해야 할지 알지 못했다. 아픈 것들을 치료하는 것은 불가능했다. ― 결핵은 18개월간 매일 약물 치료를 해야 한다. 우리가 선택할 수 있는 유일한 방법은 번지지 않도록 저지하는 것이었다. 그것의 원천이 어디서부터 시작되었는지 안다면 도움이 될 것이다. 최근에 마라 보호 구역에서 개코원숭이들이 죽어간다는 보고는 들은 적이 없었다. 탄자니아에서 이동해온 몇몇 수컷 원숭이들이 쓰레기 하치장 무리에 합류할 때 이미 그 질병을 가지고 있었을 것이라는 추론이 가장 그럴듯했다. 그들이 국경선을 넘어온 유일한 무리였다. 그리고 국경선을 중심으로 케냐가 아닌 탄자니아 쪽은 개코원숭이들이 떼로 죽어가도 아무도 알아차리지 못할 만큼 나라가 혼란스러운 상황이었다.

망명자 수컷이 우리 국립 공원에 들어온 이상, 그리고 내가 올레멜레포 쓰레기 하치장 무리에서 내 무리에게 질병을 옮길 매개체를 직접 본 이상 그것은 보호 구역 전체로 퍼질 수 있었다. 다른 대안 시나리오를 가정해보면 이랬다. ―"어쩌면 결핵이 수년간 마라 개체군 속에서 보균 상태로 있다가 가끔씩 발병되었는데 대부분의 개코원숭이들은 자연적 저항력을 가지고 있었다. 이것은 새로운 병이 발생한 것이 아니라 잠복된 것이 갑작스럽게 발현한 것일 수 있다.", "하지만 실험실 군집에서 결핵은 보균 상태로 존재하지 않고 자연적 저항력이 없다.", "하지만 이것은 실험실 군집이 아니다."

우리 논리는 이렇게 계속 돌고 돌았다. 우리는 실마리를 찾을 수가 없었다. 실험실에서 훈련된 수의사들은 적절한 경보를 내리고 공격적인 접근을 하자고 주장했다. '방화선' 이야기가 자주 나왔다. 그것은 쓰레기 하치장 무리의 모든 개코원숭이들을 사멸시키고 인근 무리도 모조리 사멸시키는 것이었다. 이 질병이 보호 구역 전체로 급속하게 번지기 전에 개코원숭이가 없는 지대를 만들어 멈추게 하자는 것이었다. 하지만 그것은 내 개코원숭이들을 방화선으로 만들자는 말이었다. 아무리 내가 수의사도 아니고 임상의도 아니고 결핵에 대해 아는 것이 없다고 해도 이런 주장에 과학적 근거가 없다는 것은 알 만큼은 아는 과학자였다. 실험실에서의 생물학은 야생에서의 생물학이 아니다. ─ 이것이 바로 내가 야생에서 개코원숭이를 연구하는 일에 과학적인 정당성을 부여하는 근거이다. 그리고 야생에서 결핵이 어떻게 번지는지 아는 사람은 아무도 없었다.

일시적으로 내가 이겼다. 우리는 방화선을 구축하지 않기로 했다. 우리는 임상적 개입 외에도 과학적인 조사를 해보기로 했다. 나는 보호 구역으로 돌아가 조금이라도 결핵 증세를 보이는 것들을 다팅하여 검사할 것이고 결과가 나올 때까지 며칠간 우리 안에 가두어둘 것이다. 만약 쓰레기 하치장 무리에서 50% 가까운 양성 반응이 나타나면 그들이 이 질병을 급속히 퍼뜨리기 일보 직전에 있고 방화선을 구축해야 한다는 그들의 주장이 설득력을 얻을 것이다. 하지만 훨씬 더 낙관적인 해석을 할 수 있게 하는 새로운 정보를 찾아볼 필요가 있었다. ─ 내가 보호 구역에서 수년 전부터 보아왔으며 재앙 수준의 개체 감소를 겪고 있지 않은 멀리 떨어진 무리에서 한 건의 결핵 양성 사례를 찾아낸다면 이 질병이 야생에서 들불처럼 번지지 않는다는 것이 입증될 것이다.

그것은 마치 인간의 경우처럼 이 질병이 모든 개체를 전멸시키지 않고 취약한 개체를 감염시키면서 서서히 번진다는 것을 의미할 것이다. 만약 들불처럼 번지지 않는다면 방화선을 구축할 필요가 없을 것이다.

수의사들은 흡족해하지 않았다. 그들은 이렇게 말하는 것처럼 보였다. "과학도 좋지만 우릴 믿어요. 우리는 결핵에 대해 알고 있어요. 그것이 번지기 시작하면 마라 보호 구역의 모든 개코원숭이를 잃게 될 거예요. 그러면 후회하게 될 거예요." 그러면서 짐과 수의사들은 내게 한 가지 타당한 약속을 하게 했다. 검사 결과 결핵 양성 반응이 나타나는 것은 무조건 죽여야 한다는 것이었다. 비록 그것이 내가 연구하는 무리에 속한 것이라고 할지라도 말이다.

이제 내 연구는 뒷전이었다. 내가 하는 것은 다팅밖에 없었다. 나는 내 무리 개체들의 결핵 검사를 시작하겠다고 약속했지만, 우선 쓰레기 하치장 무리에 집중했다. 그들이 어느 정도 감염되었는지 파악하기 위해 말이다. 그리고 이 보호 구역의 다른 쪽 끝에 있는 무리에도 집중했다. 공공연하게 전염병이 번지지 않은 무리에서 양성 반응을 보이는 한 마리를 찾고 싶은 필사적인 희망으로 말이다.

낯선 것을 다팅하려고 할 때 비로소 그들을 전혀 모르고 있음을 깨닫는다. 나는 그들의 성격을 모른다. ─그들이 마취 주사를 맞은 후 펄쩍 뛰었다가 주변을 둘러보고는 다시 앉을지, 나무 위로 올라갈지, 1킬로미터를 질주할지, 나를 죽이려고 달려들지 모른다. 무리 내의 원한 관계를 몰라서 그들이 정신을 잃을 때 누구로부터 보호해야 하는지 모른다. 그들의 몸무게나 신진대사상의 예상 밖의 변화를 몰라 마취약을 얼마나 넣어야 하는지 모른다. 그 인근에 대해서도 모르고 물소나 뱀

소굴이 어디에 있는지도 모른다. 그리고 그들이 나를 몰라 그들에게 가까이 접근할 수가 없다.

그럼에도 불구하고 나는 천천히 다팅을 시작했다. 나는 영장류 센터에서 많은 우리와 검사를 위한 투베르쿨린(결핵 진단 주사액 - 옮긴이)을 가져왔다. 투베르쿨린은 냉장 보관해야 하는데 나는 냉장고가 없었다. ─ 드라이아이스를 사용하면 온도가 너무 낮았고 스티로폼 상자째 땅에 묻어놓으면 온도가 너무 높았다. 다행히 인간에게 별로 위험이 없다고 짐이 안심시킨 덕분에 올레멜레포는 다시 나를 환영했고 그곳의 보조 매니저가 약이 든 유리병을 자신의 냉장고에 넣어두게 해주었다. 나는 누군가를 다팅하고 그곳에 가서 투베르쿨린을 소량 가져와 눈꺼풀에 주사했다. 인간에게 투베르쿨린 반응 검사를 할 때에는 팔에 주사를 놓는다. 인간의 경우 나중에 가까이에서 관찰할 수 있기 때문이다. 만약 가까이 있을 때 죽일 것처럼 달려들 개코원숭이라면 눈꺼풀에 주사를 놓는다. 그러면 멀리에서도 확인할 수 있기 때문이다. 결핵에 이미 노출되어 항체가 형성된 동물이라면 4일 후에 염증 반응이 나타날 것이다. 20미터 떨어진 곳에서도 볼 수 있을 정도로 눈꺼풀이 부어서 눈이 감길 것이다. 부어 있는 눈, 그것은 죽어야 한다는 걸 의미했다.

그건 악몽이었다. 어떤 행복하고 건강한 개코원숭이가 혈육이나 친구와 털고르기를 하고 있을 때 다팅을 한다. 그런 다음 그것은 나흘간 캠프의 작은 우리에 갇혀 지낸다. 대여섯 마리 중 하나는 비명을 지르고 으르렁거리고 아무 데나 똥을 싸고 지독한 악취를 풍긴다. 양배추는 썩어가고, 오줌 구덩이가 만들어지고, 밤만 되면 두려움과 불안의 신음 소리가 흘러나온다. 매일 아침 두어 마리에 대한 판결이 내려진다. 어쩌면 그들의 눈은 괜찮을 것이다. 그러면 곧 그들은 자유의 몸이 되어 털고르기를 해주던 누군가에게 달려갈 것이다. 그런데 그들의 눈이 감길 정도로 부어오르면 그들이 우리 안에서 발버둥을 치는 동안 그들에게 마취 주사를 놓아야 한다. 그런 다음 들판의 다른 쪽 끝으로 가서 해부를 해야 한다.

모든 물자가 동이 나고 있었다. 해부를 위한 마스크도 장갑도 충분하지 않았다. 인간이 결핵에 꽤 저항력이 있다고 해도 며칠 동안 마스크도 하지 않고 결핵 말기 단계의 동물을 해부하는 것은 바람직하지 않다. 내 건강이 염려되었다.* 마취제도 부족했다. 죽여야 할 때 치사량까지 주입할 수 없어 역겹게도 마취시키고 목을 자르기 시작했다. 밤이 되면 목이 없는 개코원숭이들이 공기를 빨아들이고 내뱉던 소리가 생생하게 떠올라 잠을 이룰 수 없었다. 그러던 어느 날 내 칼이 사라졌다.

나는 영안실에 그늘을 드리워주는 나무의 구부러진 부분 안쪽에 칼을 계속 넣어두었다. 해부가 끝날 때마다 세척할 만큼 소독약이 충분하지 않기 때문이었다. 그래서 적어도 그곳에 두면 격리될 것이라고 생각했다. 그런데 어느 날 오후에 그것이 흔적도 없이 사라져버렸다.

나는 다른 칼이 있었다. 칼이 문제가 아니었다. 재앙은 전날 그곳을 지나간 마사이 족 염소몰이 아이들이 그것을 가져갔다는 것이었다. 내가 하고 있는 일을 알고 멀리서 지켜보고 있던 그 아이들이 아무도 없을 때 슬며시 가져간 것이 분명했다. 칼은 마사이 족들에게 유용했다. ─날카롭고 잘 드는 칼은 소 피를 얻기 위해 소의 혈관을 자르기에 안성맞춤이다. 칼이 결핵에 걸린 폐의 잔유물이 묻어 있는 것만 아니라면 말이다. 소들은 결핵에 극도로 취약했다. 아이들은 그들의 마을로

---

* 몇 년 후에 내가 왜 감염되지 않았는지에 대한 가능한 답을 발견했다. ─내가 테이색스 병에 대한 유전적 보인자(保因者)인 것이 밝혀졌다. 그것이 안 좋은 상황에서 결핵에 대한 저항력을 부여한 것처럼 보인다.

전염병을 훔쳐간 것이었다.

이제 우리에 갇힌 개코원숭이들을 먹이고 죽이고, 또 보호 구역의 다른 쪽 끝 두 곳에서 다팅을 하는 것 외에도 칼 문제로 협상까지 해야 했다. 로다와 소이로와는 그들의 마을에는 그것을 가져온 아이가 없다고 재빨리 확인해주었다. 그래서 나는 잘 모르는 인근 마을 사람들에게 수소문을 하기 시작했다. 칼이 문제가 아니었다. 누군가가 그것을 가져갔다고 화난 것이 아니었다. 누군지 모르지만 그 칼이 위험하다는 것을 이해해야 했다. 그 칼로 인해 소들이 모두 죽을 수도 있었다. 칼은 돌려주지 않아도 상관이 없었지만 버려야 했다. 그런데 마을 사람들은 격분하며 부인했다.―"우리가 훔쳤다고? 우리 마사이 족들은 절대 그런 짓을 안 해." 나는 이 마을 저 마을 돌아다니며 그들에게 칼을 버리라고 간청했다. 그것은 또 다른 층위의 문제와 갈등을 지닌 사건의 배경이 되었다.

일주일 후에 멀리 있는 무리에서는 결핵 양성 반응을 하나도 발견하지 못했지만 쓰레기 하치장 무리는 거의 50%가 양성 반응을 보였다. 방화선 구축이 점점 더 불가피해지고 있었다. 나는 매일 죽여야 했다. 어떤 것은 혹만 있었고 어떤 것은 혹과 폐의 부패가 있었다. 처음 발견했던 사례만큼 끔찍하게 진행된 것은 없었다.―처음 것과 비교하면 다른 것들은 모두 건강해 보였다. 기이한 것은 하나같이 소화 기관에 혹이 있다는 것이었다. 심지어 폐가 깨끗한 경우에도 말이다. 내가 읽은 글에 따르면 그것은 이례적인 일이었다.

어느 날 내가 쓰레기 하치장 무리를 다팅했을 때 큰일이 일어났다. 큰 수컷을 다팅했는데 그가 개울을 건너가 정신을 잃었다. 나는 그를 알지 못했기 때문에 적이 얼마나 많은지 알지 못했다. 내가 개울을 건너 그에게 다가갔을 때 그는 송곳니에 찔려 십여 군데에 큰 상처를 입었다. 나는 그를 끌고 캠프로 돌아왔다. 그의 상태가 얼마나 처참하고 엉망진창인지 나는 아연실색했다. 나는 그에게 마취제를 치사량까지 투여했고 그를 부검했다. 그에게 병변이 있기를 간절히 바라면서 말이다. 다행히도 왼쪽 폐에 작은 병변이 있었고 내장에 혹이 있었다. — 우리에서 4일을 보냈어도 살 수 있다는 판결을 받지 못했을 것이다.

낯선 동물들을 다팅할 때 감수해야 하는 이런 위험 때문에 그날 밤 나는 결국 내 무리를 다팅하기 시작하기로 결정했다. 그다음 날 쓰레기 하치장 무리의 두 마리와 함께 여호수아와 드보라를 다팅했다. 쓰레기 하치장 무리 출신은 그가 누구인지, 다시 어디서 볼 수 있는지 모르기 때문에 며칠간 우리에 가두어놓아야 했다. 하지만 내 무리의 것들은 그렇게 하지 않아도 쉽게 찾을 수 있었기 때문에 4일간 붙잡아둘 필요가 없었다. 그래서 놓아주고 기다렸다. 다음 날 이새와 아담도 했다. 그다음 날 다니엘도 했고 그다음 날 아프간과 붑시도 했다. 여호수아와 드보라에 대한 평결을 앞둔 밤에 나는 도저히 잠을 이룰 수가 없었다. 그다음 날 어쩌면 그들의 목을 자르고 흉곽을 열고 그들을 묻어주어야 할지도 모른다는 생각 때문이었다.

하지만 그 둘은 양성 반응을 보이지 않았다. 나는 행복감에 젖었고 몇 주 만에 처음으로 얼굴에서 미소가 떠올랐다. 그런데 며칠 후 그동안 쓰레기 하치장 무리에서 다팅한 것들이 하나같이 투베르쿨린 검사에서 음성 반응을 보였다는 것을 문득 깨달았다. 심지어 우리에서 4일을 지켜보는 동안 아무리 봐도 부인할 수 없는 증상을 가진 암컷 한 마리조차 음성이었다. 뭔가 잘못된 것이 분명했다.

다음 날 이유가 밝혀졌다. 나는 올레멜레포 보조 매니저의 냉장고로 투베르쿨린을 가지러 갔다가 객실 담당 종업원이 냉장고를 포함해 그

방을 청소하고 있는 것을 발견했다. 투베르쿨린 병이 적도의 뜨거운 태양이 내리쬐는 창문가에 우유와 치즈와 맥주병과 함께 놓여 있었다. 그는 신입 직원으로 그 주부터 일을 시작했고 매일 그 방을 청소했다고 했다. 투베르쿨린과 검사 결과가 쓸모없는 것이 되었다. 나는 더 많은 약의 공수를 기다렸고, 폐가 용암처럼 흐르는 꿈을 꾸었다.

나는 다팅을 재개했다. 쓰레기 하치장 무리의 검사 결과 양성 반응이 70%까지 올라갔다. 나는 부검을 감당할 수 없는 지경이 되었다. 영장류 센터에서 수의사 두 명이 나를 돕기 위해 올 예정이었다. 그들은 로스 타라라와 바락 술러맨이었다. 어쩌면 그들은 방화선 구축 전략을 세워야 한다고 나를 설득하러 오는 것일 수도 있었다. 나는 그들의 도착에 대한 준비를 했다. ─나는 그들의 도움, 그들의 동행, 그들의 위로, 내게 부족한 결핵에 대한 그들의 직업적 통찰력이 필요했다. 그들이 도착하기 전날 내 무리 중에서 셈이 처음으로 양성 반응을 나타냈다.

그것은 결코 내가 잊지 못할 광경이다. 나는 용기를 내어 다시 내 무리를 시작했다. 이삭, 라헬, 셈을 다팅했다. 쓰레기 하치장 무리 두 마리가 양성 반응을 보인 날 이삭과 라헬은 음성 반응을 보였다. 그래서 결과를 신뢰했다. 그날 아침 나는 숲으로 들어가자마자 한쪽 눈이 완전히 감긴 채 앉아 있는 셈과 마주쳤다. 나는 전에 경계선상에 있는, 다시 말해 논쟁의 여지가 있는 검사 결과가 아닌지 의심스러워한 적이 있었지만 이것은 그렇지 않았다. 그는 분명한 결핵 양성 반응이었다.

나는 그날 다팅을 그만두고 개코원숭이들과 하루를 보냈다. 아주 오랜만에 예전처럼 조용히 그들을 관찰하면서 말이다. 나는 그들을 따라갔고 산만하고 평범한 행동 자료를 얻었고 그들에게 노래를 불러주었다. 셈이 누군가와 교류하는 것을 볼 때마다 나는 눈물이 날 것 같았다.—셈은 수컷에게 인사하고 암컷의 털을 골라주고 인근에 무슨 일이 있는지 살피려고 고개를 돌리곤 했다. 이 모든 것이 마지막이었다. 나는 그를 다팅하여 목을 자를 기회를 흘려보냈다.

그날 밤에 나는 충고와 위안을 구하러 로렌스에게 달려갔다. 이 미친 기간 중에 그가 내게 얼마나 지속적으로 분별력과 큰형 같은 안정감을 주었는지 아무리 강조해도 지나치지 않다. 그는 내 말을 듣고 이렇게 말했다.

"이봐. 그 수의사들이 여기에서 발생하는 결핵에 대해 개똥도 모른다는 것을 자네도 나만큼이나 잘 알지 않나? 그건 아무도 몰라. 그들의 말이 옳다면 자네 무리는 어쨌거나 모두 죽을 거잖아. 그러니 지금 그 녀석을 죽여봐야 얻을 게 없어. 그리고 만약 그들의 말이 틀렸다면 자네는 아마도 양성 반응을 보인 것들 중 몇 마리를 구해주는 셈이 되는 거야. 어쩌면 저항력이 있을 수도 있어. 그러니 그 녀석은 죽이지 마."

다음 날 내가 로스와 술러맨을 만나기 위해 올레멜레포 가설 이착륙장으로 차를 몰고 가는 길에 이새 역시 양성 반응이 나타난 것을 발견했다. 나는 수의사들에게 셈과 이새에 대해서는 전혀 언급하지 않았다.

우리는 작업에 들어갔다. 그들은 엄청난 긍정의 힘의 소유자들이었다. 로스와 술러맨 둘 다 상냥하고 쾌활했고 나는 그들이 마음에 들었다. 그들은 즉시 "와, 이거 정말 놀라운데, 폐가 이렇게 엉망이 될 수가 있나?"라는 객관적이고 무심한 과학자적 태도에 빠졌다. 나는 이것이 나를 격분시킬 것이라고 예상했지만(그들의 임상적인 즐거움이 나의 비극이라는 점에서) 놀라울 정도로 마음이 가라앉는 것을 느꼈다. 다팅은 내가 하고 부검은 전문가인 그들이 하자 속도가 빨라졌다. 우리는 점점 더 집중했고 나는 내 무리와, 발병률 0%인 먼 외곽 무리, 그리고 발병률이 거의 70%에 육박하는 쓰레기 하치장 무리에 대한 질문을 피했다. 그날 나는 내 무리에 대한 비밀스런 다팅을 했는데 양성 반응이 더 나타났다.—다윗과 요나단이었다. 어느 날은 베냐민을 다팅했는데 투베르쿨린 검사를 할 용기가 나지 않았다.

우리는 무덤덤하고 산만하게 작업했는데 오히려 그것이 내게 도움이 되었다. 작업의 엄청난 규모, 반복, 수면 박탈은 진통 효과가 있었다. 다팅하기, 우리에 있는 동물에게 양배추 먹이기, 검사 결과 보기, 마취하기, 죽이기, 해부하기, 기록하기, 방화선 논의하며 저녁 시간 보내기 등. 적어도 쓰레기 하치장 동물들 관련해서는 학구적인 면이 있었다.—하다보니 저절로 그렇게 된 것이건 사전에 계획된 마지막 해결책으로서 그렇게 된 것이건 간에 우리는 그들 상당수를 죽였다. 그것은 우리를 상당히 지치게 했다. 우리는 우리가 파놓은 거대한 구덩이 속에 죽은 개코원숭이 사체를 넣고 휘발유를 뿌려 태우는 일로 하루 일을 마무리하곤 했다.

죽음의 캠프와 화장터의 반복적인 평화, 타는 냄새를 맡으며 느끼는 차분한 슬픔은 짐 엘스의 무전 한 통으로 갑자기 중단되었다. 미생물 검사 결과가 나온 것이다. 그것은 충격적이었다. 그것은 인간 결핵이 아니라 소 결핵이었다.

결핵은 실제로 질병들의 잡탕이다. 모든 경우에 그것은 몸 안에서 미친 듯이 날뛰는 세균 때문이다. 압도적으로 그것은 공기 호흡으로 들어와 처음에 폐에 기생한다. 그 후에 혈액이나 림프관을 타고 다른 곳으로 옮겨갈 수 있다. 중추 신경계, 비뇨 생식기, 뼈 등 모든 기관에 이차적인 결핵이 나타날 수 있다. 하지만 주로 폐에 나타난다. 대부분 결핵은 세균의 일종인 미코박테리움 투베르쿨로시스(Mycobacterium tuberculosis:결핵균) 혹은 인간 결핵 때문이다. 하지만 다른 더 희귀한 것도 있다. ― 미코박테리움 칸사시(M. kansasii), 미코박테리움 스크로풀라세움(M. scrofulaceum), 미코박테리움 포르투이툼(M. fortuitum), 미코박테리움 보비스(M. bovis). 그중에 몇몇은 '조류 결핵', 또 몇몇은 '소 결핵', 또 몇몇은 '토양 결핵'이다. 그 이름들은 그것이 조류에만, 소에만, 토양에만 배타적으로 감염될 수 있음을 나타내는 것이 아니라 그것이 처음 발견된 종이나 더 자주 발견되는 종을 나타낸다. 심지어 수영장에서만 감염이 발견되는 미코박테리움 마리눔(M. marinum)도 있다. 하지만 결핵은 주로 미코박테리움 투베르쿨로시스(인간 결핵)이고 주로 폐에서 발견된다. 개코원숭이들은 호흡을 통해 결핵에 감염되지 않았다. 그들은 원인 물질을 먹었다.

우리는 작업을 중단하고 앉아서 머리를 긁적였다. 곤혹스러웠다. 나는 원인을 찾기 위해 주변을 들쑤시고 다니며 이것저것을 물어보았고 날이 갈수록 점점 더 그럴듯한 설을 얻었다. 어느 날 오후에 올레멜레포 소속 직원 한 사람이 내게 보호 구역 주변으로 차를 좀 타고 나가자고 했다. 일단 숙소에서 벗어나자 그는 매우 조심스럽게 내 의심을 확인해주었다.

그는 그 정보를 알려주는 것을 매우 두려워했다. 그래서 나는 그의 이름이나 직책을 말할 수가 없다. 그는 마사이 족의 적이라고 할 수 있는 부족 출신이었다. 그는 관련자 몇 사람을 알려주었다. 그는 오래전에 수의학 보조로 일한 적이 있는 교육받은 남자였고 내가 말하는 것이 무엇을 의미하는지 알고 있었다.

분명했다. 소의 결핵은 솟과에서 발생했다. 마사이 족들은 가끔씩 소가 결핵에 걸리면 즉시 알았다. 예전에 그들은 소를 절대로 죽이지 않았다. 그들은 소를 통해 소 피와 우유를 마셨고 소들을 예찬했고 어루만졌고 소중히 보살폈다. 소들이 아플 때면 마지막 순간까지 보살피다가 마지막 순간에 마지못해 식용으로 썼다. 하지만 실용적이고 적응력이 좋은 마사이 족들은 사랑하는 소들에게 문제가 생겼을 때 새로운 해결 방법이 있다는 것을 알게 되었다. 보호 구역 주변에 있는 마사이 족 땅에서 소가 조금이라도 결핵 조짐을 보이면 그날로 즉시 트럭에 싣고 올레멜레포로 가서 숙소 구역에서 도살을 하는 팀파이에게 팔아넘겼다. 마사이 족 육류 검사관에게 적절한 뇌물을 준 후에 말이다.

제보자는 결핵에 걸린 소의 모습을 알고 있었다. 그는 팀파이가 병든 소를 데리고 들판 끝으로 가서 폐와 다른 감염된 기관들을 잘라내 주변에서 모여드는 쓰레기 하치장 개코원숭이들에게 던져주는 것을 보았다. 그리고 그 나머지 부위는 숙소 직원들에게 팔았다. 결국 나는 들판에서 그런 장면을 목격할 수 있었고 화질이 안 좋은 사진기로 은밀하게 그 장면을 찍을 수 있었다.

나는 우람하고 친척 아저씨같이 자상해 보이는 팀파이가 단단한 팔뚝으로 도살하는 것을 지켜보곤 했다. 그는 죽은 동물을 툭툭 치고는 팔꿈치까지 온통 피를(틀림없이 결절과 병변도) 묻힌 채 다른 마사이 족 보조들의 도움을 받아 사체 내부를 샅샅이 뒤져 잘 보이지 않는 어떤 것을 그 주변에서 기다리고 있는 개코원숭이들에게 던져주었다. 큰 수컷들은 큰 덩어리를 차지하려고 싸웠고 암컷들은 한 조각이라도 주우려고 그 사이로 뛰어들었다. 작은 새끼들도 부스러기라도 얻으려고 달려들었다. 그들의 죽음이 보장되었다. 그리고 아니나 다를까 나는 이따금 셈이나 사울 혹은 이새가 그 난장판 속에서 한 조각 얻어먹으려고 달려가는 것을 발견하곤 했다.

나는 그 마사이 족을 죽이고 싶은 분노에 빠져들었다. 내 칼을 훔쳐간 것은 그들이었다. 나는 그들이 훔쳐간 결핵 칼에 대한 경고를 해주려고 그곳에 가려다가 그만두었다. 쓸데없는 짓이었다. 지옥에나 가길 바랄 뿐이었다. 그들이 내 개코원숭이들에게 감염시킨 소 결핵에 대한 생각으로 되돌아갔다. 이상하게도 안도감이 느껴졌다. 재앙에도 불구하고 우리는 이상한 결핵 변종과 이상한 증상의 원인에 대해 설명할 수 있게 되었고 이제 어떻게 해야 하는지 답이 나왔다. 육류 검사관을 교체하여 그런 식의 작업 공정을 근절시키면 결핵이 중단될 것이고 일부 동물들은 구조될 것이다. 나는 기쁨에 한발 다가섰다. ─ 답에, 선택에, 희망에 말이다.

로스와 술러맨은 이곳을 떠나 그들의 일상으로 돌아가야 했다. 나는 짐에게 편지를 써서 그들 편에 보냈다. 그 편지에 이곳의 도살 관련 밀거래에 대해 상세히 기술했다. ─ 우리가(아마도 리키와 함께) 올레멜레포를 운영하는 체인인 사파리 호텔의 대표를 즉시 찾아가 그들의 행위를 근절시키도록 해야 하며, 만약 그들이 그렇게 하지 않는다면 언론에 알리겠다고 협박해서라도 문제를 해결해야 한다고 썼다.

편지를 받은 짐은 그날 밤 내게 즉시 나이로비로 좀 와달라고 무전을 쳤고 나는 흥분했다. 나는 그다음 날 바로 떠났다. 문제를 해결하기 위한 행동에 돌입할 준비를 하고 말이다. 그런데 짐은 그런 일은 일어나지 않을 거라고 했다.

케냐에서 관광 사업은 외화 수입의 가장 큰 원천이다. 그것이 차지하는 비율이 미국에서 강철, 자동차, 가솔린 사업을 합한 것보다 더 크다. 저명한 영국 식민지 통치 국가 출신 가족이 소유한 사파리 호텔들은 이 나라에서 가장 큰 체인들 중 하나였다. 올레멜레포는 그들의 주력 호텔들 중 하나였다. 게다가 이곳은 힘 있는 사람들이 원하는 것은 무엇이든 할 수 있는 곳이었다. 일례로 한 정부 관료의 미망인이 코끼리 밀렵을 한다고 알려진 곳이었고, 총기를 가진 관리인들이 월급날마다 호텔 직원을 갈취하는 곳이었고, 한번은 한 정부 각료가 곡식이 부족할 것이라는 예상하에 사재기를 하여 기근을 획책하고 자신의 배를 채운 곳이었다. 짐은 나도 자신도, 심지어 국제적으로 가장 잘 알려진 케냐의 주민이자 자신의 상관인 리처드 리키도 사파리 호텔들의 대표를 만나 고기 영업을 근절시키라고 말할 수 있는 처지가 못 된다고 했다. 그리고 올레멜레포의 결핵 고기에 대해 대중 매체의 이목을 끌기도 어렵다고 했다. 나는 간청했다. 우리는 갈팡질팡했다. 그는 내게 보호 구역으로 돌아가 결핵에 대한 연구를 계속 하라고 했다. 그는 자신이 할 수 있는 일이 없는지 최대한 알아보겠다고 했다.

나는 지금까지 살아오면서 그토록 깊은 분노 속에서 허우적거려 본 적이 없다. 그토록 깊은 적의를 느끼고 그토록 좀먹듯이 파고드는 배신감에 치를 떨어본 적이 없다. 나는 짐의 요구대로 원래 자리로 돌아왔지만 분노감 속에 침잠하여 로렌스를 제외한 누구에게도 내밀한 이야기를 하지 않았다. 나는 매일같이 복수를 하겠다는 환상에 사로잡혀 있었다. 심지어 그중 몇 가지는 기초 작업에 착수하기도 했다. 나는 나의 개코원숭이들을 보호하고 그들을 구할 것이다. 나는 나 자신을 보호할 것이다. 나는 복수할 것이다. 나는 다시 다팅을 하고 짐의 책상으로 갈 예정인 자료 공책에 질병의 확산을 체계적으로 기록하는 일로 돌아갔다. 하지만 나는 다른 것도 시작했다. 나는 개코원숭이들이 도살 현장 주변에 모여 있는 장면과 쓰레기 하치장에서 쓰레기를 두고 서로 싸우는 장면을 사진으로 찍었다. 나는 어느 날 아침 또 다른 필름 한

통을 사용해 은밀한 사진을 찍었다. 결핵 말기의 병든 개코원숭이 한 마리가 올레멜레포로 흘러들어가는 개울가에서 비틀거리고 있을 때 그를 따라갔다. 그는 결국 그곳에서 쓰러졌고 나는 올레멜레포 숙소를 배경으로 그의 사진을 찍었다. 나는 관광객들에게 초대받는 기회가 생기는 족족 고기가 나오면 거의 먹지 않고 제일 붉은 부분을 가져간 상자에 들어 있는 포르말린 통에 슬쩍 집어넣었다. 나는 같은 목적으로 팀파이에게 고기를 샀다. 나는 제보자에게 결핵에 걸린 소가 들어올 때를 지켜보고 있다가 그것을 사서 포르말린 통에 넣어달라고 했다. 나는 증거를 가지고 싸울 생각이었고 미국 신문에 대문짝만 한 머리기사가 나오게 할 생각이었다. "케냐 최고의 관광 숙소에서 결핵에 걸린 고기를 관광객들에게 먹이다" 나는 내 개코원숭이들을 구할 수 있다면 어떤 정보라도 손에 넣을 생각이었다. 만약 내 개코원숭이들을 잃게 되면 그들의 모든 것을 무너뜨릴 생각이었다. ―올레멜레포도, 사파리 호텔도, 그리고 그들의 소유주도, 팀파이도, 케냐의 관광 산업도, 빌어먹을 나라와 그 경제도. ―나는 내 개코원숭이들을 위해 복수를 할 것이다.

나는 몇 가지 합리적인 일을 시도했다. 그중 하나는 팀파이에게 가서 직접 물어보는 것이었다. 만약 아프리카 인들이 다른 지역 사람들보다 더 양면적인 특성을 가지고 있다면, 그런 양면적인 인간의 대표는 팀파이일 것이다. 한편으로는 그는 성격이 싹싹하고 잘 웃고 너그러웠으며, 마사이 족 공동체의 연장자 중 한 사람이었다. 그는 마을에서 온 마사이 족들이 집으로 돌아갈 방법이 없어 올레멜레포에서 오도 가도 못하고 발이 묶여 있을 때면 머물 곳을 마련해 주었으며 모두에게 차를 대접했다. 그는 어울리지 않게 사람들과 인사를 할 때 잘 껴안았는데 그들로서는 이례적인 몸짓이었다. 그는 전형적으로 관대하고 따뜻한 이

옷집 아저씨 같은 캐릭터였으며 존경받는 동시에 반드시 필요한 도살업자였고 현자였고 차를 나누어주는 사람이었다. 또 다른 면에서 보면 그는 다른 아프리카 인들과 조금도 다르지 않게 도덕관념이라곤 없는 완전히 부패한 인간이었다. 올레멜레포에서 그의 공식 직함은 기상학자였다. 그것은 그가 매일 비의 양을 측정하여 기록해야 함을 의미했다. 하지만 그는 수년간 이것과 관련된 자신의 일은 하지 않았다. 눈물 젖은 편지를 정부에 보내 보조자들을 얻어낸 다음 그들에게 일을 떠맡기고는 자신은 근무 시간에 불법 도축을 했다. 그는 속이기도 잘했고 이후에 인정하기도 잘했다. 그는 가장 노골적인 부패 행위로 숙소 직원 절반을 독살할 뻔했다. 외지의 마사이 족 몇 명이 늙고 노쇠하고 거의 혼수상태인 소를 도살하기 위해 팀파이에게 데려왔다. 소를 트럭 뒤에 싣고 온 그들은 목적지에 도달하자마자 소가 이미 두 시간 전에 죽은 것을 발견했다. 소는 이미 뻣뻣하게 굳어 있었다. "아무 문제 없어요." 그들은 소 값을 깎아주고 팀파이와 육류 검사관에게 약간의 현금을 찔러주었다. 팀파이는 뻣뻣하게 굳은 소를 들판에서 도축했다. 그는 고기를 사람들에게 팔았고 모두 병이 났다. 경찰이 조사하러 왔지만 팀파이와 육류 검사관은 뇌물로 사태를 수습했다.

나는 팀파이와 차를 마시다가 갑작스럽게 물었다. "병든 소를 도살해도 되나요?", "오, 안 되죠.", "병이 안 들었는지 어떻게 알죠?", "육류 검사관이 말해주죠.", "그는 어떻게 알죠?", "오, 그는 척 보면 알아요." 그리고 그는 반쯤 벗고 있는 마사이 족 육류 검사관을 가리켰다. 그는 술에 취해 게슴츠레해진 눈으로 바닥에 앉아 있었다. 팀파이는 일종의 블랙 유머로 내 기억에 길이 남을 말을 했다. "소가 여기 올 때 그는 심장, 위, 간, 폐, 뇌, 내장을 보죠. 그리고 조금이라도 잘못된 부분이 있

453

으면 도살을 허락하지 않아요." 팀파이는 기분 좋은 표정으로 말했다. "검사관은 좋은 사람이에요. 우리에게 이것 저것 많은 일을 시키죠. 신의 축복을 받아서 사람도 좋고 들어오는 소도 좋아요."

결국 팀파이는 개코원숭이들의 죽음을 막기 위해 일을 포기할 생각이 전혀 없었다. 어쩌면 훨씬 더 합리적인 해결책은 다른 사람들이 들고일어나 도축을 정지시키도록 올레멜레포에서 한바탕 난리를 치는 것일 수도 있었다. 즉, 가두 연단을 만들어 그 위에 올라가 "여러분, 여기 리버 시티에 무슨 문제가 있는지 아십니까? 여러분의 이웃인 팀파이와 육류 검사관이 여러분에게 결핵에 걸린 소의 고기를 내놓고 있습니다." 라고 외치는 것이다. 복수심에 불타는 광분한 사람들이 생길지도 모른다. 그러면 그가 공동체에 고기를 속여 파는 일은 더 이상 일어나지 않을지도 모른다. 그런데 말이다. 이것은 효과가 없을 것이다. 아무도 관심을 기울이지 않을 것이기 때문이다. 팀파이가 죽은 소를 도살해서 모두를 독살할 뻔했을 때 일부 짜증 내는 사람은 있었지만 그 이상은 없었다. 격분 비슷한 것은 찾아보려야 찾아볼 수가 없었다. 나는 사람들에게 물어볼 것이다. "무슨 일인지 모르나요? 화나지 않아요?" 그러면 그들은 이렇게 대답할 것이다. "음, 팀파이와 육류 검사관도 이제 알았을 거예요. 이제 그렇게 하면 경찰에 많은 벌금을 물어야 할 것이니 두 번 다시 그렇게 하지 않을 거예요.", "그래요, 그런데 그는 여러분을 독살할 뻔했어요. 잘못하면 여러분과 여러분의 아이들이 죽을 수도 있었어요.", "예, 그래요. 그것은 좋지 않아요." 그런 다음 그들은 전형적으로 체념한다는 뜻의 마사이 어 "두니아."를 말할 것이다. 그것은 "세상이란 원래 그렇고 그렇다."라는 뜻이다. 사실 팀파이가 악의 화신인지 늙고 관대한 지인인지 헷갈리는 기간 중에 나는 이 '두니아'라는 말에서 혜안을 얻었다. 통찰력의 도움을 받았다. 이웃을 독살할 뻔하더라도 그들 스스로가 그것을 짜증을 훨씬 넘어서는 것이라고 여기지 않으면 그것은 특별히 사악한 것은 아니다. 만약 팀파이와 육류 검사관이 그들을 결핵에 걸리게 한 것으로 밝혀져도 그들은 개의치 않을 것이다. 그들은 마치 팀파이와 육류 검사관이 저지른 일을 상쇄시킬 만큼 그 둘에게 많은 것을 기대하는 것 같았다.

이 역겨운 기간 중 어느 순간 나는 중요한 것을 발견했다. 겉으로는 건강해 보이는 숙소 암컷 중 하나가 양성 반응을 나타냈다. 나는 그녀의 목을 자르고 해부했지만 아무것도 발견하지 못했다. 내장이나 위에 혹이 없었다. 폐에도 병변이 없었다. 정신이 확 들고 흥분한 나는 폐를 샅샅이 살펴보았고 오른쪽 위쪽 구석에서 작고 건조한 결핵 결절 하나를 발견했다. 치즈처럼 응고되지도, 물처럼 흐르지도, 들러붙지도 않았다. 그것은 일종의 연골로 된 포장지에 싸인 작고 썩은 주머니였고 폐의 나머지 부분과 격리되어 있었다. 다른 것은 없었다. 그것은 노출로 이어질 수도 있었고 발병의 시작점이 될 수도 있었고 회복으로 이어질 수도 있었다. ─야생에서는 자연적인 저항력이 있을 수 있었다.

나는 그것을 다른 모든 것과 함께 신중하게 기록으로 작성했다. 이제 너무 조심스럽고 때문어서 어떤 특별한 사실에 희망을 느끼지 못하면서 말이다. 그리고 다시 본국으로 들어가야 할 때가 되었다. 현지 연구 시즌이 끝났고 미국 실험실로 돌아가서 아홉 달 동안 머물러야 했다. 이제 모든 것이 나 없이 진행되어야 할 것이다.

내가 발견하고 수집한 사실들을 요약하면 다음과 같다.

- 쓰레기 하치장 무리는 약 65%가 이 질환에 감염되었고 그들은 거의 떼죽음을 당했다. 멀리 떨어진 무리에는 감염 사례가 없었다. 내 연구 무리는 수컷의 2/3가 결핵 양성 반응을 나타냈는데, 그들은 소가 도살될 때 고기 조각을 얻어먹으려고 싸우는 모습이 발견되었던 것들이었다.

- 원칙적으로 모든 것을 잃은 것은 아니었다. 그 질병은 실험실에서와는 다르게 작용하였다. (적어도 한 사례의) 자연적인 저항력과 회복 혹은 적어도 차도가 있을 수 있었고, 인간 결핵과 달리 기침을 통해 개체에서 개체로 이차 전이가 되는 경우는 많지 않거나 거의 없는 것으로 보였다. 숙소 원숭이들의 경우에 폐만 감염이 되고 내장 병변이 없는 경우는 한 건도 없었다. 뿐만 아니라, 내 무리에서는 내가 도살하는 곳에 가는 것을 본 개체나 그곳에서 고기를 얻어먹으려고 싸우는 것을 본 개체만 양성 반응을 나타냈다. ─암컷들과 성인기 직전의 수컷들 그리고 노년기의 수컷들은 깨끗했다. 개코원숭이들은 결핵을 서로에게 옮기고 있지 않았으며, 적어도 실험실에서처럼 빠른 속도로 옮기고 있지는 않았다. 모든 경우에 고기가 매개체였다. 만약 결핵의 원천이 차단될 수 있다면 더 이상 새로운 감염은 없을 것이다. 그리고 이미 감염된 것들의 일부는 생존할 수 있을지도 모른다. 핵심은 육류 검사관을 교체하여 그런 식의 작업 공정을 근절시키는 것이다.

- 방화선을 구축하는 것은 의미가 없다. 야생에서 개체에서 개체로의 이차 전이가 거의 혹은 전혀 일어나지 않는다면, 엄청난 전염성으로 그 지역의 모든 개코원숭이들이 몰살될 염려는 없다. 그리고 설사 이차 전이가 일어난다고 해도, 우리가 쓰레기 하치장 무리를 몰살시킨다 해도, 우리가 내 연구 무리를 포함해서 인근 무리를 몰살시킨다고 해도, 결핵에 걸린 고기를 없애지 못하면, 가장 가까운 무리가 또 팀

파이가 있는 곳으로 가서 그가 버린 고기를 먹는 것은 시간문제일 뿐이다. 그러므로 반드시 육류 검사관을 교체해야 한다.

- 하지만 육류 검사관이 바뀔 조짐은 보이지 않았다. 짐은 자신이 할 수 있는 일이 없는지 알아보겠다고 했지만 장담하지는 못했다. 자신의 상관인 리키에게는 뭔가를 해야 하지 않겠느냐고 밀어붙이곤 했지만 내게는 숨죽이고 있으라는 말만 했다. 그러는 동안 그는 경솔한 정보가 들어 있는지 자신이 검열하겠다는 조건으로 나에게 결핵 발생에 대한 보고서를 작성하도록 인가해주었다. 그리고 그는 나에게 모든 것에 대해 침묵을 지키라고 말했다.

나는 다시 미국으로 돌아가기 전에 개코원숭이들과 마지막 아침을 보냈고 언제나 그렇듯이 놀라운 속도로 내 세계로 돌아왔다. 매년 그렇듯이 그동안 하지 못했던 뜨거운 샤워를 하고 쌀과 콩과 고등어가 아닌 것으로 목에 기름칠을 하고 친구를 만나 시즌 중에 있었던 모험 이야기를 하며 그들을 즐겁게 해주었지만 결핵에 관한 이야기는 하지 않았다. 서서히 나는 일상으로 돌아갔다. —나는 개코원숭이들의 혈액 샘플을 분석하기 시작했다. 나에게 연구비를 지원해주는 단체에 결핵에 관한 것은 일체 언급하지 않았고 왜 그 시기에 별로 한 것이 없는지 그냥저냥 해명거리를 찾아냈다. 나는 케냐로 가기 전에 실험실에서 하고 있던 실험을 기억해내어 다시 시작했다. 그리고 리사와 결핵에 대해 마음을 졸이며 이야기를 나누었다.

케냐에서 새로운 소식은 없었다. 짐이 내 편지 세례에 답장을 해주었고 가끔씩 국제 전화를 걸어 리키가 힘을 쓰고 있지만 아직 구체적으로 해결된 것은 없다는 소식을 전해주었다. 제보자 역시 가끔씩 편지를 보냈다. 그는 자신의 역할을 잊었는지 개코원숭이들이나 도살에 관한 언급 등 도움이 될 만한 정보는 거의 없었고 다시 케냐로 들어올 때 라디오 하나만 사다달라고 하면서 그것에 대한 장황한 내용을 늘어놓았다.

나는 결핵에 대해 공부했고 그 주제에 관한 영장류 연구 문헌을 읽었다. 병리학 논문들은 어떤 유형의 병변이 처음 어디서 진행되는지에 집중되어 있었고 부검할 때 내가 발견했던 썩은 부분에 대한 기술적 용어를 가르쳐주었다. 전염병학 논문들은 "1947년 식민지 가축병 치료와 관련된 조사의 일부로서 잠베지 강 상류 지역의 수많은 원숭이를 샘플로 했으며, 그중 x%에서 결핵이 발견되었다."와 같은 것이었다. 이것은 아무도 야생에서의 결핵의 역동성에 대해 모른다는 것을 확인시켜줄 뿐이었다. 실험 논문들은 실험실에서 원숭이가 다른 원숭이에게 결핵을 어떻게 옮기는지에 대해 집중되어 있었다.—"영장류를 데려와 아픈 동물의 음식이나 물병 그리고 공기에 노출시키면 병에 걸릴까?" 이것에 대한 예측은 다음과 같이 서로 상충되었다. "야생에서 결핵은 낮은 개체 밀도 때문에 틀림없이 실험실에서보다 덜 치명적일 것이다.", "야생에서 결핵은 더 친밀한 사회적 상호 작용 때문에 틀림없이 실험실에서보다 더 치명적일 것이다." 무엇이 답인지 누가 알랴?

나는 짐과 그의 수의사들과 함께 병리학과 전염병학 관련 내용을 상술하면서 결핵 논문을 작성하기 시작했고 승인을 얻기 위해 리키에게 초안을 보냈다. 그것을 기술할 때에는 세심한 주의가 필요했다. 정확히 케냐 어느 곳이 논의되고 있는지, 관련된 관광 숙소가 있는지는 드러나지 않게 해야 했다. 그 논문은 미국의 모든 커피 탁자를 장식하는 두 간행물인 『야생 동물의 질병(Journal of Wildlife Diseases)』과 『의학 영장류학(Journal of Medical Primatology)』에 실렸다. 나는 세심한 독자가 행간을 통해 진짜 이야기를 알아차릴 수 있을 것이고 그 글들이 과학계의 분노와 행동을 유발할 것이라고 상상했다. 하지만 대여섯 명의 독자들이 이 모호한 논문의 제목과 요약을 힐끗 보았을 뿐인 듯했고, 그들의 침묵으로 인해 나의 분노와 고립감은 더욱 강해졌다.

나는 복수에 사로잡혀 수많은 시간을 보냈다. 나는 환상 속에서 육류 검사관을 죽여버리고 사파리 호텔에 규정을 준수하라고 협박했다. 그곳은 영국 왕실이 공식 방문 중에 머무는 숙소 중 하나였기 때문에 (식민지 시절로 돌아가면 이 지역은 왕실 가족의 사냥터 중 하나였다.) 나는 엘리자베스 여왕을 협력자 목록에 넣어볼까 하는 생각도 했다. 심지어 편지의 첫머리에 이렇게 쓰는 것을 계획하기도 했다. "여왕 폐하께서 최근에 동아프리카를 방문하시는 중에 결핵에 걸린 고기를 드셨을 가능성이 있다는 사실에 대해 관심이 있으실지 모르겠습니다." 나는 도살업자인 팀파이가 제공한 고기로 그녀의 점심이 요리되지 않는다는 것을 알고 있었지만 그보다 자극적인 서두는 없을 것이라고 생각했다. 나는 편지가 그녀의 비서 똘마니들을 통과할 수 있도록 하기 위해 갑작스럽게 자격 요건을 갖출 것이다. 그녀는 공포에 질릴 것이고 내 이야기에 동정심이 일어날 것이고(나는 이 기간 중에 왕당파가 되었다.) 사파리 호텔들의 영국 소유주들과 육류 검사관을 런던 탑에 가두라고 명령할 것이다. 나는 상상에만 그치지 않고 실제로 편지 초안을 작성했다.

나는 다른 계획도 세웠다. 한 과학 작가가 하이에나 연구가 로렌스의 연구 작업에 대한 개요를 『뉴욕 타임스』에 실었다. 나는 그녀를 찾아가 내 이야기를 할 계획을 세웠다. 나는 머리기사의 제목을 이리저리 궁리했다. 하지만 나는 그녀에게 가지 않았고 여왕에게 편지를 쓰지 않았다. 좋은 소식이 없는지 짐을 닦달하고 요청했을 뿐이었다. 그러다 나는 내 개코 원숭이들의 비극이 다른 사람들에게는 별것 아닌 일임을 알아차리게 되었다. 개코원숭이들은 멸종 위기에 있는 종도 아니고 사람들이 좋아하는 종도 아니다. 결핵이 인간에게 크게 위협적이지도 않는 데다 아프리카에는 이미 결핵이 만연해 있으며 서구는 이에 대해 무관심하다. 이 이야기는 매우 부패한 나라에서 일어나는 작디작은 부패 이야기에 불과하다. 대신 나는 기다렸고 기대했고 곪아갔다. 그리고 결국 다음 여름 시즌을 위해 돌아갈 때가 되었다.

나는 돌아갈 때가 되면 언제나 참을성을 잃고 몸을 비튼다. 급히 작별 인사를 하고 공항으로 달려간다. 기내에 앉아 있는 끝없는 시간 동안에도 마음만은 달리고 있다. 나이로비에서 필요한 일을 재빨리 처리하고 보호 구역으로 이어지는 소도시의 외곽과 리프트 밸리, 그리고 먼지투성이의 길을 재빨리 통과한다. 검문소와 다양한 숙소에서 재빨리 인사를 나누고 끝없이 악수하고 비슷한 대화를 수없이 반복한다. 마침내 내 텐트로 달려가 다시 냄새를 맡고 작년의 산들이 여전히 거기에 있다는 사실에 감탄하며 개코원숭이들을 찾으러 달려간다.

운이 좋으면 그들은 고맙게도 내가 간 첫날에 모습을 보여주고 탁 트인 들판으로 이동한다. 그곳은 그들을 한꺼번에 불러모을 수 있고 그들과 흥청거리며 놀 수 있는 곳이다. 그들을 만나기 직전에, 나는 이상한 궁금증에 휩싸인다. ― '이곳에 개코원숭이들이 있었나?', '그들이 상상이 아니었을까?', '이곳이 상상이 아니었을까?' 잠시 떨어져 있는 동안 중요하지만 기본적인 세세한 특징을 잊어버린 것 같은 생각이 든다. ― '개꼬원숭이들에게 꼬리가 있나?', '그들에게 뿔이 있는데 내가 잊어버렸나?', '내가 그들 중 누군가를 알아볼까?', '그들 중 누군가가

나를 알아볼까?'

　그런데 갑자기 그들이 나타난다. 나는 감격해서 목이 멘다. 나는 그들 사이를 돌아다닌다. ─누가 작년과 똑같고 누가 더 늙었고 누가 새로운 흉터를 가지고 있고 누가 새로운 사춘기 근육을 가지고 있는지 알게 된다. 새로 태어난 새끼들을 발견하고 엄마 없이 노는 모습만으로 누구의 새끼인지 유추해본다. 정말 빠른 속도로 새로운 우두머리 수컷을 찾아낸다. 어떤 동맹이 여전하고, 어떤 우정이 더 견고해졌는지, 누가 누구와 불화를 겪는지 알게 된다. 한 해 전의 어떤 녀석이 사춘기로 힘들어하면서 수컷들 앞에서 바보 같은 짓을 하는지, 어떤 볼품없던 녀석이 사춘기에 접어들어 극도로 나쁜 공격적인 수컷이 되었는지 알게 된다. 새로 전입한 수컷들에 대해 이해하고 그들에게 개성을 부여하며 그들이 단지 새롭고 친숙하지 않다는 이유로 모두 악하다고 여기지 않으려고 노력한다. 이어지는 몇 주 동안 이웃 무리를 방문해 지난해 사춘기 수컷들이 어디로 이동했는지 살펴본다. 그리고 당연히 누가 더 이상 보이지 않는지도 알게 된다.

　그 사건을 겪은 다음 해도 다르지 않았다. 숙소에서 악수하고 미국에 있는 모든 사람들의 안부를 묻고 답하는 절차를 거치고 고향의 날씨와 농작물에 대한 이야기를 했다. ─관리인들, 웨이터들, 기능공들, 보조 매니저, 무전 교환수, 관광 밴 운전사들, 그리고 팀파이와 육류 검사관과 말이다. 우리는 캠프를 새로 설치했다. 작년에 해체했던 물품 저장 텐트를 새로 세우고 화장실용 구멍을 파고 배수로를 파고 원심 분리기를 시험하고 블로건을 청소하고 고등어 통조림을 정돈하고 생각할 수 있는 모든 잡다한 일을 했다.

　개코원숭이들은 다시 내게 환영 선물을 주었고 동틀 무렵 광활한 들판으로 나왔다. 바로 그날, 그리고 그다음 몇 주 동안 나는 그 지독한 해가 그들에게 어떠했는지 알게 되었다. 실험실과 달리 야생에서는 개체에서 개체로의 결핵의 이차 전이가 거의 없음을 확실히 알게 되었다. 그것은 정말 들불처럼 번지지 않는다. 그리고 이전 해의 한 사례처럼 야생에서는 자연적 저항력이 효력을 나타내는 드문 사례가 있을 수 있음을 보여주는 더 많은 증거를 수집했다. 그럼에도 불구하고 라틴 학명이 파피오 아누비스(papio anubis)인 올리브 개코원숭이에게는 결핵에 걸린 고기가 주요 감염 매개체로서 치명적인 역할을 함을 알게 되었다.

그리고 그 전염병은 사울을 데려갔다. 내가 이전에 기술한 것처럼 그는 내 팔에 안겨 죽었다.

그리고 다윗도 데려갔다.

그리고 다니엘도.

그리고 기드온도.

그리고 압살롬도.

그리고 그 전염병은 므나쎄도 데려갔다. 그는 숙소에서 웃고 있는 직원들 앞에서 괴로움에 몸부림치며 죽어갔다.

그리고 요나단도.

그리고 셈도.

그리고 아담도.

그리고 스크래치도.

그리고 그 전염병은 나의 베냐민도 데려갔다.

몇 년이 지난 후에 나는 이 글을 쓴다. 나는 아직도 죽은 개코원숭이들을 위한 위령 기도문을 찾아내지 못했다. 아이였을 때, 우리 민족의 유대교를 믿었을 때, 카디시(죽은 이를 위한 유대 인들의 기도문. 이 기도문에는 죽은 이를 위해 기원하는 내용은 없고 하나님을 찬양하는 내용만 담겨 있다. - 옮긴이)를 배웠다. 아버지의 무덤 앞에서 한 번 전통에 대한 기계적인 순종으로 먹먹하게 낭송한 적이 있었지만 무신론자인 나에게는 존재하지 않는 신의 행동과 변덕에 대한 찬미였을 뿐이었다. 그래서 그 기도문은 개코원숭이들을 위한 기도문으로 알맞다는 생각이 들지 않았다. 나는 일본 영장류 센터에 죽임을 당한 영장류를 기리는 신도(神道) 기도문이라는 것이 있다고 들었다. 그 기도문은 성공한 사냥꾼들이 자신들이 죽인 동물을 위해 올리는 기도와 성공한 군인들이 자신들이 죽인 적을 위해 올리는 기도가 합쳐진 것이라고 한다. 하지만 내가 아무리 이 동물을 쫓아다니며 블로건으로 다팅을 했을지언정 맹세컨대 한 번도 그들의 사냥꾼이었던 적이 없었고 한 번도 그들이 나의 적이었던 적이 없었다. 그래서 그 기도문은 개코원숭이들을 위한 기도문으로 알맞다는 생각이 들지 않았다. 세계는 이미 너무 많은 비탄의 말로 채워져 있지만 어떤 말도 내 마음에 절실하게 다가오지 않았다. 대신 개코원숭이들은 내 머릿속에 한 줌 재로 남아 있다. 내 아버지의 치매와 너무 느리게 진행되어 그에게 도움이 되어주지 못했던 내 과학의 재, 죽음의 수용소에 있었던 내 조상들의 재, 내가 리사의 말을 지독하게 안 들었을 때 그녀가 흘린 눈물의 재, 내 실험실에서 죽은 쥐들의 재, 매년 통증이 더 심해지는 등과 우울증의 재, 내가 이 글을 타자로 치고 있는 지금 '오늘 저 아저씨가 우리에게 먹을 것을 줄까?' 하고 궁금해하며 나를 지켜보고 있는 배고픈 마사이 족 아이들의 재와 함께 말이다.

세월이 지나면서 나는 흔히 말하는, 균형감을 얻었다. 나는 더 이상 그 기간에 대한 기억으로 밤에 분노하지 않는다. 나는 더 이상 내가 언젠가 사냥할 인간들의 목록을 마음속에 간직하고 있지 않다. 나는 이 글을 쓰면서 케냐 경제가 붕괴되거나 그곳의 관광 사업이 파괴되거나 심지어 올레멜레포 숙소가 망해버리기를 바라지도 않는다. 그곳 매니저들은 여전히 나를 점심 식사에 초대하고 물품 배달 트럭은 여전히 내가 애타게 기다리는 편지를 전해주고 나는 여전히 그곳 화장실에서 주기적으로 휴지를 훔친다. 나는 더 이상 악의가 없다는 증거로 올레멜레포 숙소의 실제 이름과 사파리 호텔들의 실제 이름을 밝히지 않는다. 육류 검사관과 팀파이는 은퇴했고, 그 후에 결핵은 더 이상 발생하지 않았다. 걷잡을 수 없는 아프리카의 에이즈, 사막화, 전쟁 그리고 기아는 나의 특별한 작은 멜로드라마를 이기적이고 시시한 것처럼 보이게 만든다. 지구 상의 다른 쪽에 있는 동물들에 대해 감상에 빠질 만큼 편안하고 특권을 누리는 흰둥이에게만 비극이 될 뿐인 그런 것 말이다. 하지만 그래도 나는 여전히 그 개코원숭이들이 그립다.

나는 보호 구역의 텅 빈 한쪽 모퉁이에서 새로운 무리로 연구를 시작했다. 리처드가 그들과 친숙해지기 위해 힘들게 일했고 허드슨이 곧 프로젝트에 다시 합류했다. 얼마 지나지 않아 그 모퉁이는 예상한 대로 새로운 숙소와 관광 캠프들로 채워졌고 마사이 족이 바로 옆까지 침범했다. 이미 새로운 무리의 수컷 중 한 마리가 결핵의 첫 희생자가 되었고, 몇 마리가 관광객이 없을 때 따분한 경비들에게 심심풀이로 죽임을 당하는 첫 희생자가 되었다. 그리고 마사이 족은 나를 상대로 새로운 게임을 개발했고 나는 아직도 그 게임으로부터 탈출구를 찾지 못했다. 한 예로, 바로 이번 주에 마사이 족 한 명이 우리 캠프에 와서 어떤 불한당 같은 개코원숭이 한 마리가 갑자기 덤불숲에서 튀어나와 자신의 염소를 죽였다고 주장했다. 그에게 자세히 물어본 결과 많은 모순점이 발견되었다. 우리는 우리 무리의 개코원숭이 중 한 마리일 리가 없으며 어쩌면 그런 일은 애초에 일어나지 않았을지도 모른다는 결론에 도달했다. 하지만 오후 무렵에 노인 한 무리가 우리를 찾아와 사건의 심각성을 다시 일깨웠고 염소 주인이 개코원숭이들을 창으로 찔러 앙갚음하지 않도록 말릴 수 있는 방법을 넌지시 비쳤다. 개코원숭이를 구하려면 어쩔 수 없이 가상의 염소 값을 물어주어야 하는 상황이 되었다. 그렇게 해도 내가 자리에 없을 때면 창 사용법을 배우는 아이들이 개코원숭이와 혹멧돼지를 대상으로 창 연습을 할 것이지만 말이다. 우리는 염소 값에 대해 입씨름을 했고 나는 전염병의 시간으로부터 메아리치는 분노감을 억누르고 그날 오후에 다시 작업으로 돌아갔다. 이러한 실용주의와 초연함에도 불구하고 나는 여전히 그 개코원숭이들이 그립다.

새로운 무리를 통해 나는 흥미로운 과학 연구를 했다. 나는 이들을 좋아하지만 이전의 것들보다 훨씬 더 좋아하지는 않는다. 그리고 매년 그들의 행동에 대한 관찰은 줄어들고 생리학에 대한 관찰은 늘어난다. 어느 정도는 내가 그들에게 애착을 느낄 정도로 잘 알지 못하기 때문이다. 나는 이제 이곳에서 연구를 맨 처음 시작했을 때와는 다른 사람이 되었고 다른 지점에 있다. 한때 내가 스무 살이었을 때 나는 오직 물소만을 두려워했고, 모험을 하기 위해, 기쁨에 넘치는 일을 하기 위해, 그리고 우울감을 떨쳐버리기 위해 이곳에 왔고, 개코원숭이 무리에게 무한한 사랑을 쏟았다. 그로부터 20여 년이 지난 지금, 나는 연구 보조금과 예산의 균형을 맞추지 못하는 것이 두렵고, 실험실 연구에 대해 명확하게 생각하기 위해, 잠을 자기 위해, 그리고 끝없는 학교 위원회의 요구를 잠시 피하기 위해 이곳에 온다. 그리고 그 개코원숭이들을 여전히 그리워함에도 불구하고 내가 이제 무한한 사랑을 쏟는 대상은 리사와 나의 소중한 두 아이, 벤자민과 레이철*이다.

처음 연구했던 무리는 여전히 존재한다. 작은 무리인 그들은 유대감이 강하고 서로에 대한 공격성이 현저히 낮다. 그들은 수적으로 너무 적어서 나는 그들에 대한 연구를 계속 진행할 수 없었고 이제는 절반 가까이 누가 누구인지 모른다. 룻, 이삭, 라헬, 닉 등 처음부터 있었던 녀석들이 모두 사라지고 없다. 최후의 생존자—여호수아를 제외하면 말이다. 여호수아는 결핵 고기의 유혹에 저항했고 따라서 전염병을 피했다. 여호수아는 자신이 잠시 우두머리 수컷 자리를 차지한 다음 베냐민을 지지했던 서열이 불안정한 시기 중의 이례적인 봄을 제외하면, 수컷 개코원숭이들 사이의 대결과 송곳니 공격, 그로 인한 부상의 누적을 피했다. 그리고 지금 그는 파파노인이 되었고 첫아이인 오바댜는 이미 언덕을 넘어 먼 무리 속으로 가버린 것이 틀림없었다. 여호수아는 어린 새끼들이 자신의 주변에서 놀 때 앉아 있고, 심란하게 암컷들에게 인사를 하고, 공격적인 사춘기 수컷들에 의해 외톨이가 된다. 그리고 무리가 이동할 때면 맨 뒤에서 터벅터벅 걷는데, 그런 그를 보면 포식자들에게 지나치게 노출된 것 같아서 걱정스럽다. 노년이 되자 그는 엄청나게 방귀를 뀌어대기 시작했다. 그는 쇠잔함과는 거리가 멀었고, 어떤 일이든 차분하게 대처하는 그의 성향은 나이가 들면서 오히려 더

---

* 벤자민과 레이철·· 각각 구약 성서에 나오는 이름이자 개코원숭이들의 이름인 '베냐민(Benjamin)', '라헬(Rachel)'과 영어 표기가 같다.

강해졌다.

이 시즌에 우리는 벌벌 떨고 심한 죄책감을 느끼며 그를 다팅했다. 그에 대한 자료를 얻는 것이 중요했기 때문이었다. 우리는 그가 코를 골고 침을 조금 흘리고 계속 방귀를 뀌어대면서 마취에서 회복될 때까지 끝없이 조바심을 쳤다. 우리에서 내보낼 때가 되었을 때 그는 보기 드문 행동을 했다. 보통 내가 문을 당기기 위해 우리 위로 올라가면 갇혀 있던 개코원숭이는 으르렁거리고 우리를 내리치고 데르비시(금욕적인 이슬람교 일파의 수도승. 예배 때 빠른 춤을 춘다. - 옮긴이)처럼 빙빙 돌며 난리 법석을 떤다. 그리고 문이 열리면 초고속으로 질주해 달아나거나 드물게는 나에게 죽일 듯이 덤벼들기 위해 돌아온다.

우리는 나무 뒤에 비스듬히 놓여 있었다. 내가 다가가자 여호수아는 나무의 좌우로 조용히 나를 엿보았다. 마치 아주 오래전에, 동맹이 깨져 미묘하게 대립하던 베냐민과 피해망상증 환자들처럼 엿보기 놀이를 했을 때처럼 말이다. 내가 우리 위에 올라가 고무 끈을 풀기 시작했을 때 그는 움직이지 않고 손을 우리 밖으로 쑥 내밀어 내 발 위에 올려놓았다. 그리고 문이 열리자 얌전히 걸어나와 가까운 곳에 앉았다.

리사와 나는 조금 전문가답지 않은 일을 했지만 개의치 않았다. 우리는 여호수아 옆에 앉아 그에게 과자를 조금 주었다. 영국제 다이제스티브 비스킷이었다. 우리 역시 조금 먹었다. 그는 부러진 늙은 손가락으로 과자의 끝부분을 조심스럽게 쥐고 이빨 없는 입을 안달하듯이 움직여 천천히 먹기 시작했고 가끔씩 방귀를 뀌었다. 우리는 나란히 햇볕 아래에 앉아 몸을 따뜻하게 하고 과자를 먹으며 기린과 구름을 바라보았다.

Dr. 영장류 개코원숭이로 살다

초판 1쇄 발행 2016년 3월 15일

원작 A PRIMATE'S MEMOIR
지은이 로버트 M. 새폴스키
옮긴이 박미경
발행인 도영
디자인 씨오디
마케팅 김영란
발행처 솔빛길   등록 2012-000052
주소 서울시 마포구 동교로 142, 5층(서교동)
전화 02) 909-5517
Fax 0505) 300-9348
이메일 anemone70@hanmail.net

ISBN 978-89-98120-29-0   03490

＊이 책은 저작권법에 따라 보호받는 저작물이므로 무단전재와 무단복제를 금지하며,
＊이 책 내용의 전부 또는 일부를 이용하려면 반드시 저작권자와 솔빛길의 서면 동의를 받아야 합니다.
＊이 도서의 국립중앙도서관 출판예정도서목록(CIP)은 서지정보유통지원시스템 홈페이지
 (http://seoji.nl.go.kr)와 국가자료공동목록시스템(http://www.nl.go.kr/kolisnet)에서
 이용하실 수 있습니다.(CIP제어번호: CIP2016006418)

책값은 뒤표지에 있습니다.